实例047　利用关键帧制作不透明度动画

实例049　黑板摇摆动画

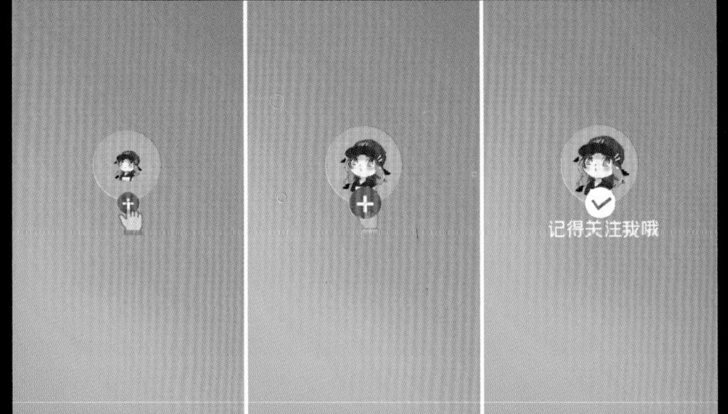

实例050　点击关注动画

实例052　卡通剪纸图案效果

实例054　照片剪切效果

实例056　图像切换效果

实例066　科技感文字

实例067　打字动画

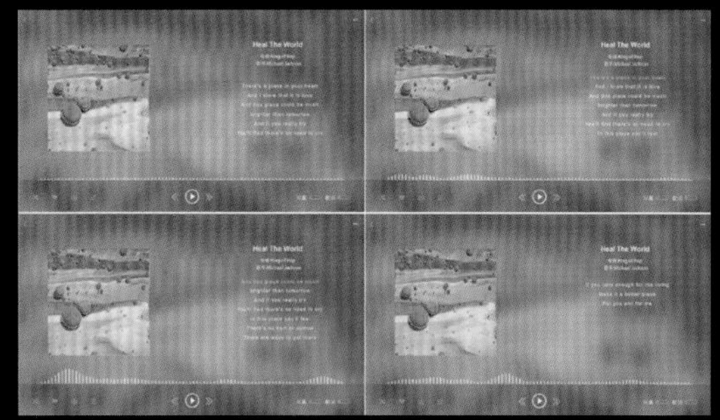

实例068　滚动文字

实例070　下雪效果

实例076　水墨画

实例091　LOMO色调

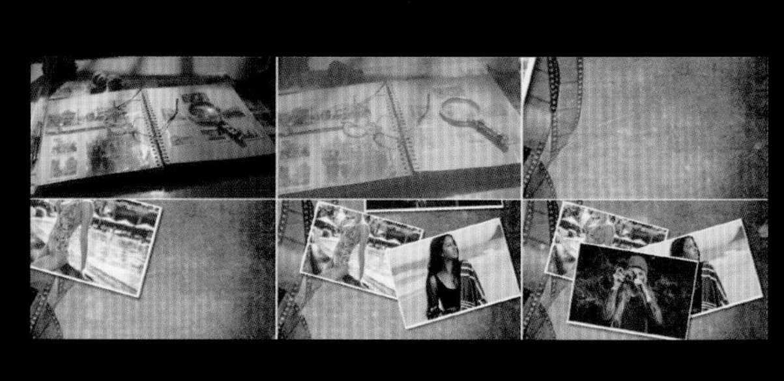

实例094　怀旧照片

实例095　拉开电影的序幕

实例097　绿色健康图像

实例099　幻动方块

魅力重庆宣传片

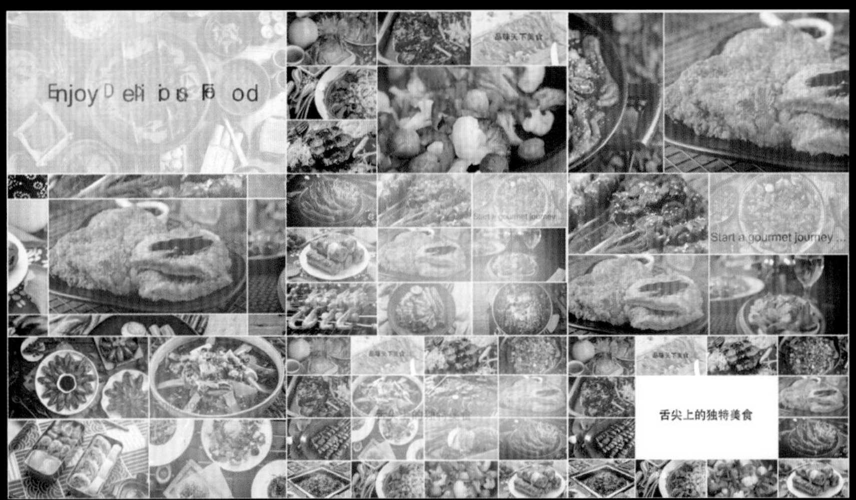

美食宣传片

毕业季节目片头

节目预告

After Effects 影视后期制作

完全实训手册

庞胜楠　编著

清华大学出版社
北　京

内 容 简 介

本书根据使用 After Effects CC 2018 进行影视后期制作的特点，精心设计了 120 个案例精讲，由优秀视频动画教师编写，循序渐进地讲解了使用 After Effects CC 2018 制作和设计影视作品所需要的全部知识。

全书共分 11 章，讲解 After Effects CC 2018 基本操作、图层与 3D 图层、关键帧动画、蒙版与遮罩、文字效果、滤镜特效、图像调色、抠取图像、光效和粒子的制作、传统宣传片设计、影视栏目包装设计等内容。每个完整的大型案例都有详细的讲解，可以使读者掌握技术更全面、水平提升速度更快。

本书内容全面、结构合理、图文并茂、案例精讲丰富，非常适合 After Effects 的初、中级读者自学使用，也可以供大中专院校相关专业及 After Effects 影视、广告、特效培训机构的师生学习查阅。

本书配套赠送资源内容为本书所有案例精讲的素材文件、场景文件、效果文件，以及案例精讲的视频教学文件。

图书在版编目（CIP）数据

After Effects 影视后期制作完全实训手册 / 庞胜楠编著 . —北京：清华大学出版社，2021.11 (2024. 5重印)

ISBN 978-7-302-58273-1

Ⅰ . ① A…　Ⅱ . ①庞…　Ⅲ . ①图像处理软件－教材　Ⅳ . ① TP391.413

中国版本图书馆 CIP 数据核字 (2021) 第 105753 号

责任编辑： 张彦青
封面设计： 李　坤
责任校对： 周剑云
责任印制： 丛怀宇

出版发行： 清华大学出版社

网　　址： https://www.tup.com.cn, https://www.wqxuetang.com
地　　址： 北京清华大学学研大厦 A 座　　**邮　　编：** 100084
社 总 机： 010- 83470000　　**邮　　购：** 010-62786544
投稿与读者服务： 010-62776969，c-service@tup.tsinghua.edu.cn
质 量 反 馈： 010-62772015，zhiliang@tup.tsinghua.edu.cn

印 装 者： 三河市龙大印装有限公司
经　　销： 全国新华书店
开　　本： 210mm×260mm　　**印　　张：** 19.5　　**插　　页：** 2　　**字　　数：** 471 千字
版　　次： 2022 年 1 月第 1 版　　**印　　次：** 2024 年 5 月第 2 次印刷
定　　价： 98.00 元

产品编号：087213-01

前 言

Adobe After Effects CC 2018软件是为动态图形图像、网页设计人员以及专业的电视后期编辑人员所提供的一款功能强大的影视后期特效软件，其简单友好的工作界面、方便快捷的操作方式，使得视频编辑进入家庭成为可能。从普通的视频处理到高端的影视特技，After Effects都能应付自如。

Adobe After Effects CC 2018可以帮助用户高效、精确地创建无数种引人注目的动态图形和视觉效果。利用与其他Adobe软件的紧密集成，高度灵活的2D、3D合成，以及数百种预设的效果和动画，能为电影、视频、DVD和Macromedia Flash作品增添令人激动的效果。其全新设计的流线型工作界面、全新的曲线编辑器都将为您带来耳目一新的感觉。

Adobe After Effects CC 2018较之旧版本而言有了较大的升级，为了使读者能够更好地学习，我们对本书内容进行了精心的编排，希望通过基础知识与实例相结合的方式，让读者以最有效的方式来尽快掌握Adobe After Effects CC 2018的应用。

1. 本书内容

本书以学以致用为写作出发点，系统并详细地讲解了After Effects CC 2018影视后期软件的使用方法和操作技巧。

全书共分11章，讲解After Effects CC 2018基本操作、图层与3D图层、关键帧动画、蒙版与遮罩、文字效果、滤镜特效、图像调色、抠取图像、光效和粒子的制作、传统宣传片设计、影视栏目包装设计等内容。

本书由浅入深、循序渐进地介绍了After Effects CC 2018的使用方法和操作技巧。每一章都围绕实例来介绍，便于提高和拓宽读者对After Effects CC 2018基本功能的掌握与应用。

本书内容翔实，结构清晰，语言流畅，实例分析透彻，操作步骤简洁实用，适合广大初学After Effects CC 2018的用户使用，也可作为各类高等院校相关专业的教材。

2. 本书特色

本书以提高读者的动手能力为出发点，覆盖了After Effects视频编辑方方面面的技术与技巧。通过120个实战案例，由浅入深、由易到难，逐步引导读者系统地掌握软件的操作技能和相关行业知识。

3. 海量的电子学习资源和素材

本书附带大量的学习资料和视频教程，下面截图给出部分概览。

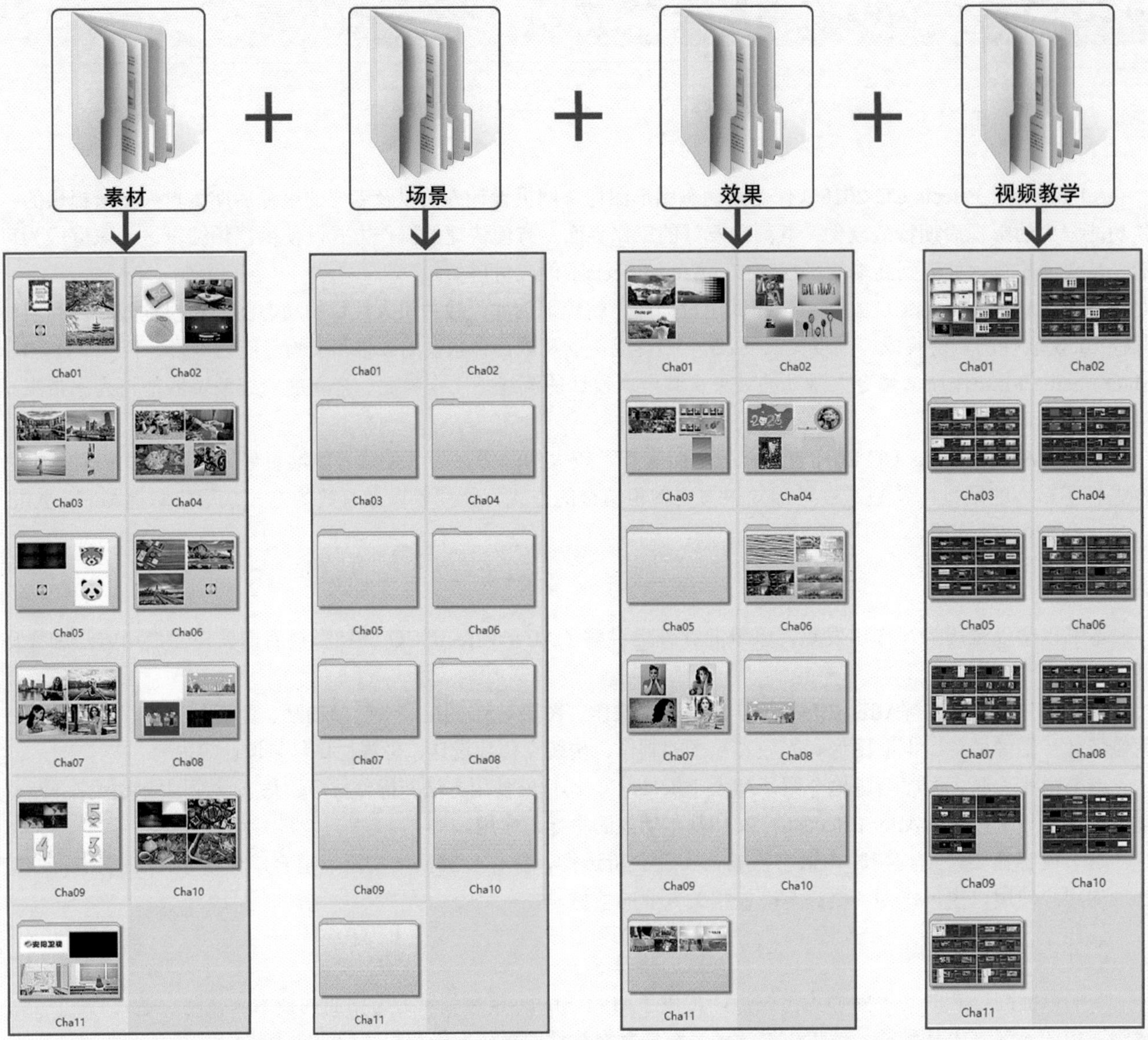

素材 + 场景 + 效果 + 视频教学

素材：Cha01 Cha02 Cha03 Cha04 Cha05 Cha06 Cha07 Cha08 Cha09 Cha10 Cha11

场景：Cha01 Cha02 Cha03 Cha04 Cha05 Cha06 Cha07 Cha08 Cha09 Cha10 Cha11

效果：Cha01 Cha02 Cha03 Cha04 Cha05 Cha06 Cha07 Cha08 Cha09 Cha10 Cha11

视频教学：Cha01 Cha02 Cha03 Cha04 Cha05 Cha06 Cha07 Cha08 Cha09 Cha10 Cha11

本书附带所有的素材文件、场景文件、效果文件、多媒体有声视频教学录像，读者在读完本书内容以后，可以调用这些资源进行深入学习。

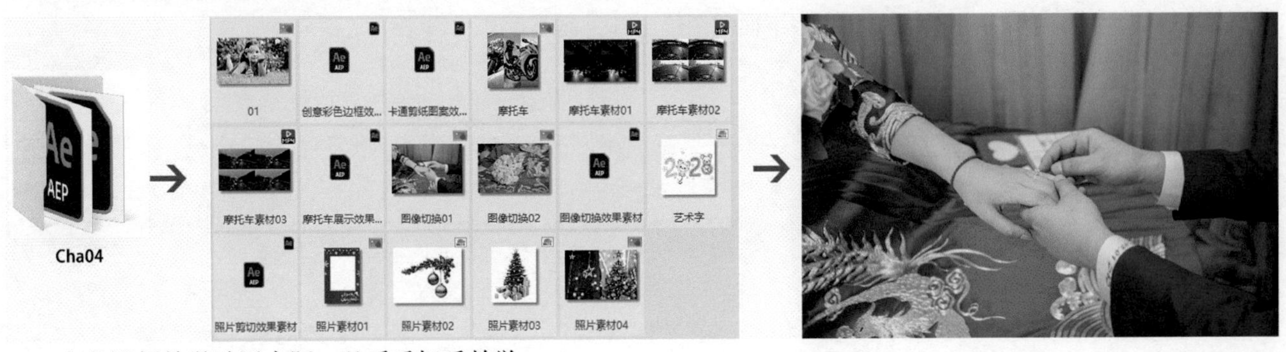

本书视频教学贴近实际，几乎手把手教学。

实例001 After Effects CC 2018的安装
实例002 After Effects CC 2018的卸载
实例003 After Effects CC 2018启动与退出
实例004 打开文件
实例005 保存文件
实例006 新建项目
实例007 新建合成
实例008 编辑素材
实例009 导入图片素材
实例010 导入视频素材
实例011 导入序列素材
实例012 导入音频
实例013 导入PSD分层素材
实例014 剪切、复制、粘贴文件
实例015 删除素材
实例016 收集文件
实例017 复位工作界面
实例018 改变工作界面区域的大小
实例019 选择不同的工作界面
实例020 为工作区设置快捷键
实例021 更改界面颜色
实例022 为素材添加效果
实例023 添加文字
实例024 整理素材
实例025 选择单个或多个图层
实例026 快速拆分图层
实例027 更改图层顺序
实例028 图层混合模式制作唯美画面
实例029 纯色层制作蓝色背景
实例030 纯色层制作渐变背景
实例031 形状图层制作彩色背景
实例032 调整图层修改整体颜色
实例033 调整图层制作卡片擦出效果
实例034 调整图层制作模糊背景
实例035 灯光图层制作聚光光照
实例036 3D图层制作镜头拉推近
实例037 文本图层制作文字效果
实例038 图层Alpha轨道遮罩制作文字图案
实例039 倒影效果的制作
实例040 掉落的乒乓球
实例041 产品展示效果
实例042 旋转的钟表
实例043 创建关键帧
实例044 选择关键帧
实例045 复制和粘贴关键帧
实例046 删除关键帧
实例047 关键帧制作不透明度动画
实例048 科技信息展示
实例049 黑板擦擦动画
实例050 点击关注动画
实例051 美甲纹案动画
实例052 卡通剪纸图案效果
实例053 创意彩色边框效果
实例054 照片剪切效果
实例055 摩托车展示效果
实例056 图像切换效果
实例057 玻璃文字
实例058 跳跃的文字
实例059 流光文字
实例060 烟雾文字
实例061 火焰文字
实例062 光晕文字
实例063 电流文字
实例064 积雪文字
实例065 气泡文字
实例066 科技感文字
实例067 打字动画
实例068 滚动文字
实例069 翻书效果
实例070 下雪效果
实例071 下雨效果
实例072 闪电效果
实例073 飘动的云彩
实例074 桌面上的卷画
实例075 照片切换效果
实例076 水墨画
实例077 滑落的水滴
实例078 梦幻星空
实例079 心电图
实例080 泡泡特效
实例081 镜头光晕效果
实例082 流光线条
实例083 替换衣服颜色
实例084 黑白艺术照
实例085 炭笔效果
实例086 图像混合
实例087 素描效果
实例088 冷色调照片
实例089 梦幻色调
实例090 季节变换
实例091 LOMO色调
实例092 唯美渐变色调
实例093 电影色调
实例094 怀旧照片
实例095 拉开电影的序幕
实例096 星夜璀璨动画
实例097 绿色健康图像
实例098 游动的鱼
实例099 幻动方块
实例100 魔幻粒子
实例101 光效倒计时
实例102 魅力重庆宣传片——创建视频动画
实例103 魅力重庆宣传片——创建过渡动画
实例104 魅力重庆宣传片——创建文字动画
实例105 魅力重庆宣传片——创建重庆宣传片动画
实例106 魅力重庆宣传片——制作光晕并嵌套合成
实例107 美食宣传片——美食合成
实例108 美食宣传片——美食合成动画
实例109 美食宣传片——美食宣传动画
实例110 毕业季节目片头——制作开始动画
实例111 毕业季节目片头——制作转场动画1
实例112 毕业季节目片头——制作转场动画2
实例113 毕业季节目片头——制作转场动画3、4
实例114 毕业季节目片头——制作结尾动画
实例115 毕业季节目片头——制作毕业季合成动画
实例116 节目预告——制作logo
实例117 节目预告——制作预告背景
实例118 节目预告——制作后续动画
实例119 节目预告——制作节目字幕
实例120 节目预告——制作节目预告

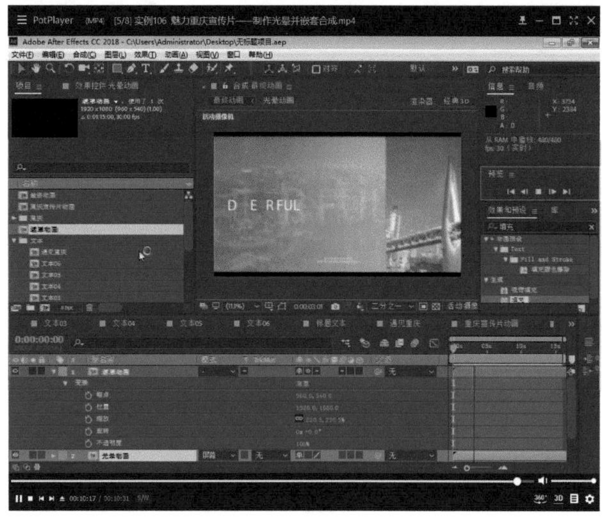

4.本书约定

为便于读者阅读理解，本书的写作风格遵从如下约定：

本书中出现的中文菜单和命令将用【】括起来，以示区分。此外，为了使语句更简洁易懂，本书中所有的菜单和命令之间以竖线（|）分隔，例如，单击【编辑】菜单，再选择【剪切】命令，就用【编辑】|【剪切】来表示。

用加号（+）连接的两个或三个键表示快捷组合键，在操作时表示同时按下这两个或三个键。例如，Ctrl+V是指在按下Ctrl键的同时，按下V字母键；Ctrl+Alt+F10是指在按下Ctrl键和Alt键的同时，按下功能键F10。

在没有特殊指定时，单击、双击和拖动是指用鼠标左键单击、双击和拖动，右击是指用鼠标右键单击。

5.读者对象

- After Effects初学者。
- 大中专院校和社会培训班平面设计及其相关专业的学生。
- 平面设计从业人员。

由于时间仓促，书中的疏漏在所难免，希望广大读者批评指正。

6.致谢

本书的出版可以说凝结了许多优秀教师的心血，在这里衷心感谢对本书的出版给予帮助的编辑老师、视频测试老师，感谢你们！

本书主要由山东女子学院数据科学与计算机学院的庞胜楠老师编写，同时参与本书编写的还有：朱晓文、刘蒙蒙、李少勇、陈月娟、安洪宇，谢谢你们在书稿前期材料的组织、版式设计、校对、编排以及针对大量图片的处理所做的工作。

编著者

配送资源1

配送资源2

配送资源3

目 录

总 目 录

第1章 After Effects CC 2018基本操作 001
第2章 图层与3D图层 023
第3章 关键帧动画 046
第4章 蒙版与遮罩 067
第5章 文字效果 083
第6章 滤镜特效 133
第7章 图像调色 170
第8章 抠取图像 194
第9章 光效和粒子的制作 199
第10章 传统宣传片设计 216
第11章 影视栏目包装设计 250
附录 常用快捷键 300

第1章 After Effects CC 2018 基本操作

实例001 After Effects CC 2018的安装 ……002
实例002 After Effects CC2018的卸载 ……002
实例003 After Effects CC 2018的启动与退出 ……003
实例004 打开文件 ……005
实例005 保存文件 ……006
实例006 新建项目 ……007
实例007 新建合成 ……008
实例008 编辑素材 ……008
实例009 导入图片素材 ……009
实例010 导入视频素材 ……010
实例011 导入序列素材 ……010
实例012 导入音频 ……011
实例013 导入PSD分层素材 ……011
实例014 剪贴、复制、粘贴文件 ……012
实例015 删除素材 ……013
实例016 收集文件 ……014
实例017 复位工作界面 ……015
实例018 改变工作界面中区域的大小 ……016
实例019 选择不同的工作界面 ……016
实例020 为工作区设置快捷键 ……017
实例021 更改界面颜色 ……018
实例022 为素材添加效果 ……019
实例023 添加文字 ……019
实例024 整理素材 ……020

第2章 图层与3D图层

实例025 选择单个或多个图层 ……024
实例026 快速拆分图层 ……024
实例027 更改图层排序 ……025
实例028 使用图层混合模式制作唯美画面 ……026
实例029 使用纯色层制作青色背景 ……026
实例030 使用纯色层制作渐变背景 ……028
实例031 使用形状图层制作彩色背景 ……029
实例032 调整图层修改整体颜色 ……031
实例033 调整图层制作卡片擦除效果 ……032
实例034 调整图层制作模糊背景 ……033
实例035 使用灯光图层制作聚光光照 ……035
实例036 使用3D图层制作镜头拉推近 ……036
实例037 使用文本图层制作文字效果 ……036
实例038 使用图层Alpha轨道遮罩制作文字图案 ……037
实例039 倒影效果的制作 ……039
实例040 掉落的乒乓球 ……042
实例041 产品展示效果 ……043
实例042 旋转的钟表 ……044

第3章 关键帧动画

实例043 创建关键帧 ……047
实例044 选择关键帧 ……048
实例045 复制和粘贴关键帧 ……049
实例046 删除关键帧 ……050

实例047　利用关键帧制作不透明度动画……050
实例048　科技信息展示……054
实例049　黑板摇摆动画……059
实例050　点击关注动画……063
实例051　美甲欣赏动画……065

第4章　蒙版与遮罩

实例052　卡通剪纸图案效果……068
实例053　创意彩色边框效果……070
实例054　照片剪切效果……072
实例055　摩托车展示效果……075
实例056　图像切换效果……081

第5章　文字效果

实例057　玻璃文字……084
实例058　跳跃的文字……086
实例059　流光文字……088
实例060　烟雾文字……093
实例061　火焰文字……097
实例062　光晕文字……103
实例063　电流文字……106
实例064　积雪文字……111
实例065　气泡文字……114
实例066　科技感文字……117
实例067　打字动画……122
实例068　滚动文字……129

第6章　滤镜特效

实例069　翻书效果……134
实例070　下雪效果……136
实例071　下雨效果……137
实例072　闪电效果……138
实例073　飘动的云彩……141
实例074　桌面上的卷画……143
实例075　照片切换效果……145
实例076　水墨画……152
实例077　滑落的水滴……156
实例078　梦幻星空……158
实例079　心电图……159
实例080　泡泡特效……164
实例081　镜头光晕效果……165
实例082　流光线条……166

第7章　图像调色

实例083　替换衣服颜色……171
实例084　黑白艺术照……171
实例085　炭笔效果……172
实例086　图像混合……173
实例087　素描效果……174
实例088　冷色调照片……175
实例089　梦幻色调……177
实例090　季节变换……178
实例091　LOMO色调……180
实例092　唯美清新色调……182
实例093　电影色调……186
实例094　怀旧照片……188

第8章　抠取图像

实例095　拉开电影的序幕……195
实例096　黑夜蝙蝠动画……196
实例097　绿色健康图像……197
实例098　游弋的鱼……198

第9章　光效和粒子的制作

实例099　幻动方块……200
实例100　魔幻粒子……202
实例101　光效倒计时……209

第10章　传统宣传片设计

实例102　魅力重庆宣传片——创建视频动画 ········217

实例103　魅力重庆宣传片——创建过渡动画 ········219

实例104　魅力重庆宣传片——创建文字动画 ········224

实例105　魅力重庆宣传片——创建重庆宣传片动画 ···228

实例106　魅力重庆宣传片——制作光晕并嵌套合成 ···233

实例107　美食宣传片——美食合成 ·····················237

实例108　美食宣传片——美食合成动画 ···············238

实例109　美食宣传片——美食宣传动画 ···············242

第11章　影视栏目包装设计

实例110　毕业季节目片头——制作开始动画 ········251

实例111　毕业季节目片头——制作转场动画1 ·······253

实例112　毕业季节目片头——制作转场动画2 ·······260

实例113　毕业季节目片头——制作转场动画3、4 ··266

实例114　毕业季节目片头——制作结尾动画 ········271

实例115　毕业季节目片头——制作毕业季合成动画 ··272

实例116　节目预告——制作Logo ························273

实例117　节目预告——制作预告背景 ··················277

实例118　节目预告——制作标志动画 ··················279

实例119　节目预告——制作节目字幕 ··················294

实例120　节目预告——制作节目预告 ··················298

附录　常用快捷键

第1章 After Effects CC 2018 基本操作

本章导读

在学习制作视频特效之前，需要了解一些基本的方法与技巧。本章将通过多个案例，讲解After Effects的基础知识，使读者学习并掌握基本的操作方法。

实例001 After Effects CC 2018的安装

安装After Effects CC 2018软件的方法非常简单，只需根据操作步骤指示便可轻松完成。具体操作步骤如下。

Step 01 打开After Effects CC 2018安装文件，找到Set-up.exe文件，双击打开，如图1-1所示。

Step 02 运行安装程序，首先等待初始化，如图1-2所示。

Step 03 初始化完成后，将会出现带有安装进度条的界面，说明正在安装After Effects CC 2018，如图1-3所示。

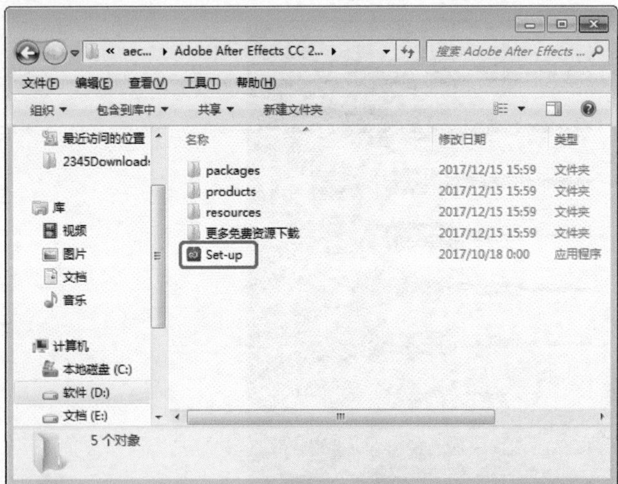

图1-1

图1-2

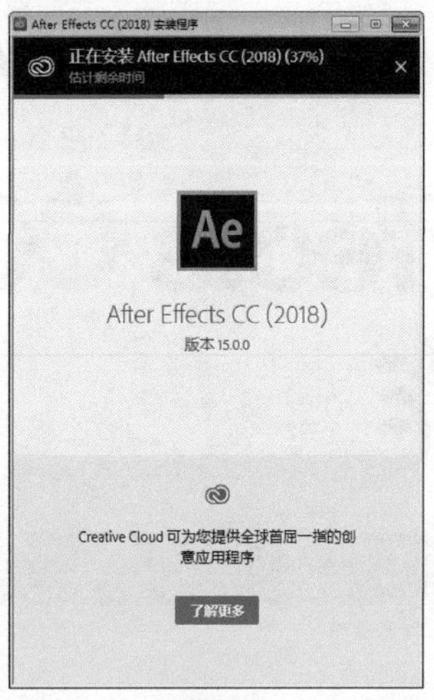

图1-3

实例002 After Effects CC 2018的卸载

下面介绍如何通过控制面板卸载After Effects CC 2018。

Step 01 单击桌面左下角的【开始】按钮，在弹出的【开始】菜单中选择【控制面板】命令，如图1-4所示。

Step 02 在打开的窗口中单击【程序和功能】按钮，如图1-5所示。

图1-4

图1-5

Step 03 选择Adobe After Effects CC 2018选项，单击【卸载/更改】按钮，如图1-6所示。

Step 04 单击【是，确定删除】按钮，开始卸载，如图1-7所示。

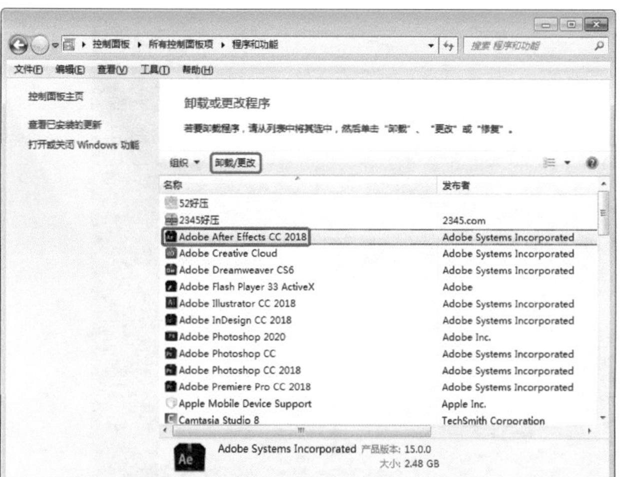

图1-6

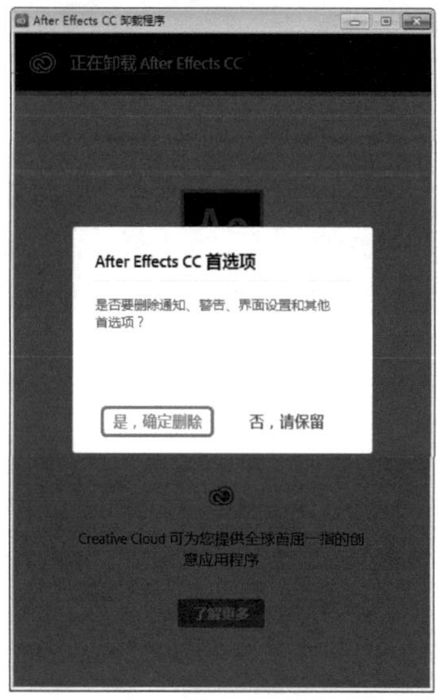

图1-7

Step 05 等待卸载，卸载界面如图1-8所示。

Step 06 单击【关闭】按钮，即可完成卸载，如图1-9所示。

图1-8

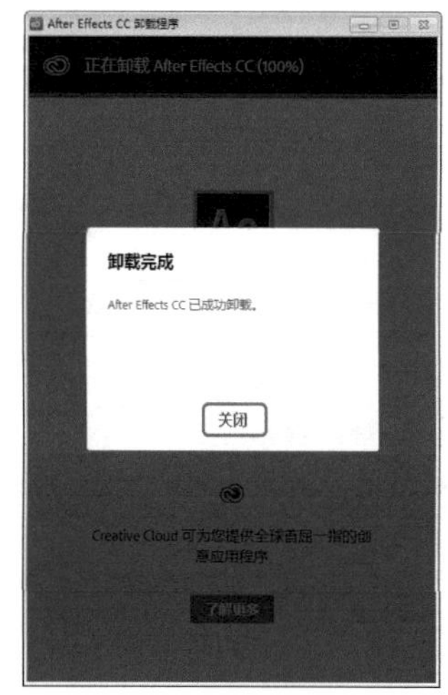

图1-9

实例003 After Effects CC 2018的启动与退出

本例将讲解如何启动与退出After Effects CC软件，在本例中主要通过【开始】菜单启动软件，具体操作方法如下所示。

Step 01 要启动After Effects CC 2018软件，可单击【开始】按钮，在打开的【开始】菜单中选择【所有程序】选项，如图1-10所示。

Step 02 执行以上操作后即可切换至另一个界面，选择Adobe After Effects CC 2018选项，如图1-11所示。

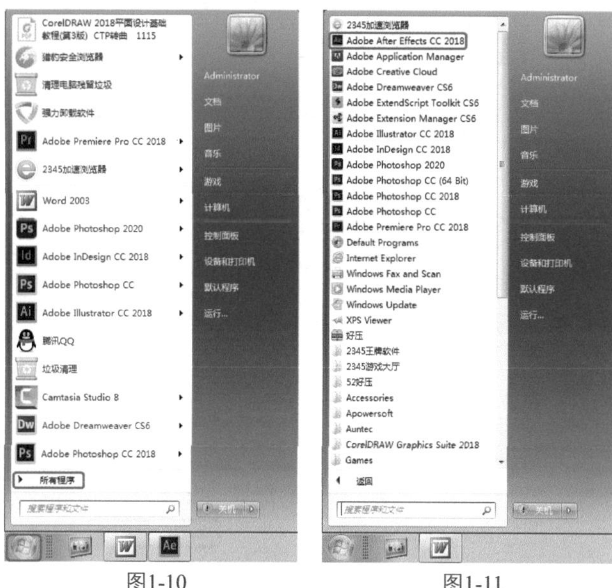

图1-10　　图1-11

Step 03 执行上一步操作后，将打开Adobe After Effects CC 2018加载界面，如图1-12所示。

图1-12

Step 04 当加载完成后，即可进入软件的工作界面，如图1-13所示。

图1-13

Step 05 进入工作界面后若要退出软件，可以单击软件右上角的【关闭】按钮，直接退出软件，还可以在菜单栏中选择【文件】|【退出】命令，如图1-14所示。

图1-14

实例 004 打开文件

本例将讲解如何打开文件，具体操作方法如下所示。

Step 01 选择“素材\Cha01\峡谷公路.aep”素材文件，双击打开，如图1-15所示。

Step 02 打开“峡谷公路.aep”素材文件后的效果如图1-16所示。

图1-15

图1-16

实例005 保存文件

本例主要介绍通过菜单栏中的命令保存和另存为文件的方法。

Step 01 打开“素材\Cha01\油菜花姑娘.aep”素材文件，如图1-17所示。

Step 02 选择菜单栏中的【文件】|【另存为】|【另存为】命令，如图1-18所示。

Step 03 在弹出的【另存为】对话框中设置保存路径和文件名，单击【保存】按钮，如图1-19所示。

图1-17

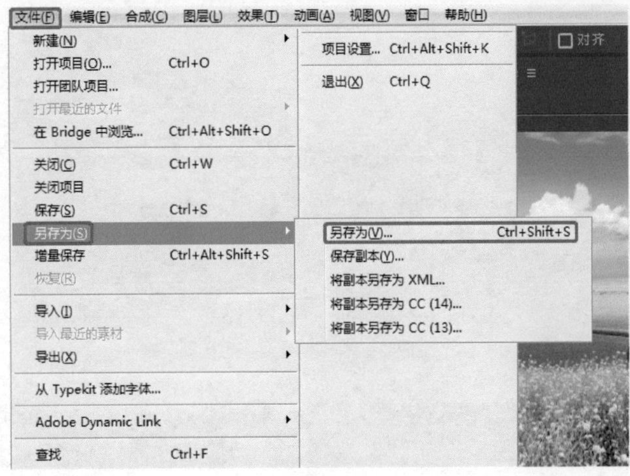

图1-18

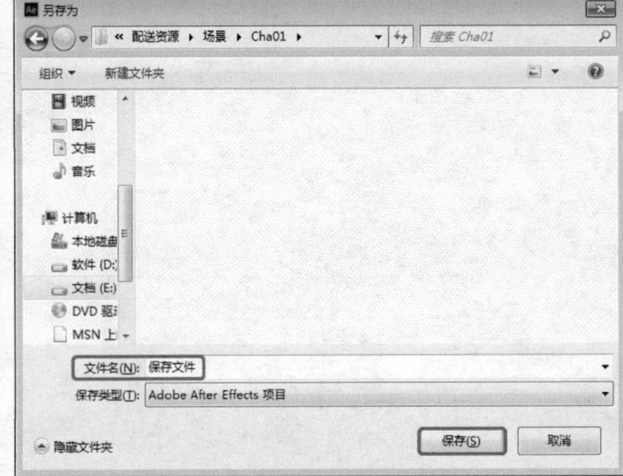

图1-19

实例006 新建项目

在操作软件时，需要新建项目与合成，在制作过程中所保存的为项目文件，也称为工程文件，本案例主要介绍如何新建项目。

Step 01 打开Adobe After Effects CC 2018软件，出现一个空白界面，如图1-20所示。

Step 02 选择菜单栏中的【文件】|【新建】|【新建项目】命令，如图1-21所示。

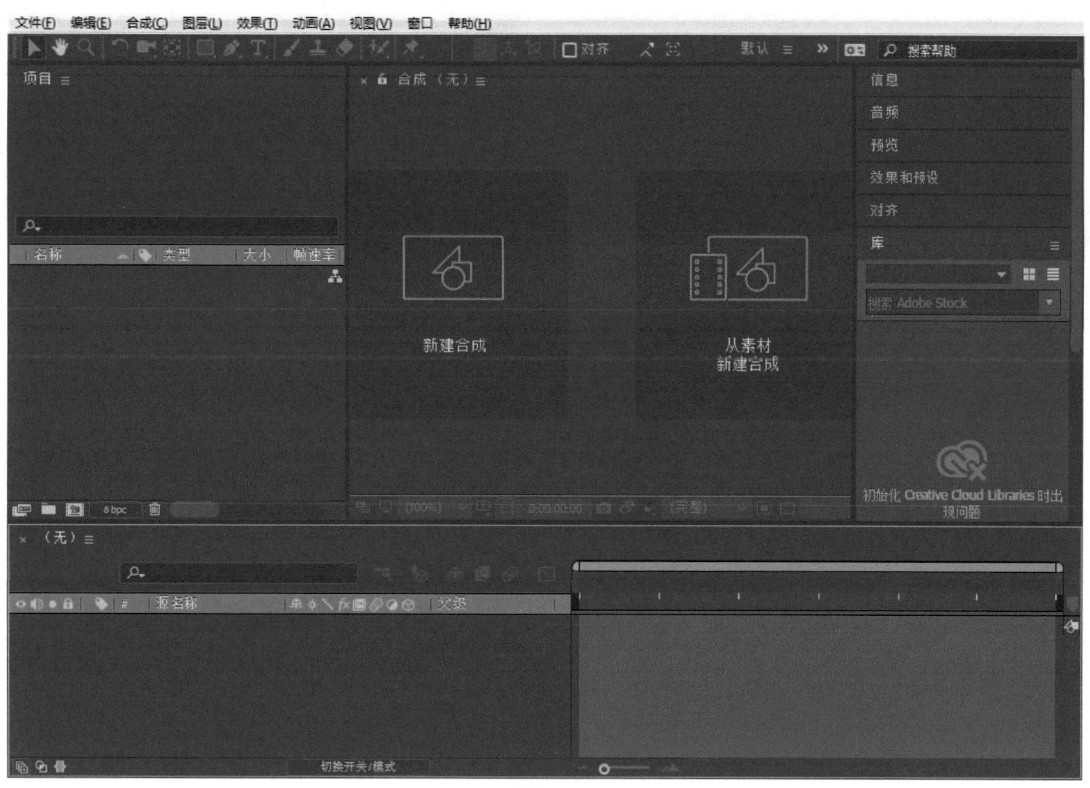

图1-20

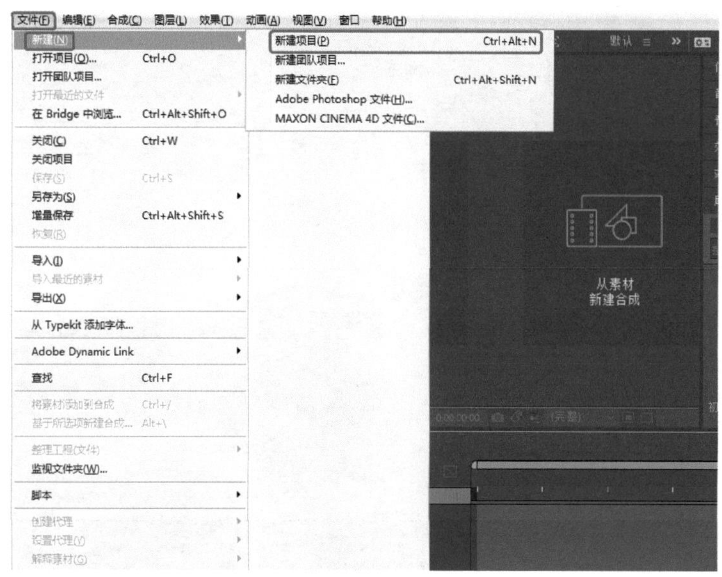

图1-21

实例007 新建合成

本例将讲解在After Effects中利用菜单栏命令和快捷键新建合成的方法。

Step 01 在【项目】面板中右击，在弹出的快捷菜单中选择【新建合成】命令，如图1-22所示。

Step 02 在弹出的【合成设置】对话框中对合成进行设置，如图1-23所示。

图1-22

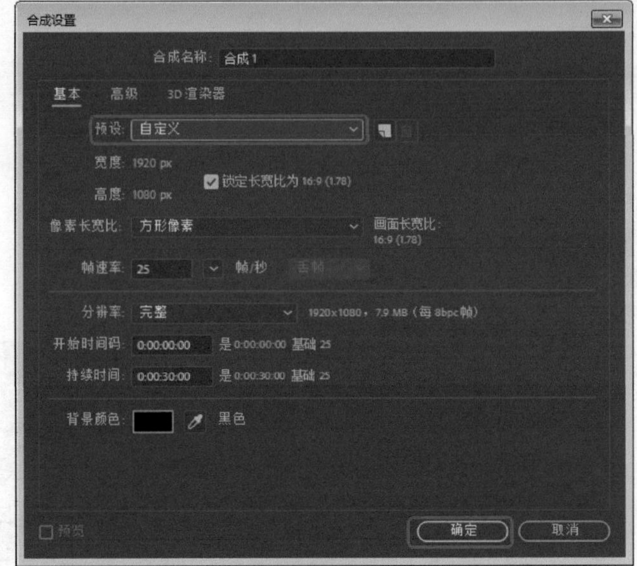

图1-23

实例008 编辑素材

本例将讲解如何在After Effects中编辑素材的基础属性和添加特效。

Step 01 打开“素材\Cha01\长白山天池.aep”素材文件，如图1-24所示。

Step 02 选择素材文件“长白山天池.jpg”，将【缩放】设置为60.0,60.0%，如图1-25所示。

图1-24

图1-25

Step 03 在【效果和预设】面板中选择【颜色校正】|【亮度和对比度】效果，将其效果拖曳至素材“长白山天池.jpg”上，将【亮度】、【对比度】分别设置为20、20，如图1-26所示。

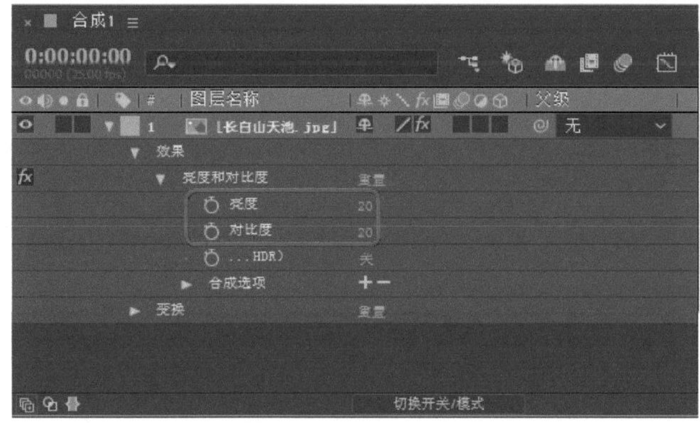

图1-26

实例009 导入图片素材

本例将讲解如何在After Effects中导入图片素材。

Step 01 打开软件后，在菜单栏中选择【文件】|【导入】|【文件】命令，如图1-27所示。

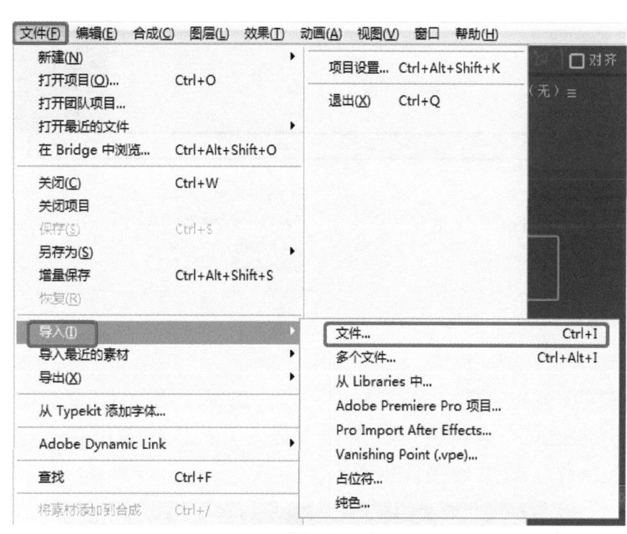

图1-27

Step 02 弹出【导入文件】对话框，选择“素材\Cha01\新西兰.jpg”素材文件，单击【导入】按钮，即可完成素材的导入，效果如图1-28所示。

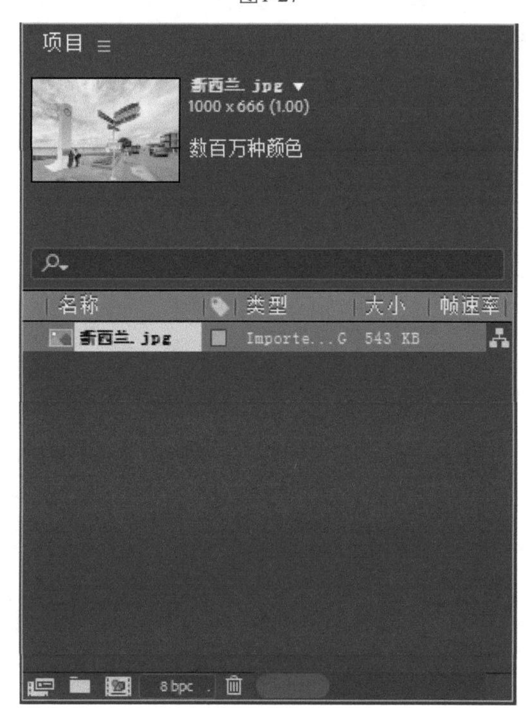

图1-28

实例 010 导入视频素材

本例将讲解在After Effects中导入视频素材的方法。

Step 01 打开软件后，在菜单栏中选择【文件】|【导入】|【文件】命令，如图1-29所示。

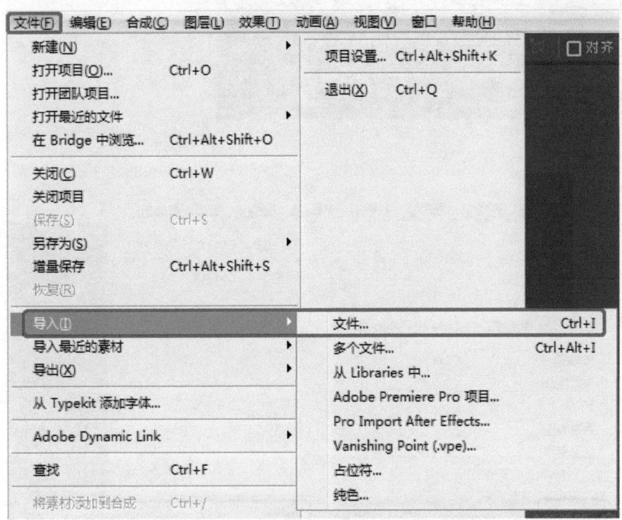

图1-29

Step 02 弹出【导入文件】对话框，选择“素材\Cha01\护肤品.mp4”素材文件，单击【导入】按钮，即可完成导入操作，效果如图1-30所示。

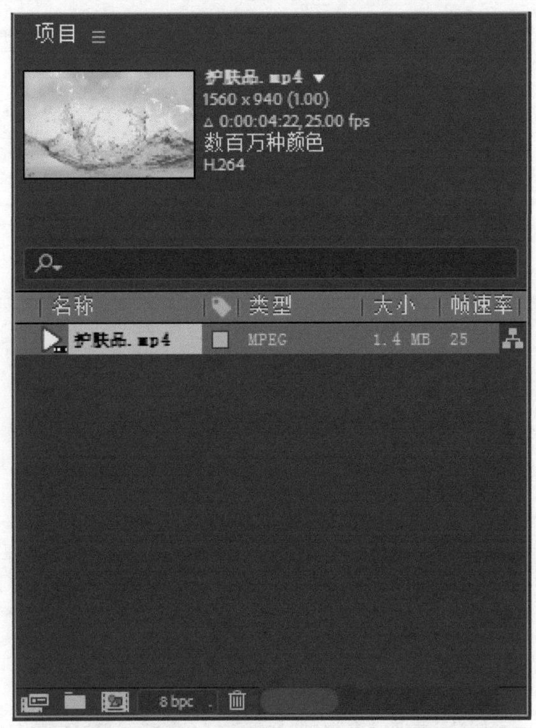

图1-30

实例 011 导入序列素材

本例主要介绍在After Effects中导入序列素材的方法。

Step 01 新建项目和合成，并在【项目】面板中双击，在弹出的对话框中，选择“素材\Cha01\合成1\输出_00000.tga”素材文件，选中【Targa序列】复选框，单击【导入】按钮，如图1-31所示。

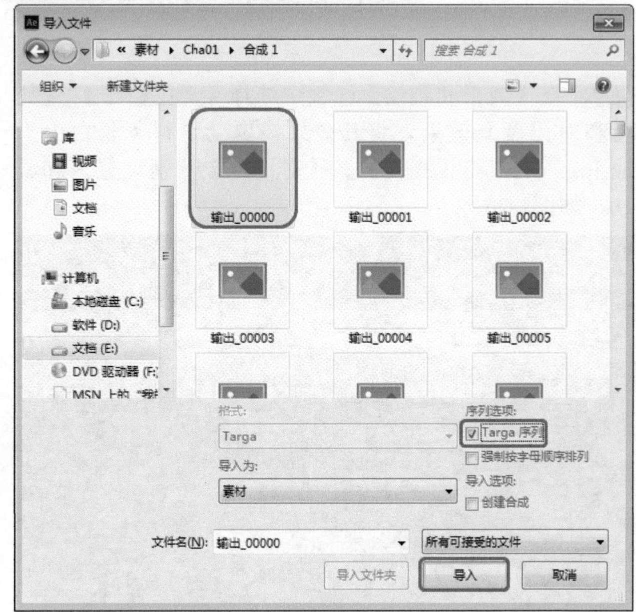

图1-31

Step 02 此时可以在【项目】面板中看到序列已经成功导入，如图1-32所示。

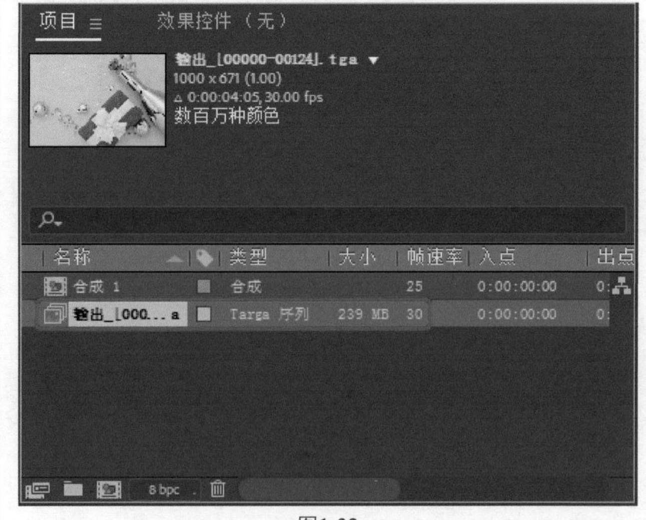

图1-32

实例012 导入音频

本例主要介绍在After Effects中导入音频的方法。

Step 01 打开软件后，在菜单栏中选择【文件】|【导入】|【文件】命令，选择“素材\Cha01\01.mp3”音频素材文件，如图1-33所示，然后直接将其拖曳至【项目】面板中。

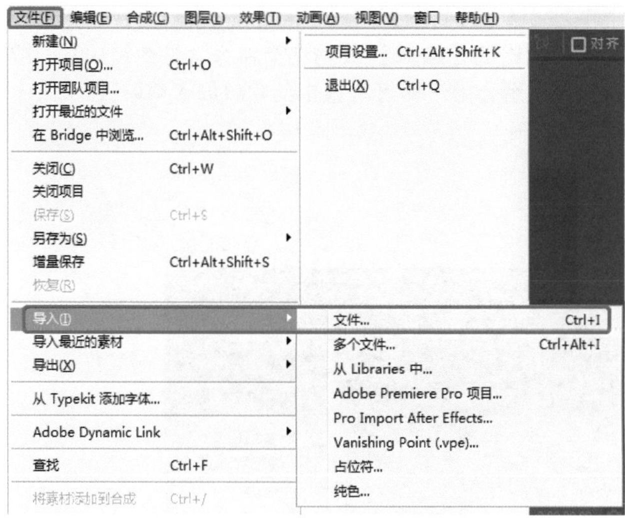

图1-33

Step 02 此时【项目】面板中出现导入的音频素材文件，如图1-34所示。

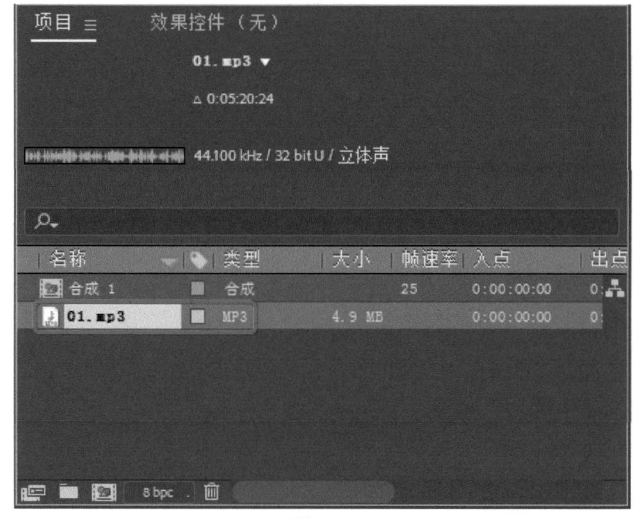

图1-34

实例013 导入PSD分层素材

本例主要介绍在After Effects中导入PSD分层素材的方法。

Step 01 打开软件后，在【项目】面板中的空白处右击，在弹出的快捷菜单中选择【导入】|【文件】命令，如图1-35所示。

图1-35

Step 02 弹出【导入文件】对话框，选择“素材\Cha01\001.psd”素材文件，单击【导入】按钮。导入过程中，在弹出的对话框中将【导入种类】设置为【合成】，将【图层选项】设置为【合并图层样式到素材】，如图1-36所示。

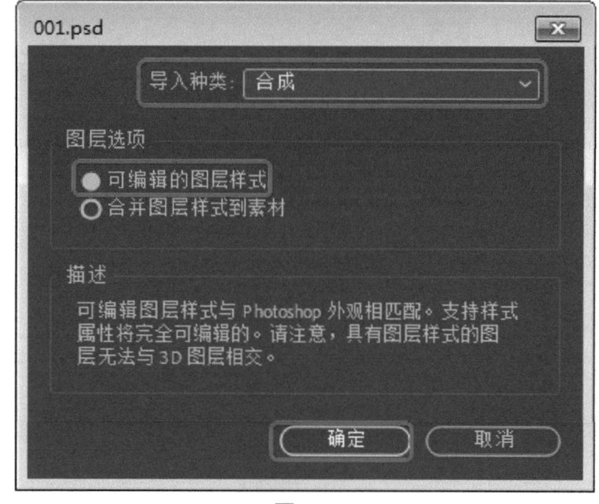

图1-36

Step 03 此时可以在【项目】面板中展开文件夹，其中包括很多PSD中的图层，如图1-37所示。

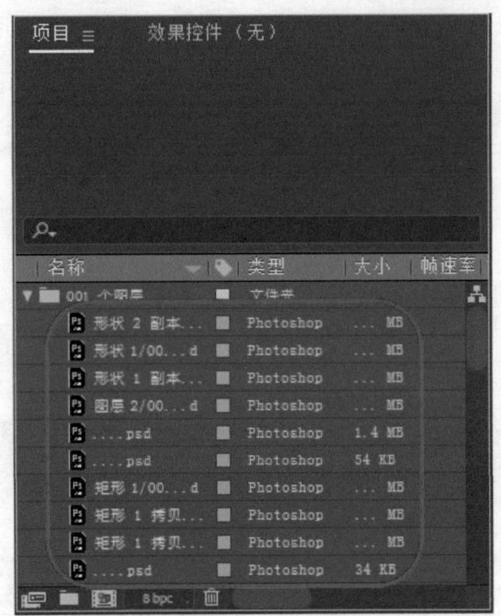

图1-37

实例014 剪贴、复制、粘贴文件

剪切、复制、粘贴素材文件是经常应用的编辑方法，本例主要介绍在After Effects中剪切、复制、粘贴文件的方法。

Step 01 打开“素材\Cha01\东极岛.aep”素材文件，如图1-38所示。

Step 02 选择【时间轴】面板中的02.jpg素材文件，然后选择菜单栏中的【编辑】|【剪切】命令（见图1-39），或按Ctrl+X组合键，即可将选中的素材放入剪贴板。

图1-38

图1-39

Step 03 在【时间轴】面板中单击，然后选择菜单栏中的【编辑】|【粘贴】命令（见图1-40），或按Ctrl+V组合键，即可将剪贴板中的素材粘贴到合适的位置。

图1-40

Step 04 选择【时间轴】面板中的01.jpg素材文件，然后选择菜单栏中的【编辑】|【复制】命令，或按Ctrl+C组合键，然后按Ctrl+V组合键，效果如图1-41所示。

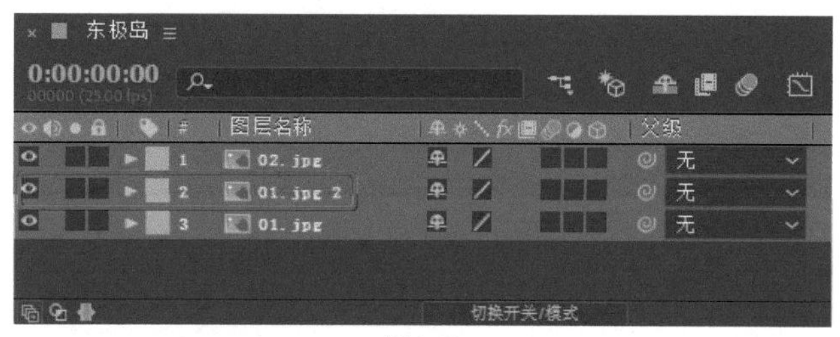

图1-41

实例015 删除素材

本例主要讲解在制作的过程中怎样删除不需要的素材。

Step 01 打开“素材\Cha01\沙山.aep”素材文件，如图1-42所示。

Step 02 选择【时间轴】面板中的“沙山.jpg”素材文件，然后选择菜单栏中的【编辑】|【清除】命令，如图1-43所示，或按Delete键。

Step 03 此时可以看到【时间轴】面板中选择的素材已经删除，如图1-44所示。

图1-42

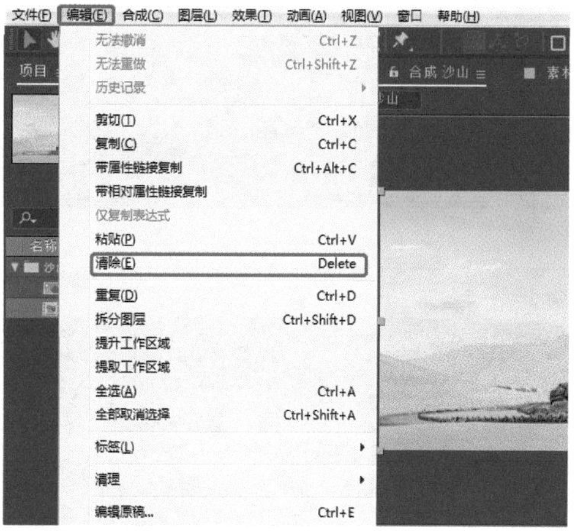

图1-43

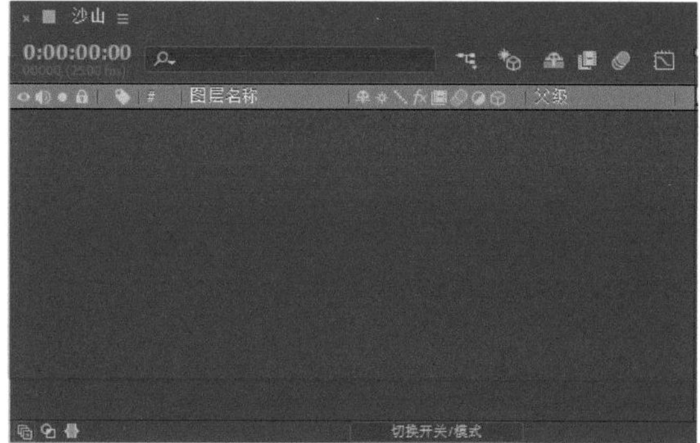

图1-44

实例 016 收集文件

由于导入的素材文件并没有使用，项目的素材文件被删除或移动，会导致项目出现错误，使用文件打包功能可以将项目包含的素材、文件夹、项目文件等统一放到一个文件夹中，从而确保项目及所有素材的完整性。After Effects提供了强大而灵活的界面方案，用户可以随意组合工作界面。

Step 01 打开“素材\Cha01\旅游风光.aep”素材文件，如图1-45所示。

Step 02 选择菜单栏中的【文件】|【整理工程（文件）】|【收集文件】命令，如图1-46所示。

Step 03 在弹出的【收集文件】对话框中单击【收集】按钮，如图1-47所示。

Step 04 打包后在储存路径下出现打包文件夹，如图1-48所示。

图1-45

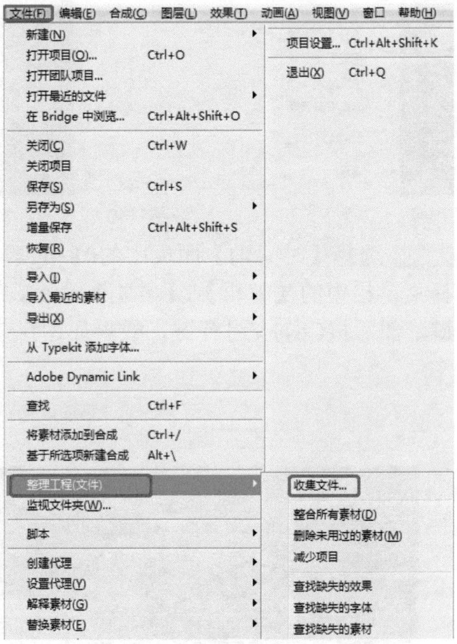

图1-46

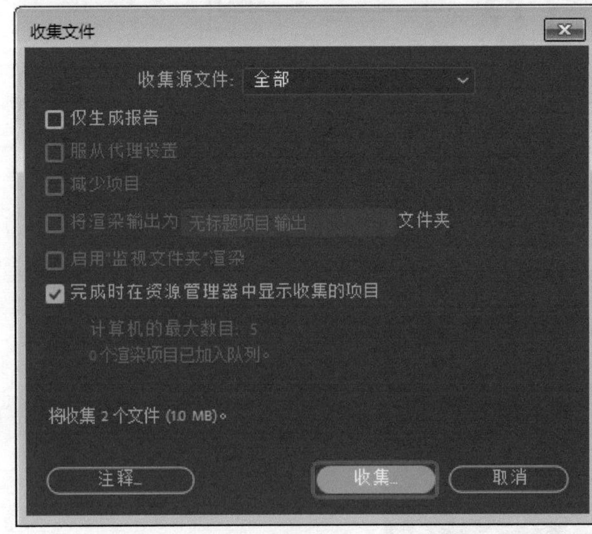

图1-47

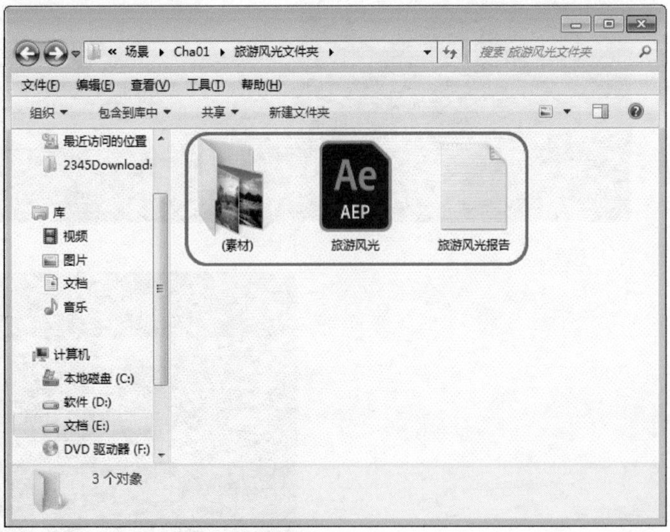

图1-48

实例 017 复位工作界面

After Effects提供了强大而灵活的界面方案，用户可以随意复位工作界面。

Step 01 打开After Effects CC 2018软件，在进行操作时，将界面的区域进行调整，如图1-49所示。

Step 02 选择菜单栏中的【窗口】|【工作区】|【将“标准”重置为已保存的布局】命令，如图1-50所示，工作界面即恢复到初始状态。

Step 03 此时的当前界面被复位到了标准的布局，如图1-51所示。

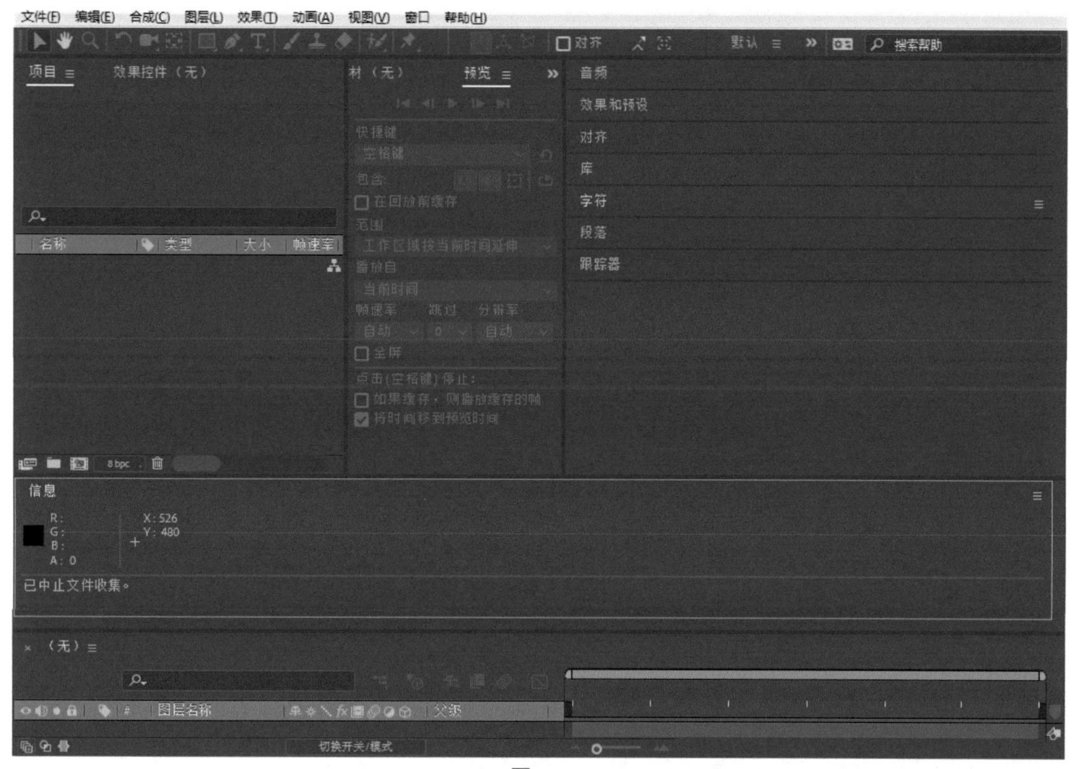

图1-49

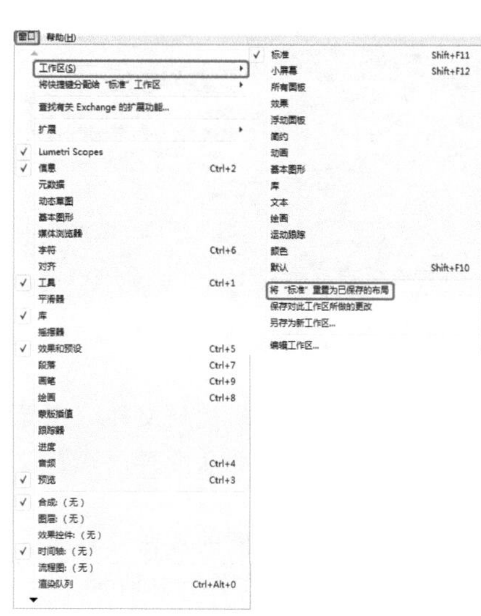

图1-50

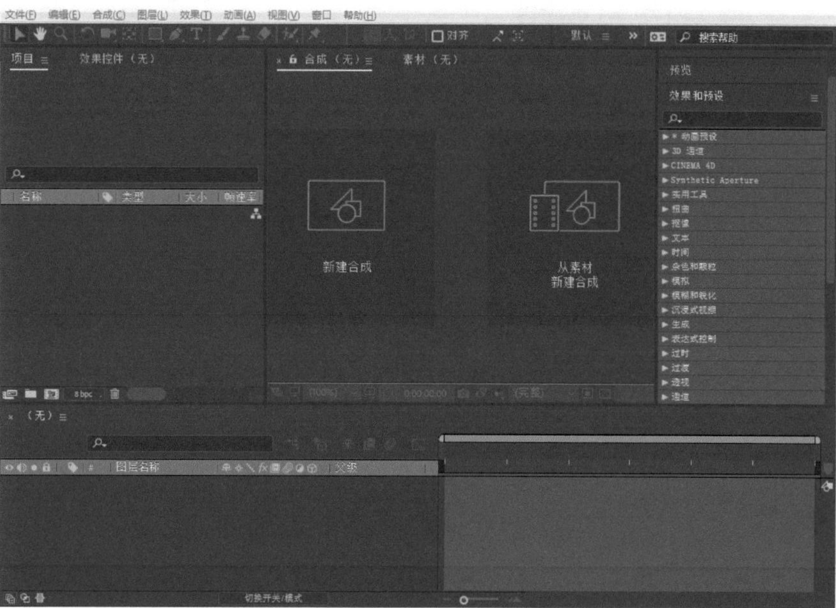

图1-51

实例018 改变工作界面中区域的大小

鼠标的指针在各个工作界面区域间会变成箭头形状，方便改变界面区域大小。本案例主要介绍利用鼠标在After Effects中改变工作界面区域大小的方法。

Step 01 打开“素材\Cha01\黄山日出.aep”素材文件，如图1-52所示。

Step 02 将鼠标指针移至【项目】面板和【合成】面板之间时，鼠标指针变成左右箭头形状，按住鼠标左键左右拖动，即可横向改变【项目】面板和合成预览面板的宽度，如图1-53所示。

Step 03 将鼠标指针移至【项目】面板、【合成】面板和【时间轴】面板三者之间时，指针形状发生变换，此时按住鼠标左键上下左右拖动，可以改变【项目】面板、【合成】面板和【时间轴】面板的大小，如图1-54所示。

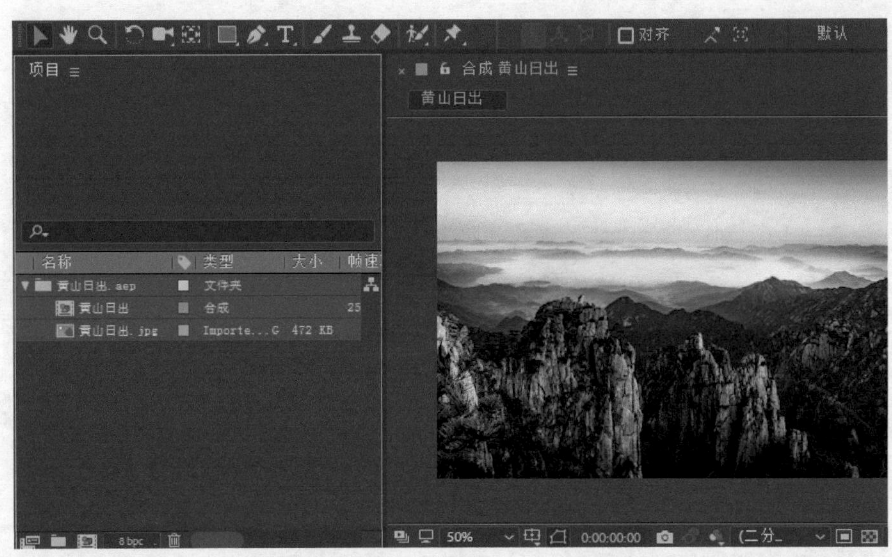

图1-52

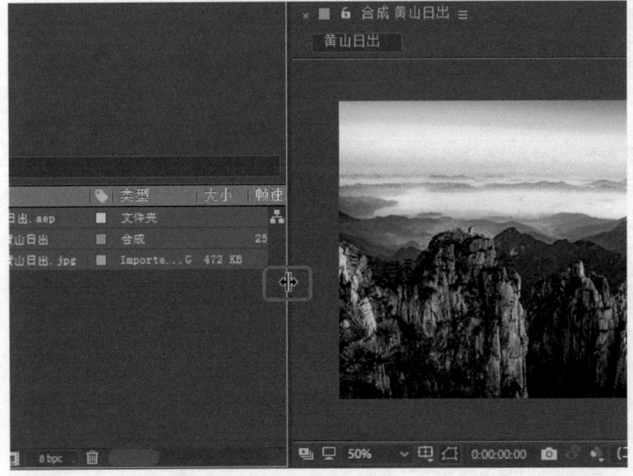

图1-53

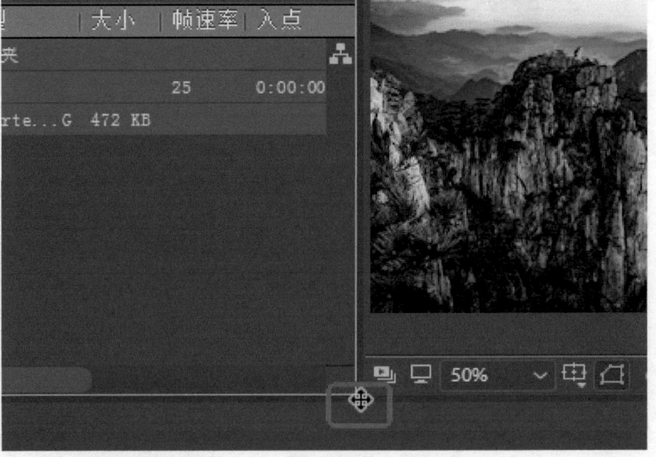

图1-54

实例019 选择不同的工作界面

在使用After Effects时，可以根据不同的需要，选择相应的工作空间方案的界面。

Step 01 打开“素材\Cha01\滑雪者.aep”素材文件，在界面中单击【工作区域】右侧的按钮，将【选择方式】设置为【标准】，如图1-55所示。

Step 02 在界面中单击【工作区域】右侧的按钮，将【选择方式】设置为【动画】，界面效果如图1-56所示。

图1-55

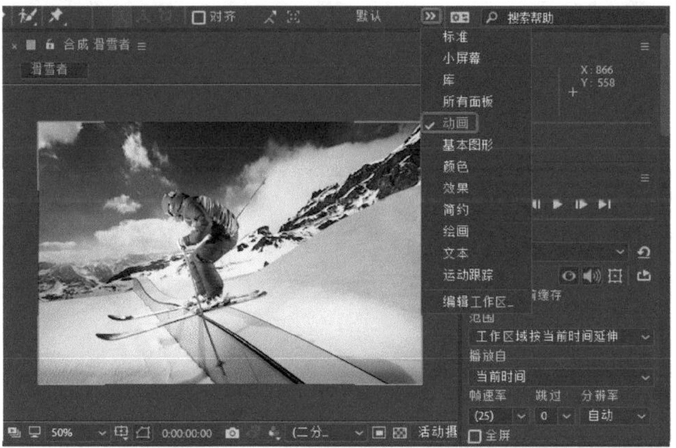

图1-56

Step 03 在界面中单击【工作区域】右侧的按钮，将【选择方式】设置为【效果】，界面效果如图1-57所示。

图1-57

Step 04 在界面中单击【工作区域】右侧的按钮，将【选择方式】设置为【文本】，界面效果如图1-58所示。

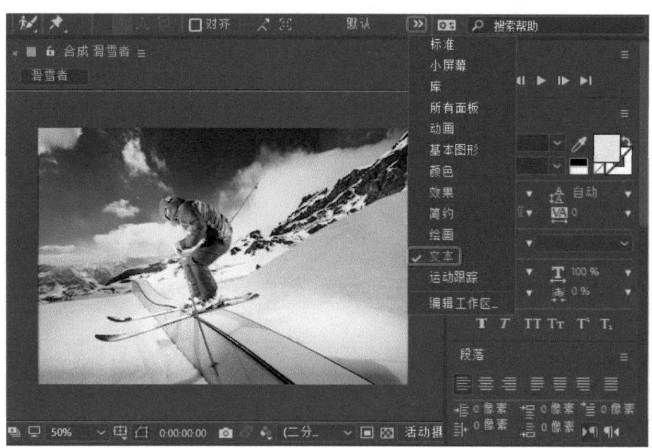

图1-58

实例 020 为工作区设置快捷键

本例介绍如何为工作区设置快捷键，主要通过更换软件自带工作区快捷键，来为需要设置快捷键的工作区设置快捷键，具体操作方法如下所示。

Step 01 启动软件后，在菜单栏中选择【窗口】|【工作区】|【简约】命令，如图1-59所示。

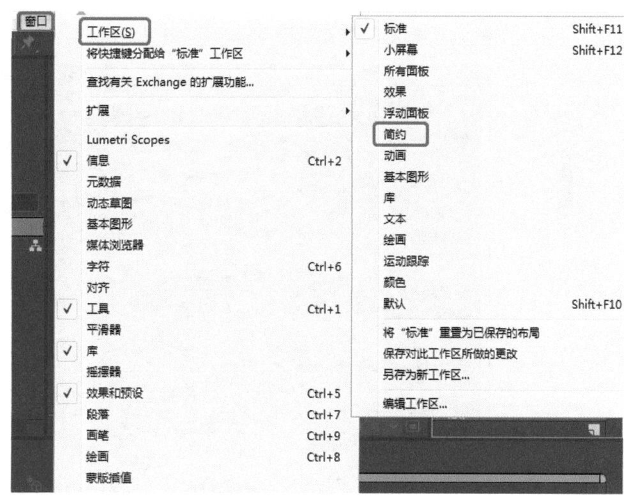

图1-59

Step 02 执行上一步操作后，将切换至【简约】工作界面，在菜单栏中选择【窗口】|【将快捷键分配给“简约”工作区】|【Shift+F10（替换“默认”）】命令，如图1-60所示。

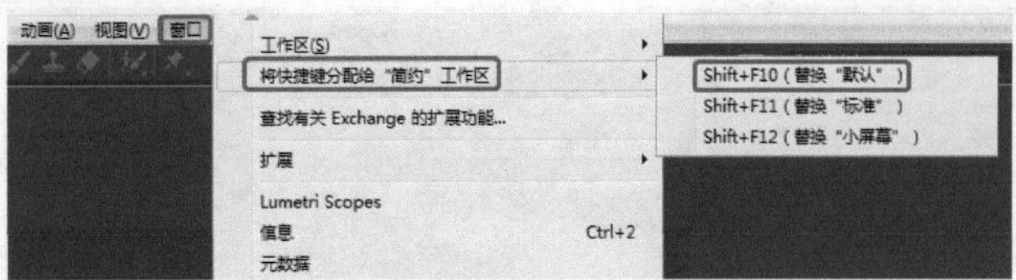

图1-60

Step 03 执行上一步操作后，即可将【标准】工作区的快捷键分配给【简约】工作区，如图1-61所示。

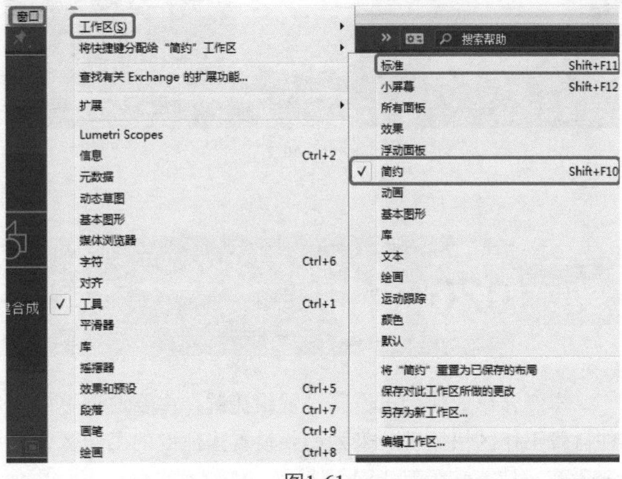

图1-61

实例021 更改界面颜色

在使用After Effects时，可以根据需要更改界面的颜色。

Step 01 选择菜单栏中的【编辑】|【首选项】|【外观】命令，如图1-62所示。

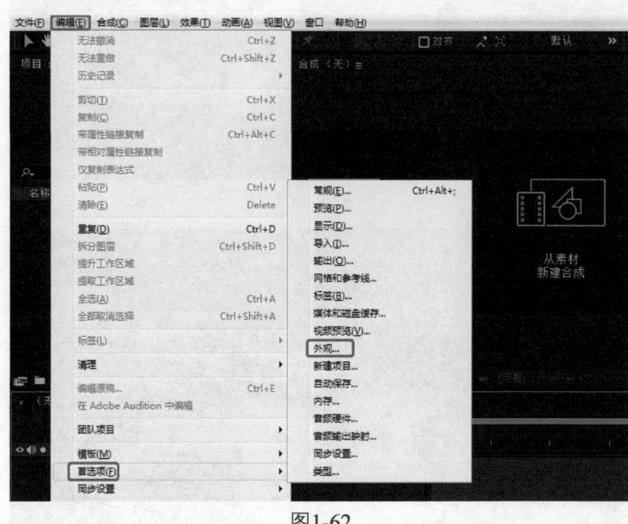

图1-62

Step 02 此时界面是深灰色，拖曳【亮度】滑轮至最右侧，如图1-63所示，此时界面呈现变亮效果。

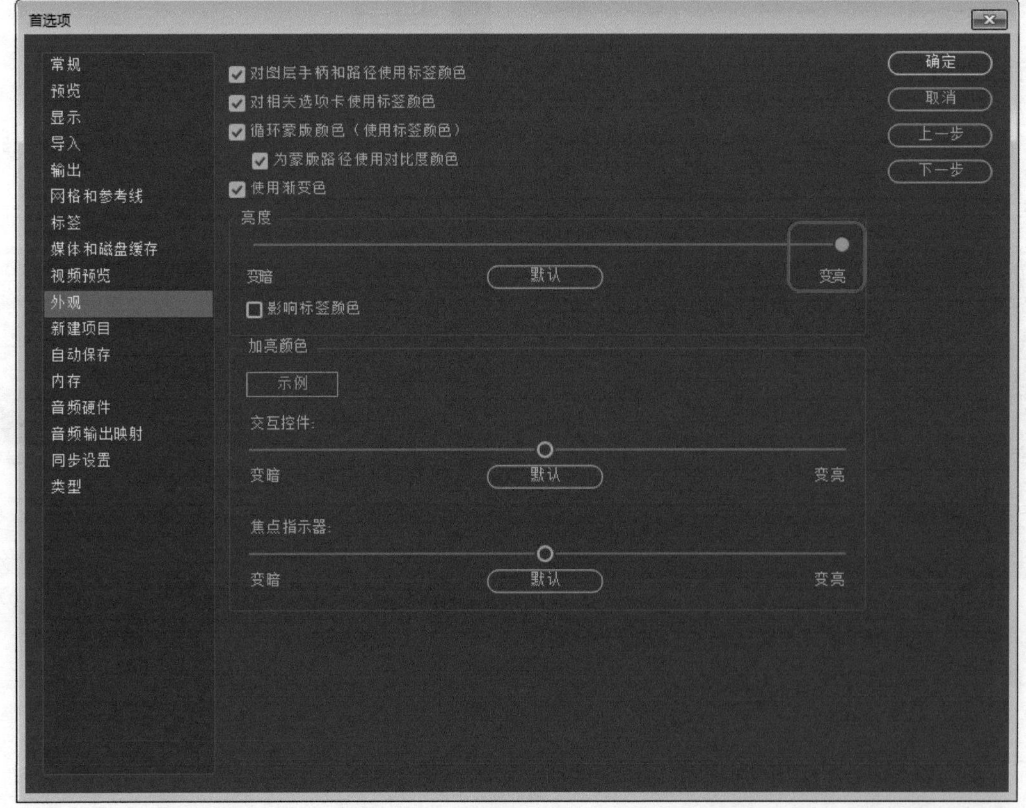

图1-63

实例 022 为素材添加效果

本案例主要介绍如何为素材添加效果，并修改参数制作特效。

Step 01 打开“素材\Cha01\海鸥.aep”素材文件，如图1-64所示。

Step 02 在【效果和预设】面板中选择【过渡】|【卡片擦除】效果，将效果拖曳至素材上，在【效果控件】面板中，将【翻转轴】设置为X，将【翻转方向】设置为【正向】，将【翻转顺序】设置为【从右到左】，如图1-65所示。

图1-64

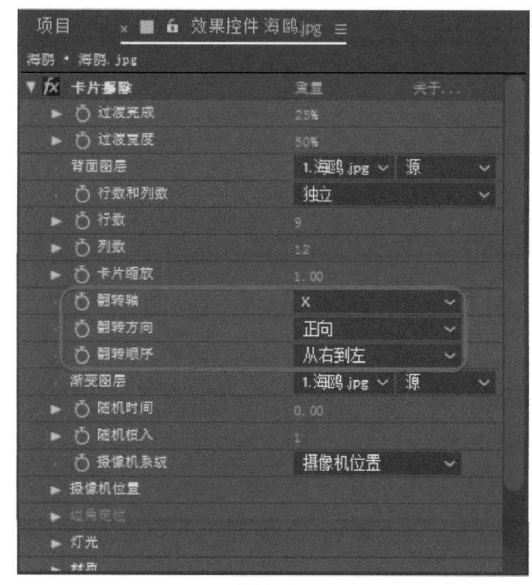

图1-65

实例 023 添加文字

本案例主要介绍使用横排文字工具创建文字，并设置描边文字的方法。

Step 01 打开“素材\Cha01\摄影女孩.aep”素材文件，如图1-66所示。

Step 02 单击【横排文字工具】按钮，在画面中单击鼠标创建一组文字，如图1-67所示。

Step 03 在【字符】面板中，将【字体】设置为Arial体，将【字符样式】设置为Regular，将【字体大小】设置为65像素，将【描边宽度】设置为2像素，将【填充】设置为# FF0000，将【描边】设置为黑色，单击【仿粗体】按钮，如图1-68所示。

图1-66

图1-67

图1-68

实例024 整理素材

本案例主要介绍如何在After Effects中对素材进行整理，自动清除未使用过的、重复的素材。

Step 01 打开“素材\Cha01\整理素材.aep”素材文件，如图1-69所示。

Step 02 选择菜单栏中的【文件】|【整理工程（文件）】|【删除未用过的素材】命令，如图1-70所示。

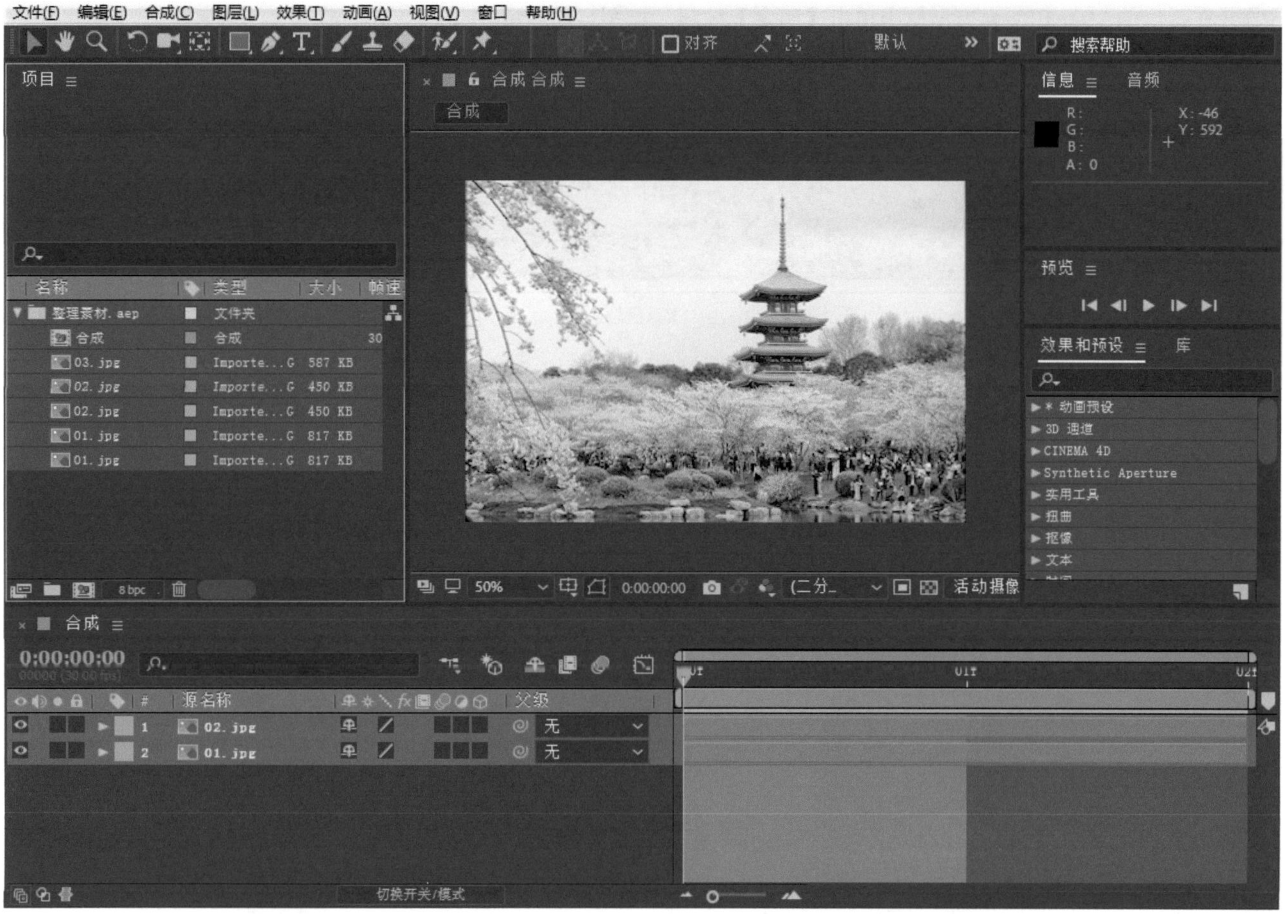

文件(F) 编辑(E) 合成(C) 图层(L) 效果(T) 动画(A) 视图(V) 窗口 帮助(H)
对齐
默认
搜索帮助
项目
合成 合成
合成
信息
音频
X: -46
Y: 592
A: 0
预览
效果和预设
库
名称
类型
大小
帧速
整理素材.aep
文件夹
合成
合成
30
03.jpg
Importe...G
587 KB
02.jpg
Importe...G
450 KB
02.jpg
Importe...G
450 KB
01.jpg
Importe...G
817 KB
01.jpg
Importe...G
817 KB
* 动画预设
3D 通道
CINEMA 4D
Synthetic Aperture
实用工具
扭曲
抠像
文本
8 bpc
50%
0:00:00:00
(二分_
活动摄像
合成
0:00:00:00
源名称
父级
1
02.jpg
无
2
01.jpg
无
切换开关/模式

图1-69

文件(F) 编辑(E) 合成(C) 图层(L) 效果(T) 动画(A) 视图(V) 窗口 帮助(H)
新建(N)
打开项目(O)... Ctrl+O
打开团队项目...
打开最近的文件
在 Bridge 中浏览... Ctrl+Alt+Shift+O
关闭(C) Ctrl+W
关闭项目
保存(S) Ctrl+S
另存为(S)
增量保存 Ctrl+Alt+Shift+S
恢复(R)
导入(I)
导入最近的素材
导出(X)
从 Typekit 添加字体...
Adobe Dynamic Link
查找 Ctrl+F
将素材添加到合成 Ctrl+/
基于所选项新建合成 Alt+\
整理工程(文件)
监视文件夹(W)...
脚本
创建代理
项目设置... Ctrl+Alt+Shift+K
退出(X) Ctrl+Q
收集文件...
整合所有素材(D)
删除未用过的素材(M)
减少项目
对齐
0:00:00:00
(二分_

图1-70

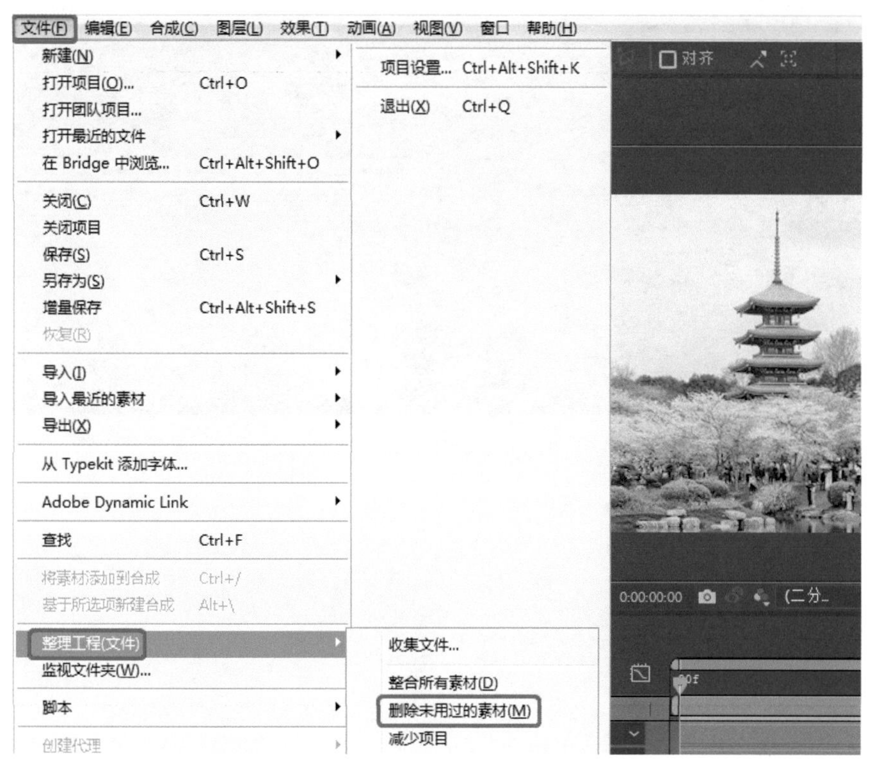

Step 03 在弹出的After Effects提示框中单击【确定】按钮，如图1-71所示。

图1-71

Step 04 整理完成后，发现【项目】面板中未使用过的素材03.jpg已经被删除，重复的素材01.jpg和02.jpg只各自保留了一份，如图1-72所示。

图1-72

第2章 图层与3D图层

本章导读

在After Effects中可以将二维图层转换为三维（3D）图层，这样可以更好地把握画面的透视关系和最终的画面效果，并且有些功能（如摄像机图层和灯光图层）在3D图层上才能起到效果。本章的案例将在After Effects中应用3D图层，使读者更深入地了解After Effects中的3D图层。

实例025 选择单个或多个图层

本例主要讲解选择多个图层的方法，在操作项目的过程中，要针对图层进行编辑。

Step 01 按Ctrl+O组合键，打开“素材\Cha02\选择单个或多个图层.aep”素材文件，在【时间轴】面板中，单击需要编辑的图层，如图2-1所示。

Step 02 按住Ctrl键，可以选择多个图层，也可以按住鼠标左键拖动进行框选，如图2-2所示。

图2-1

图2-2

实例026 快速拆分图层

本例主要讲解如何快速拆分图层，下面介绍在After Effects中如何将图层首尾之间的时间点拆分开。

Step 01 按Ctrl+O组合键，打开“素材\Cha02\快速拆分图层.aep”素材文件，将时间线拖曳至0:00:00:15处，然后选择【时间轴】面板中的所有图层，在菜单栏中选择【编辑】|【拆分图层】命令，也可以按Ctrl+Shift+D组合键，如图2-3所示。

Step 02 此时可以看到【时间轴】面板中的图层已经被分割，效果如图2-4所示。

图2-3

图2-4

实例027 更改图层排序

本例讲解在制作项目的过程中，如何对图层的排列进行调整。

Step 01 按Ctrl+O组合键，打开“素材\Cha02\更改图层排序.aep”素材文件，在【时间轴】面板中选择01.jpg图层，然后按住鼠标左键，向上或向下拖曳图层，进行顺序调整，也可以按Ctrl+Shift+D组合键，如图2-5所示。

图2-5

Step 02 调整图层顺序后，显示出了不同的效果，如图2-6所示。

图2-6

提示

调整图层顺序时，也可以按组合键来进行调整，Ctrl+[为图层向下，Ctrl+]为图层向上。

实例028 使用图层混合模式制作唯美画面

混合模式主要用于图层之间，更改图层的混合模式可以产生不同的效果，如图2-7所示。

图2-7

Step 01 按Ctrl+O组合键，打开“素材\Cha02\图层混合模式制作唯美画面.aep”素材文件，如图2-8所示。

图2-8

Step 02 选择【时间轴】面板中的“素材02.jpg”图层，将【模式】设置为【线性减淡】，将【不透明度】设置为50%，如图2-9所示。

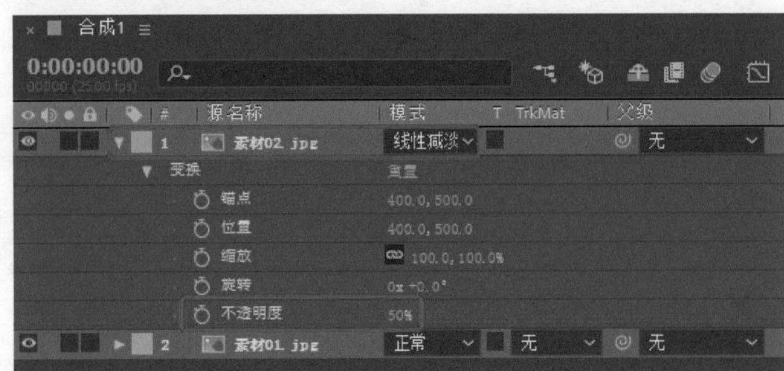

图2-9

实例029 使用纯色层制作青色背景

纯色层可以用来制作蒙版效果，也可以添加特效制作出背景效果（见图2-10）。下面介绍使用纯色层制作背景的方法。

图2-10

Step 01 在【项目】面板中右击，在弹出的快捷菜单中选择【新建合成】命令，如图2-11所示。

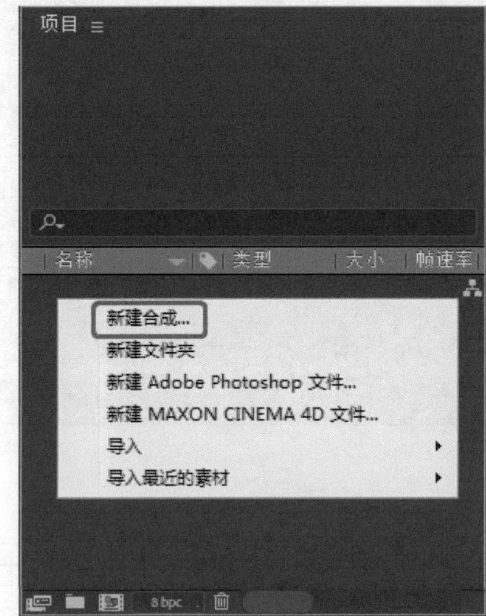

图2-11

Step 02 在弹出的【合成设置】对话框中，将【宽度】、【高度】分别设置为720px、576px，如图2-12所示。

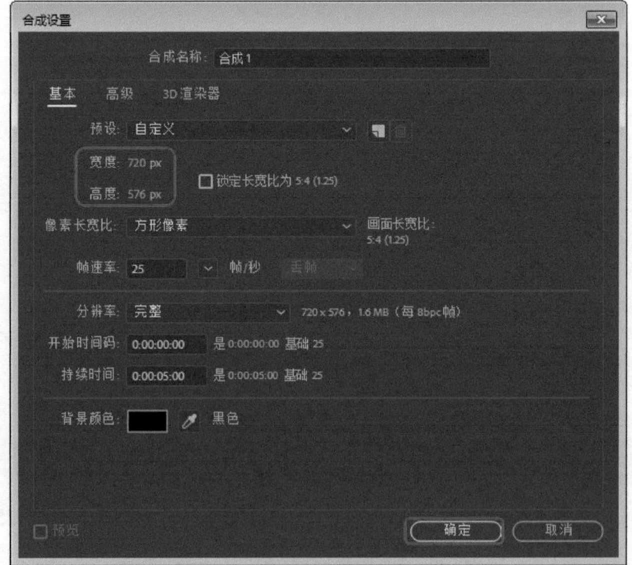

图2-12

Step 03 在【时间轴】面板中右击，在弹出的快捷菜单中选择【新建】|【纯色】命令，如图2-13所示。

Step 04 在弹出的【纯色设置】对话框中，将【颜色】设置为#3AFFEA，单击【确定】按钮，如图2-14所示。

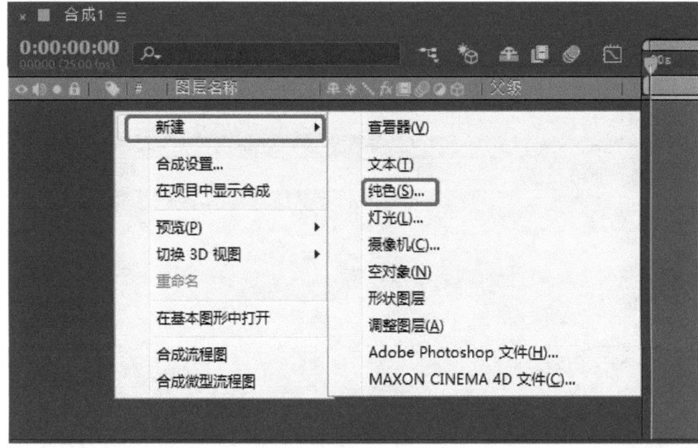

图2-13

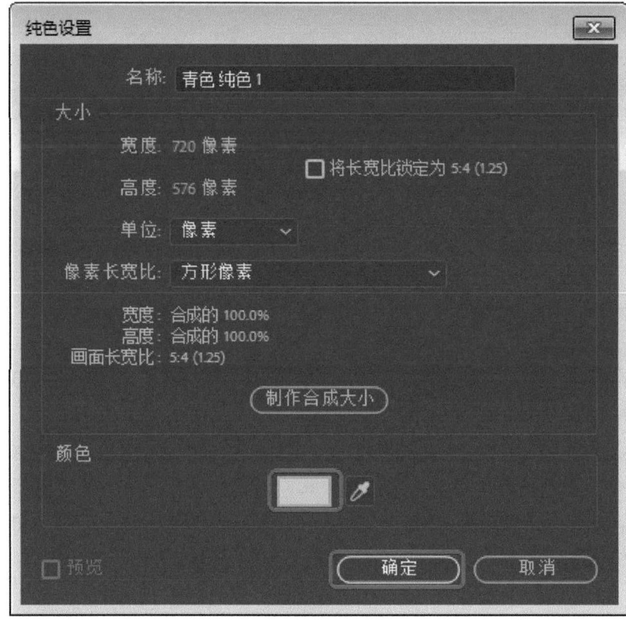

图2-14

Step 05 选择该纯色层，单击【椭圆工具】按钮，绘制一个椭圆遮罩，如图2-15所示。

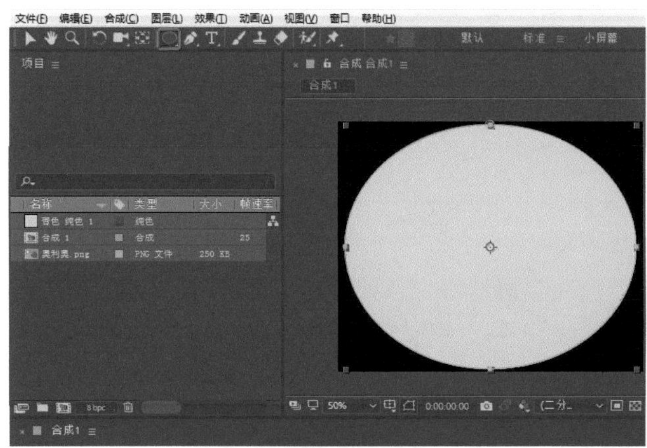

图2-15

Step 06 打开固态层下的遮罩效果，将【蒙版羽化】设置为270,270像素，将【蒙版扩展】设置为100像素，如图2-16所示。

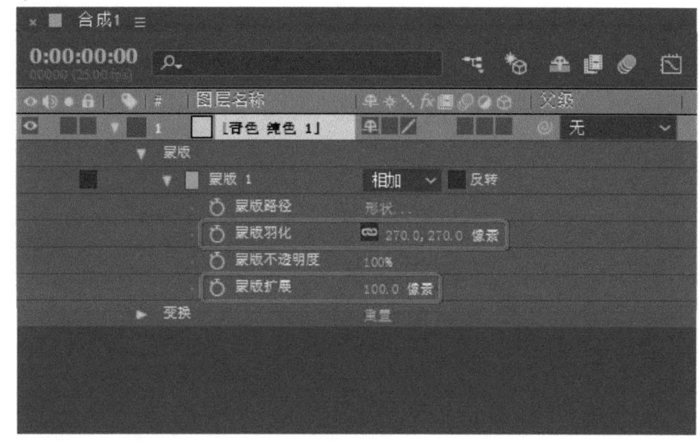

图2-16

Step 07 此时背景展现出了柔和的羽化效果，如图2-17所示。

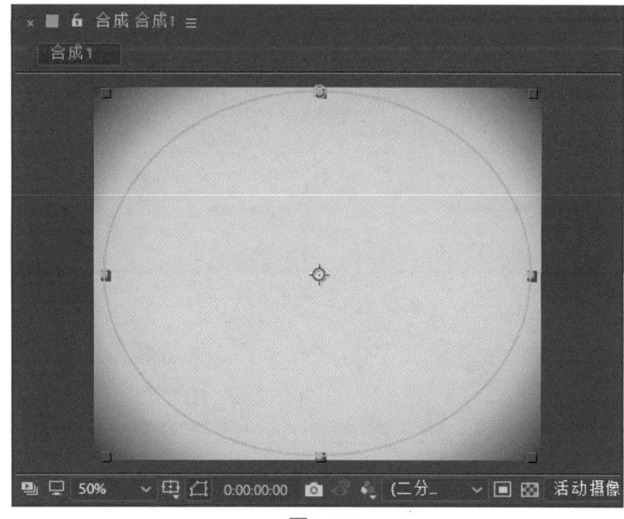

图2-17

Step 08 将“奥利奥.png”素材文件导入【时间轴】面板，将【缩放】设置为110,110%，如图2-18所示。

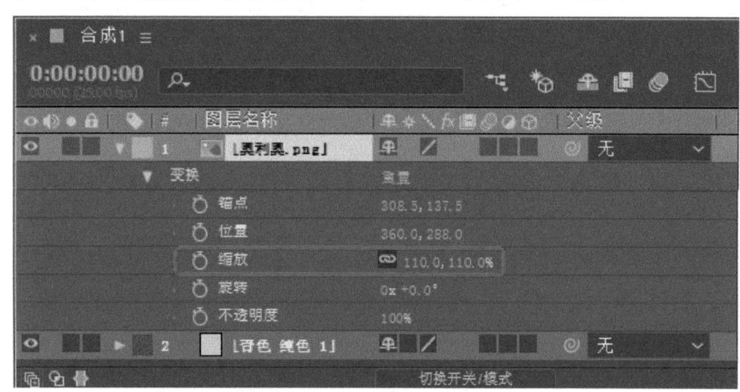

图2-18

实例030 使用纯色层制作渐变背景

下面将讲解如何为纯色层添加【四色渐变】效果制作出渐变背景，效果如图2-19所示。

图2-19

Step 01 打开软件后，在【项目】面板中右击，在弹出的快捷菜单中选择【新建合成】命令，在弹出的【合成设置】对话框中，将【宽度】、【高度】分别设置为1920、1200，单击【确定】按钮，如图2-20所示。

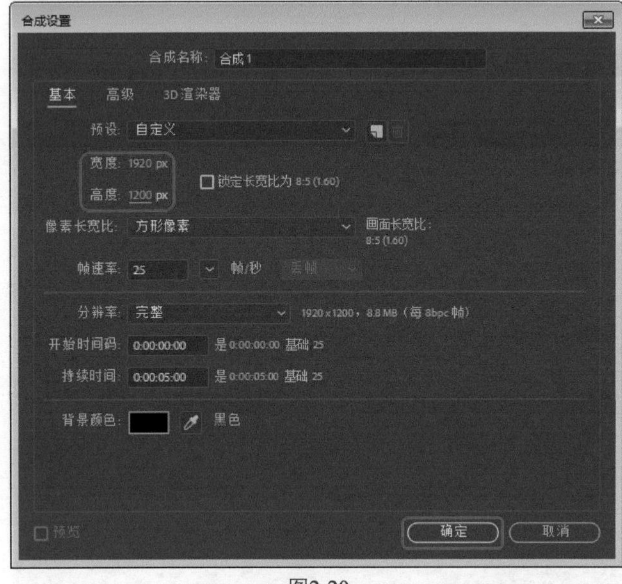

图2-20

Step 02 在【时间轴】面板中右击，在弹出的快捷菜单中选择【新建】|【纯色】命令，在弹出的【纯色设置】对话框中，将【颜色】设置为#3AFFEA，单击【确定】按钮，如图2-21所示。

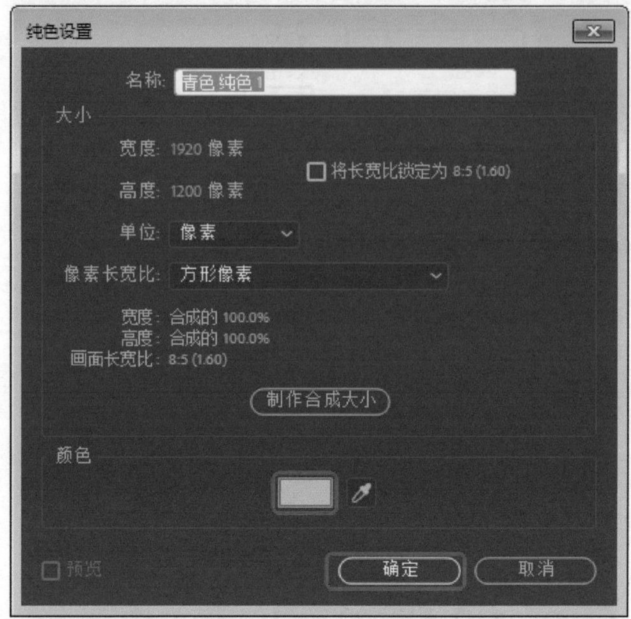

图2-21

Step 03 时间轴窗口中显示了青色固态层，如图2-22所示。

Step 04 在【效果和预设】面板中选择【生成】|【四色渐变】效果，将效果拖曳至新建的纯色层上，如图2-23所示。

Step 05 在菜单栏中选择【文件】|【导入】|【文件】命令，弹出【导入文件】对话框，选择“素材\Cha02\圣诞礼物.png”素材文件，导入后将素材文件拖曳至【时间轴】面板中，如图2-24所示。

图2-22

图2-23

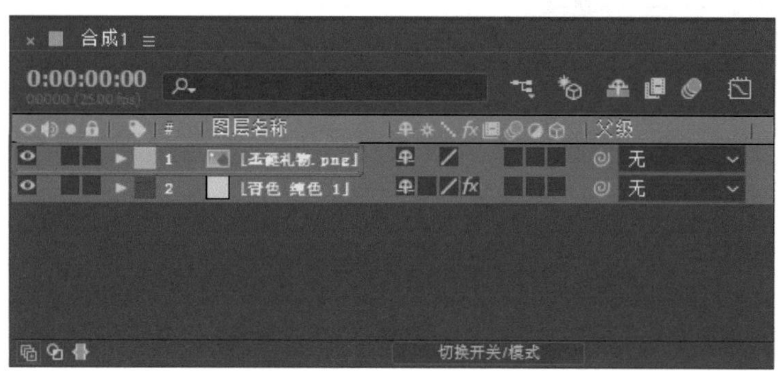

图2-24

实例031 使用形状图层制作彩色背景

首先创建形状图层，然后使用矩形工具绘制三个不同颜色的矩形，如图2-25所示。

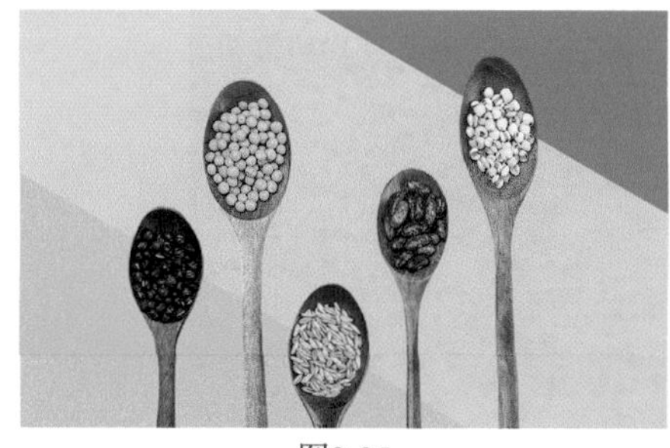

图2-25

Step 01 打开软件后，在【项目】面板中右击，在弹出的快捷菜单中选择【新建合成】命令，在弹出的【合成设置】对话框中保持默认设置，单击【确定】按钮，然后在【时间轴】面板中右击，在弹出的快捷菜单中选择【新建】|【形状图层】命令，选择该形状图层，单击【矩形工具】按钮，绘制三个矩形，并将矩形的【颜色】分别设置为灰色、青色、粉色，如图2-26所示。

Step 02 选择【形状图层1】图层，将【旋转】设置为0x+29°，此时产生了倾斜背景效果，如图2-27所示。

Step 03 在菜单栏中选择【文件】|【导入】|【文件】命令，弹出【导入文件】对话框，选择“素材\Cha02\养生谷物.png”素材文件，导入后将素材文件拖曳至【时间轴】面板中，将【位置】设置为960,643，将【缩放】设置为116，如图2-28所示。

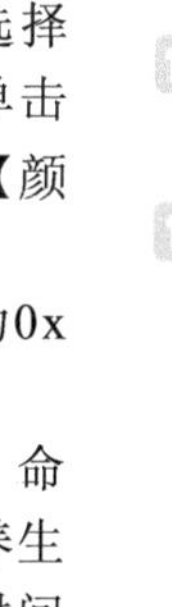

图2-26

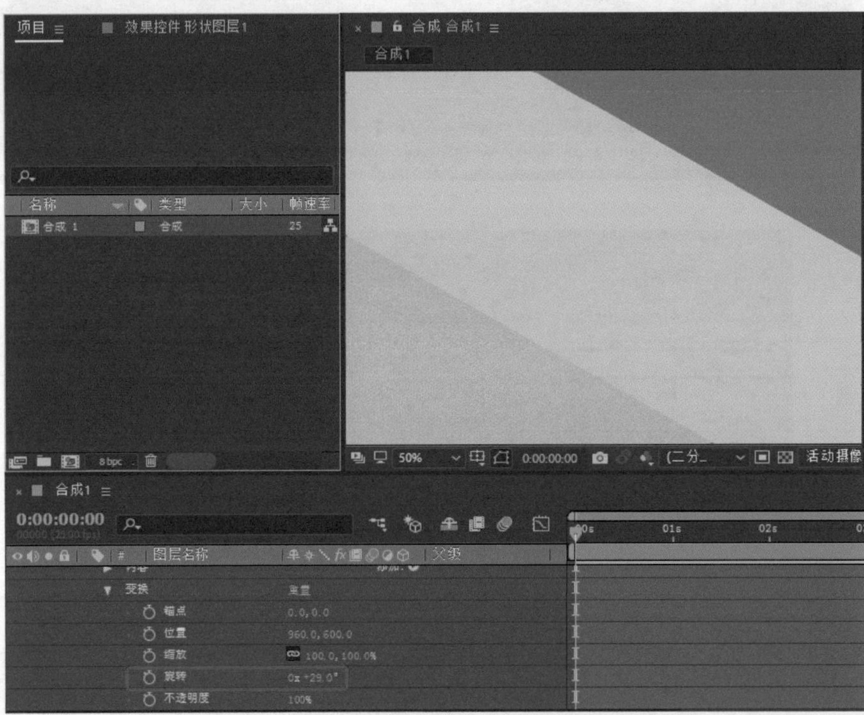

图2-27

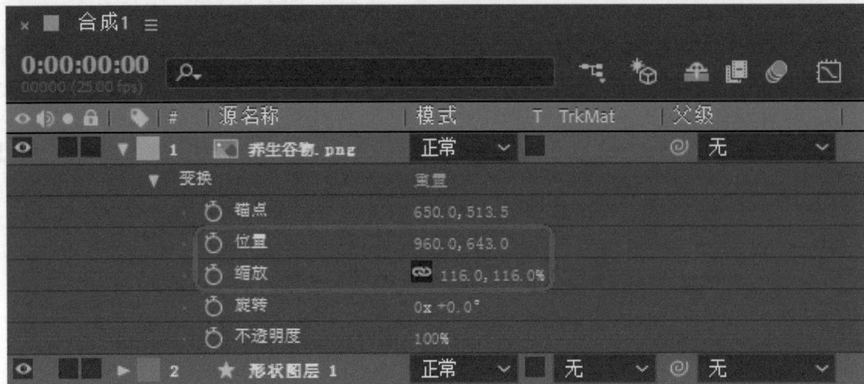

图2-28

实例032 调整图层修改整体颜色

本例介绍如何新建调整图层，并添加【颜色平衡】效果，然后修改颜色，如图2-29所示。

图2-29

Step 01 打开软件后，将“圣诞节素材01.jpg”与“圣诞节素材02.png”素材文件导入【项目】面板，然后依次将素材文件拖曳至【时间轴】面板，如图2-30所示。

> **提示**
>
> 除了可以使用上述方法导入文件之外，还可以在【项目】面板中右击，在弹出的快捷菜单中选择【导入】|【文件】命令，也可以按Ctrl+I组合键。

Step 02 在【时间轴】面板中选择“圣诞节素材02.png”，将【位置】设置为400,263，如图2-31所示。

Step 03 此时合成的效果如图2-32所示。

Step 04 在【时间轴】面板中右击，在弹出的快捷菜单中选择【新建】|【调整图层】命令，如图2-33所示。

图2-30

图2-31

图2-32

图2-33

Step 05 在【效果和预设】面板中选择【颜色校正】|【颜色平衡】效果，将该效果拖曳至【调整图层1】图层上，如图2-34所示。

Step 06 将【阴影红色平衡】、【阴影绿色平衡】、【阴影蓝色平衡】分别设置为34、50、50，效果如图2-35所示。

图2-34

效果控件 调整图层1	
颜色平衡	重置
阴影红色平衡	34.0
阴影绿色平衡	50.0
阴影蓝色平衡	50.0
中间调红色平衡	0.0
中间调绿色平衡	0.0
中间调蓝色平衡	0.0
高光红色平衡	0.0
高光绿色平衡	0.0
高光蓝色平衡	0.0
	保持发光度

图2-35

实例033 调整图层制作卡片擦除效果

本例介绍如何新建调整图层，并添加【卡片擦除】效果制作动画，如图2-36所示。

图2-36

Step 01 打开软件后，在菜单栏中选择【文件】|【导入】|【文件】命令，弹出【导入文件】对话框，选择“素材\Cha02\森林湖畔.jpg”素材文件，单击【导入】按钮，将素材文件拖曳至【时间轴】面板中，如图2-37所示。

Step 02 导入素材后的效果如图2-38所示。

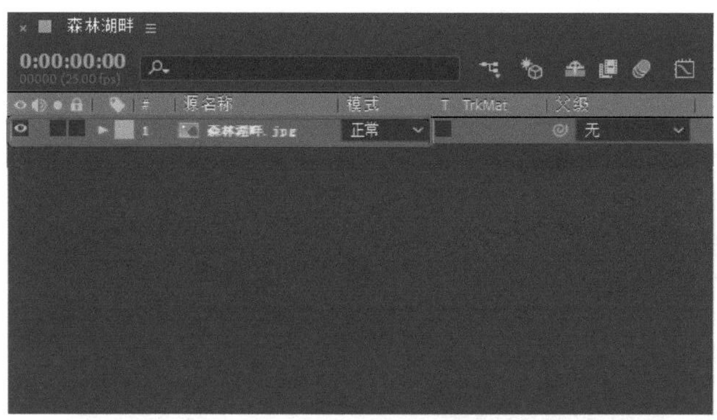

图2-37

图2-38

Step 03 在【时间轴】面板中右击，在弹出的快捷菜单中选择【新建】|【调整图层】命令，如图2-39所示。

图2-39

Step 04 在【效果控件】面板中搜索【卡片擦除】效果，将该效果拖曳至【调整图层1】图层上，将【卡片缩放】设置为1.20，将【翻转轴】设置为X，将【翻转方向】设置为【正向】，将【翻转顺序】设置为【从左到右】，如图2-40所示。

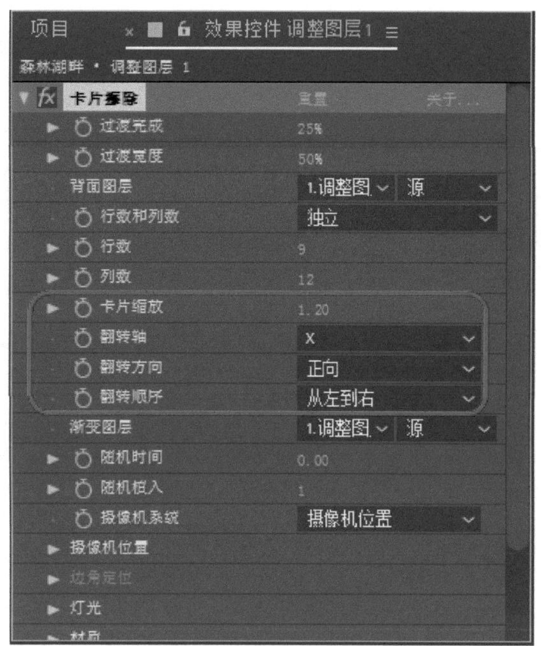

图2-40

实例034 调整图层制作模糊背景

本例介绍如何新建调整图层，并添加【高斯模糊】效果制作模糊背景，如图2-41所示。

图2-41

Step 01 按Ctrl+O组合键，打开“素材\Cha02\调整图层制作高斯模糊背景.aep”素材文件，将“素材04.png”素材的【位置】设置为1771.5,1774.5，如图2-42所示。

Step 02 在【时间轴】面板中右击，在弹出的快捷菜单中选择【新建】|【调整图层】命令，将【调整图层1】图层拖曳至【时间轴】面板的两个图层之间，如图2-43所示。

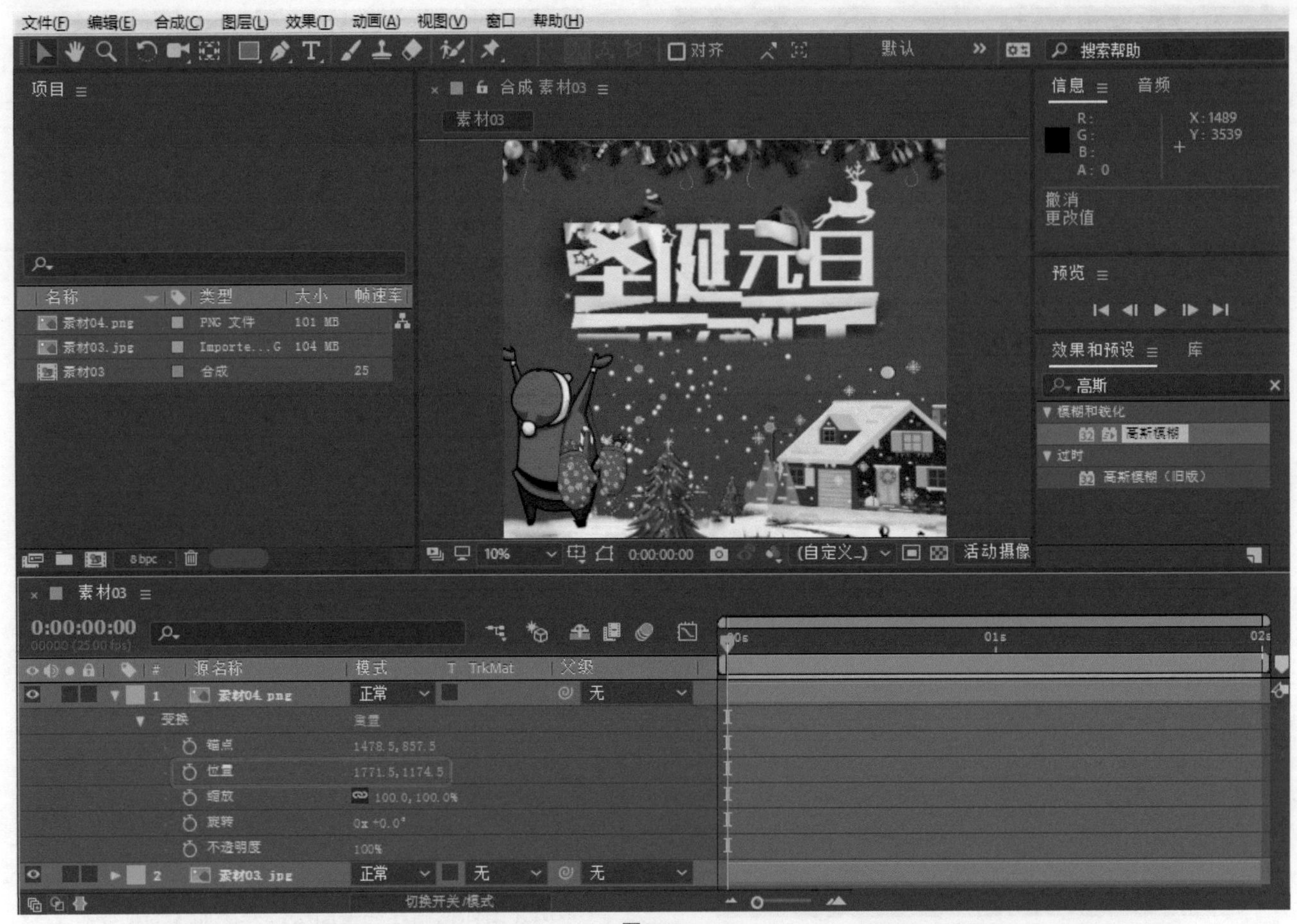

图2-42

图2-43

Step 03 在【效果控件】面板中搜索【高斯迷糊】效果，将该效果拖曳至【调整图层1】图层上，将【模糊度】设置为50，如图2-44所示。

图2-44

实例035 使用灯光图层制作聚光光照

【灯光】图层主要用来为该图层下的三维图层起到光照效果。灯光有很多类型，根据自己的喜好来进行调整。下面让我们来学习新建灯光的方法，如图2-45所示。

图2-45

Step 01 按Ctrl+O组合键，打开“素材\Cha02\灯光图层制作聚光光照.aep”素材文件，在【时间轴】面板中单击【3D图层】按钮，如图2-46所示。

Step 02 在【时间轴】面板中右击，弹出快捷菜单，选择【新建】|【灯光】命令，弹出【灯光设置】对话框，保持默认设置，单击【确定】按钮，将【变换】下的【目标点】设置为347,281,-116，将【位置】设置为238,104,-504，如图2-47所示。

图2-46

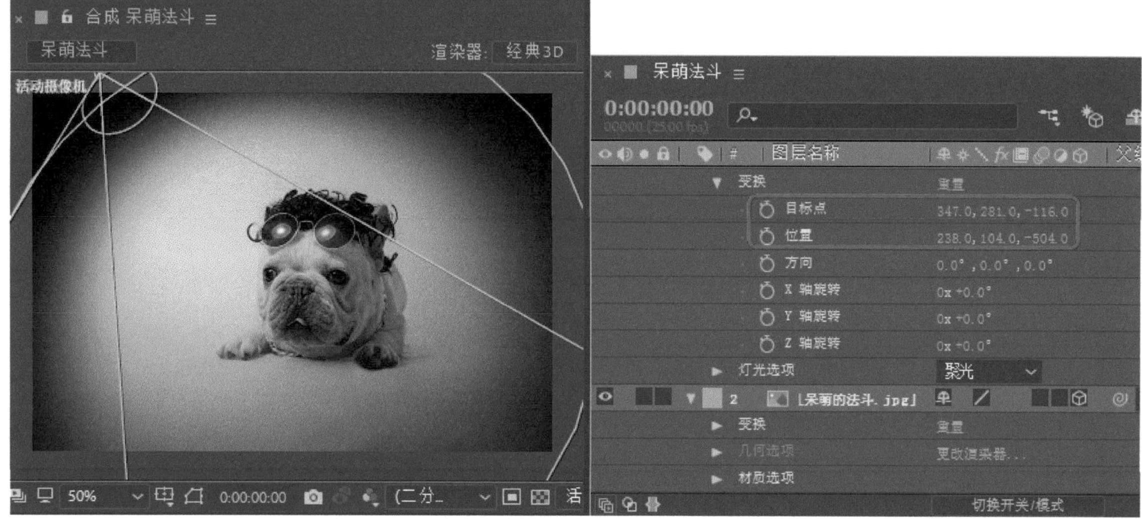

图2-47

Step 03 将【灯光选项】设置为【聚光】，将【强度】设置为150%，将【颜色】设置为#FDFBBF，将【锥形羽化】设置为100%，将【衰减】设置为【平滑】，将【半径】设置为1000，此时该灯光的位置参考如图2-48所示。

图2-48

实例036 使用3D图层制作镜头拉推近

本例讲解3D图层技术，下面介绍如何通过添加关键帧制作镜头对象，如图2-49所示。

图2-49

Step 01 按Ctrl+O组合键，打开“素材\Cha02\3D图层制作镜头拉推近.aep”素材文件，在【时间轴】面板中单击【3D图层】按钮，如图2-50所示。

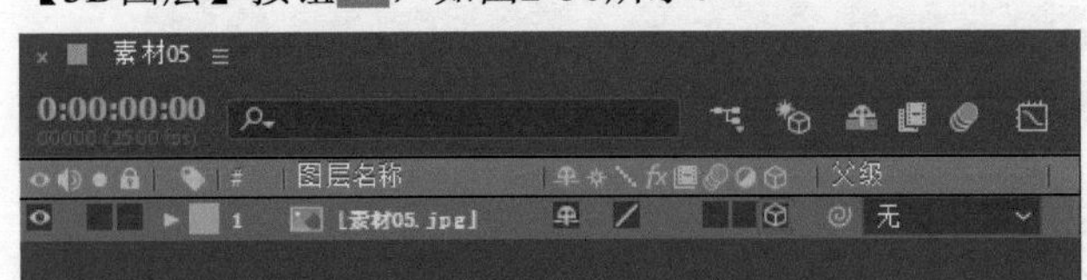

图2-50

Step 02 此时的画面效果如图2-51所示。

图2-51

Step 03 将时间线拖曳至0:00:00:00处，单击【位置】和【缩放】左侧的【时间变化秒表】按钮，将【位置】设置为400,245,0，将【缩放】设置为100，如图2-52所示。

Step 04 将当前时间设置为0:00:02:16，将【位置】设置为428,170,0，将【缩放】设置为184，如图2-53所示。

图2-52

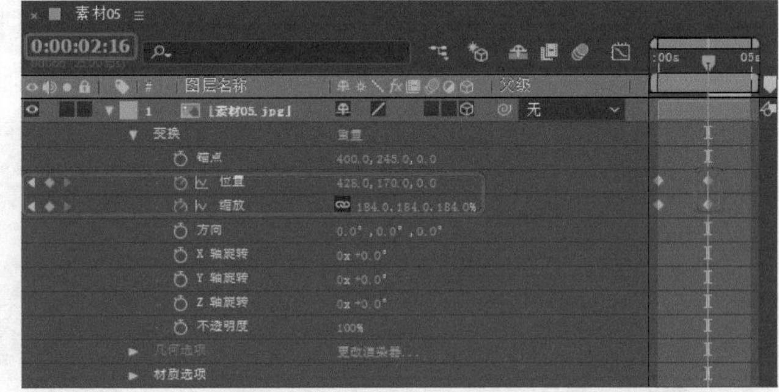

图2-53

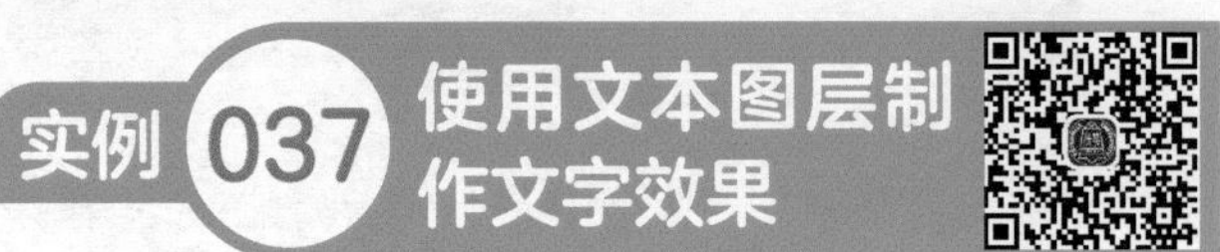

实例037 使用文本图层制作文字效果

本例讲解通过新建文本图层去创建适合的文字效果，如图2-54所示。

图2-54

Step 01 按Ctrl+O组合键，打开“素材\Cha02\文本图层制作文字效果.aep”素材文件，在【时间轴】面板中右击，在弹出的快捷菜单中选择【新建】|【文本】命令，如图2-55所示。

图2-55

Step 02 输入文字，此时的画面效果如图2-56所示。

图2-56

Step 03 将输入的文字选中，然后在【字符】面板中，将【字体系列】设置为【长城新艺体】，将【字体大小】设置为105像素，将【颜色】设置为白色，如图2-57所示。

Step 04 选择“法制”文字，设置一个合适的字体大小，如图2-58所示。

图2-57

图2-58

实例038 使用图层Alpha轨道遮罩制作文字图案

本例讲解通过设置图层不同轨道蒙版来得到各种蒙版遮罩效果，下面让我们来学习设置轨道蒙版的方法，如图2-59所示。

图2-59

Step 01 按Ctrl+O组合键，打开“素材\Cha02\图层Alpha轨道遮罩制作文字图案.aep”素材文件，如图2-60所示。

Step 02 在【时间轴】面板中，选择“风车.jpg”素材文件，将【位置】设置为535,129，如图2-61所示。

图2-60

图2-61

Step 03 在【时间轴】面板中右击，在弹出的快捷菜单中选择【新建】|【文本】命令，此时输入文字“windmill”，选中输入的文字，在【字符】面板中，将【字体系列】设置为Arial，将【字体样式】设置为Bold，将【字体大小】设置为98像素，单击【仿粗体】按钮T与【全部大写字母】按钮TT，如图2-62所示。

图2-62

Step 04 将【位置】设置为276,106，将【缩放】设置为100,100%，如图2-63所示。

图2-63

Step 05 单击【切换开关/模式】按钮，选择“冰岛.jpg”素材，将【轨道遮罩】设置为【Alpha 遮罩“windmill”】，效果如图2-64所示。

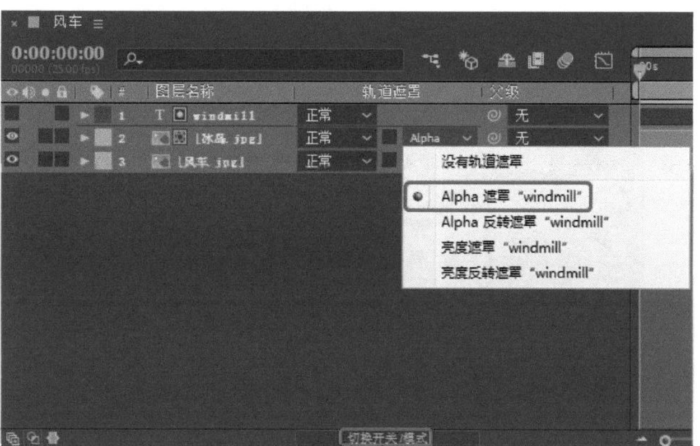

图2-64

实例039 倒影效果的制作

本例将讲解倒影效果的制作。本例首先使用【梯度渐变】制作出背景，然后加入素材，通过3D图层的设置，制作出两个相同的对象，通过对倒影添加【线性擦除】特效，使其呈现出倒影的效果，文字动画做对象的辅助，具体操作方法如下，完成后的效果如图2-65所示。

图2-65

Step 01 启动软件后，按Ctrl+N组合键，弹出【合成设置】对话框，如图2-66所示，将【合成名称】设置为“倒影”，在【基本】选项卡中，将【宽度】和【高度】分别设置为1204px、768px，将【像素长宽比】设置为【方形像素】，将【帧速率】设置为25帧/秒，将【持续时间】设置为0:00:05:00，单击【确定】按钮。

> **提示**
>
> 帧速率是指每秒钟刷新图片的帧数，也可以理解为图形处理器每秒钟能够刷新几次。对影片内容而言，帧速率指每秒所显示的静止帧格数。要生成平滑连贯的动画效果，帧速率一般不小于8；而电影的帧速率为24fps。捕捉动态视频内容时，此数字愈高愈好。

Step 02 切换到【项目】面板，在该面板中双击，弹出【导入文件】对话框，在该对话框中，选择“素材\Cha02\手机素材01.png”素材文件，然后单击【导入】按钮。在【项目】面板中，查看导入的素材文件，如图2-67所示。

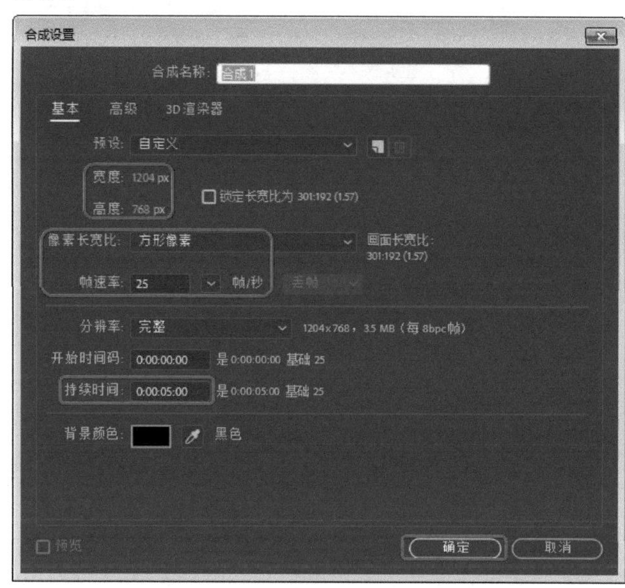

图2-66

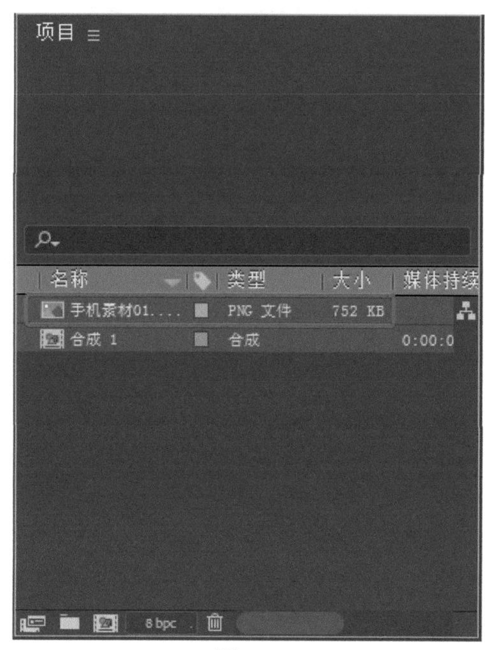

图2-67

Step 03 在【时间轴】面板中右击，在弹出的快捷菜单中选择【新建】|【纯色】命令，弹出【纯色设置】对话框，将【名称】设置为“背景”，将【宽度】和【高度】分别设置为1204像素和768像素，将【颜色】设置为白色，如图2-68所示。

Step 04 单击【确定】按钮，按Ctrl+5组合键，打开【效果和预设】面板，在搜索框中输入“梯度渐变”，此时会在【效果和预设】面板中显示搜索的效果，如图2-69所示。

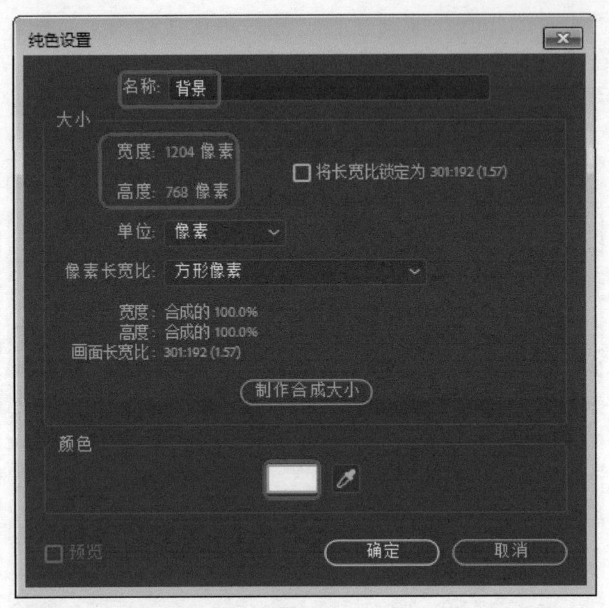

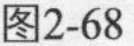

图2-68

图2-69

Step 05 选择【梯度渐变】效果，将其添加到【背景】图层上，激活【效果控件】面板，将【起始颜色】的RGB值设置为175,175,175，如图2-70所示。

Step 06 在【项目】面板中选择“手机素材01.png”，将其拖曳到【时间轴】面板的【背景】图层上方，并将其【位置】设置为652,307，将【缩放】均设置为63%，如图2-71所示。

图2-70

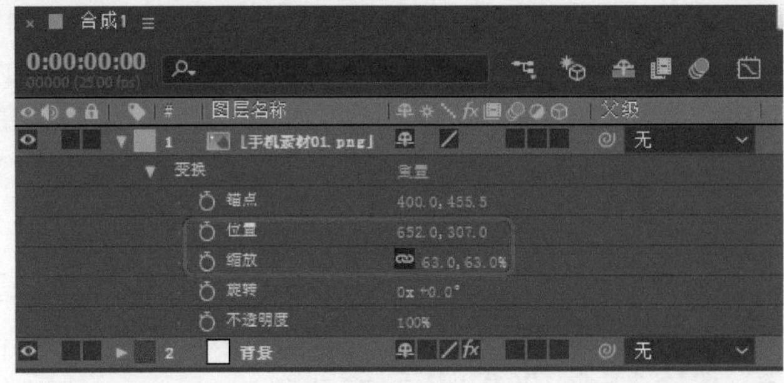

图2-71

Step 07 在【时间轴】面板中选择“手机素材01.png”图层，按Ctrl+D组合键对其进行复制，将复制的图层的名称设置为“倒影”，单击【3D图层】按钮，开启3D图层，如图2-72所示。

图2-72

Step 08 在【时间轴】面板中展开【倒影】图层的【变换】组，将【位置】设置为652,793,0，将【X轴旋转】设置为0x+180°，如图2-73所示。

图2-73

Step 09 设置完成后，在【合成】面板中查看效果，如图2-74所示。

图2-74

Step 10 在【效果和预设】面板中搜索【线性擦除】效果，将其添加到“倒影”对象上，在【效果控件】面板中，将【过渡完成】设置为83%，将【擦除角度】设置为0x-180°，将【羽化】设置为289，如图2-75所示。

> **提示**
>
> 线性擦除：按指定方向对图层执行简单的线性擦除。使用【草图】品质时，擦除的边缘不会消除锯齿；使用【最佳】品质时，擦除的边缘会消除锯齿且羽化是平滑的。

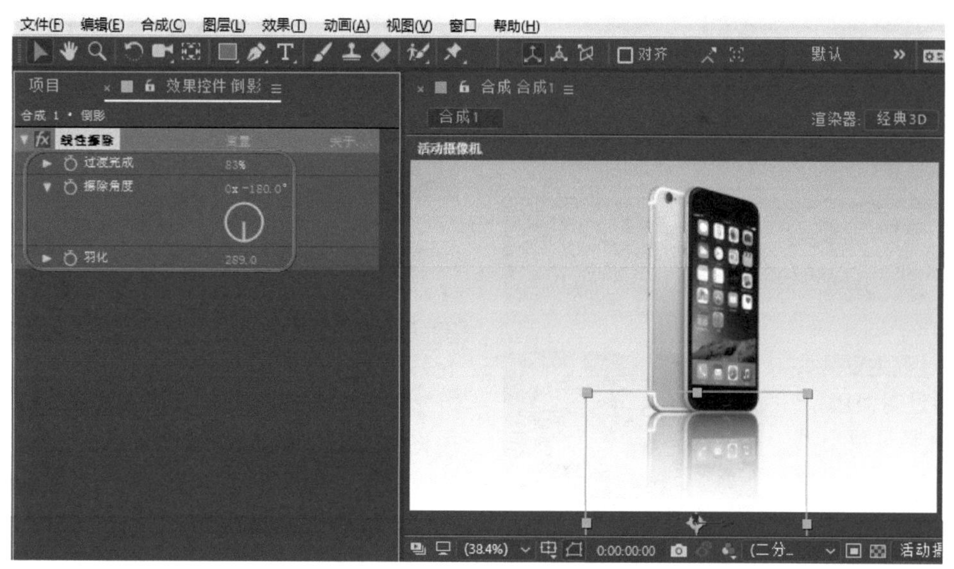

图2-75

Step 11 在工具栏中单击【横排文字工具】按钮，在【合成】面板中输入“智能手机”，如图2-76所示。在【字符】面板中将【字体】设置为【微软雅黑】，将【字体颜色】设置为黑色，将【字体大小】设置为91像素，单击【仿粗体】按钮。

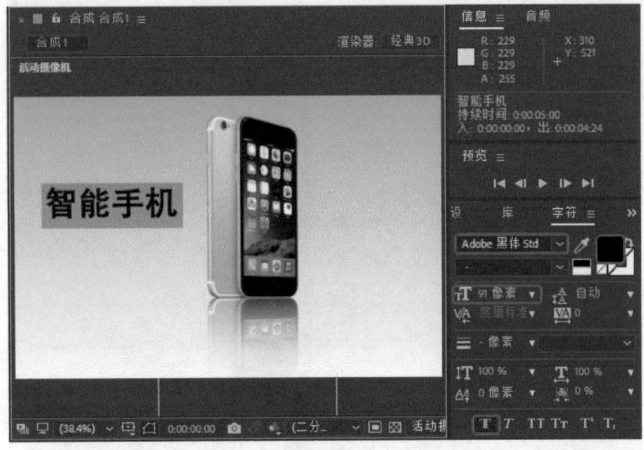

图2-76

Step 12 在【效果和预设】面板中，搜索【百叶窗】效果，并将其添加到文字图层上，将当前时间线拖曳至0:00:00:00处。在【效果控件】面板中单击【过渡完成】左侧的【时间变化秒表】按钮，将【过渡完成】设置为100%，将【方向】设置为0x+22°，将【宽度】设置为30，将时间线拖曳至0:00:04:00处，将【过渡完成】设置为0，如图2-77所示。

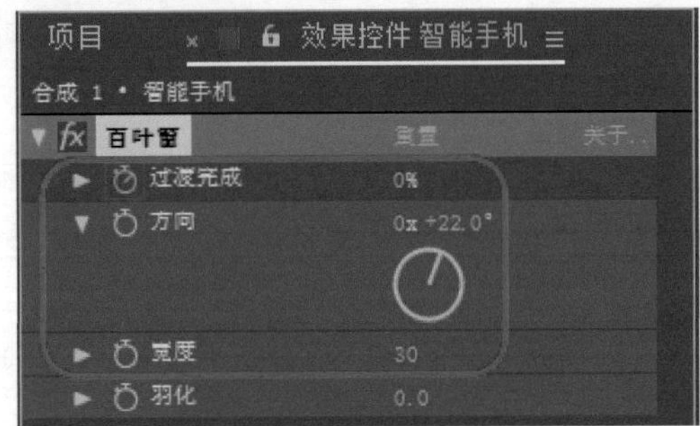

图2-77

实例040 掉落的乒乓球

本例的制作过程主要是关键帧的应用，通过对3D图层添加关键帧，使其呈现出动画，具体操作方法如下，完成后的效果如图2-78所示。

图2-78

Step 01 按Ctrl+O组合键，打开“素材\Cha02\掉落的乒乓球.aep”素材文件，选中【时间轴】面板中的“乒乓球素材02.png”文件，并单击【3D图层】按钮，如图2-79所示。

图2-79

Step 02 将当前时间线拖曳至0:00:00:00处，将【缩放】设置为8,8,8%，单击【位置】左侧的【时间变化秒表】按钮，将【位置】设置为480.5,353.5,0，如图2-80所示。

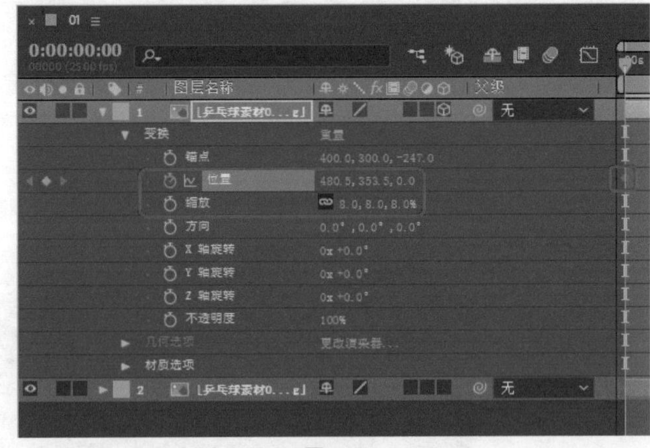

图2-80

Step 03 将【Z轴旋转】设置为2x+177°，并单击左侧的【时间变化秒表】按钮，如图2-81所示。

Step 04 将当前时间设置为0:00:03:00，将【位置】设置为361.5,437.5,0，如图2-82所示。

Step 05 将当前时间设置为0:00:04:00，在【时间轴】面板中将【位置】设置为346.5,585.5,0，将【Z轴旋转】设置为0x+0°，如图2-83所示。

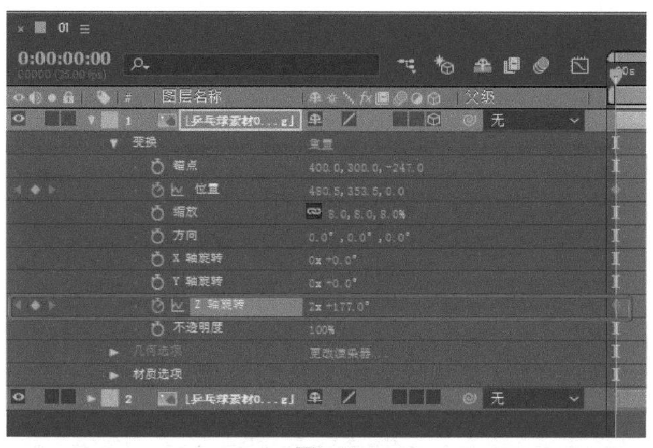

图2-81

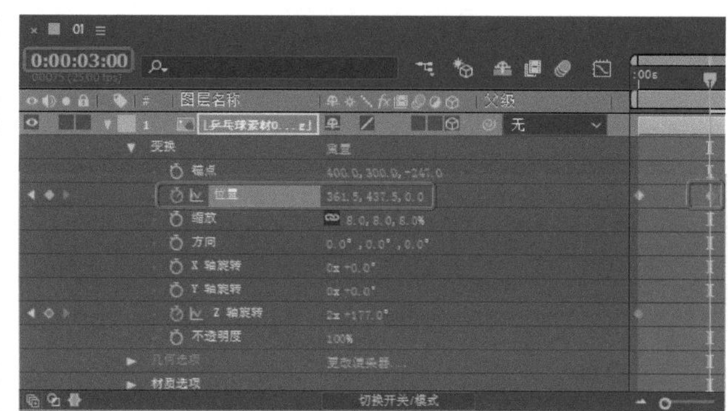

图2-82

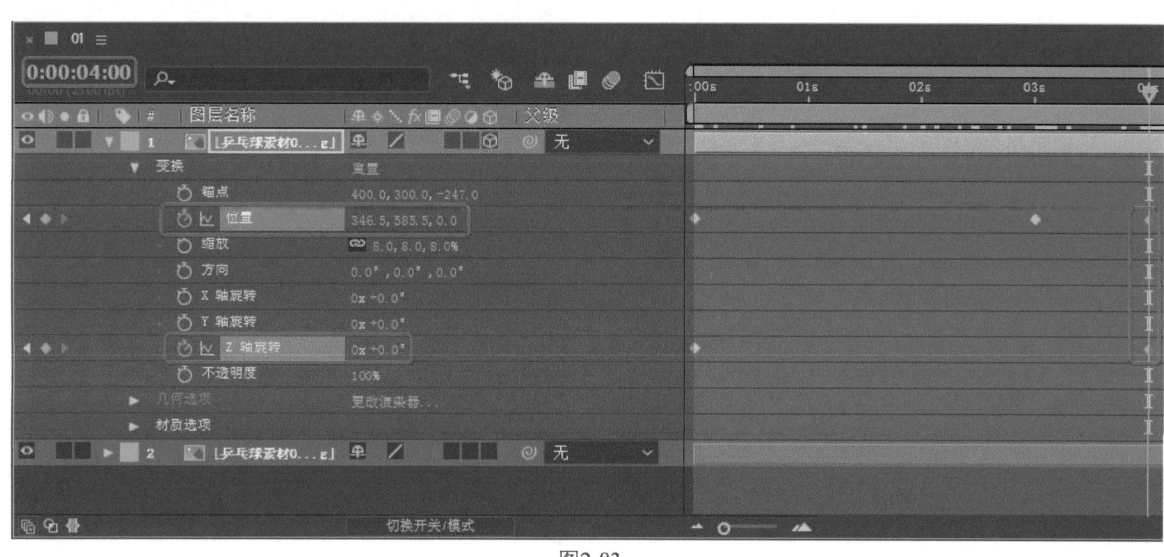

图2-83

实例 041 产品展示效果

本例首先打开素材文件，通过对素材的缩放添加关键帧，使其呈现出动画，具体操作方法如下，完成后的效果如图2-84所示。

图2-84

Step 01 启动软件后，按Ctrl+O组合键，打开“素材\Cha02\产品展示效果.aep”素材文件，选中【时间轴】面板中的“产品背景.jpg”图层，单击【3D图层】按钮，在【效果和预设】面板中，搜索CC Star Burst效果，将其添加到“产品背景.jpg”图层的上方，如图2-85所示。

Step 02 将当前时间线拖曳至0:00:00:00处，将Scatter设置为56，单击Scatter与Blend w. Original左侧的【时间变化秒表】按钮，如图2-86所示。

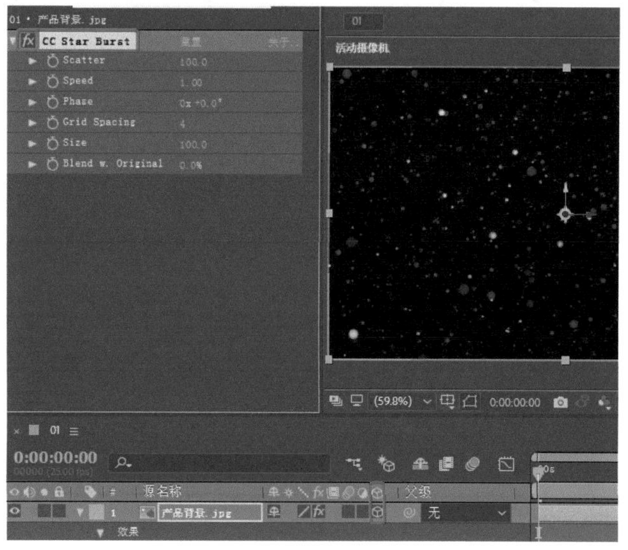

图2-85

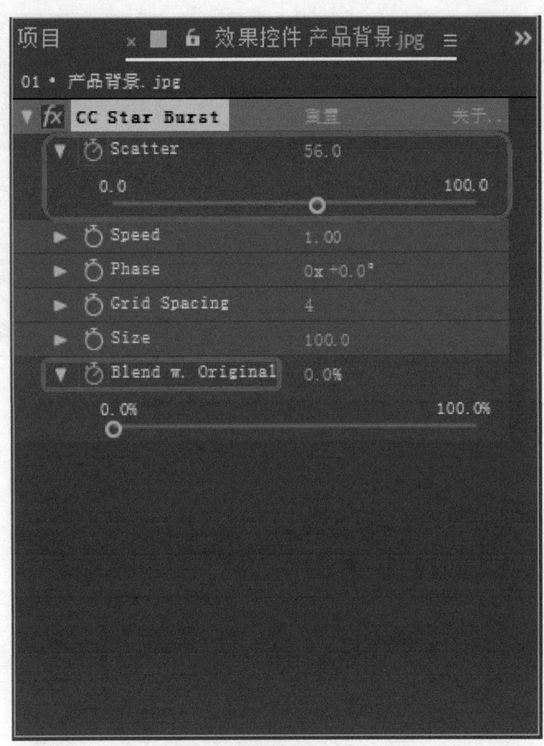

图2-86

Step 03 将当前时间设置为0:00:01:24，将Scatter设置为0，将Blend w. Original设置为100%，如图2-87所示。

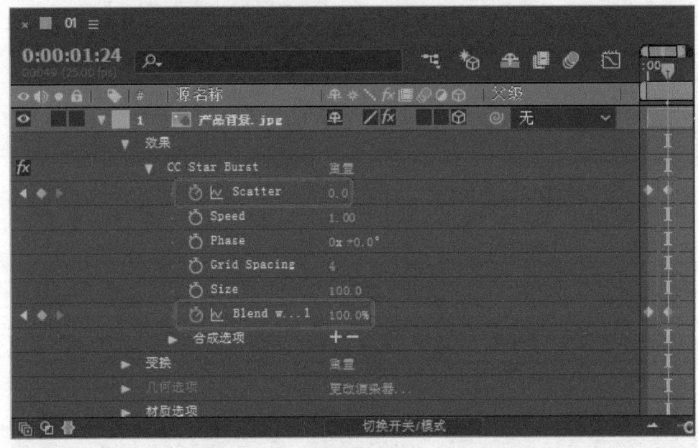

图2-87

Step 04 在【项目】面板中右击，弹出快捷菜单，选择【导入】|【文件】命令，弹出【导入文件】对话框，选择“素材\Cha02\5G通信.png”素材文件，将素材文件拖曳至【时间轴】面板中，单击【3D图层】按钮，如图2-88所示。

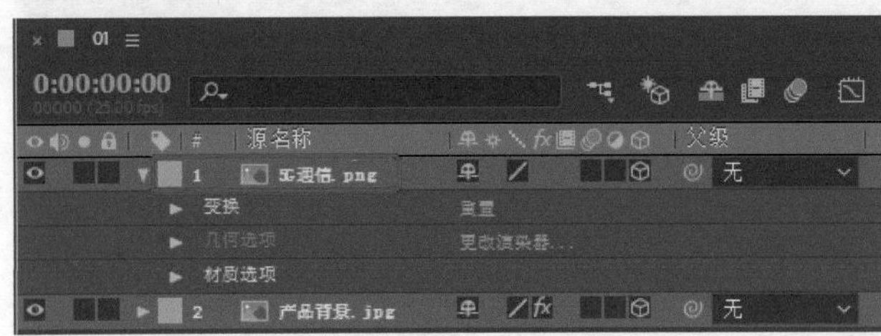

图2-88

Step 05 将【缩放】设置为28，将当前时间设置为0:00:02:10，将【位置】设置为412.7,-119,0，将【Z轴旋转】设置为0x+0°，单击【位置】与【Z轴旋转】左侧的【时间变化秒表】按钮，如图2-89所示。

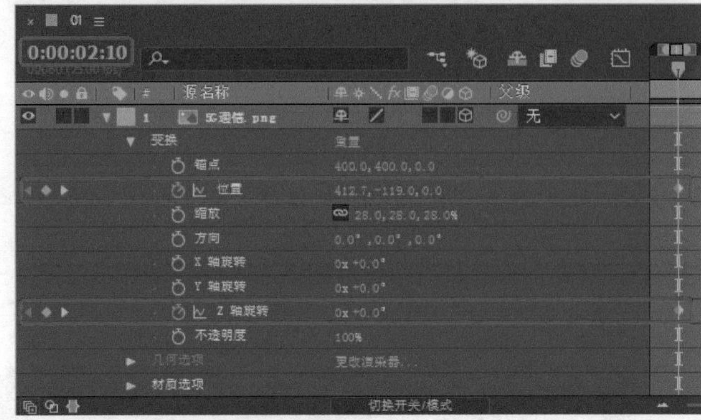

图2-89

Step 06 将当前时间设置为0:00:04:10，将【位置】设置为412.7,221,0，将【Z轴旋转】设置为3x+349°，如图2-90所示。

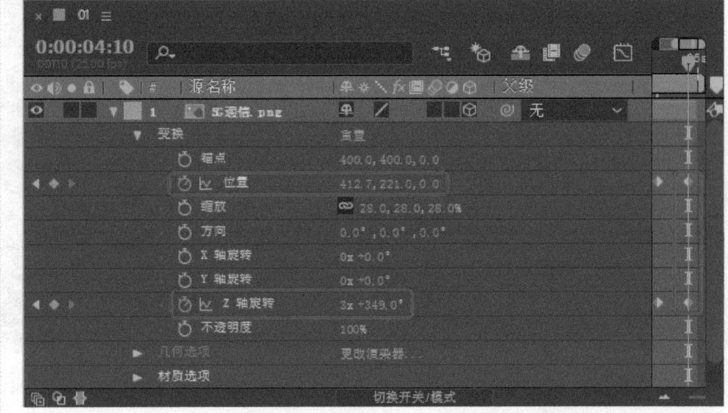

图2-90

实例 042 旋转的钟表

本例主要应用了【锚点】和【位置】的设置，以及【Z 轴旋转】关键帧的添加，具体操作方法如下，完成后的效果如图2-91所示。

图2-91

Step 01 启动软件后，按Ctrl+O组合键，打开“素材\Cha02\旋转的钟表.aep”素材文件，将“分针.png”素材文件拖曳至

【时间轴】面板中，单击【3D图层】按钮，如图2-92所示。

图2-92

Step 02 将【锚点】设置为11.5,204.5,0，将【位置】设置为366,337,0，将【缩放】设置为38，将【Z轴旋转】设置为0x+0°，单击左侧的【时间变化秒表】按钮，如图2-93所示。

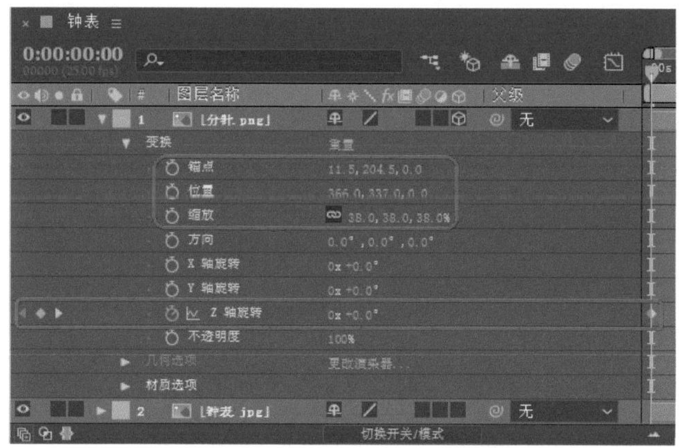

图2-93

Step 03 将当前时间设置为0:00:04:00，将【Z轴旋转】设置为0x+10°，如图2-94所示。

图2-94

Step 04 在【合成】面板中查看设置完成后的效果，如图2-95所示。

Step 05 将“秒针.png”素材文件拖曳至【时间轴】面板中，并单击【3D图层】按钮，将【锚点】设置为14.5,237,0，将【位置】设置为366,337,0，将【缩放】设置为38，将【Z轴旋转】设置为0x-40°，单击左侧的【时间变化秒表】按钮，如图2-96所示。

图2-95

图2-96

Step 06 将当前时间设置为0:00:04:00，将【Z轴旋转】设置为0x+150°，如图2-97所示。

图2-97

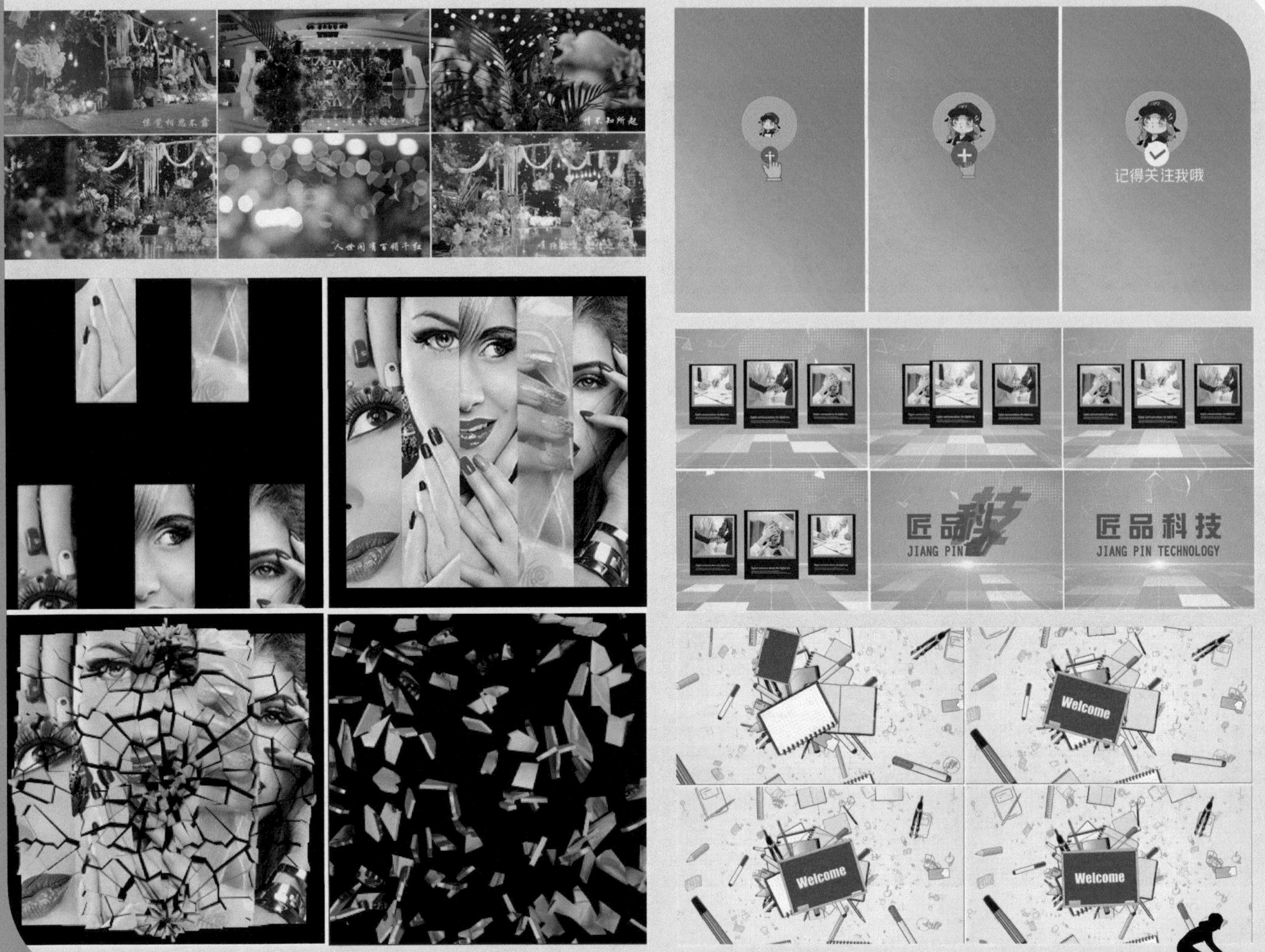

第3章 关键帧动画

本章导读

在制作视频特效时，经常需要设置关键帧动画。通过设置图层或效果中的参数关键帧，能够制作出流畅的动画效果，使视频画面更加顺畅多变，有巧夺天工之效。本章将通过多个案例讲解设置关键帧动画的相关知识，使读者更加深入地了解关键帧的设置。

实例043 创建关键帧

本例通过对【位置】和【缩放】设置关键帧动画，从而达到位置和缩放的变换，效果如图3-1所示。

图3-1

Step 01 在【项目】面板中，按Ctrl+N组合键，弹出【合成设置】对话框，将【宽度】、【高度】设置为1920px、1200px，将【像素长宽比】设置为【方形像素】，将【持续时间】设置为0:00:05:00，单击【确定】按钮，按Ctrl+I组合键，弹出【导入文件】对话框，选择“素材\Cha03\001.jpg”素材文件，将素材拖曳至时间轴中，如图3-2所示。

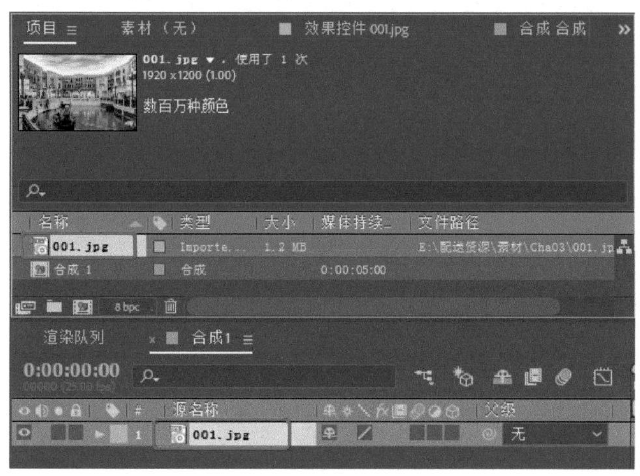

图3-2

Step 02 此时可以在【合成】面板中观察效果，如图3-3所示。

Step 03 将当前时间设置为0:00:00:00，将001.jpg图层的【变换】下的【位置】设置为960,600，将【缩放】设置为100%，单击【位置】、【缩放】左侧的【时间变化秒表】按钮，如图3-4所示。

Step 04 将当前时间设置为0:00:04:00，将【变换】下的【位置】设置为835,410，将【缩放】设置为180%，如图3-5所示。

图3-3

图3-4

图3-5

Step 05 拖动时间线可以观察效果。

提示

为动画属性制作关键帧动画时，至少要添加两个不同参数的关键帧，使其在一定时间内产生不同的运动或变化，这个过程就是动画。

实例044 选择关键帧

本例讲解选择单个或者多个关键帧的方法，效果如图3-6所示。

Step 01 按Ctrl+O组合键，打开“素材\Cha03\选择关键帧.aep”素材文件，在【工具】面板中单击【选取工具】按钮，在需要选择的关键帧上单击鼠标即可选择该关键帧，如图3-7所示。

Step 02 按住Shift键单击，即可选择多个关键帧，如图3-8所示。

Step 03 拖动鼠标左键框选，可以选择多个连续的关键帧，如图3-9所示。

图3-6

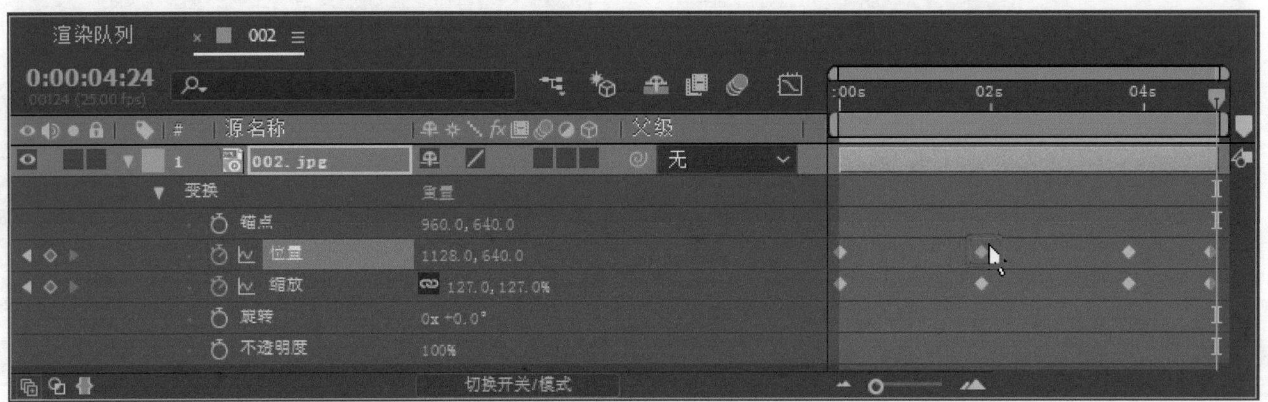

图3-7

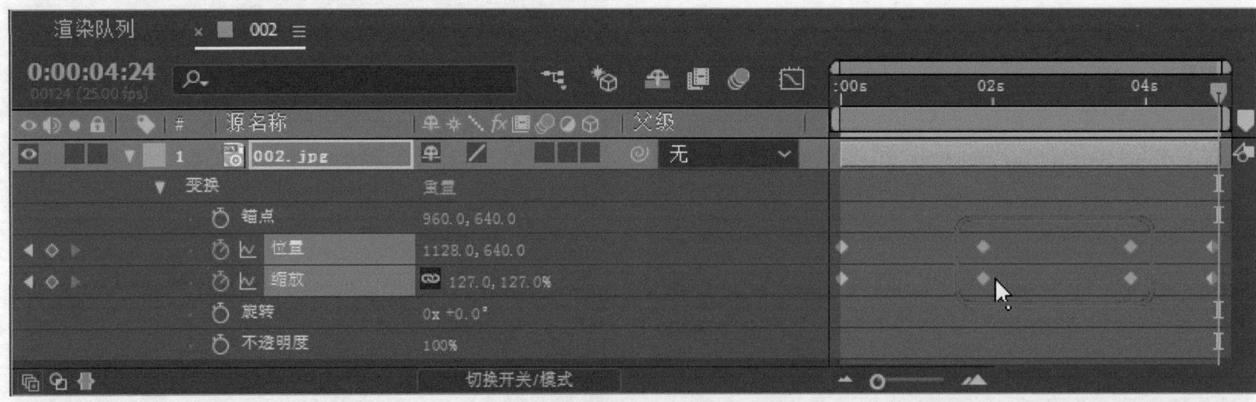

图3-8

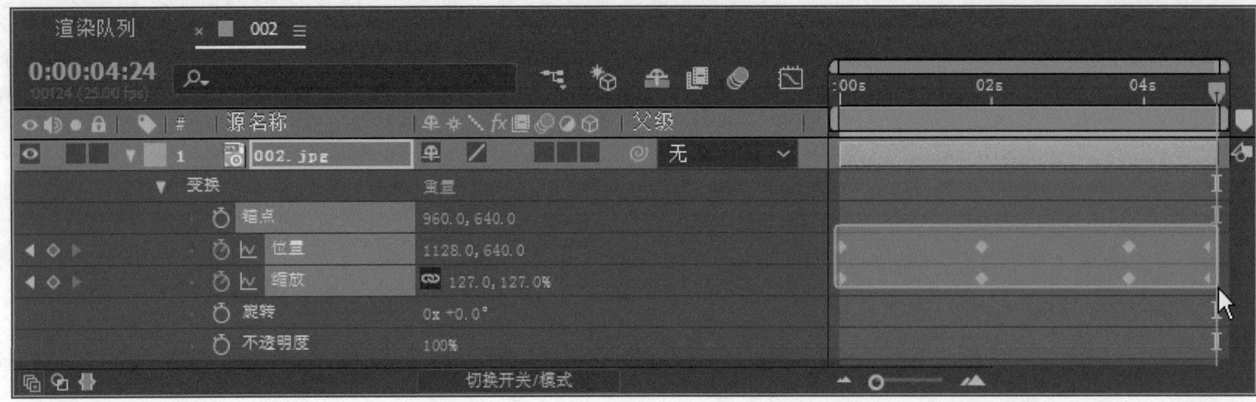

图3-9

实例045 复制和粘贴关键帧

本例讲解使用快捷键复制和粘贴关键帧的方法，效果如图3-10所示。

图3-10

Step 01 按Ctrl+O组合键，打开“素材\Cha03\复制和粘贴关键帧.aep”素材文件，在【工具】面板中单击【选取工具】按钮，拖动鼠标左键框选3个关键帧，按Ctrl+C组合键进行复制，如图3-11所示。

Step 02 将当前时间设置为0:00:01:00，如图3-12所示。

Step 03 按Ctrl+V组合键，将刚才复制的3个关键帧粘贴过来，效果如图3-13所示。

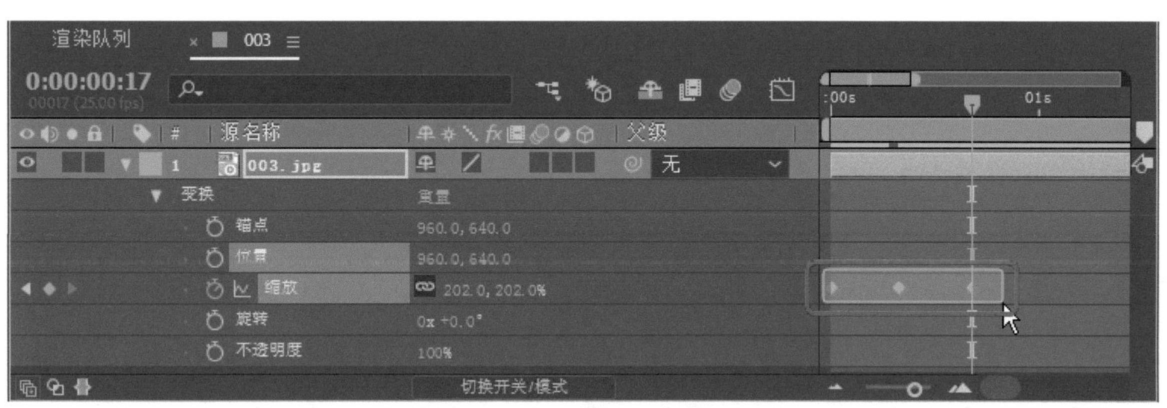

图3-11

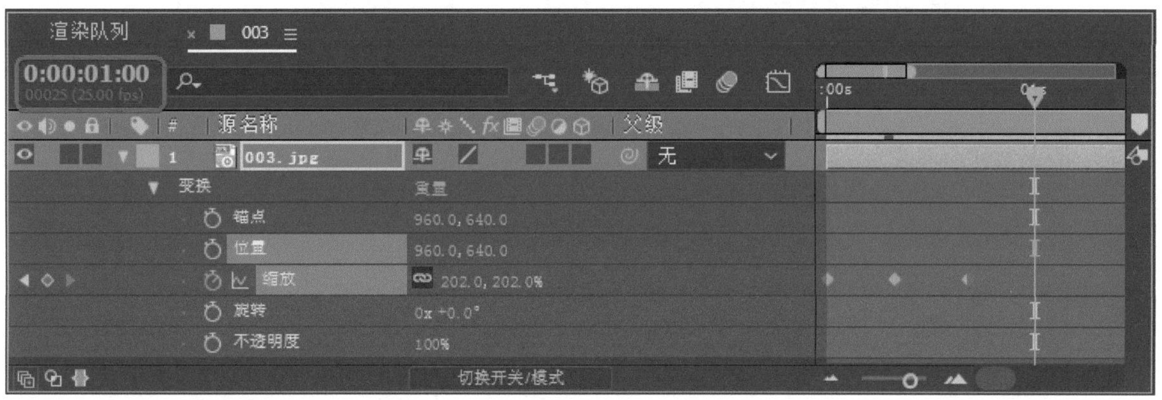

图3-12

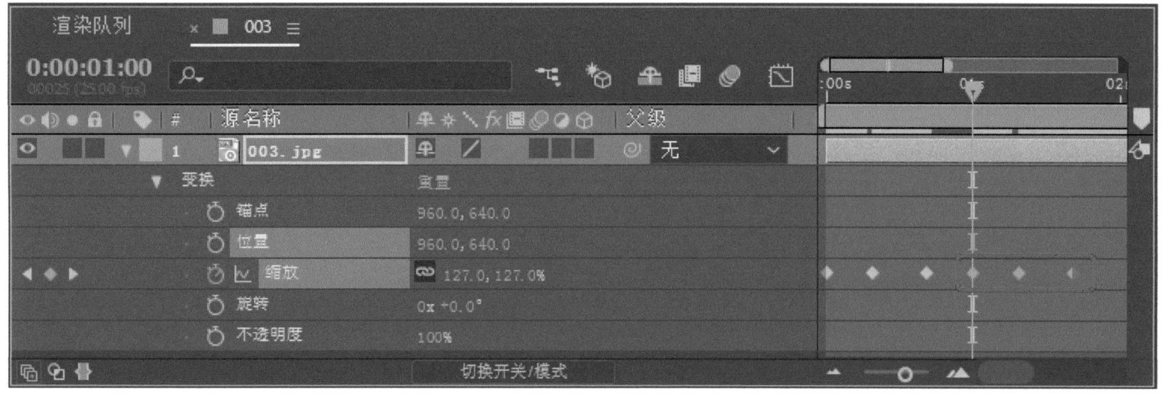

图3-13

◎提示·◦

也可以使用菜单栏中的【编辑】|【复制】命令，或【粘贴】命令，如图3-14所示。

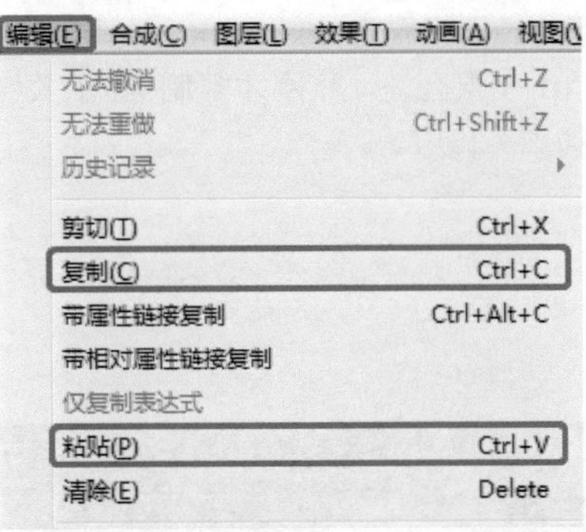

图3-14

实例046 删除关键帧

本例讲解选择关键帧并删除的方法。

Step 01 继续上一个案例的操作，在【工具】面板中单击【选取工具】按钮，单击鼠标，选择如图3-15所示的关键帧。

Step 02 在菜单栏中选择【编辑】|【清除】命令，如图3-16所示，或按Delete键。

Step 03 此时关键帧已经被删除了，效果如图3-17所示。

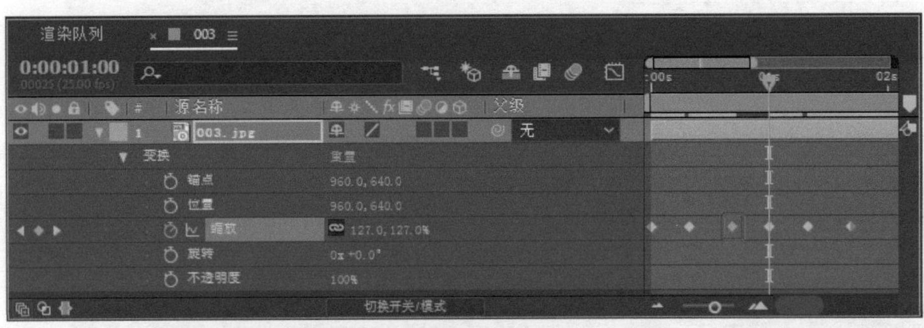

图3-15

编辑(E) 合成(C) 图层(L) 效果(T) 动画(A) 视图(V)
无法撤消 Ctrl+Z
无法重做 Ctrl+Shift+Z
历史记录
剪切(T) Ctrl+X
复制(C) Ctrl+C
带属性链接复制 Ctrl+Alt+C
带相对属性链接复制
仅复制表达式
粘贴(P) Ctrl+V
清除(E) Delete
重复(D) Ctrl+D

图3-16

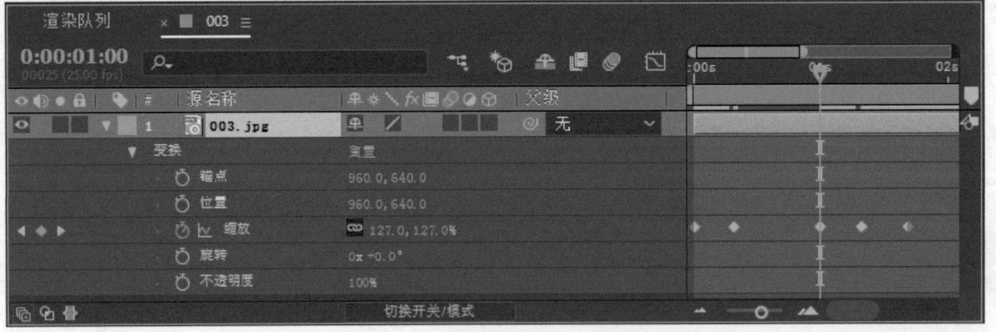

图3-17

实例047 利用关键帧制作不透明度动画

本例将介绍如何利用关键帧制作不透明度动画，首先新建合成，然后在【合成】面板中输入文字，在【时间轴】面板中设置【不透明度】关键帧，完成后的效果如图3-18所示。

图3-18

Step 01 按Ctrl+O组合键，打开“素材\Cha03\关键帧制作不透明度动画素材.aep”素材文件，将【项目】面板中的“视频素材01.mp4”素材文件拖曳至【时间轴】面板中，此时拖曳时间线，在【合成】面板中可以观察视频效果，如图3-19所示。

图3-19

Step 02 在【工具】面板中单击【横排文字工具】按钮，在【合成】面板中单击，输入文字“惊觉相思不露”，按Ctrl+6组合键打开【字符】面板，在该面板中将【字体系列】设置为【华文行楷】，将【字体大小】设置为94，将【字符间距】设置为100，将【填充颜色】RGB设置为255,255,255，将【描边颜色】设置为无，如图3-20所示。

图3-20

Step 03 单击【时间轴】面板底部的第三个窗格控制按钮，将文本的【持续时间】设置为0:00:03:12，如图3-21所示。

Step 04 将当前时间设置为0:00:00:00，在【时间轴】面板中选择文字图层，将该图层展开，将【变换】下的【位置】设置为1250,1015，将【不透明度】设置为0，单击【不透明度】左侧的【时间变化秒表】按钮，如图3-22所示。

Step 05 此时在【合成】面板中可以观察文本在0:00:00:00处的效果，如图3-23所示。

Step 06 将当前时间设置为0:00:01:19，将【不透明度】设置为100%，如图3-24所示。

图3-21

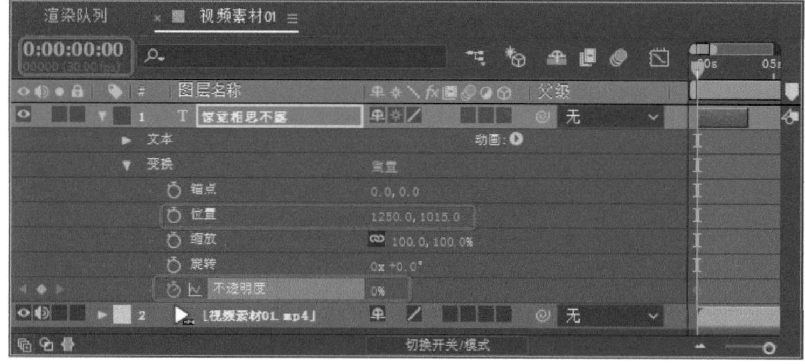

图3-22

图3-23

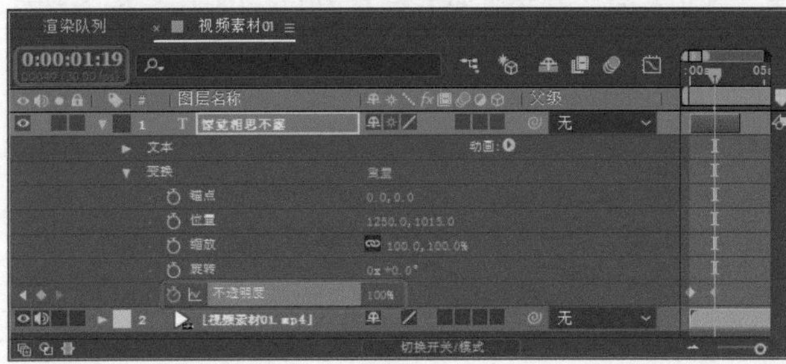

图3-24

Step 07 此时在【合成】面板中可以观察文本在0:00:01:19处的效果，如图3-25所示。

图3-25

Step 08 将当前时间设置为0:00:03:05，将【不透明度】设置为0，如图3-26所示。

提示

当某个特定属性的【时间变化秒表】按钮处于活动状态时，如果更改属性值，After Effects 将在当前时间自动添加或更改该属性的关键帧。

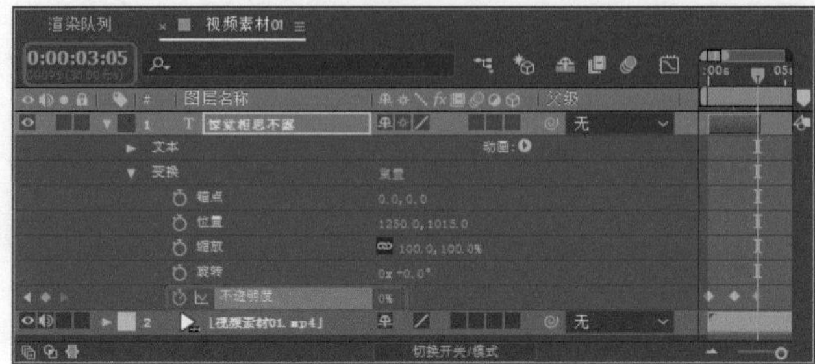

图3-26

Step 09 此时在【合成】面板中可以观察文本在0:00:03:05处的效果，如图3-27所示。

图3-27

Step 10 在【工具】面板中单击【横排文字工具】按钮，在【合成】面板中单击鼠标，输入文字“原来只因已入骨”，在【字符】面板中将【字体系列】设置为【华文行楷】，将【字体大小】设置为94，将【字符间距】设置为100，将【填充颜色】RGB设置为255,255,255，将【描边颜色】设置为无，如图3-28所示。

图3-28

Step 11 单击【时间轴】面板底部的第三个窗格控制按钮，将【持续时间】设置为0:00:04:22，将【入】设置为0:00:03:28，将【出】设置为0:00:08:19，如图3-29所示。

Step 12 将当前时间设置为0:00:04:11，在【时间轴】面板中选择文字图层，将该图层展开，将【变换】下的【位置】

设置为1140,1015，将【不透明度】设置为0，单击【不透明度】左侧的【时间变化秒表】按钮，如图3-30所示。

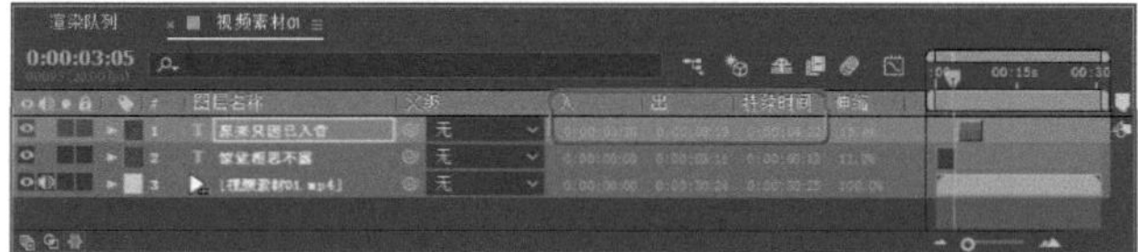

图3-29

图3-30

Step 13 此时在【合成】面板中可以观察文本在0:00:04:11处的效果，如图3-31所示。

图3-31

Step 14 将当前时间设置为0:00:06:07，将【不透明度】设置为100%，如图3-32所示。

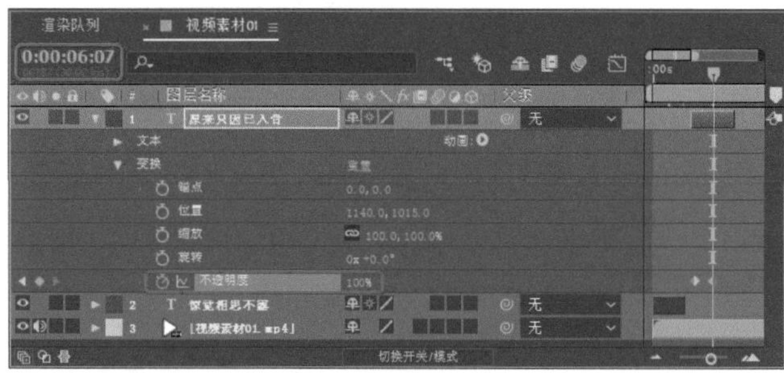

图3-32

Step 15 此时在【合成】面板中可以观察文本在0:00:06:07处的效果，如图3-33所示。

Step 16 将当前时间设置为0:00:08:03，将【不透明度】设置为0，如图3-34所示。

图3-33

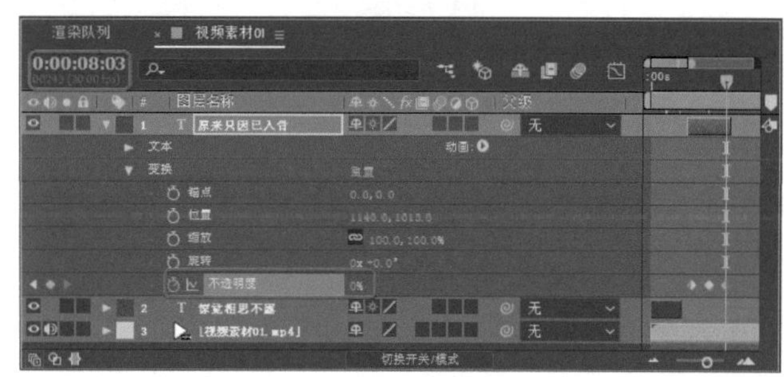

图3-34

Step 17 此时在【合成】面板中可以观察文本在0:00:08:03处的效果，如图3-35所示。

Step 18 根据前面介绍过的方法，输入其他文本内容并设置关键帧动画，最终效果如图3-36所示。

图3-35

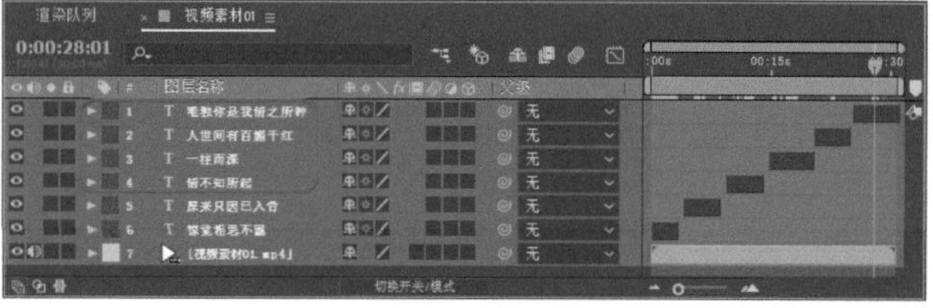

图3-36

实例 048 科技信息展示

本例中主要应用了【位置】和【缩放】关键帧，对文字图层主要应用了软件自身携带的动画预设，其中具体操作方法如下，完成后的效果如图3-37所示。

图3-37

Step 01 按Ctrl+O组合键，打开“素材\Cha03\科技信息展示素材.aep”素材文件，在【项目】面板中选择“视频素材02.mp4”文件，将其拖到【时间轴】面板中，将其名称修改为“视频素材02”，如图3-38所示。

图3-38

Step 02 可以在【时间轴】面板中拖曳时间线，在【合成】面板中观察视频效果，如图3-39所示。

Step 03 在【项目】面板中将“展示02.png”素材文件拖到【时间轴】面板中，将其名称修改为“展示02”，将【缩放】设置为35%，如图3-40所示。

Step 04 在【合成】面板中查看设置缩放后的效果，如图3-41所示。

图3-39

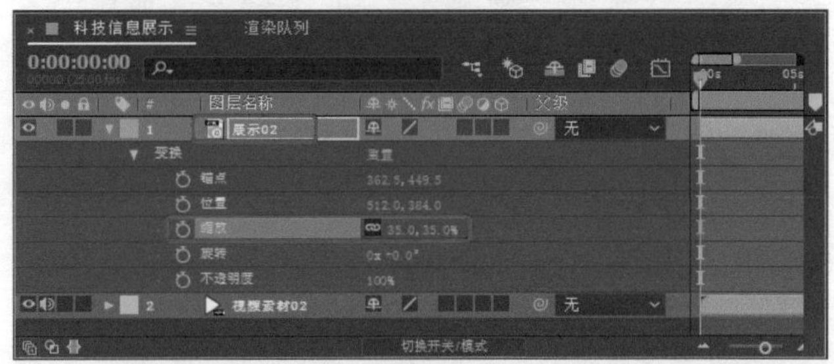

图3-40

图3-41

提示

在设置【缩放】时，可以展开图层的【变换】选项组进行设置。

Step 05 在【时间轴】面板中单击面板底部的第三个窗格控制按钮，此时可以对素材的【入】、【出】、【持续时间】和【伸缩】进行设定，将【入】设置为0:00:00:00，将【持续时间】设置为0:00:03:00，如图3-42所示。

图3-42

> ◎提示
>
> 在设置【入】时间时，也可以首先设置当前时间，例如将当前时间设置为0:00:11:00，此时按住Alt键单击【入】下面的时间数值，素材图层的起始位置将处于0:00:11:00。

Step 06 将当前时间设置为0:00:01:00，在【时间轴】面板中展开【展示02】图层的【变换】选项组，单击【位置】前面的【添加关键帧】按钮，添加关键帧，并将【位置】设置为833,384，如图3-43所示。

Step 07 此时在【合成】面板中可以观察科技展示在0:00:01:00处的效果，如图3-44所示。

图3-43

图3-44

Step 08 将当前时间设置为0:00:02:00，并将【位置】设置为202,384，如图3-45所示。

Step 09 此时在【合成】面板中可以观察科技展示在0:00:02:00处的效果，如图3-46所示。

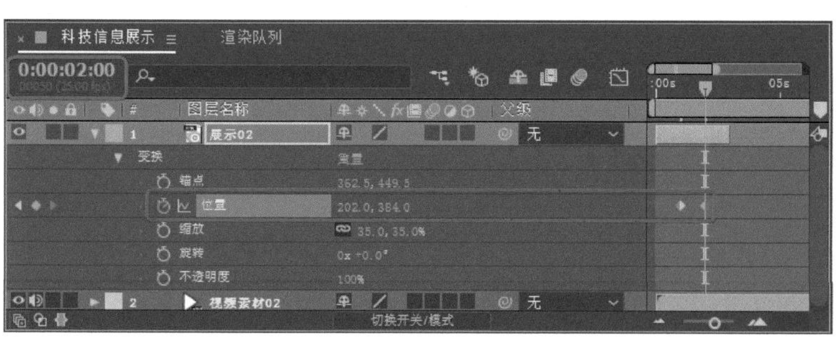

图3-45

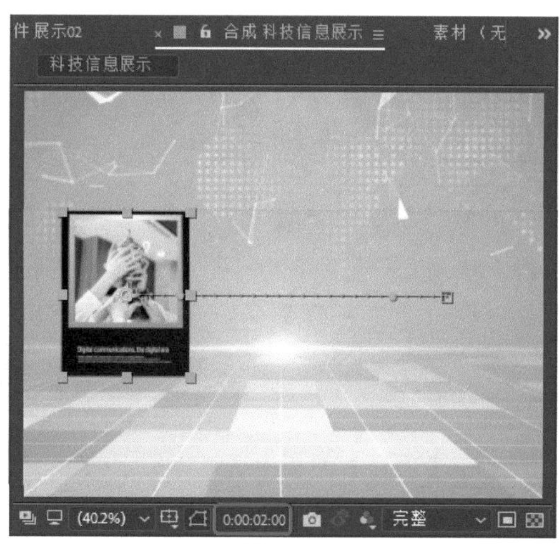

图3-46

Step 10 在【项目】面板中选择“展示01.png”素材文件拖到【时间轴】面板中，将其放置到【展示02】图层的上方，修改名字为“展示01”，将【入】设置为0:00:00:00，将【持续时间】设置为0:00:03:00，如图3-47所示。

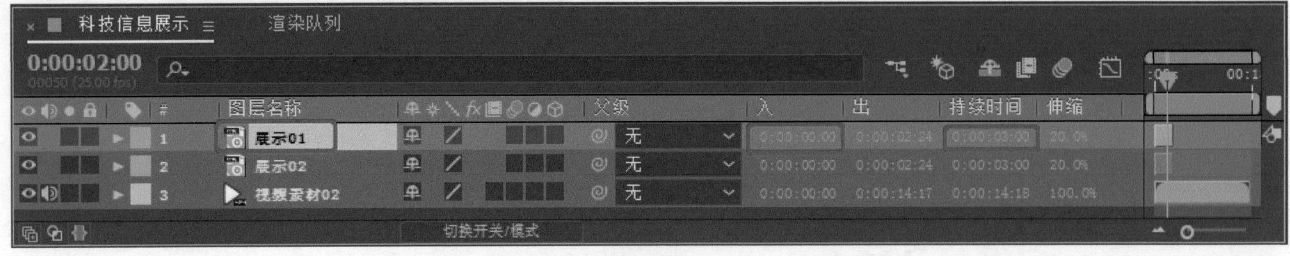

图3-47

Step 11 将当前时间设置为0:00:01:00，展开【展示01】图层的【变换】选项组，分别单击【缩放】和【位置】前面的【添加关键帧】按钮，添加关键帧，并将【位置】设置为202,384，将【缩放】设置为35%，如图3-48所示。

Step 12 此时在【合成】面板中可以观察科技展示在0:00:01:00处的效果，如图3-49所示。

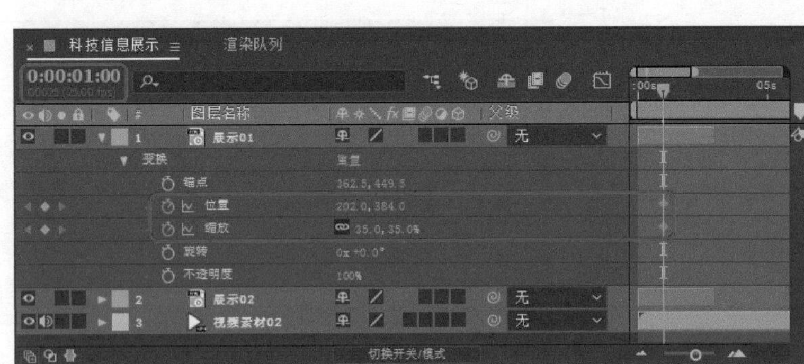

图3-48

图3-49

Step 13 将当前时间设置为0:00:02:00，在【时间轴】面板中展开【展示01】图层的【变换】选项组，将【位置】设置为512,384，将【缩放】设置为40%，如图3-50所示。

Step 14 此时在【合成】面板中可以观察科技展示在0:00:02:00处的效果，如图3-51所示。

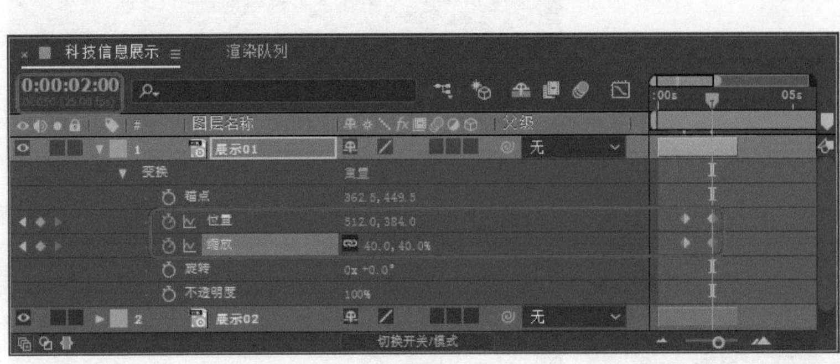

图3-50

图3-51

Step 15 在【项目】面板中选择“展示03.png”素材文件拖到【时间轴】面板中，将其放置在【展示01】图层的上方，修改名称为“展示03”，将【入】设置为0:00:00:00，将【持续时间】设置为0:00:03:00，如图3-52所示。

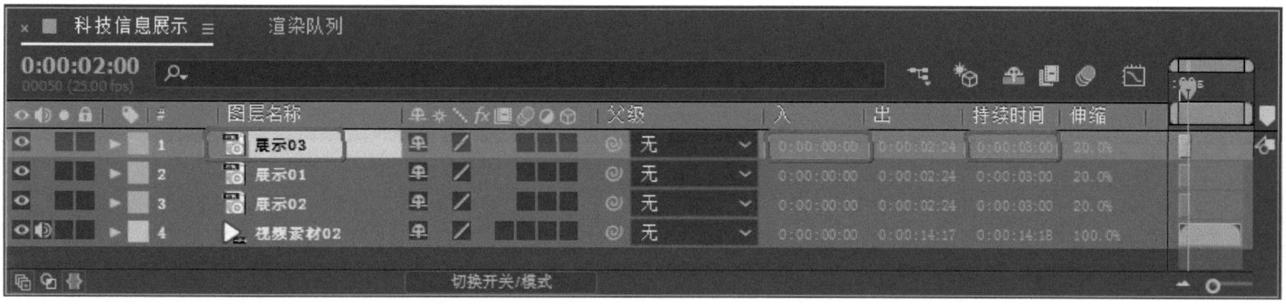

图3-52

Step 16 将当前时间设置为0:00:01:00，在【时间轴】面板中展开【展示03】图层的【变换】选项组，单击【位置】和【缩放】前面的【添加关键帧】按钮，添加关键帧，并将【位置】设置为512,384，将【缩放】设置为40%，如图3-53所示。

Step 17 此时在【合成】面板中可以观察科技展示在0:00:01:00处的效果，如图3-54所示。

图3-53

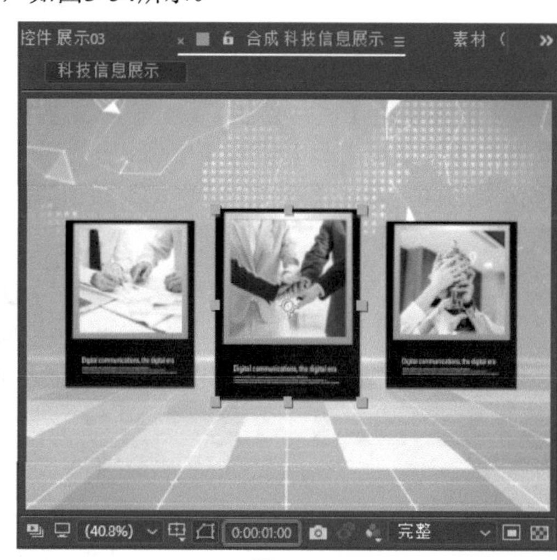

图3-54

Step 18 将当前时间设置为0:00:02:00，在【时间轴】面板中展开【展示03】图层的【变换】选项组，将【位置】设置为833,384，将【缩放】设置为35%，如图3-55所示。

Step 19 此时在【合成】面板中可以观察科技展示在0:00:02:00处的效果，如图3-56所示。

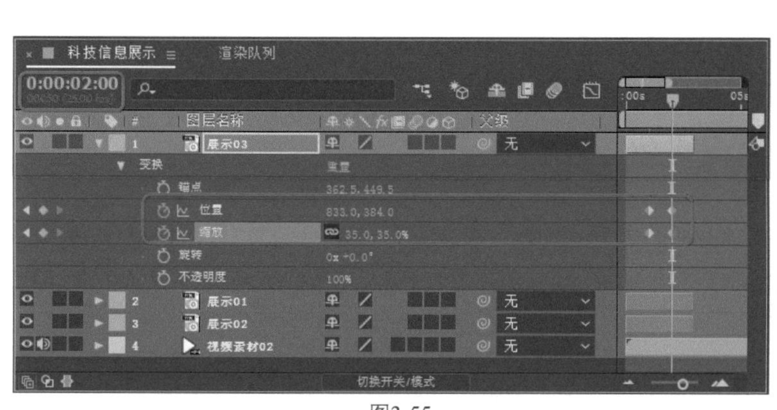

图3-55

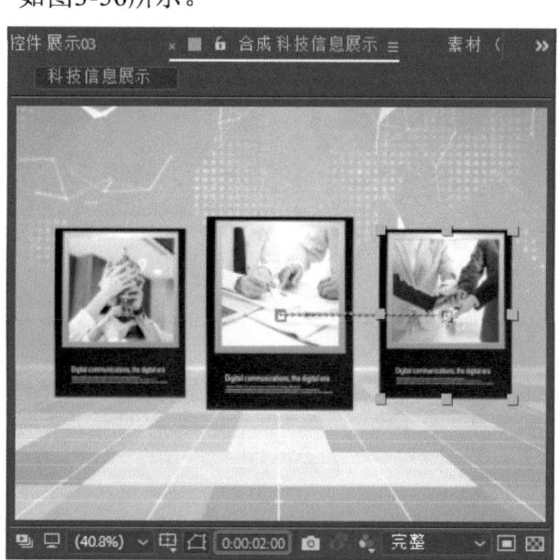

图3-56

Step 20 使用同样的方法制作其他的科技展示效果，并设置相应的关键帧动画，如图3-57所示。

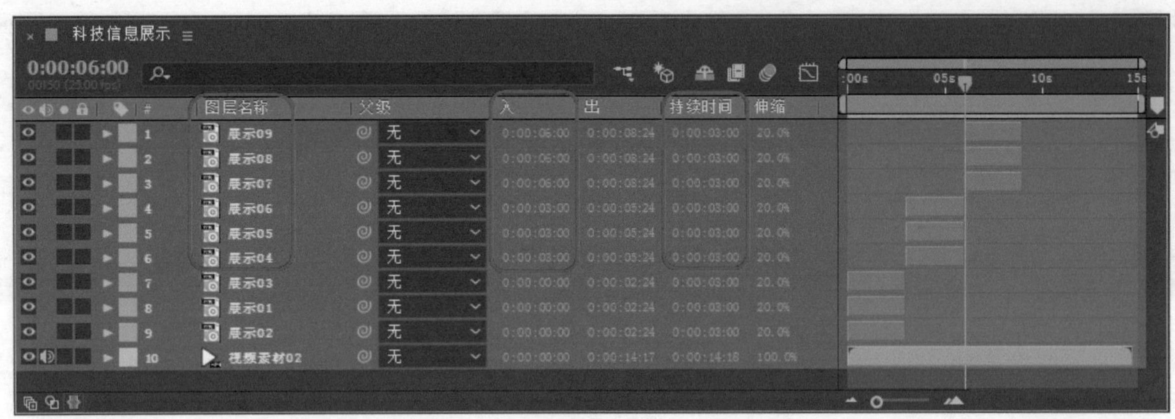

图3-57

Step 21 在工具栏中选择【横排文字工具】T，输入“匠品科技”，在【字符】面板中，将【字体系列】设置为【长城新艺体】，将【字体大小】设置为138像素，将【字符间距】设置为300，将【字体颜色】的RGB值设置为46,92,169，适当调整文字的位置，如图3-58所示。

Step 22 继续使用【横排文字工具】输入文字“JIANG PIN TECHNOLOGY”，在【字符】面板中，将【字体系列】设置为【长城新艺体】，将【字体大小】设置为66像素，将【字符间距】设置为0，将【字体颜色】的RGB值设置为46,92,169，单击【全部大写字母】按钮TT，适当调整文本的位置，如图3-59所示。

图3-58

图3-59

Step 23 在【时间轴】面板中选择上一步创建的两个文字图层，将【入】设置为0:00:09:00，将【持续时间】设置为0:00:05:18，如图3-60所示。

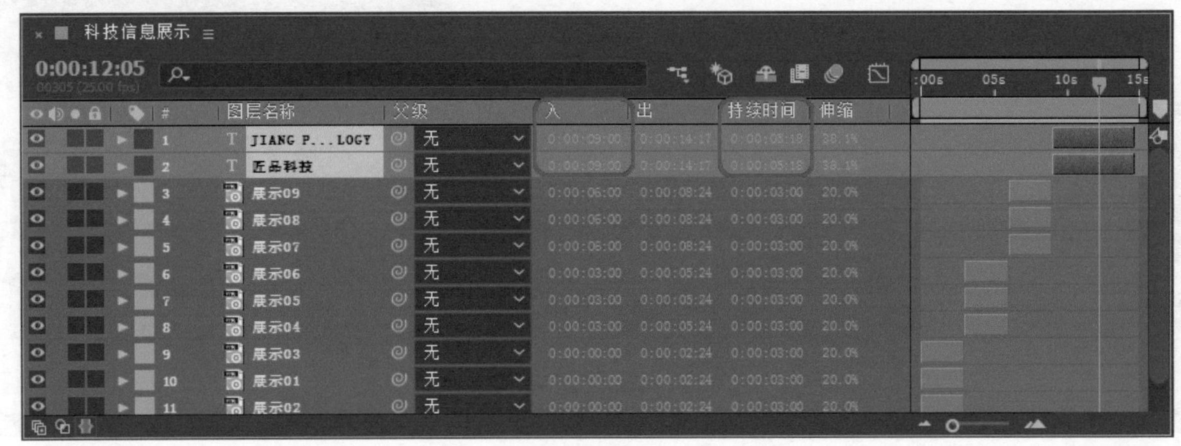

图3-60

Step 24 将当前时间设置为0:00:09:05，在【效果和预设】面板中选择【动画预设】|Text|Animate In|【平滑移入】特效，分别将其添加到两个文字图层上，当时间为0:00:10:00时，在【合成】面板中查看效果，如图3-61所示。

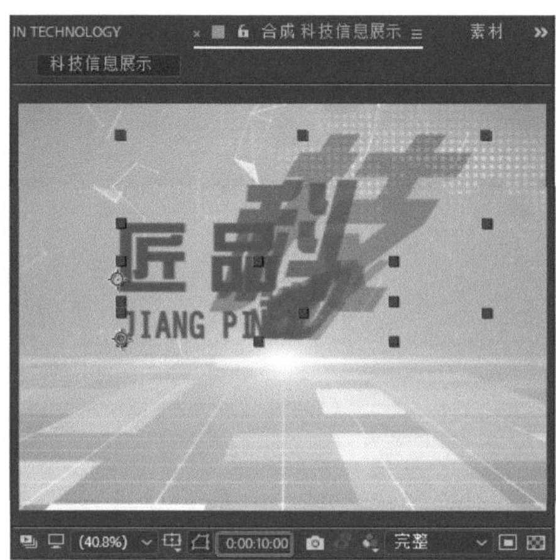

图3-61

实例 049 黑板摇摆动画

本案例介绍如何制作黑板摇摆动画。本例首先添加素材，然后输入文字，并将文字图层与黑板所在图层进行链接，最后设置黑板所在图层的【旋转】关键帧参数。完成后的效果如图3-62所示。

图3-62

Step 01 按Ctrl+O组合键，打开“素材\Cha03\黑板摇摆动画素材.aep”素材文件，在【项目】面板中选择“视频素材03.avi”文件，将其拖到【时间轴】面板中，如图3-63所示。

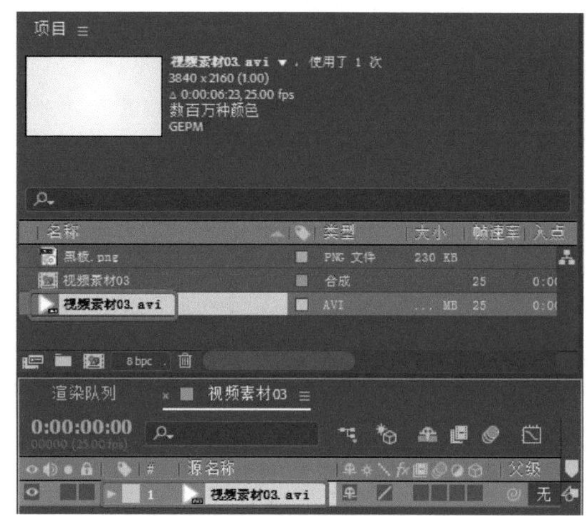

图3-63

Step 02 可以在【时间轴】面板中拖曳时间线，在【合成】面板中观察视频效果，如图3-64所示。

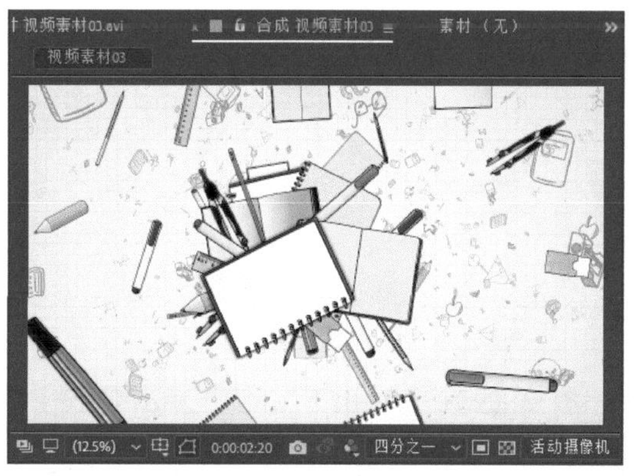

图3-64

Step 03 将【项目】面板中的“黑板.png”素材文件添加到【时间轴】面板中，将【入】设置为0:00:00:17，将【持续时间】设置为0:00:06:06，将当前时间设置为0:00:00:16，将【变换】下的【锚点】设置为470,49.5，将【位置】设置为1770,581，将【不透明度】设置为0%，单击【不透明度】左侧的【时间变化秒表】按钮，如图3-65所示。

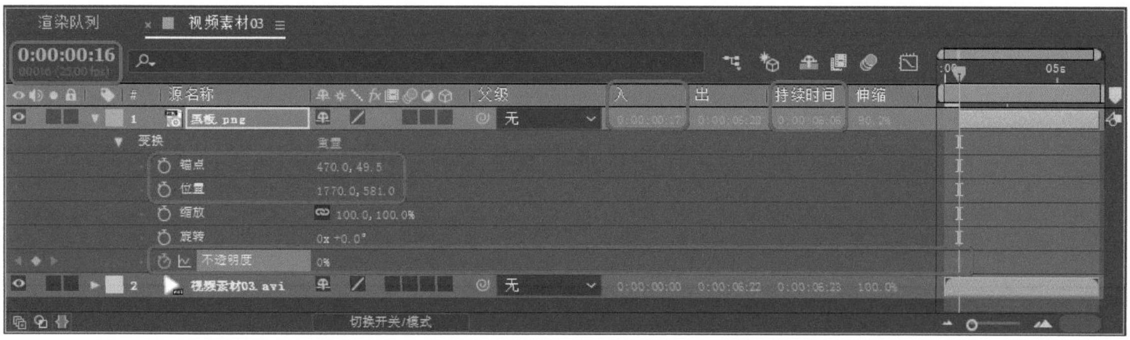

图3-65

Step 04 在【合成】面板中观察效果，如图3-66所示。

图3-66

Step 05 将当前时间设置为0:00:00:22，将【变换】下的【缩放】设置为22%，单击【缩放】左侧的【时间变化秒表】按钮，如图3-67所示。

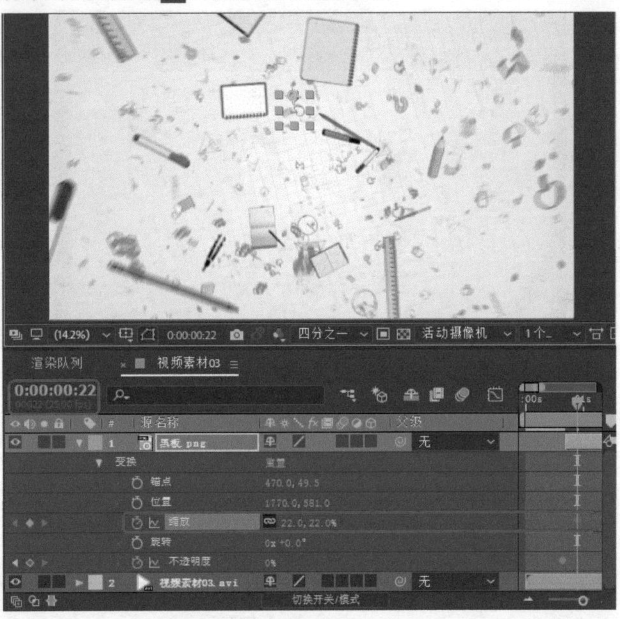

图3-67

Step 06 将当前时间设置为0:00:01:03，将【不透明度】设置为53%，如图3-68所示。

Step 07 将当前时间设置为0:00:01:13，将【缩放】设置为50%，将【旋转】设置为0x+177°，单击【旋转】左侧的【时间变化秒表】按钮，将【不透明度】设置为100%，如图3-69所示。

Step 08 将当前时间设置为0:00:02:03，将【缩放】设置为116%，将【旋转】设置为0，如图3-70所示。

Step 09 将当前时间设置为0:00:03:10，将【缩放】设置为0x+20°，如图3-71所示。

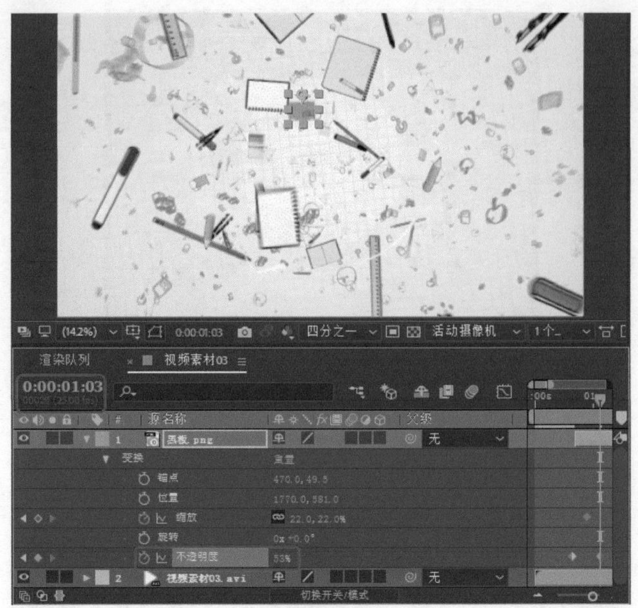

图3-68

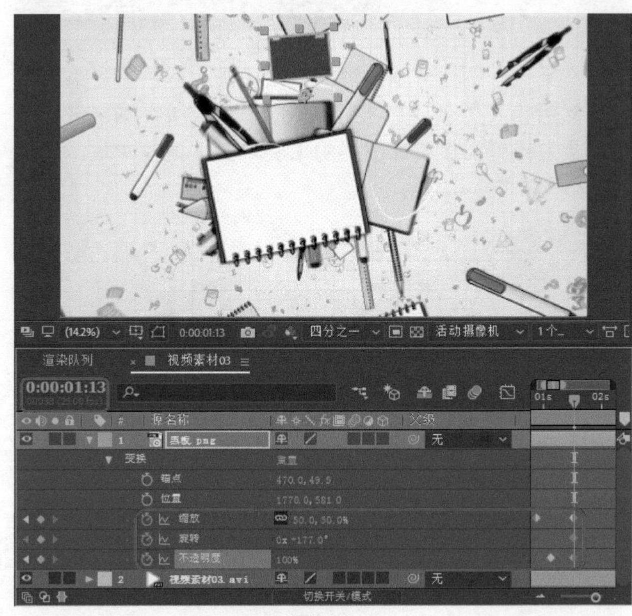

图3-69

Step 10 将当前时间设置为0:00:05:03，将【缩放】设置为0x-20°，如图3-72所示。

Step 11 将当前时间设置为0:00:06:07，将【旋转】设置为0，如图3-73所示。

Step 12 在工具栏中使用【横排文字工具】，在【合成】面板中输入字母“Welcome”，在【字符】面板中将字体设置为Impact，将【字体大小】设置为201像素，将【字符间距】设置为0，将【填充颜色】的RGB值设置为237,255,255，将【描边颜色】设置为无，如图3-74所示。

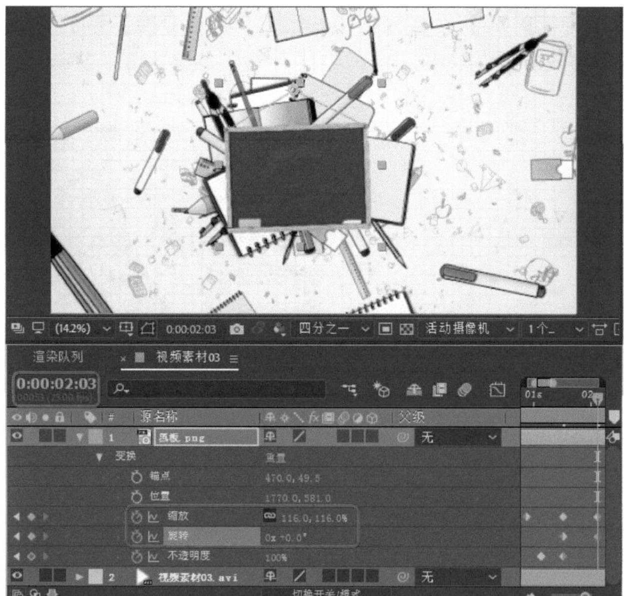

图3-70

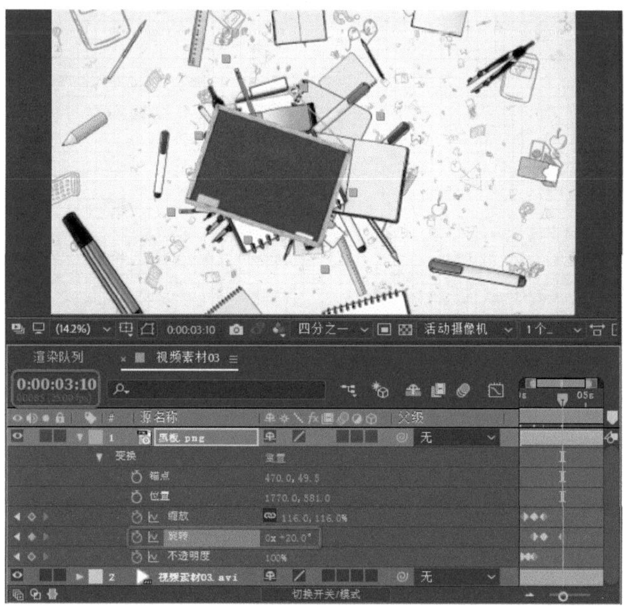

图3-71

图3-72

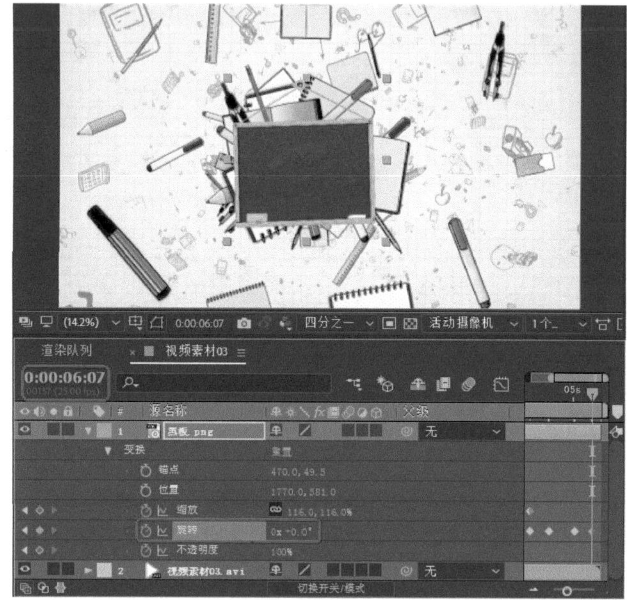

图3-73

图3-74

Step 13 在【时间轴】面板中，将【入】设置为0:00:02:03，将【持续时间】设置为0:00:04:21，将【变换】下的【锚点】设置为470,50，在【合成】面板中调整文字的位置，将【缩放】设置为86.2%，将【旋转】设置为0x−2°，如图3-75所示。

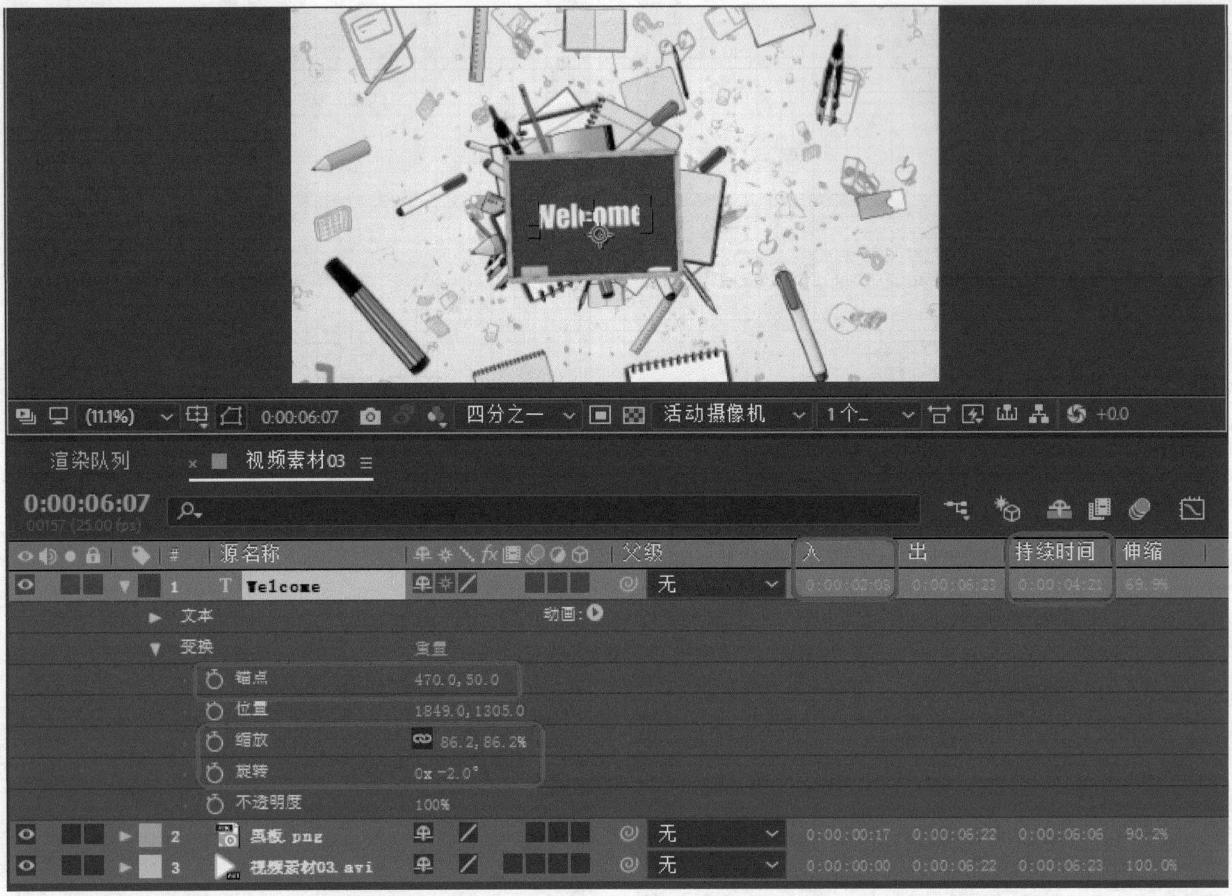

图3-75

Step 14 将文字图层的【父级】设置为“2.黑板.png”，拖动时间线可以发现此时的文本跟随黑板左右摇摆，效果如图3-76所示。

图3-76

◎知识链接：父图层和子图层

要将某个图层的变换分配给其他图层来同步对图层所做的更改，请使用父级。在一个图层成为另一个图层的父级之后，另一个图层称为子图层。在分配父级时，子图层的变换属性将与父图层而非合成有关。例如，如果父图层向其开始位置的右侧移动5个像素，则子图层也会向其位置的右侧移动5个像素。父级类似于分组，对组所做的变换与父级的锚点相关。

父级影响除【不透明度】以外的所有变换属性：【位置】、【缩放】、【旋转】和【方向】（针对3D图层）。

实例050 点击关注动画

本案例介绍如何制作点击关注动画。通过设置各个图层上的【位置】、【缩放】和【不透明度】关键帧动画完成最终效果，如图3-77所示。

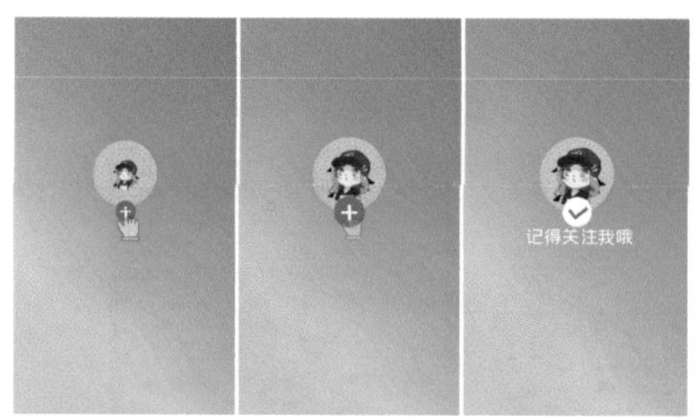

图3-77

Step 01 按Ctrl+O组合键，打开“素材\Cha03\点击关注动画素材.aep”素材文件，在【项目】面板中选择“视频素材04.avi”文件，将其拖到【时间轴】面板中，如图3-78所示。

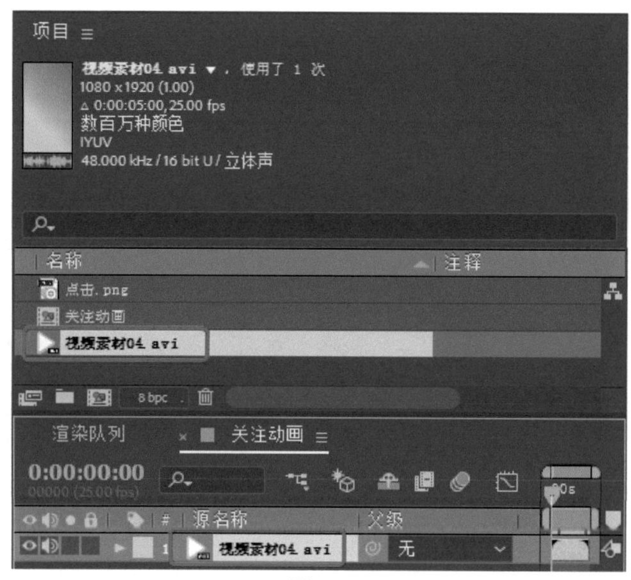

图3-78

Step 02 可以在【时间轴】面板中拖曳时间线，在【合成】面板中观察视频效果，如图3-79所示。

Step 03 在【项目】面板中，将“点击.png”素材文件拖曳至【时间轴】面板中，将当前时间设置为0:00:00:20，将【变换】下的【锚点】设置为1000,1000，将【位置】设置为561,964，将【不透明度】设置为0，单击【不透明度】左侧的【时间变化秒表】按钮，如图3-80所示。

图3-79

图3-80

Step 04 将当前时间设置为0:00:01:01，将【变换】下的【缩放】设置为12%，单击【缩放】左侧的【时间变化秒表】按钮⏱，将【不透明度】设置为100，如图3-81所示。

Step 05 在【合成】面板中观察0:00:01:01处的动画效果，如图3-82所示。

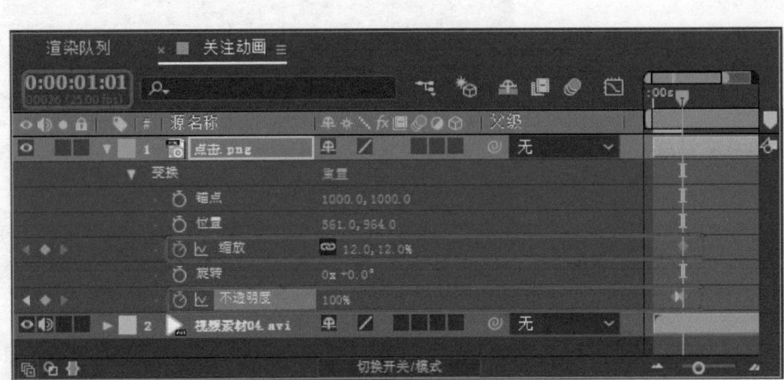

图3-81

图3-82

Step 06 将当前时间设置为0:00:01:05，将【缩放】设置为10%，如图3-83所示。

Step 07 在【合成】面板中观察0:00:01:05处的动画效果，如图3-84所示。

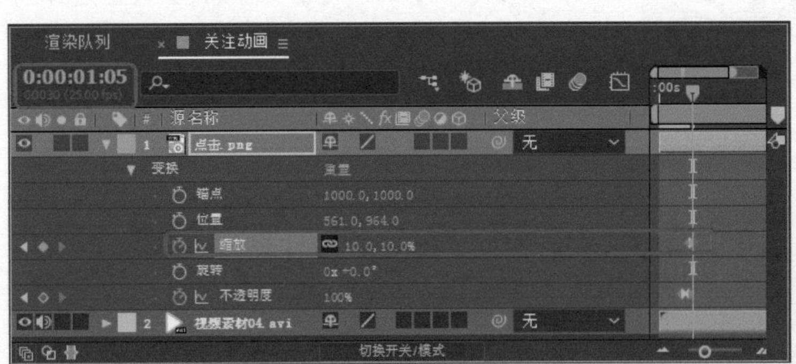

图3-83

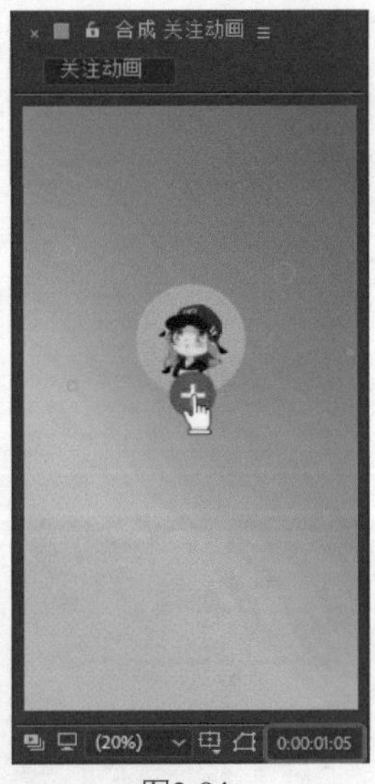

图3-84

Step 08 将当前时间设置为0:00:01:08，将【缩放】设置为12%，将【不透明度】设置为0，如图3-85所示。

图3-85

Step 09 至此，点击关注动画制作完成，拖动时间线在【合成】面板中预览效果即可。

实例 051 美甲欣赏动画

本案例介绍如何制作美甲欣赏动画。添加素材后设置各个图层上的出场位置关键帧动画，最后新建调整图层，并为调整图层设置【碎片】效果。完成后的效果如图3-86所示。

图3-86

Step 01 按Ctrl+O组合键，打开“素材\Cha03\美甲欣赏动画素材.aep”素材文件，将当前时间设置为0:00:00:23，然后将【项目】面板中的素材图片全部添加到【时间轴】面板中，选择【时间轴】面板中的所有素材，按P键，在【时间轴】面板中显示各个图层的位置，设置【位置】参数并添加关键帧，参数设置如图3-87所示。

Step 02 在【合成】面板中观察0:00:00:23处的效果，如图3-88所示。

Step 03 将当前时间设置为0:00:00:00，然后设置各个图层的【位置】参数，如图3-89所示。

Step 04 在【时间轴】面板中右击，在弹出的快捷菜单中选择【新建】|【调整图层】命令，如图3-90所示。

Step 05 将【调整图层1】图层调整至最上方，将当前时间设置为0:00:01:13，选中【时间轴】面板中的【调整图层1】，在菜单栏中选择【效果】|【模拟】|【碎片】命令。在【效果控件】面板中，将【碎片】效果的【视图】设置为【已渲染】，将【形状】中的【图案】设置为【玻璃】，【重复】设置为20，【作用力1】中的【深度】设置为1.0，然后单击【深度】和【半径】左侧的【时间变化秒表】按钮，插入关键帧，如图3-91所示。

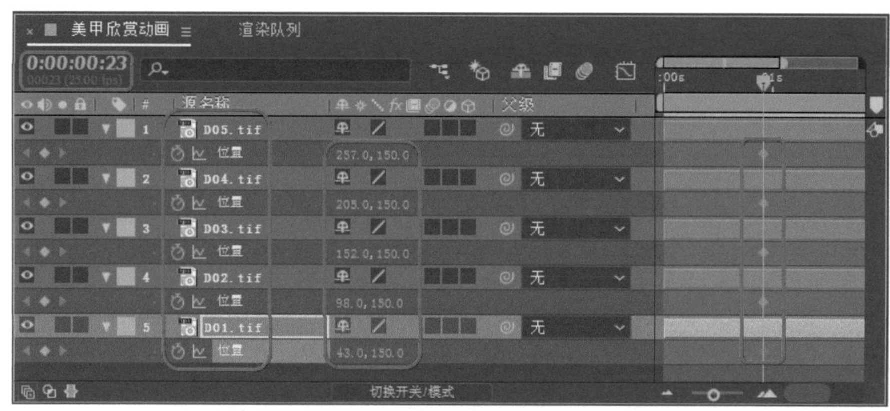

图3-87

图3-88

图3-89

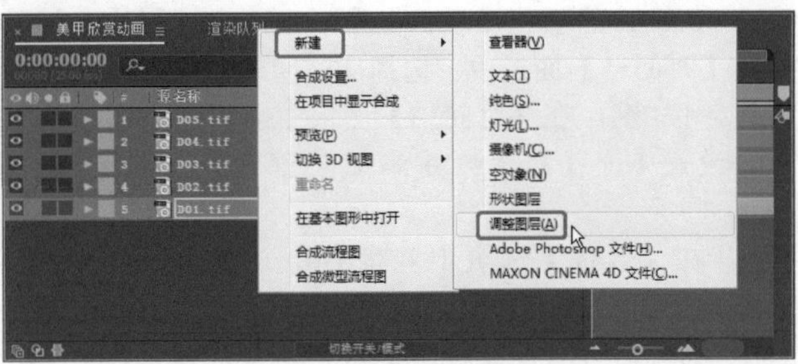

图3-90

图3-91

Step 06 将当前时间设置为0:00:02:00，在【效果控件】面板中，将【作用力1】中的【深度】设置为0，【半径】设置为0.6，如图3-92所示。

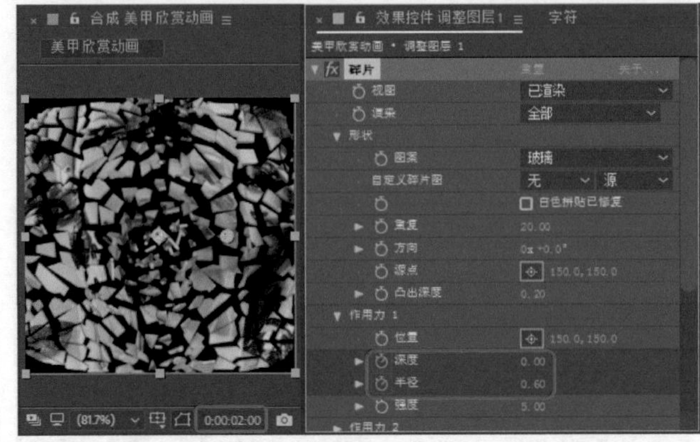

图3-92

Step 07 在【项目】面板中，将“嗖音效.wav”音频文件拖曳至【时间轴】面板中【调整图层1】图层的上方，将【持续时间】设置为0:00:02:03，如图3-93所示。

Step 08 将“碎落音效.wav”音频文件拖曳至【时间轴】面板的最上方，将【持续时间】设置为0:00:01:08，将【入】设置为0:00:01:18，如图3-94所示。

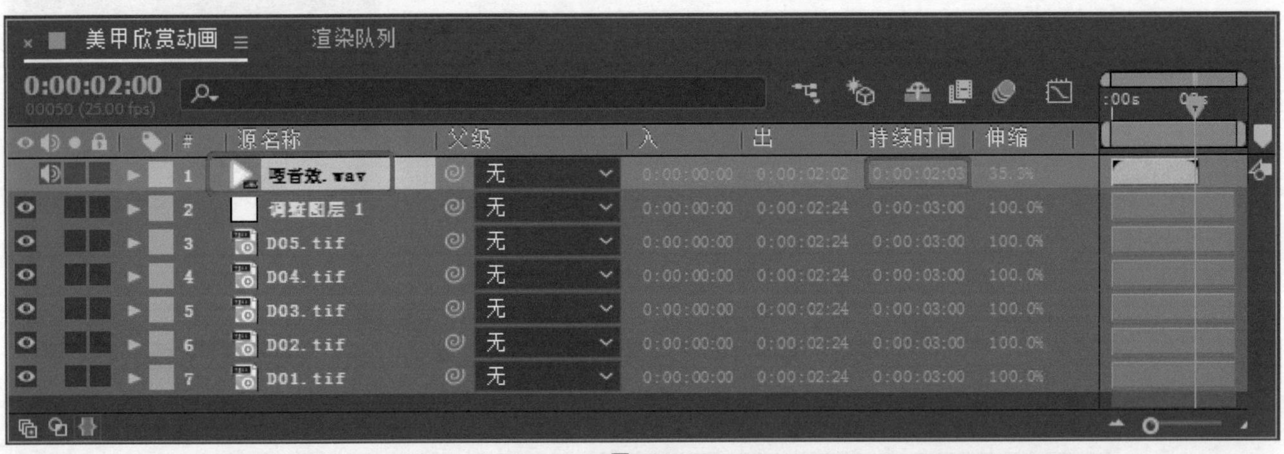

图3-93

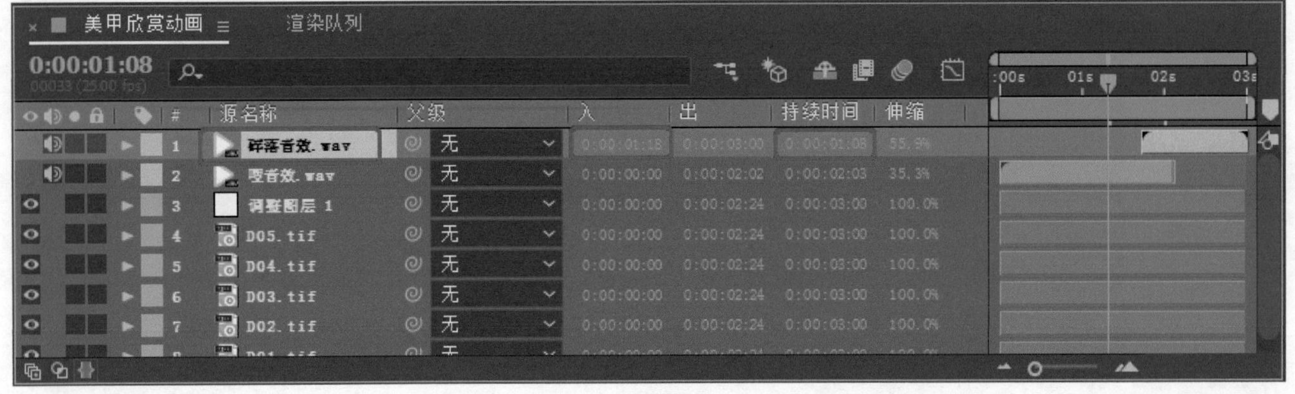

图3-94

第4章 蒙版与遮罩

本章导读

蒙版就是通过蒙版层中的图形或轮廓对象透出下面图层中的内容，基于蒙版的特性，蒙版被广泛用于图像合成中。本章将通过多个案例讲解如何绘制蒙版，以及通过设置蒙版与遮罩表现图形、图像。

实例052 卡通剪纸图案效果

本案例通过创建纯色图层，并使用钢笔工具绘制多个图形，从而制作剪纸效果，效果如图4-1所示。

图4-1

Step 01 按Ctrl+O组合键，打开“素材\Cha04\卡通剪纸图案效果素材.aep”素材文件，在【时间轴】面板的空白位置右击，在弹出的快捷菜单中选择【新建】|【纯色】图层，将【颜色】设置为#F64847，如图4-2所示。

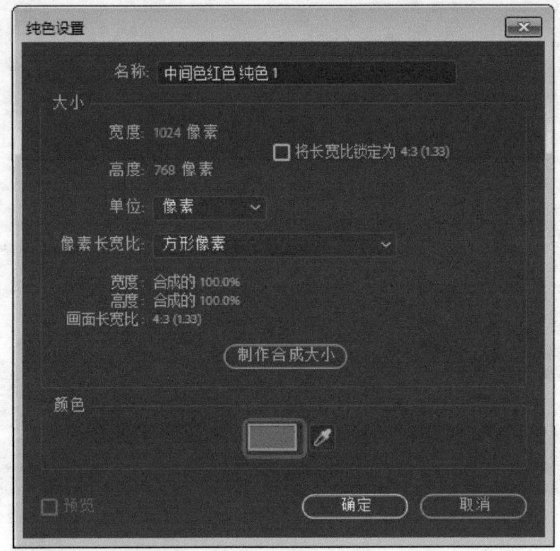

图4-2

Step 02 单击【确定】按钮，此时在【合成】面板中观察背景效果，如图4-3所示。

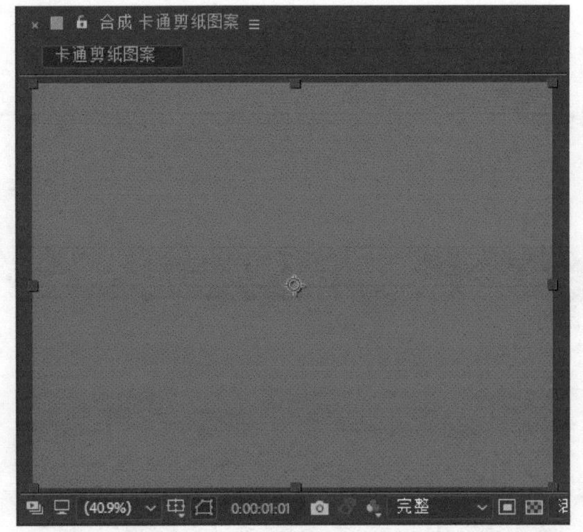

图4-3

Step 03 在不选择任何图层的情况下，单击【钢笔工具】按钮，绘制图形，将【填充】设置为#97D9E9，将图层重命名为【形状图层4】，如图4-4所示。

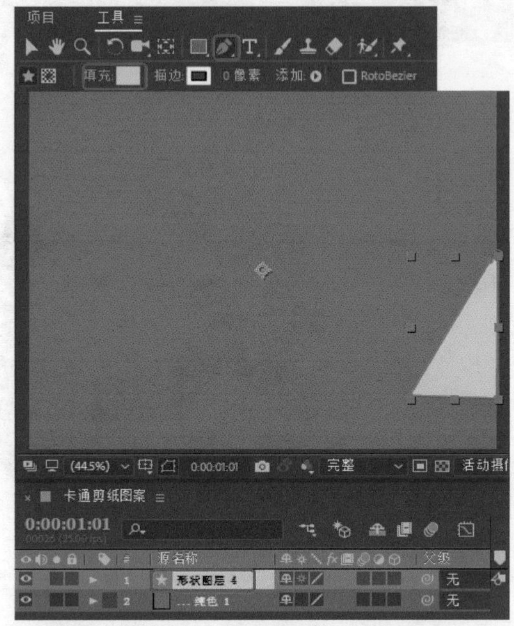

图4-4

Step 04 在不选择任何图层的情况下，单击【钢笔工具】按钮，绘制图形，将【填充】设置为#97D9E9，将图层重命名为【形状图层5】，如图4-5所示。

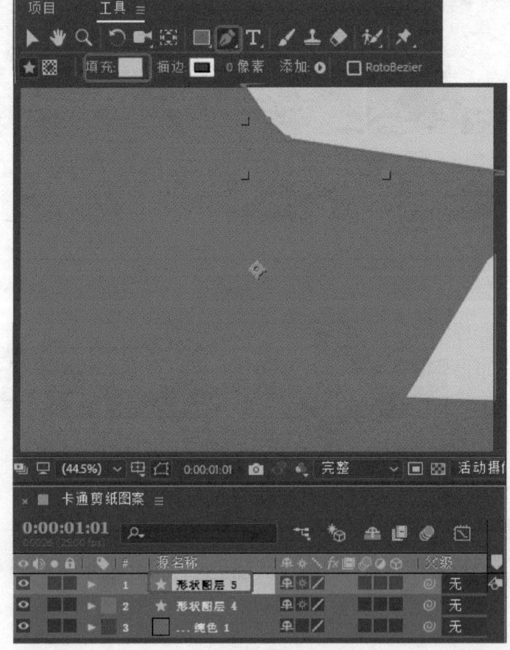

图4-5

Step 05 在不选择任何图层的情况下，单击【钢笔工具】按钮，绘制图形，将【填充】设置为# A9EEB7，将图层重命名为“形状图层1”，如图4-6所示。

Step 06 在【效果和预设】面板中搜索【投影】特效，为【形状图层1】图层添加【投影】效果，将【不透明度】设置为60%，将【柔和度】设置为20，如图4-7所示。

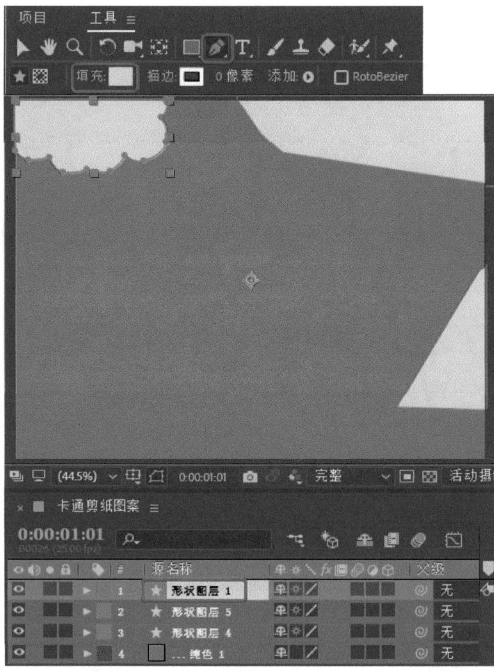

图4-6

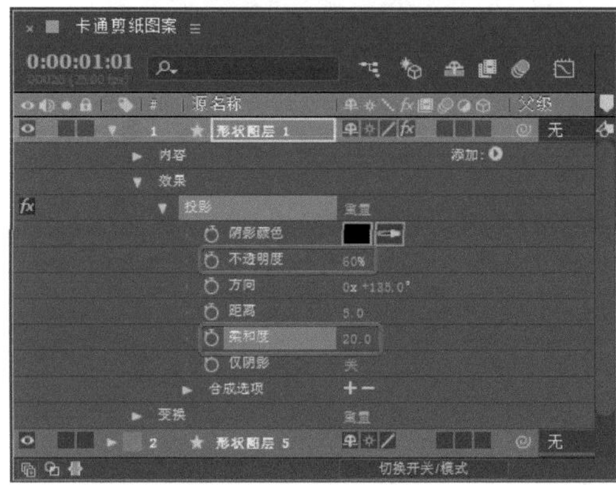

图4-7

Step 07 此时产生了投影的效果，在【合成】面板中观察效果，如图4-8所示。

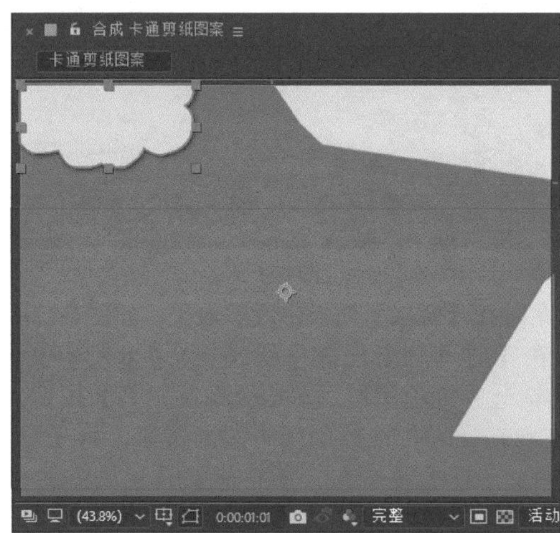

图4-8

Step 08 使用同样的方法制作出【形状图层2】、【形状图层3】、【形状图层6】、【形状图层7】和【形状图层8】等图层，如图4-9所示。

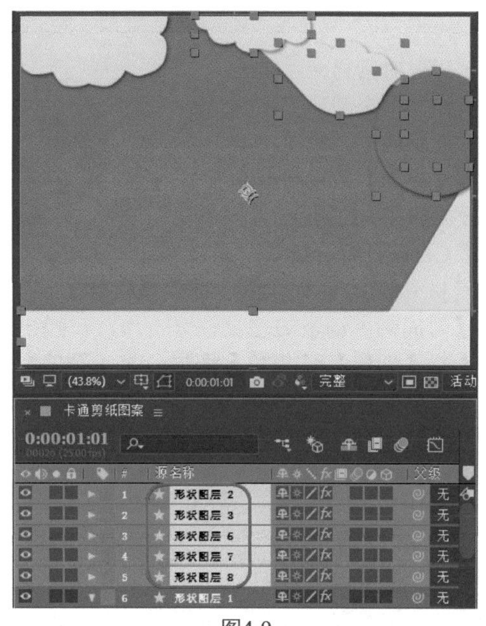

图4-9

Step 09 在【项目】面板中选择“艺术字.png”素材文件，将其拖到【时间轴】面板中，将【位置】设置为427,400，将【缩放】设置为38%，如图4-10所示。

Step 10 在【合成】面板中观察素材效果，如图4-11所示。

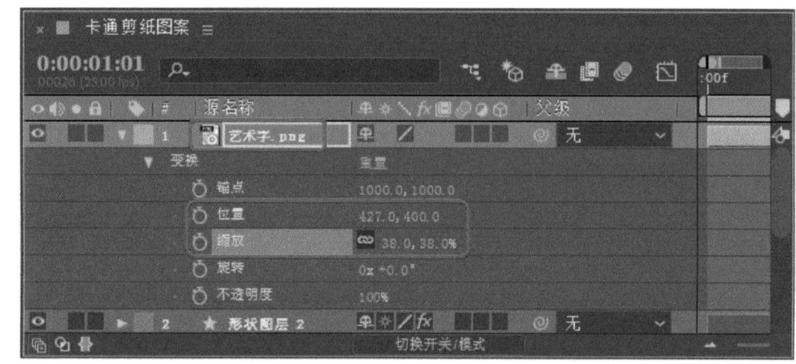

图4-10

图4-11

实例053 创意彩色边框效果

本例通过对素材应用椭圆形工具绘制多个圆形，并设置对象遮罩的混合模式，为其添加【投影】效果制作投影，效果如图4-12所示。

图4-12

Step 01 按Ctrl+O组合键，打开“素材\Cha04\创意彩色边框效果素材.aep”素材文件，在【时间轴】面板的空白位置右击，在弹出的快捷菜单中选择【新建】|【纯色】图层，将【颜色】设置为#FEE902，如图4-13所示。

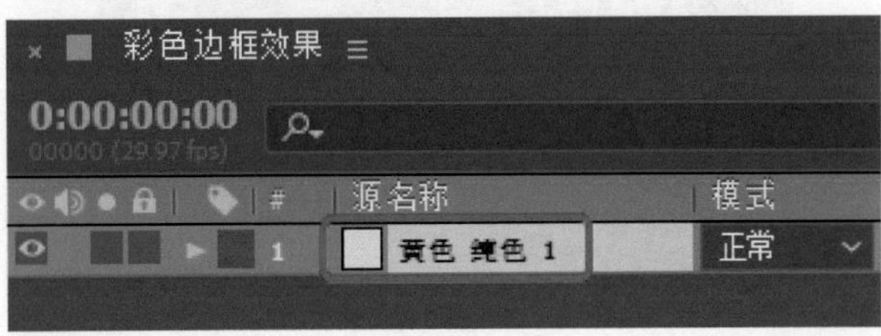

图4-13

Step 02 在【合成】面板中观察黄色背景效果，如图4-14所示。

图4-14

Step 03 在【项目】面板中将01.jpg素材文件拖曳至【时间轴】面板中，将【变换】|【位置】设置为1715、820，如图4-15所示。

Step 04 选中01.jpg素材文件，单击【椭圆工具】按钮，按住Shift键拖动鼠标绘制出一个圆形遮罩，单击【蒙版1】下方的【形状…】按钮，弹出【蒙版形状】对话框，将【顶部】、【底部】设置为140像素、1285像素，将【左侧】、【右侧】设置为666像素、1808像素，单击【确定】按钮，如图4-16所示。

图4-15

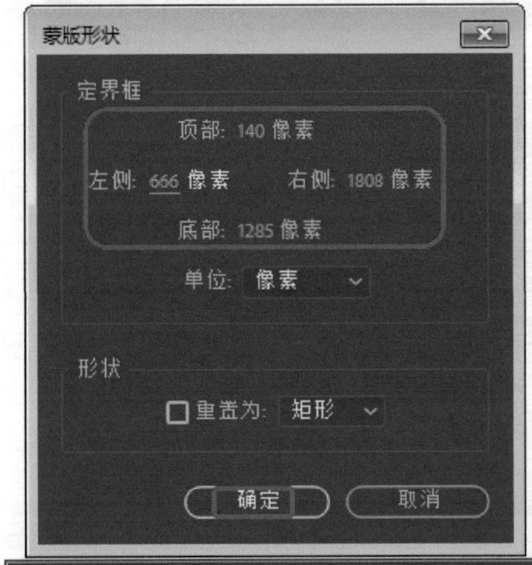

图4-16

Step 05 此时在【合成】面板中观察效果，如图4-17所示。

Step 06 在【时间轴】面板中新建一个# 05C8F9纯色图层，确认选中纯色图层，单击【椭圆工具】按钮，按住Shift键拖动鼠标依次绘制两个圆形遮罩，将【蒙版1】的蒙版形状的【顶部】、【底部】设置为97.7像素、1393像素，将【左侧】、【右侧】设置为939像素、2234像素，单击【确定】按钮，将【蒙版2】的蒙版形状的【顶部】、【底部】设置为207.2像素、1276.5像素，将【左侧】、【右侧】设置为1060像素、2130像素，单击【确定】按钮，如图4-18所示。

图4-17

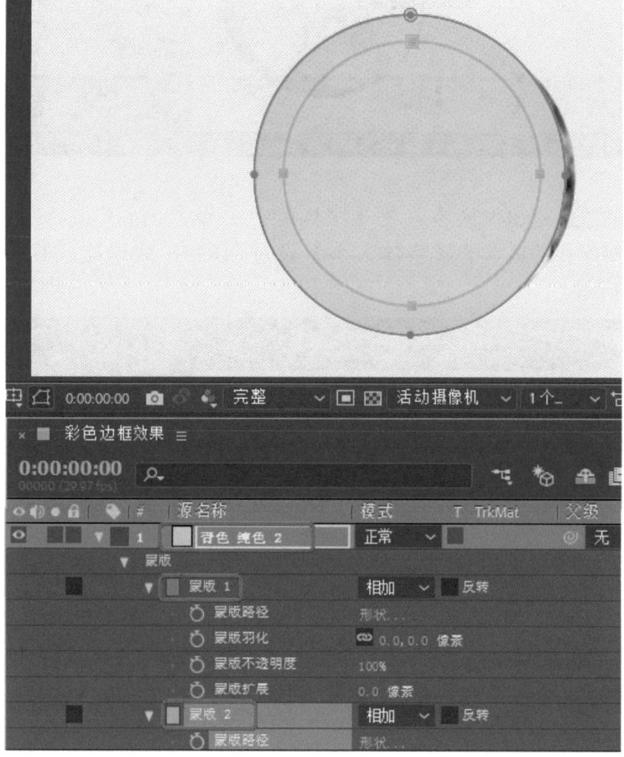
图4-18

Step 07 将【蒙版1】的【模式】设置为相加，【蒙版2】的【模式】设置为相减，将【位置】设置为1345、791，将【缩放】设置为112.8%，如图4-19所示。

图4-19

Step 08 此时出现同心圆的效果，在【合成】面板中观察效果，如图4-20所示。

图4-20

Step 09 在【效果和预设】面板中搜索【投影】特效，将对象添加至当前纯色图层上，将【距离】设置为15，【柔和度】设置为35，如图4-21所示。

Step 10 此时产生了阴影效果，在【合成】面板中观察效果，如图4-22所示。

图4-21

图4-22

Step 11 新建一个# E40439纯色图层，使用【椭圆工具】绘制两个圆，将【蒙版1】的蒙版形状的【顶部】、【底部】设置为145像素、1365像素，将【左侧】、【右侧】设置为1130像素、2350像素，单击【确定】按钮，将【蒙版2】的蒙版形状的【顶部】、【底部】设置为180像素、1320像素，将【左侧】、【右侧】设置为1130像素、2270像素，单击【确定】按钮，如图4-23所示。

Step 12 设置【蒙版1】的【模式】为相加，将【蒙版2】的【模式】设置为相减，如图4-24所示。

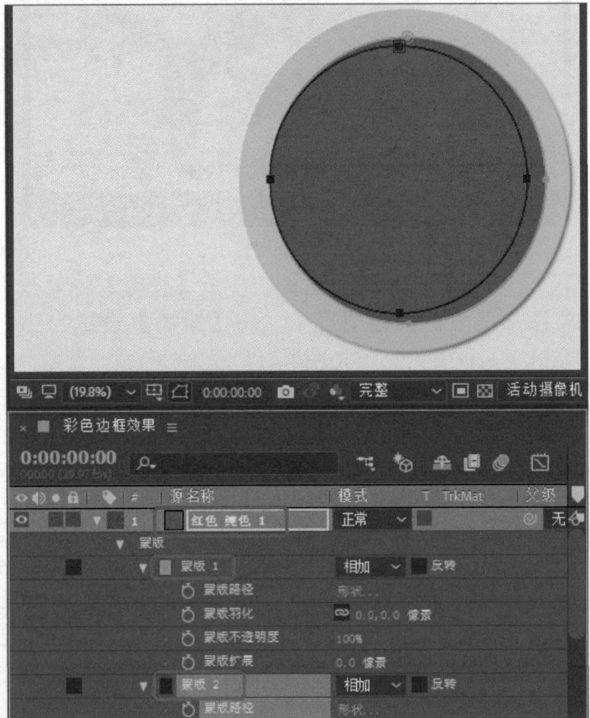

图4-23

图4-24

Step 13 使用【文字工具】输入文本，在【字符】面板中将【字体】设置为Impact，将【字体大小】设置为142，将【字符间距】设置为0，单击【仿粗体】按钮T、【全部大写字母】按钮TT，将【字体颜色】设置为# 05C8F9，如图4-25所示。

图4-25

Step 14 选择V文本，将【字体颜色】设置为# E40439，将Y和V文本的【字体大小】设置为180，效果如图4-26所示。

图4-26

实例054 照片剪切效果

本案例介绍如何制作照片剪切效果。本例首先添加背景图片，然后使用【钢笔工具】绘制蒙版，最后调整图层的位置顺序，完成后的效果如图4-27所示。

图4-27

Step 01 按Ctrl+O组合键，打开“素材\Cha04\照片剪切效果素材.aep”素材文件，将【项目】面板中的“照片素材01.jpg”素材图片添加到【时间轴】面板中，在【合成】面板中观察效果，如图4-28所示。

图4-28

Step 02 将【项目】面板中的“照片素材04.jpg”素材图片添加到【时间轴】面板中，将【变换】|【位置】设置为445,652，将【缩放】设置为70，如图4-29所示。

图4-29

Step 03 在工具栏中使用【圆角矩形工具】按钮，在【合成】面板中绘制圆角矩形，创建蒙版，在【时间轴】面板中，单击【蒙版1】下方的【形状…】按钮，弹出【蒙版形状】对话框，将【顶部】、【底部】设置为26、1266，将【左侧】、【右侧】设置为518.6、1475，如图4-30所示。

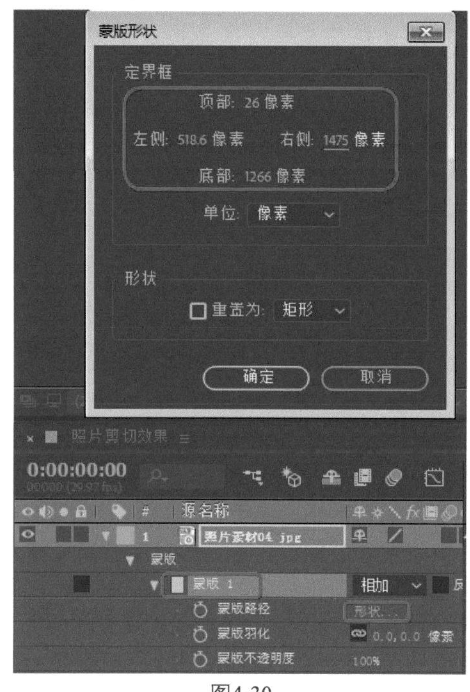

图4-30

Step 04 单击【确定】按钮，在【效果和预设】面板中搜索【投影】效果，为“照片素材04.jpg”素材文件添加投影效果，在【效果控件】面板中将【不透明度】设置为56%，将【距离】、【柔和度】设置为7,21，如图4-31所示。

图4-31

◎知识链接：蒙版的作用

After Effects 中的蒙版是一个用作参数来修改图层属性、效果和属性的路径。蒙版的最常见用法是修改图层的 Alpha 通道，以确定每个像素的图层的透明度。蒙版的另一常见用法是用作对文本设置动画的路径。

使用闭合路径蒙版可以为图层创建透明区域。开放路径无法为图层创建透明区域，但可用作效果参数。可以将开放或闭合蒙版路径用作输入的效果包括描边、路径文本、音频波形、音频频谱以及勾画。可以将闭合蒙版（而不是开放蒙版）用作输入的效果包括填充、涂抹、改变形状、粒子运动场以及内部/外部键。

蒙版属于特定图层，每个图层可以包含多个蒙版。

读者可以使用形状工具在常见几何形状（包括多边形、椭圆形和星形）中绘制蒙版，或者使用钢笔工具来绘制任意路径。

虽然蒙版路径的编辑和插值可提供一些额外功能，但绘制蒙版路径与在形状图层上绘制形状路径基本相同。读者可以使用表达式将蒙版路径链接到形状路径，这使读者能够将蒙版的优点融入形状图层，反之亦然。

蒙版在【时间轴】面板上的堆积顺序中的位置会影响它与其他蒙版的交互方式。读者可以将蒙版拖到【时间轴】面板中【蒙版】属性组内的其他位置。

蒙版的【不透明度】属性确定闭合蒙版对蒙版区域内图层的 Alpha 通道的影响。100% 的蒙版不透明度值对应于完全不透明的内部区域。蒙版外部的区域始终是完全透明的。要反转特定蒙版的内部和外部区域，需要在【时间轴】面板中选择蒙版名称旁边的【反转】选项。

Step 05 将【项目】面板中的“照片素材02.png”素材图片添加到【时间轴】面板中，将【变换】|【位置】设置为551,186，将【缩放】设置为48，如图4-32所示。

Step 06 将【项目】面板中的“照片素材03.png”素材图片添加到【时间轴】面板中，将【变换】|【位置】设置为236,1094，将【缩放】设置为51，如图4-33所示。

图4-32

图4-33

实例  055 摩托车展示效果

本案例介绍如何制作摩托车展示效果。本例首先添加视频素材，然后在图层上使用【椭圆工具】绘制蒙版，通过设置蒙版形状来显示视频，添加多个图层和蒙版后完成效果的制作，完成后的效果如图4-34所示。

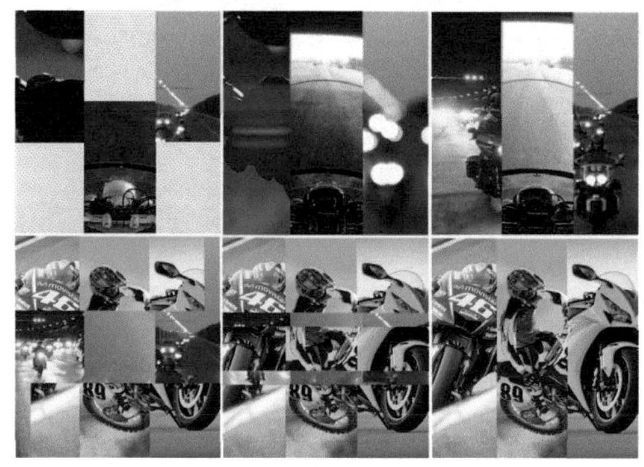

图4-34

Step 01 在【项目】面板中选择“摩托车展示效果”合成文件并右击，在弹出的快捷菜单中选择【合成设置】命令，弹出【合成设置】对话框，将【背景颜色】设置为#FCDF1D，如图4-35所示。

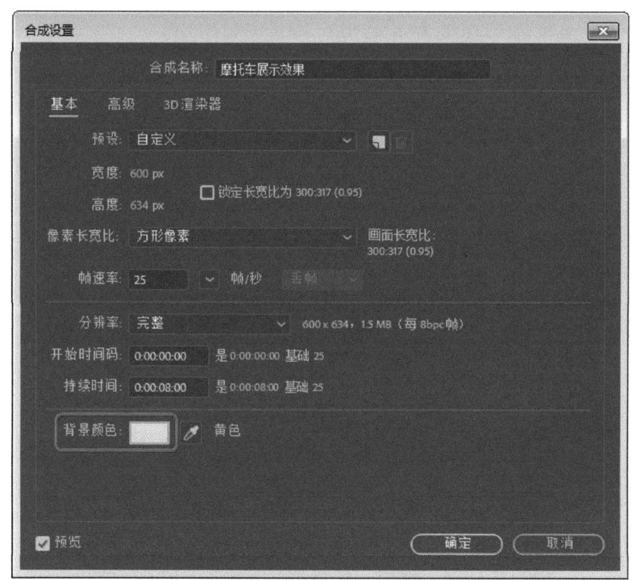

图4-35

Step 02 单击【确定】按钮，在【项目】面板中将“摩托车素材01.mp4”素材文件拖曳至【时间轴】面板中，将【变换】下的【缩放】设置为60，如图4-36所示。

Step 03 选中“摩托车素材01.mp4”图层，在工具栏中使用【矩形工具】按钮，在【合成】面板中绘制一个矩形蒙版，单击“摩托车素材01.mp4”图层中的【蒙版】|【蒙版1】|【蒙版路径】右侧的【形状】，在弹出的【蒙版形状】对话框中，设置【定界框】参数，将【顶部】、【底部】设置为11.7、1075.2，将【左侧】、【右侧】设置为453.2、795.1，选中【重置为矩形】复选框，如图4-37所示。

图4-36

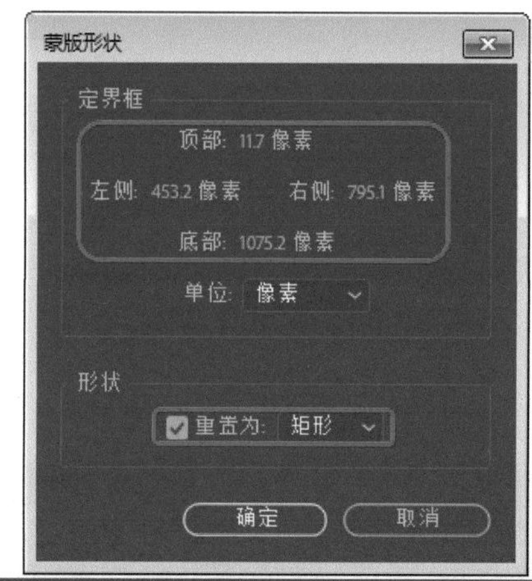

图4-37

Step 04 单击【确定】按钮，将当前时间设置为0:00:01:07，单击【蒙版路径】左侧的【时间变化秒表】按钮⏱，如图4-38所示。

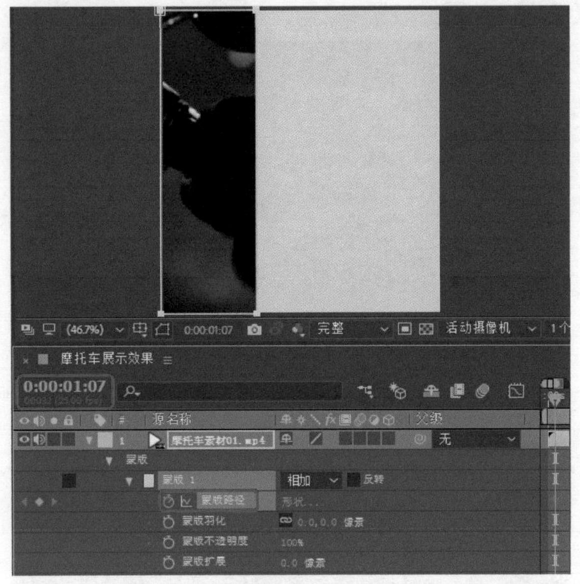

图4-38

Step 05 将当前时间设置为0:00:00:00，单击“摩托车素材01.mp4”图层中的【蒙版】|【蒙版1】|【蒙版路径】右侧的【形状】，在弹出的【蒙版形状】对话框中，设置【定界框】参数，将【顶部】、【底部】均设置为11.7，将【左侧】、【右侧】设置为453.2、795.1，如图4-39所示。

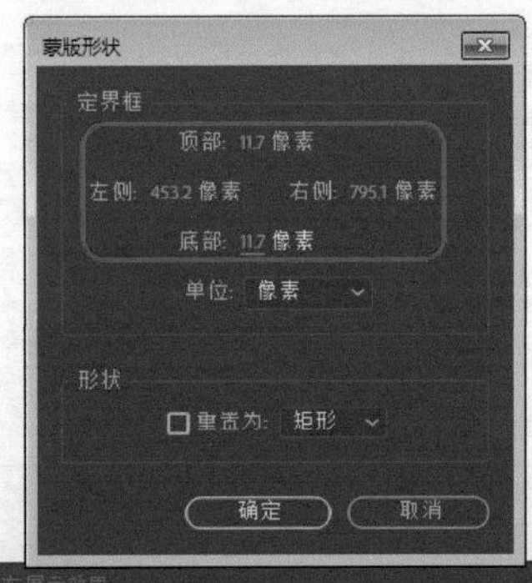

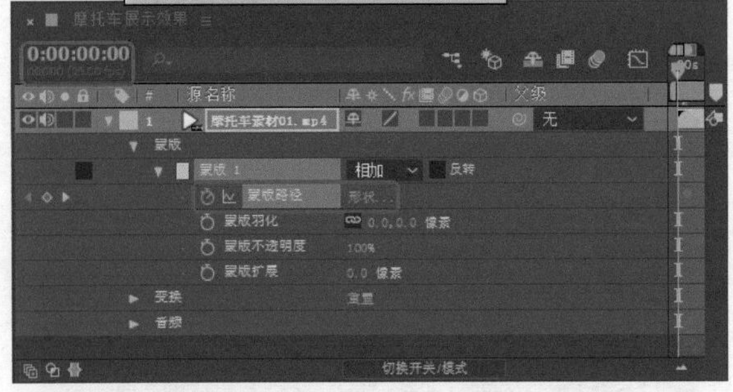

图4-39

Step 06 单击【确定】按钮，在【项目】面板中将“摩托车素材02.mp4”素材文件拖曳至【时间轴】面板中，将【变换】|【缩放】设置为60，如图4-40所示。

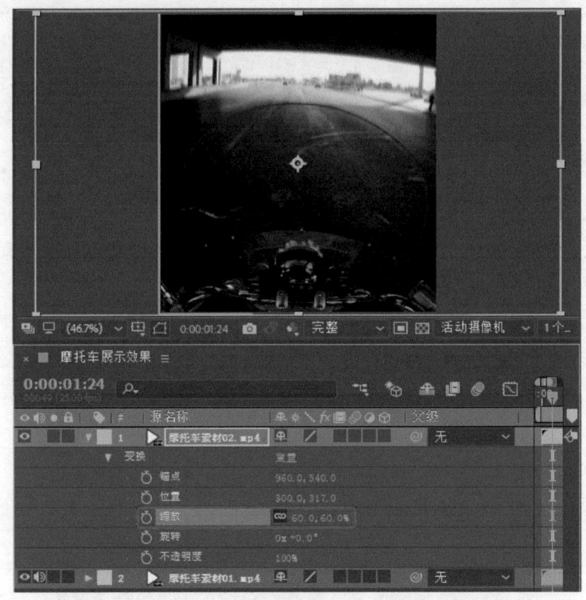

图4-40

Step 07 选中“摩托车素材02.mp4”图层，在工具栏中使用【矩形工具】按钮▭，在【合成】面板中绘制一个矩形蒙版，单击【摩托车素材02.mp4】层中的【蒙版】|【蒙版1】|【蒙版路径】右侧的【形状】，在弹出的【蒙版形状】对话框中，设置【定界框】参数，将【顶部】【底部】设置为8.2、1082，将【左侧】、【右侧】设置为795.1、1147.3，选中【重置为矩形】复选框，如图4-41所示。

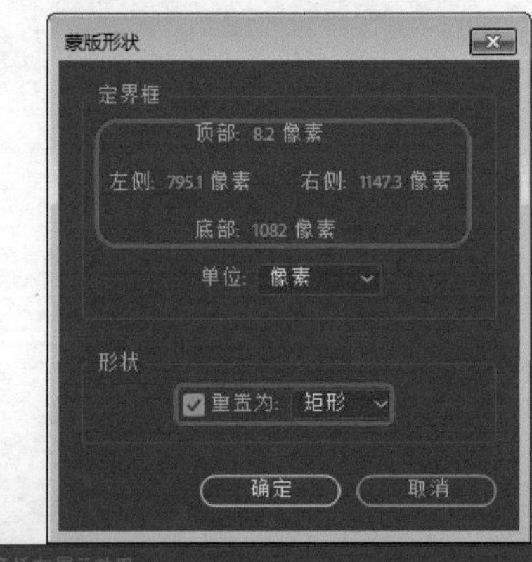

图4-41

Step 08 单击【确定】按钮，将当前时间设置为0:00:01:07，单击【蒙版路径】左侧的【时间变化秒表】按钮⏱，如图4-42所示。

图4-42

Step 09 将当前时间设置为0:00:00:00，单击“摩托车素材02.mp4”图层中的【蒙版】|【蒙版1】|【蒙版路径】右侧的【形状】，在弹出的【蒙版形状】对话框中，设置【定界框】参数，将【顶部】、【底部】均设置为1082，将【左侧】、【右侧】设置为795.1、1147.3，如图4-43所示。

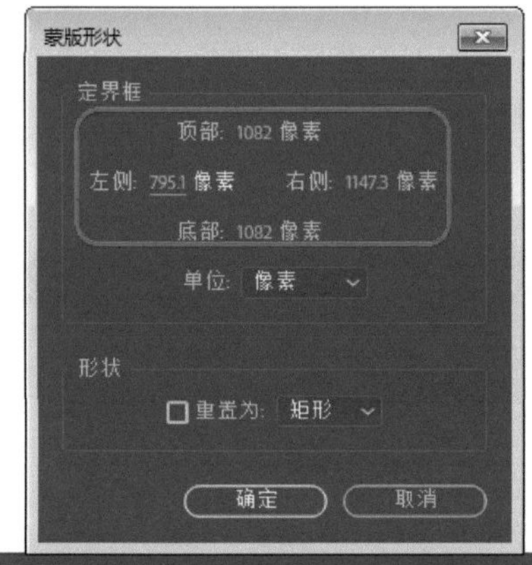

图4-43

Step 10 单击【确定】按钮，在【项目】面板中将【摩托车素材03.mp4】素材文件拖曳至【时间轴】面板中，将【变换】|【位置】设置为505,317，如图4-44所示。

图4-44

Step 11 选中“摩托车素材03.mp4”图层，在工具栏中使用【矩形工具】按钮，在【合成】面板中绘制一个矩形蒙版，单击“摩托车素材01.mp4”图层中的【蒙版】|【蒙版1】|【蒙版路径】右侧的【形状】，在弹出的【蒙版形状】对话框中，设置【定界框】参数，将【顶部】、【底部】设置为36.8、679.1，将【左侧】、【右侧】设置为545.4、742.3，选中【重置为矩形】复选框，如图4-45所示。

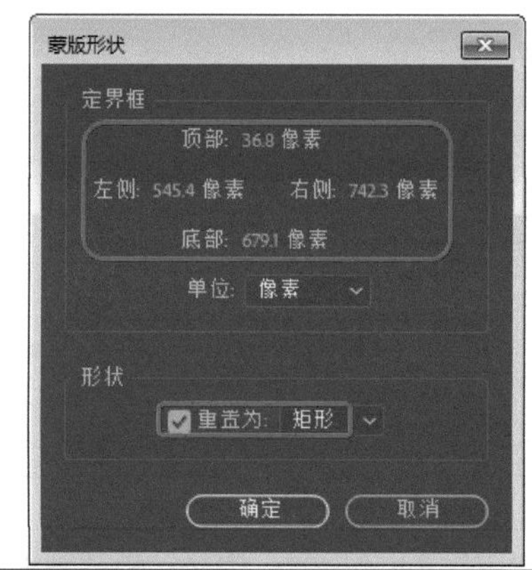

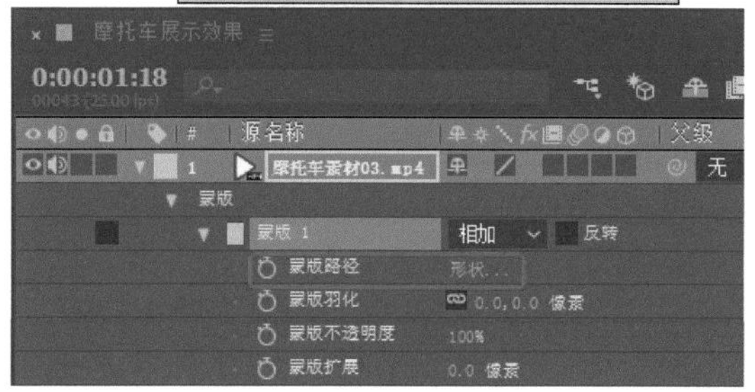

图4-45

Step 12 单击【确定】按钮，将当前时间设置为0:00:01:07，单击【蒙版路径】左侧的【时间变化秒表】按钮，如图4-46所示。

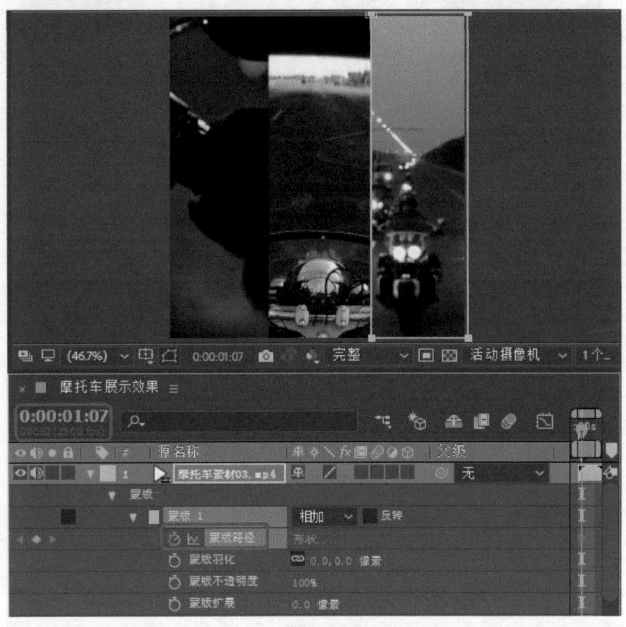

图4-46

Step 13 将当前时间设置为0:00:00:00，单击“摩托车素材03.mp4”图层中的【蒙版】|【蒙版1】|【蒙版路径】右侧的【形状】，在弹出的【蒙版形状】对话框中，设置【定界框】参数，将【顶部】、【底部】均设置为36.8，将【左侧】、【右侧】设置为545.4、742.3，如图4-47所示。

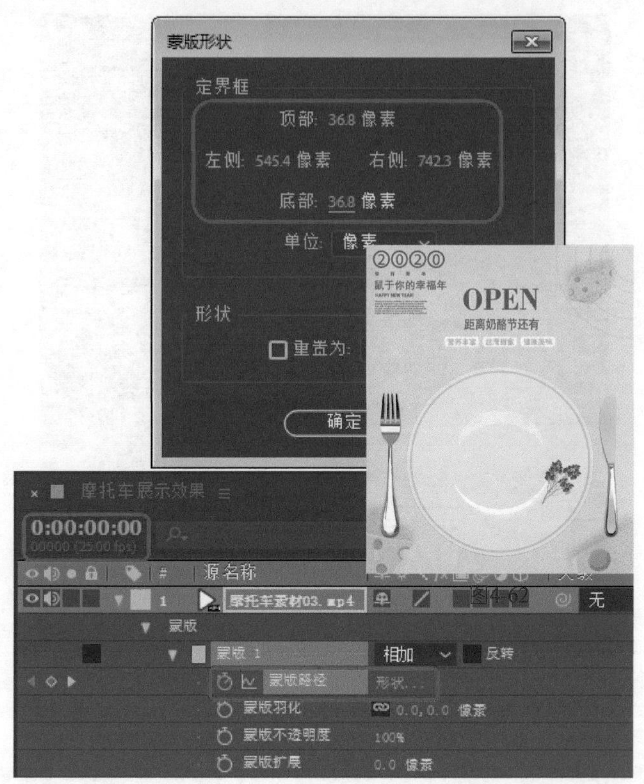

图4-47

Step 14 单击【确定】按钮，在【项目】面板中将“摩托车.jpg”素材文件拖曳至【时间轴】面板中，单击【时间轴】面板底部的第三个窗格控制按钮，将【入】设置为0:00:03:21，如图4-48所示。

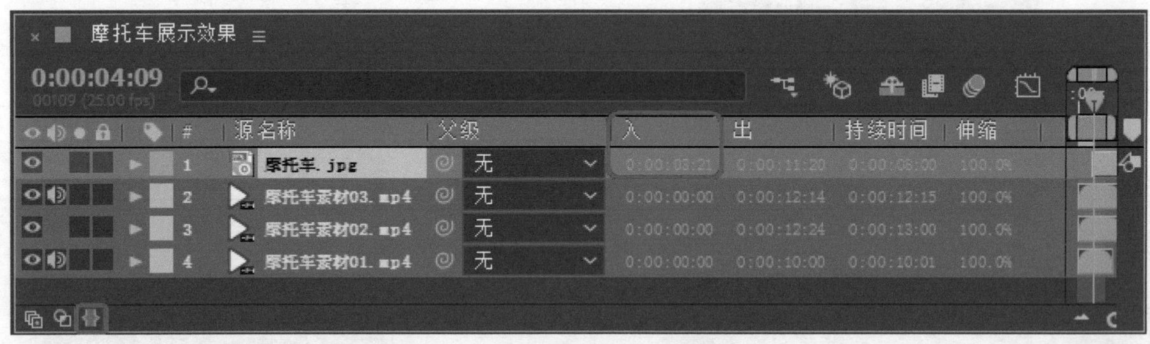

图4-48

Step 15 选中“摩托车.jpg”图层，在工具栏中使用【矩形工具】按钮，在【合成】面板中绘制一个矩形蒙版，单击“摩托车.jpg”图层中的【蒙版】|【蒙版1】|【蒙版路径】右侧的【形状】，在弹出的【蒙版形状】对话框中，设置【定界框】参数，将【顶部】、【底部】设置为0、215，将【左侧】、【右侧】设置为0、600，选中【重置为矩形】复选框，如图4-49所示。

Step 16 单击【确定】按钮，将当前时间设置为0:00:05:11，单击【蒙版路径】左侧的【时间变化秒表】按钮，如图4-50所示。

Step 17 将当前时间设置为0:00:03:22，单击“摩托车.jpg”图层中的【蒙版】|【蒙版1】|【蒙版路径】右侧的【形状】，在弹出的【蒙版形状】对话框中，设置【定界框】参数，将【顶部】【底部】设置为0、215，将【左侧】【右侧】设置为0、5，如图4-51所示。

图4-49

图4-50

Step 18 单击【确定】按钮，继续选中“摩托车.jpg”图层，在工具栏中使用【矩形工具】按钮，在【合成】面板中绘制一个矩形蒙版，单击“摩托车.jpg”图层中的【蒙版】|【蒙版2】|【蒙版路径】右侧的【形状】，在弹出的【蒙版形状】对话框中，设置【定界框】参数，将【顶部】、【底部】设置为420、640，将【左侧】、【右侧】设置为0、600，选中【重置为矩形】复选框，如图4-52所示。

Step 19 单击【确定】按钮，将当前时间设置为0:00:05:11，单击【蒙版路径】左侧的【时间变化秒表】按钮，如图4-53所示。

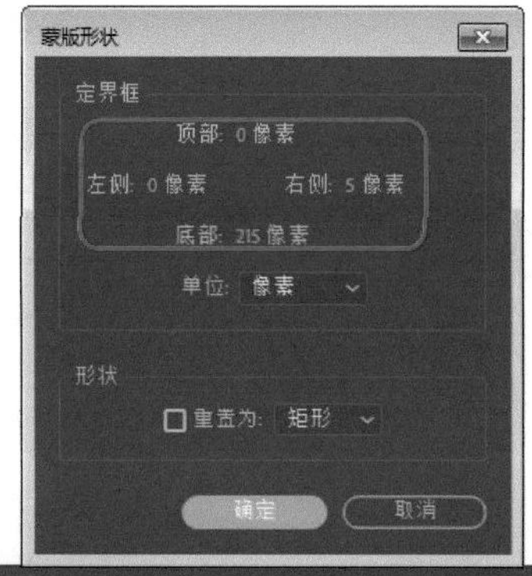

图4-51

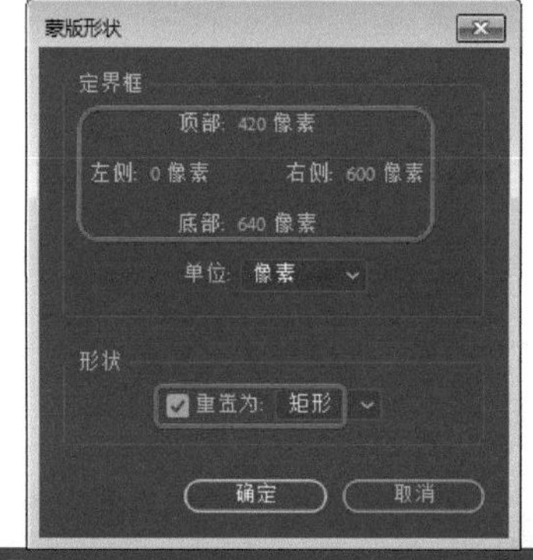

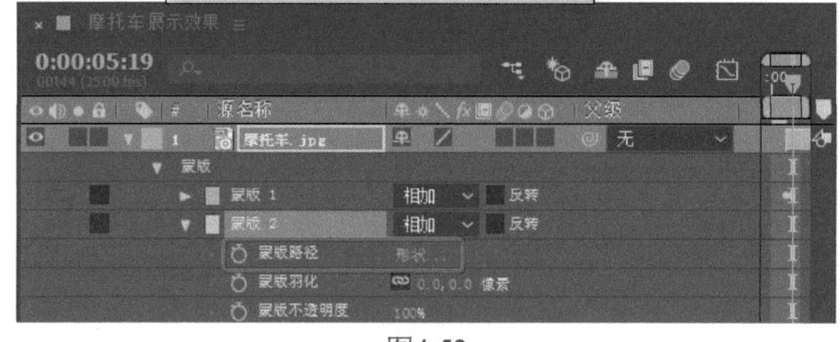

图4-52

Step 20 将当前时间设置为0:00:03:22，单击“摩托车.jpg”图层中的【蒙版】|【蒙版2】|【蒙版路径】右侧的【形状】，在弹出的【蒙版形状】对话框中，设置【定界框】参数，将【顶部】、【底部】设置为420、640，将【左侧】、【右侧】设置为585、600，如图4-54所示。

图4-53

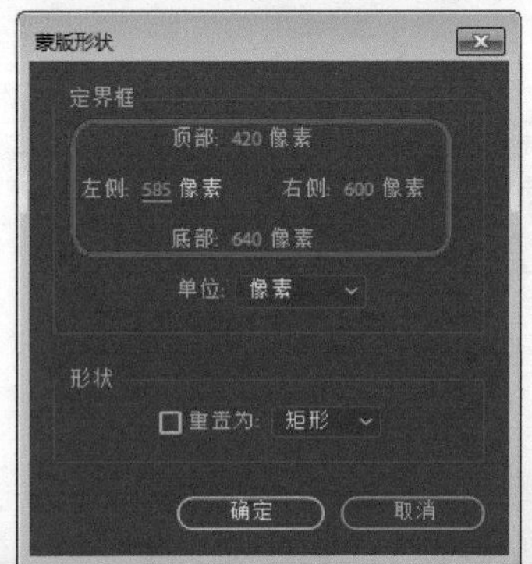

图4-54

Step 21 单击【确定】按钮，继续选中“摩托车.jpg”图层，在工具栏中使用【矩形工具】按钮，在【合成】面板中绘制一个矩形蒙版，单击“摩托车.jpg”图层中的【蒙版】|【蒙版3】|【蒙版路径】右侧的【形状】，在弹出的【蒙版形状】对话框中，设置【定界框】参数，将【顶部】、【底部】设置为215、420，将【左侧】、【右侧】设置为0、600，选中【重置为矩形】复选框，如图4-55所示。

Step 22 单击【确定】按钮，将当前时间设置为0:00:06:15，单击【蒙版路径】左侧的按钮，如图4-56所示。

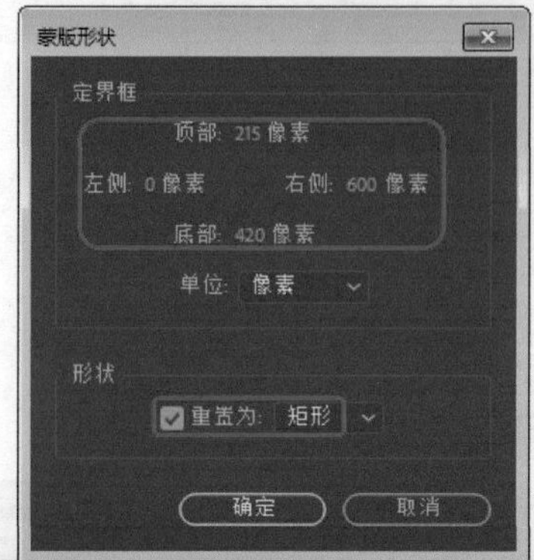

图4-55

图4-56

Step 23 将当前时间设置为0:00:05:12，单击“摩托车.jpg”图层中的【蒙版】|【蒙版3】|【蒙版路径】右侧的【形状】，在弹出的【蒙版形状】对话框中，设置【定界框】参数，将【顶部】、【底部】均设置为318，将【左侧】、【右侧】设置为0、600，如图4-57所示。

Step 24 单击【确定】按钮，在【合成】面板中观察效果，如图4-58所示。

图4-57

图4-58

实例 056 图像切换效果

本案例介绍如何制作图像切换效果。本例首先添加素材图片，然后在图层上使用【矩形工具】绘制蒙版，通过设置【蒙版羽化】和【蒙版不透明度】来实现图像之间的切换效果。完成后的效果如图4-59所示。

图4-59

Step 01 按Ctrl+O组合键，打开“素材\Cha04\图像切换效果素材.aep”素材文件，将【项目】面板中的“图像切换01.jpg”素材图片添加到【时间轴】面板中，将【变换】|【缩放】设置为40，如图4-60所示。

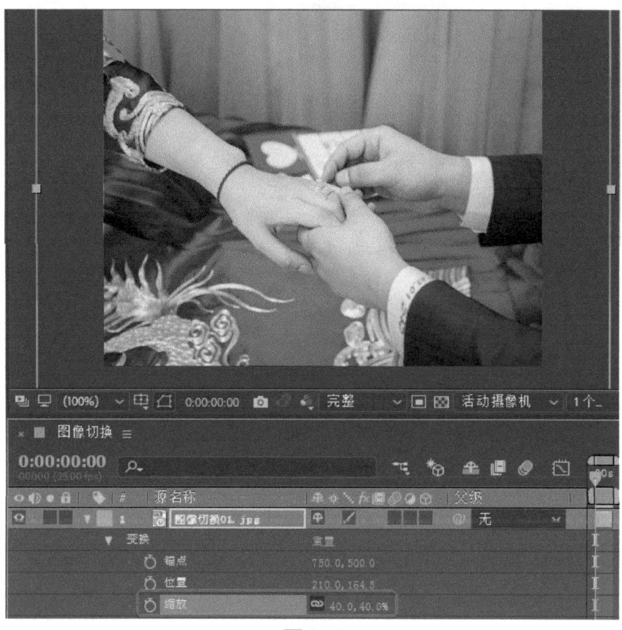

图4-60

Step 02 将【项目】面板中的“图像切换02.jpg”素材图片添加到【时间轴】面板中，将【变换】下的【缩放】设置为26，如图4-61所示。

图4-61

Step 03 确认当前时间为0:00:00:00，在时间轴中选中“图像切换02.jpg”图层，使用【矩形工具】绘制如图4-62所示的矩形蒙版，然后单击【蒙版】

【蒙版1】中的【蒙版羽化】左侧的【时间变化秒表】按钮，添加关键帧，如图4-62所示。

图4-62

Step 04 将当前时间设置为0:00:01:12，将【蒙版羽化】设置为800像素，然后单击【蒙版不透明度】左侧的【时间变化秒表】按钮，添加关键帧，如图4-63所示。

图4-63

Step 05 将当前时间设置为0:00:02:18，将【蒙版不透明度】设置为0，如图4-64所示。

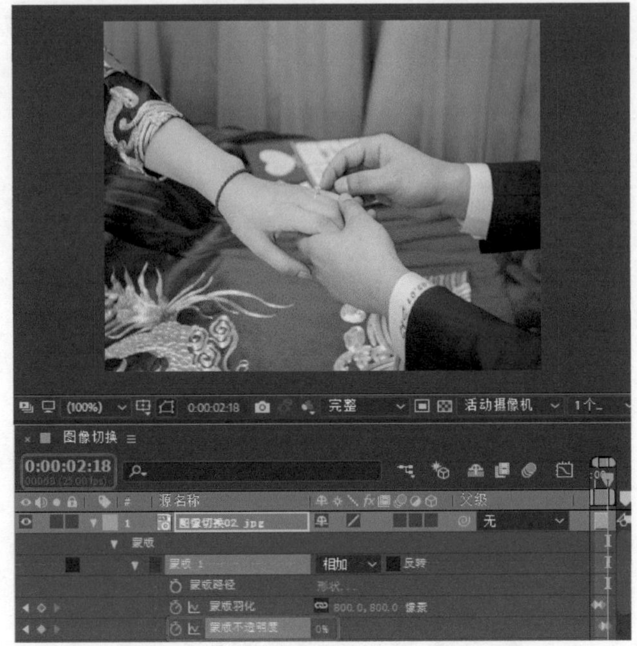

图4-64

Step 06 拖动时间线在【合成】面板中观察效果，如图4-65所示。

图4-65

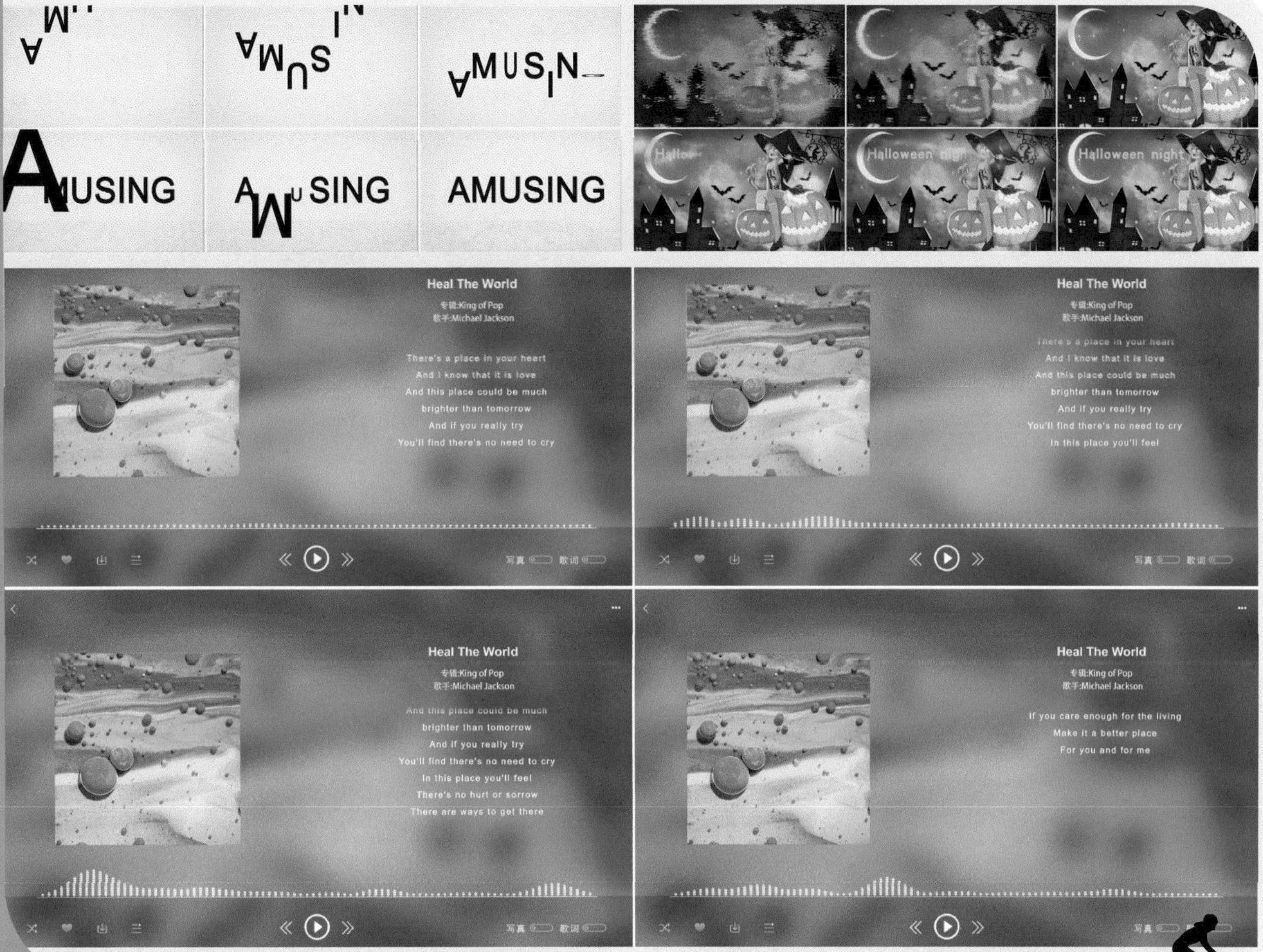

第5章 文字效果

本章导读

在日常生活中随处可见一些文字变形效果，不同的文字效果会给人以不同的感觉，本章将重点讲解如何利用AE软件制作不同的文字效果。

实例057 玻璃文字

本案例将介绍如何制作玻璃文字，该案例主要通过为图像添加【亮度和对比度】效果，然后输入文字，并为图像添加轨道遮罩来达到最终效果，效果如图5-1所示。

图5-1

Step 01 打开“玻璃文字素材.aep”素材文件，在【项目】面板中选择【玻璃素材】素材文件，按住鼠标将其拖曳至【时间轴】面板中，将【缩放】设置为70，将【位置】设置为512,469，如图5-2所示。

图5-2

Step 02 在【时间轴】面板中选择【玻璃素材】图层，按Ctrl+D组合键复制图层，将复制的图层重新命名为【副本】，并将其隐藏，如图5-3所示。

> **提示**
>
> 若需要对图层重新命名，可以在【时间轴】面板中选择要重新命名的图层，右击鼠标，在弹出的快捷菜单中选择【重命名】命令，即可为选中的图层重新命名。

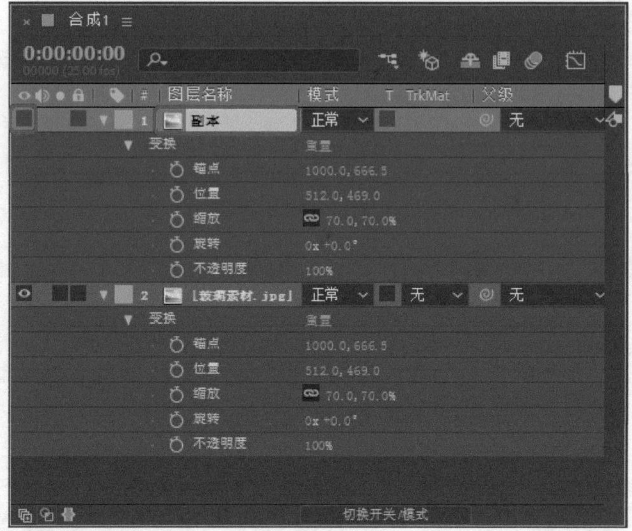

图5-3

Step 03 将当前时间设置为0:00:00:00，在【效果和预设】面板中搜索【溶解】，在搜索结果中选择【溶解-蒸汽】动画预设，按住鼠标将其拖曳至【时间轴】面板中的【玻璃素材】图层上，如图5-4所示。

图5-4

Step 04 确认当前时间为0:00:00:00，在【时间轴】面板中将【玻璃素材】图层下的【溶解主控】展开，将【过渡完成】设置为68，如图5-5所示。

Step 05 在【时间轴】面板中选择【副本】图层，在【工具】面板中单击【横排文字工具】按钮，在【合成】面板中单击鼠标，输入文字，选中输入的文字，在【字符】面板中将【字体系列】设置为Segoe Script，将【字体大小】设置为201，将【字符间距】设置为-50，单击

【仿粗体】按钮T与【全部大写字母】按钮TT，将【填充颜色】设置为#C4C3C3，在【段落】面板中单击【居中对齐文本】按钮，如图5-6所示。

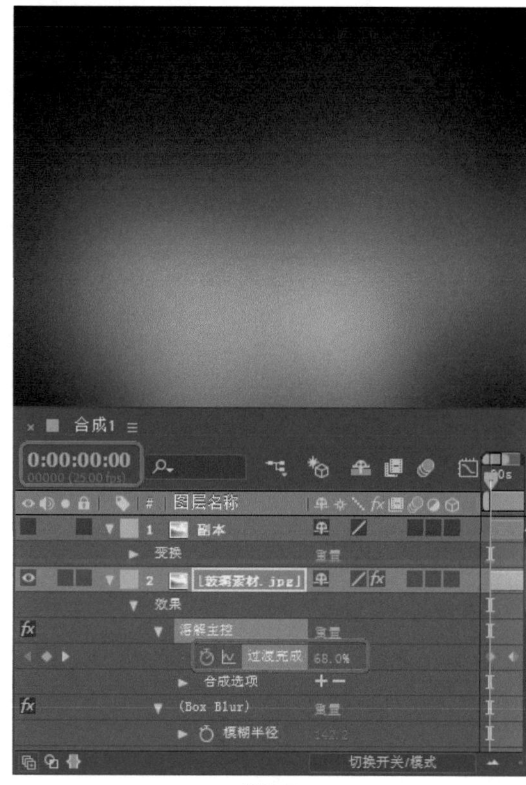

图5-5

图5-6

Step 06 将当前时间设置为0:00:01:10，在【效果和预设】面板中选择【动画预设】|Text|Blurs|【子弹头列车】动画预设，按住鼠标将其拖曳至Raining文字图层上，如图5-7所示。

Step 07 将当前时间设置为0:00:02:20，在【时间轴】面板中选择Bullet Train Animator|Range Selector 1|【偏移】右侧的第二个关键帧，按住鼠标将其拖曳至时间线位置处，如图5-8所示。

图5-7

图5-8

Step 08 在【时间轴】面板中选择【副本】图层，将其显示，将TrkMat设置为【亮度遮罩“Raining”】，如图5-9所示。

图5-9

01 02 03 04 05 第5章 文字效果 06 07 08 09 10 11

Step 09 继续选中【副本】图层，在菜单栏中选择【效果】|【颜色校正】|【亮度和对比度】命令，如图5-10所示。

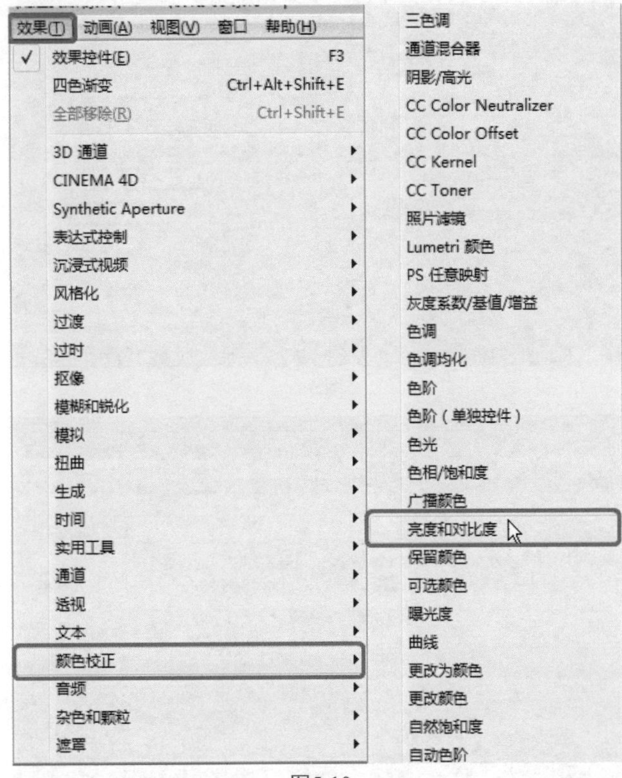

图5-10

Step 10 在【效果控件】面板中将【亮度】、【对比度】分别设置为79、46，选中【使用旧版（支持HDR）】复选框，如图5-11所示。

图5-11

实例 058 跳跃的文字

本例介绍如何制作跳跃的文字，本例主要通过为文字添加不同的效果预设来制作跳跃的文字效果，效果如图5-12所示。

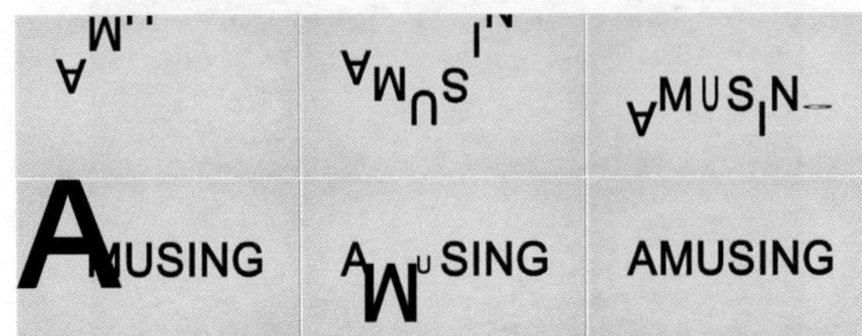

图5-12

Step 01 打开“跳跃的文字素材.aep”素材文件，在【时间轴】面板中右击鼠标，在弹出的快捷菜单中选择【纯色】命令，在弹出的对话框中将【名称】设置为【背景】，将【颜色】设置为#FFEA00，设置完成后，单击【确定】按钮，即可创建纯色背景，如图5-13所示。

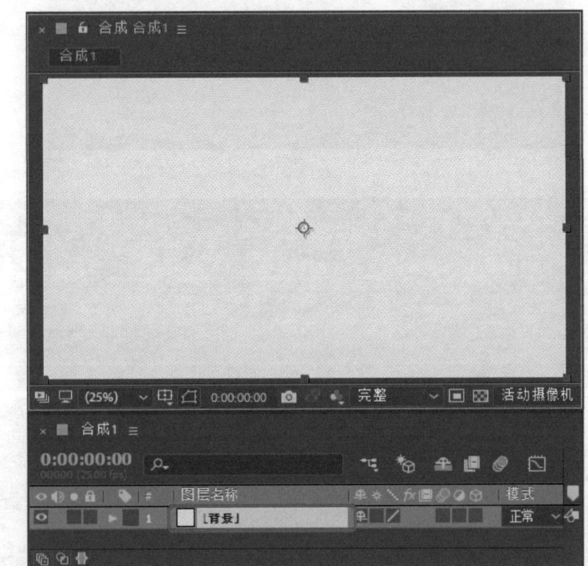

图5-13

Step 02 使用同样的方法再创建一个名称为【黑色】的黑色纯色图层，在【工具】面板中单击【椭圆工具】按钮，在【合成】面板中绘制一个椭圆，在【时间轴】面板中单击【蒙版路径】右侧的【形状】，在弹出的【蒙版形状】对话框中将【左侧】、【顶部】、【右侧】、【底部】分别设置为185、145、1785、950，将【单位】设置为【像素】，单击【确定】按钮，选中【反转】复选框，将【蒙版羽化】均设置为463，将【蒙版扩展】设置为195，将【黑色】图层的【混合模式】设置为【叠加】，如图5-14所示。

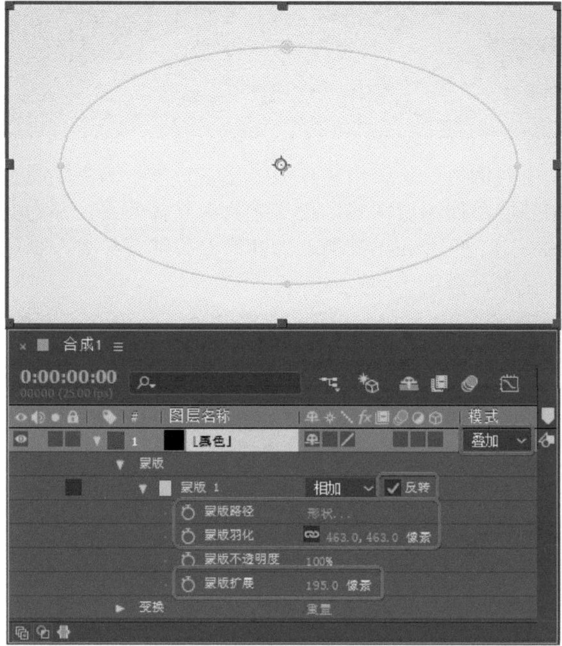
图5-14

Step 03 在【工具】面板中单击【横排文字工具】按钮T，在【合成】面板中单击，输入文字，选中输入的文字，在【字符】面板中将【字体系列】设置为Arial体，将【字体样式】设置为Regular，将【字体大小】设置为305，将【字符间距】设置为0，将【水平缩放】设置为128，单击【仿粗体】按钮T与【全部大写字母】按钮TT，将【填充颜色】设置为#000000，在【时间轴】面板中将AMUSING文字图层下方的【位置】设置为977、642，如图5-15所示。

图5-15

Step 04 将当前时间设置为0:00:00:00，在【效果和预设】面板中搜索【文字回弹】动画预设，选中该效果，按住鼠标将其拖曳至AMUSING文字图层上，如图5-16所示。

图5-16

Step 05 在【时间轴】面板中展开AMUSING文字图层下的【动画1】，将其下方的【位置】设置为0,-830，如图5-17所示。

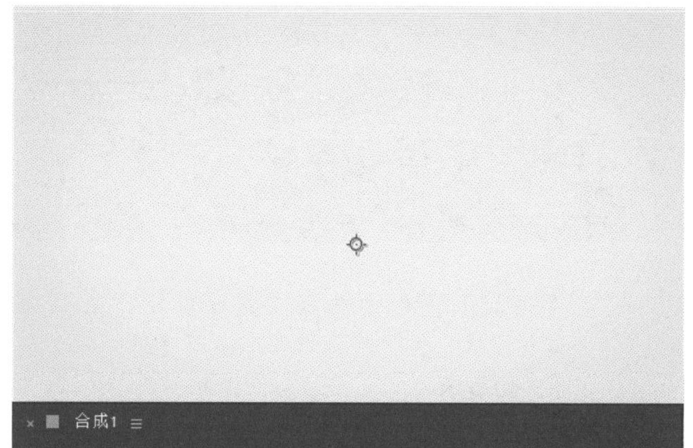
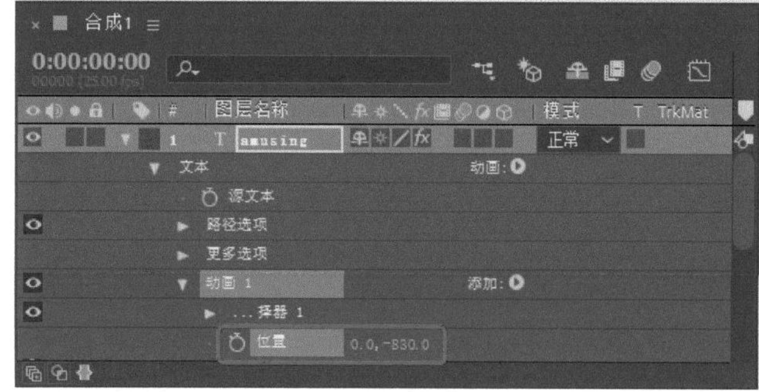
图5-17

Step 06 将当前时间设置为0:00:03:05，在【效果和预设】面板中搜索【扭曲】，在搜索结果中选择【扭曲丝带2】动画预设，按住鼠标将其拖曳至AMUSING文字图层上，如图5-18所示。

图5-18

Step 07 将当前时间设置为0:00:05:06，在【效果和预设】面板中搜索【缩放】，在搜索结果中选择【缩放回弹】动画预设，按住鼠标将其拖曳至AMUSING文字图层上，如图5-19所示。

图5-19

Step 08 在【项目】面板中选择“跳跃的文字背景音乐.mp3”音频文件，按住鼠标将其拖曳至【时间轴】面板中，如图5-20所示。

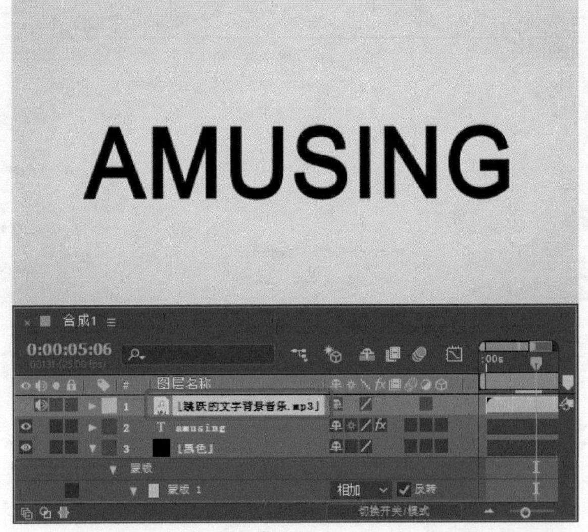

图5-20

实例059 流光文字

本案例将介绍如何制作流光文字，本案例主要通过为文字图层添加图层样式，使文字具有立体效果，并为文字添加CC Light Sweep效果，为其设置关键帧参数，制作出流光文字，效果如图5-21所示。

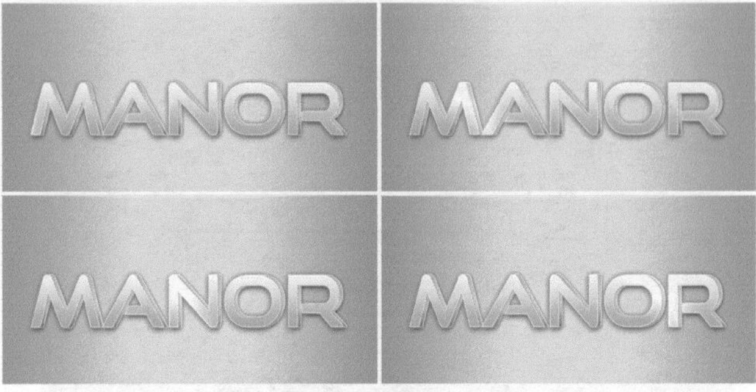

图5-21

Step 01 打开“流光文字素材.aep”素材文件，在【工具】面板中单击【横排文字工具】按钮，在【合成】面板中单击鼠标，输入文本，选中输入的文本，在【字符】面板中将【字体系列】设置为Good Times，将【字体大小】设置为172像素，将【字符间距】设置为0，将【水平缩放】设置为100，单击【仿粗体】按钮，将【填充颜色】设置为#C7C7C7，在【段落】面板中单击【居中对齐文本】按钮，在【时间轴】面板中将【位置】设置为515,342，如图5-22所示。

图5-22

Step 02 选中该文字图层，在菜单栏中选择【图层】|【图层样式】|【投影】命令，在【时间轴】面板中将【投影】下的【混合模式】设置为【正常】，将【角度】、【距离】、【扩展】、【大小】分别设置为90、2、8、13，如图5-23所示。

图5-23

◎提示·◦

在此为了便于观察投影的效果，可以单击【切换透明网格】按钮，此操作不会影响效果。

Step 03 继续选中该图层，为其添加【内阴影】图层样式，在【时间轴】面板中将【内阴影】下的【混合模式】设置为【正常】，将【不透明度】、【角度】、【距离】、【大小】分别设置为34、-90、43、10，如图5-24所示。

Step 04 为该图层添加【斜面和浮雕】图层样式，在【时间轴】面板中将【斜面和浮雕】下的【深度】、【大小】、【柔化】、【角度】、【高度】分别设置为451、4、4、180、70，将【高亮模式】设置为【正常】，将【加亮颜色】设置为#9C9C9C，将【高光不透明度】设置为12，将【阴影模式】设置为【亮光】，将【阴影颜色】设置为#FFFFFF，将【阴影不透明度】设置为35，如图5-25所示。

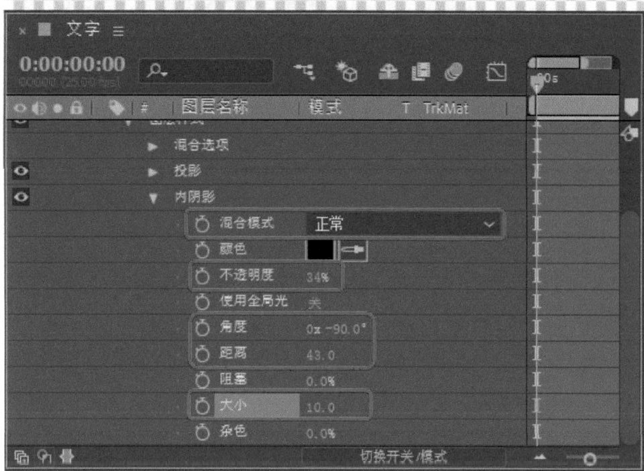

图5-24

图5-25

Step 05 为该图层添加【渐变叠加】图层样式，在【时间轴】面板中单击【渐变叠加】下的【编辑渐变】，在弹出的对话框中将左侧色标的颜色值设置为#389D09，在位置51处添加一个色标，并将其颜色值设置为#98FF3E，将右侧色标的颜色值设置为#389D09，如图5-26所示。

图5-26

Step 06 设置完成后，单击【确定】按钮，为该图层添加【描边】图层样式，在【时间轴】面板中将【描边】下的【混合模式】设置为【线性加深】，将【颜色】设置为白色，将【大小】、【不透明度】分别设置为1、50，将【位置】设置为【居中】，如图5-27所示。

图5-27

Step 07 继续选中该文字图层，按Ctrl+D组合键，对其进行复制，在【时间轴】面板中将【位置】设置为505，342，选择【图层样式】下的【内阴影】与【斜面和浮雕】两个选项，如图5-28所示。

Step 08 按Delete键将选中的两个选项删除，继续选中该图层，将【投影】下的【不透明度】、【距离】、【扩展】、【大小】分别设置为49、5、0、18，如图5-29所示。

图5-28

图5-29

Step 09 选中manor 2图层，为其添加【外发光】图层样式，在【时间轴】面板中将【外发光】下的【混合模式】设置为【线性减淡】，将【不透明度】设置为50，将【颜色类型】设置为【渐变】，将【大小】设置为15，如图5-30所示。

Step 10 在【时间轴】面板中单击【外发光】下的【编辑渐变】，在弹出的对话框中将左侧色标的颜色值设置为#42A01D，将右侧色标的颜色值设置为#42A01D，选择右侧上方的不透明度色标，将其【不透明度】设置为0，如图5-31所示。

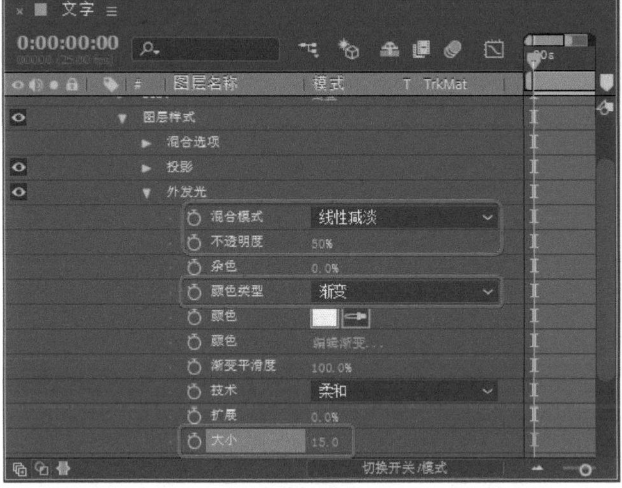

图5-30

图5-31

Step 11 设置完成后，单击【确定】按钮，选择manor 2下的【渐变叠加】图层样式，单击【编辑渐变】，在弹出的对话框中将左侧色标的颜色值设置为#B6AFAE，将位置51处的色标删除，将右侧色标的颜色值设置为#FFFFFF，设置完成后，单击【确定】按钮，选中manor 2下的【描边】图层样式，将其下方的【混合模式】设置为【正常】，将【大小】、【不透明度】分别设置为2、90，将【位置】设置为【内部】，如图5-32所示。

Step 12 新建一个名称为【流光文字】的合成，将【宽度】、【高度】分别设置为1024、500，将【像素长宽比】设置为【方形像素】，将【帧速率】设置为25，将【持续时间】设置为0:00:05:00，新建一个名称为【背景】的黑色纯色图层，在【时间轴】面板中选中该图层，为其添加【渐变叠加】图层样式，在【时间轴】面板中将【渐变叠加】下的【角度】设置为0，将【样式】设置为【反射】，如图5-33所示。

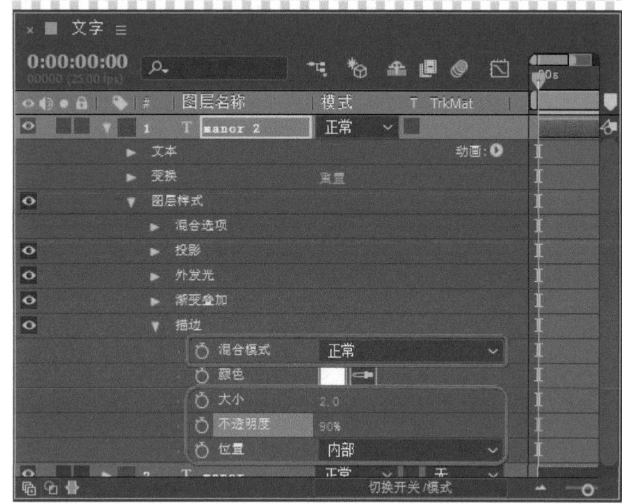

图5-32

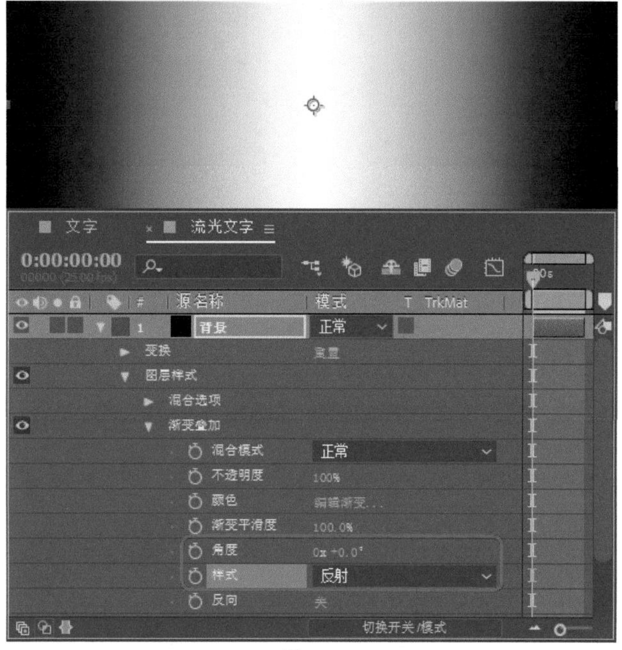

图5-33

Step 13 单击【编辑渐变】，在弹出的对话框中将左侧色标的颜色值设置为#E0E1E3，在位置30处添加一个色标，并将其颜色值设置为#E0E1E3，将右侧色标的颜色值设置为#9B9FA5，设置完成后，单击【确定】按钮，在【项目】面板中选择【文字】合成，按住鼠标将其拖曳至【流光文字】时间轴中，如图5-34所示。

Step 14 在【时间轴】面板中选中【文字】图层，在菜单栏中选择【效果】|【生成】|CC Light Sweep命令，如图5-35所示。

图5-34

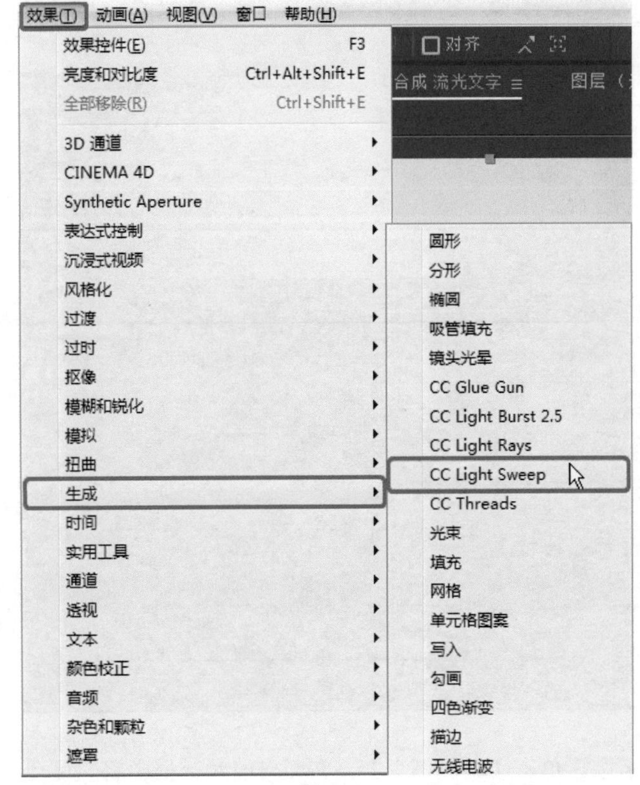

图5-35

Step 15 将当前时间设置为0:00:00:00，在【时间轴】面板中将CC Light Sweep下的Center设置为0,250，单击其左侧的【时间变化秒表】按钮，如图5-36所示。

Step 16 将当前时间设置为0:00:04:24，将Center设置为1094,250，单击【变换】下【缩放】右侧的【约束比例】按钮，将【缩放】分别设置为100,107，如图5-37所示。

图5-36

图5-37

实例060 烟雾文字

本例将介绍如何制作烟雾文字，本例主要通过【横排文字工具】输入文字，为输入的文字添加擦除动画，最后通过为纯色图层添加效果，并设置动画参数制作烟雾效果，效果如图5-38所示。

图5-38

Step 01 打开“烟雾文字素材.aep”素材文件，在【项目】面板中选择“烟雾素材01.jpg”素材文件，按住鼠标将其拖曳至【时间轴】面板中，如图5-39所示。

图5-39

Step 02 将当前时间设置为0:00:00:00，在【效果和预设】面板中搜索【不良电视信号】，在搜索结果中选择【不良电视信号-弱】动画预设，按住鼠标将其拖曳至【时间轴】面板中的【烟雾素材01】图层上，展开【效果】下的Wave Warp，将【波形高度】下的表达式删除，单击【波形高度】、【波形宽度】左侧的【时间变化秒表】按钮，将【波形高度】、【波形宽度】分别设置为30、500，单击Color Balance（HLS）下【饱和度】左侧的【时间变化秒表】按钮，单击Noise下【杂色数量】左侧的【时间变化秒表】按钮，单击Venetian Blinds下【过渡完成】左侧的【时间变化秒表】按钮，如图5-40所示。

图5-40

Step 03 将当前时间设置为0:00:02:15，将Wave Warp下的【波形高度】、【波形宽度】分别设置为0、1，将Color Balance（HLS）下的【饱和度】设置为0，将Noise下的【杂色数量】设置为0，将Venetian Blinds下的【过渡完成】设置为0，如图5-41所示。

Step 04 在【工具】面板中选择【横排文字工具】，在【合成】面板中单击鼠标输入文字，选择输入的文字，在【字符】面板中将【字体系列】设置为【汉仪竹节体简】，将【字体大小】设置为132像素，将【字符间距】设置为0，将【填充颜色】设置为#2DDBFF，在【段落】面板中单击【左对齐文本】按钮，在【时间轴】面板中将Halloween night文字图层下的【位置】设置为190,265，如图5-42所示。

Step 05 在菜单栏中选择【效果】|【过渡】|【线性擦除】命令，即可为文字图层添加【线性擦除】效果，确认当前时间为0:00:02:14，在【时间轴】面板中将【过渡完成】设置为100，单击其左侧的【时间变化秒表】按钮，将【擦除角度】设置为270，将【羽化】设置为230，如图5-43所示。

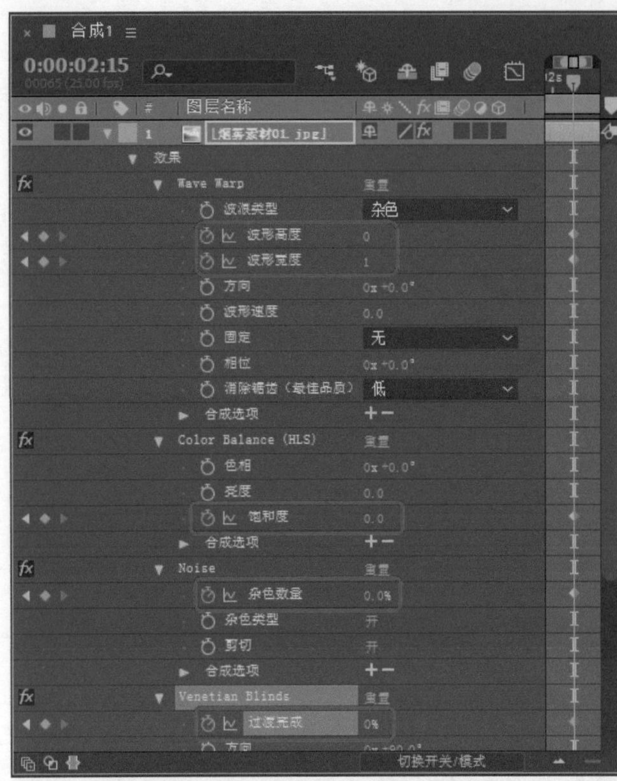

图5-41

图5-42

图5-43

Step 06 将当前时间设置为0:00:04:15，将【过渡完成】设置为0，如图5-44所示。

图5-44

Step 07 新建一个名称为【烟雾01】的黑色纯色图层，在菜单栏中选择【效果】|【模拟】|CC Particle World命

令，即可为【烟雾01】图层添加该效果，将当前时间设置为0:00:01:15，在【效果控件】面板中将Birth Rate设置为0.1，将Longevity（sec）设置为1.87，分别单击Position X左侧的【时间变化秒表】按钮，将Position X设置为-0.53，将Position Y设置为0.01，将Radius Z设置为0.44，将Animation设置为Viscouse，将Velocity设置为0.35，将Gravity设置为-0.05，如图5-45所示。

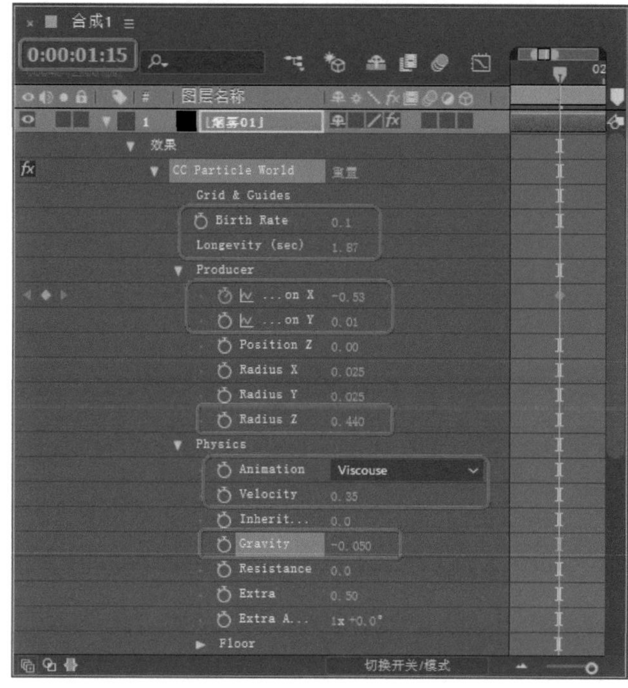

图5-45

Step 08 将Particle下的Particle Type设置为Faded Sphere，将Birth Size设置为1.25，将Death Size设置为1.9，将Birth Color设置为#05A0FF，将Death Color设置为#000000，将Transfer Mode设置为Add，将【变换】下的【位置】设置为420,197，单击【缩放】右侧的【约束比例】按钮，将其取消链接，将【缩放】设置为155、100，如图5-46所示。

Step 09 将当前时间设置为0:00:04:15，将Position X设置为0.87，如图5-47所示。

Step 10 在菜单栏中选择【效果】|【模糊和锐化】|CC Vector Blur命令，即可为【烟雾01】图层添加该效果，在【时间轴】面板中将Amount设置为250，将Angle Offset设置为10，将Ridge Smoothness设置为32，将Map Softness设置为25，如图5-48所示。

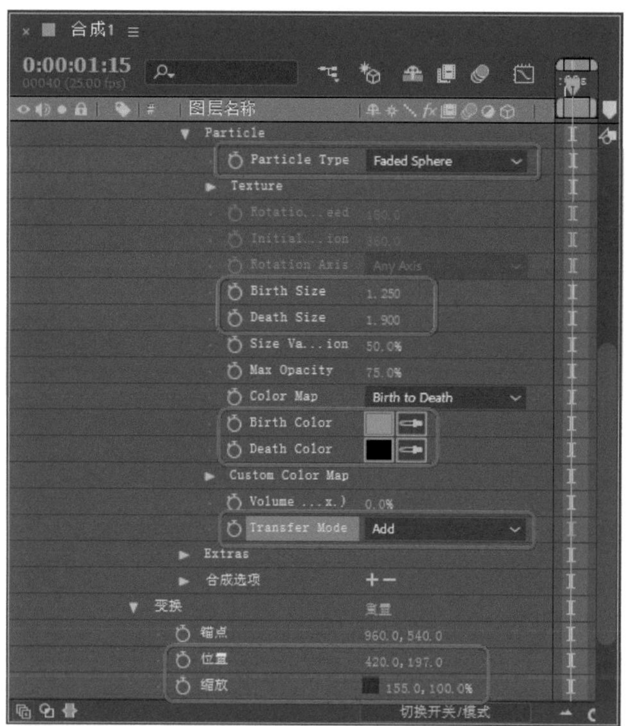

图5-46

图5-47

Step 11 确认【烟雾01】图层处于选择状态，按Ctrl+D组合键复制图层，选中第二个【烟雾01】图层，将其重命名为【烟雾02】图层，将【烟雾02】的【混合模式】设置为【屏幕】，如图5-49所示。

图5-48

图5-49

Step 12 选择【烟雾02】图层，在【时间轴】面板中将CC Particle World效果中的Birth Rate设置为0.7，将Radius Z设置为0.47，将Particle下的Birth Size设置为0.94，将Death Size设置为1.7，将Death Color设置为#0D0000，如图5-50所示。

Step 13 在【时间轴】面板中将CC Vector Blur效果中的Amount设置为340，将Ridge Smoothness设置为24，将Map Softness设置为23，如图5-51所示。

Step 14 在【时间轴】面板中将【烟雾02】图层的【不透明度】设置为53，如图5-52所示。

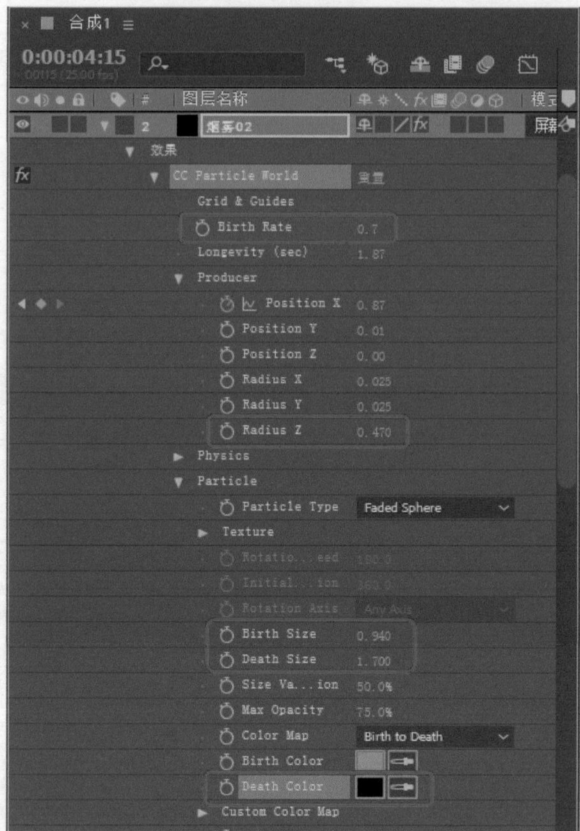

图5-50

图5-51

Step 15 在【项目】面板中选择“烟雾素材02.wav”素材文件，按住鼠标将其拖曳至【时间轴】面板中，如图5-53所示。

图5-52

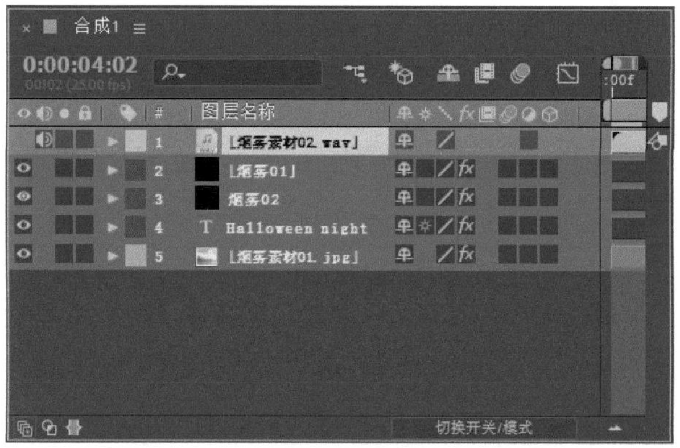

图5-53

Step 16 在【项目】面板中选择“烟雾素材03.mp3”素材文件，按住鼠标将其拖曳至【时间轴】面板中，将其入点时间设置为0:00:02:15，如图5-54所示。

图5-54

实例061 火焰文字

本例将介绍如何制作火焰文字，本例主要通过添加火焰燃烧的背景视频，然后输入文字并为文字添加效果制作文字燃烧效果，如图5-55所示。

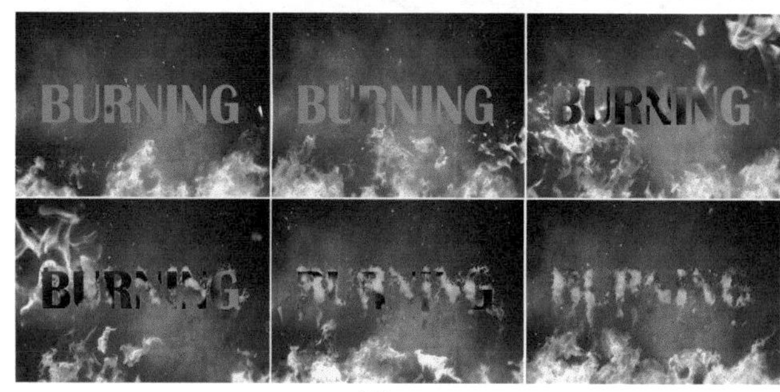

图5-55

Step 01 打开“火焰文字素材.aep”素材文件，在【项目】面板中选择“火焰素材01.mp4”素材文件，按住鼠标将其拖曳至【时间轴】面板中，将【缩放】设置为35，如图5-56所示。

图5-56

Step 02 在【工具】面板中选择【横排文字工具】T，在【合成】面板中单击鼠标输入文字，选择输入的文字，在【字符】面板中将【字体系列】设置为Britannic Bold，将【字体大小】设置为108，单击【全部大写字母】按钮TT，将【填充颜色】设置为#FFFFFF，在【段落】面板中单击【左对齐文本】按钮，如图5-57所示。

图5-57

Step 03 在【时间轴】面板中将文字图层的【位置】设置为47,200，将当前时间设置为0:00:02:21，将【不透明度】设置为0，单击【不透明度】左侧的【时间变化秒表】按钮，如图5-58所示。

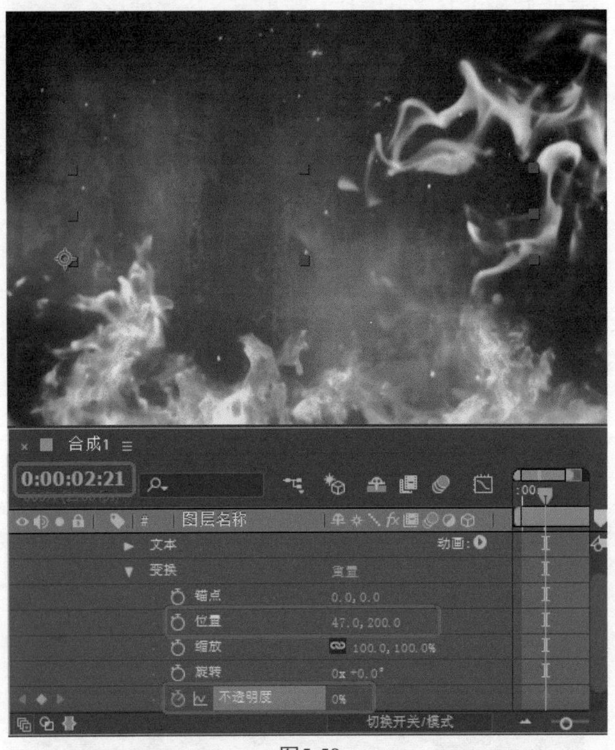

图5-58

Step 04 将当前时间设置为0:00:04:07，将【不透明度】设置为100，如图5-59所示。

Step 05 确认文字图层处于选择状态，在菜单栏中选择【效果】|【遮罩】|【简单阻塞工具】命令，将当前时间设置为0:00:00:00，在【时间轴】面板中将【阻塞遮罩】设置为100，并单击其左侧的【时间变化秒表】按钮，如图5-60所示。

图5-59

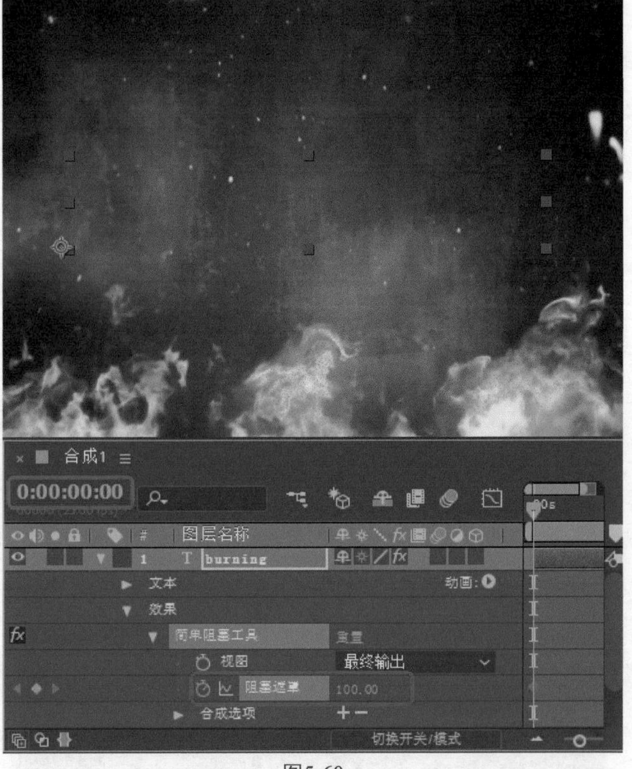

图5-60

Step 06 将当前时间设置为0:00:04:07，将【阻塞遮罩】设置为0.1，如图5-61所示。

图5-61

Step 07 在菜单栏中选择【效果】|【过时】|【快速模糊（旧版）】命令，为文字图层添加【快速模糊（旧版）】效果，在【时间轴】面板中将【模糊度】设置为10，如图5-62所示。

图5-62

Step 08 在菜单栏中选择【效果】|【生成】|【填充】命令，为文字图层添加【填充】效果，在【时间轴】面板中将【颜色】设置为#000000，如图5-63所示。

图5-63

Step 09 在菜单栏中选择【效果】|【杂色和颗粒】|【分形杂色】命令，为文字图层添加【分形杂色】效果，在【时间轴】面板中将【分型类型】设置为【湍流平滑】，将【对比度】设置为200，将【溢出】设置为【剪切】，在【变换】组中将【缩放】设置为50，确认当前时间为0:00:00:00，将【偏移（湍流）】设置为360,570，单击其左侧的【时间变化秒表】按钮，将【透视位移】设置为【开】，将【复杂度】设置为10，单击【演化】左侧的【时间变化秒表】按钮，如图5-64所示。

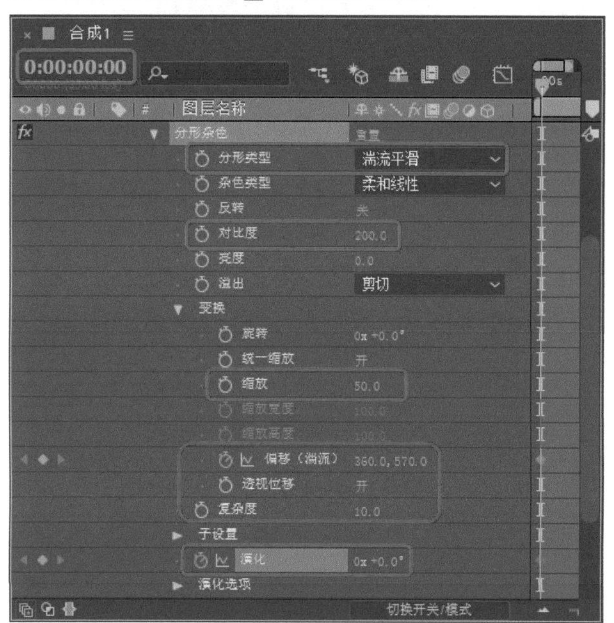

图5-64

Step 10 将当前时间设置为0:00:10:00，将【偏移（湍流）】设置为360,0，将【演化】设置为10x+0°，如图5-65所示。

图5-65

Step 11 在菜单栏中选择【效果】|【颜色校正】|CC Toner命令，即可为文字图层添加CC Toner效果，在【时间轴】面板中将Highlights设置为#FFBF00，将Midtones设置为#DB7503，将Shadows设置为#6E0000，如图5-66所示。

图5-66

Step 12 在菜单栏中选择【效果】|【风格化】|【毛边】命令，为文字图层添加【毛边】效果，在【时间轴】面板中将【边缘类型】设置为【刺状】，将当前时间设置为0:00:00:00，将【偏移（湍流）】设置为0,228，单击其左侧的【时间变化秒表】按钮，然后单击【演化】左侧的【时间变化秒表】按钮，如图5-67所示。

图5-67

Step 13 将当前时间设置为0:00:10:00，将【偏移（湍流）】设置为0,0，将【演化】设置为5x+0°，如图5-68所示。

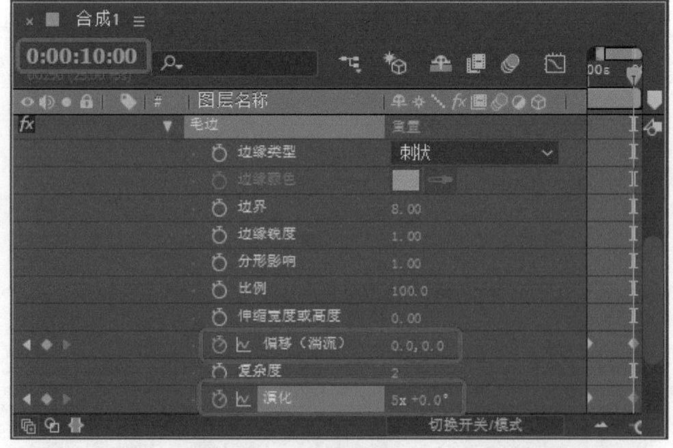

图5-68

Step 14 按Ctrl+D组合键复制出burning 2文字图层，在【时间轴】面板中将burning 2文字图层的【位置】设置为47,240，如图5-69所示。

图5-69

Step 15 在【时间轴】面板中将【快速模糊（旧版）】效果的【模糊度】设置为120，将【模糊方向】设置为【垂直】，如图5-70所示。

图5-70

Step 16 在菜单栏中选择【效果】|【过渡】|【线性擦除】命令，即可为burning 2文字图层添加【线性擦除】效果，在【时间轴】面板中将其移至【快速模糊】效果的下方，然后将当前时间设置为0:00:02:21，将【过渡完成】设置为100，单击其左侧的【时间变化秒表】按钮，将【擦除角度】设置为180，将【羽化】设置为100，如图5-71所示。

图5-71

Step 17 将当前时间设置为0:00:10:00，将【过渡完成】设置为0，如图5-72所示。

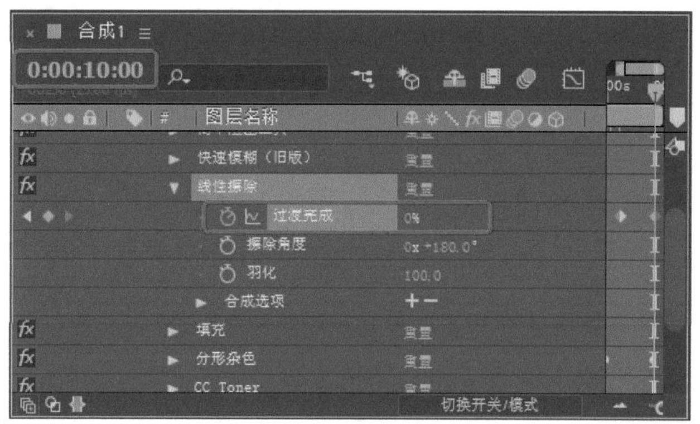

图5-72

Step 18 将当前时间设置为0:00:00:00，将【毛边】效果的【边缘锐度】设置为0.5，将【分形影响】设置为0.75，将【比例】设置为300，将【偏移（湍流）】设置为0、156.4，如图5-73所示。

图5-73

Step 19 按Ctrl+D组合键复制出burning 3文字图层，在【时间轴】面板中将burning 3文字图层上的效果全部删除，将【位置】设置为47,210，取消单击【不透明度】左侧的【时间变化秒表】按钮，将【不透明度】设置为100，在【字符】面板中将【填充颜色】设置为#E55106，如图5-74所示。

图5-74

◎提示·◦

在删除某个图层中的效果时，若删除全部效果，在【时间轴】面板中选择【效果】，然后按Delete键将其删除即可；若需要删除单个效果，则可以选择要删除的某个效果，按Delete键将其删除。除此之外，还可以在【效果控件】面板中选择效果，按Delete键将其删除。

Step 20 在菜单栏中选择【效果】|【风格化】|CC Burn Film命令，即可为burning 3文字图层添加CC Burn Film效果，将当前时间设置为0:00:00:00，在【时间轴】面板中将Burn设置为0，单击其左侧的【时间变化秒表】按钮，将Center设置为183,185，如图5-75所示。

图5-75

Step 21 将当前时间设置为0:00:10:00，将Burn设置为75，如图5-76所示。

图5-76

Step 22 在【项目】面板中选择“火焰-[001-171].png”素材文件，按住鼠标将其拖曳至【时间轴】面板中，将【混合模式】设置为【柔光】，将【不透明度】设置为50，如图5-77所示。

图5-77

实例 062 光晕文字

本例将介绍光晕文字的制作，本例主要通过镜头光晕制作光晕移动效果，然后为文字添加【线性擦除】效果，使其随着光晕的移动而进行擦除，效果如图5-78所示。

图5-78

Step 01 打开“光晕文字素材.aep”素材文件，在【项目】面板中选择“光晕素材01.mp4”素材文件，按住鼠标将其拖曳至【时间轴】面板中，在【时间轴】面板中新建一个名称为【光晕】的黑色纯色图层，选中新建的【光晕】图层，在菜单栏中选择【效果】|【生成】|【镜头光晕】命令，将当前时间设置为0:00:00:00，在【时间轴】面板中单击【光晕中心】、【光晕亮度】左侧的【时间变化秒表】按钮，将【光晕中心】设置为358,358，将【光晕亮度】设置为0，如图5-79所示。

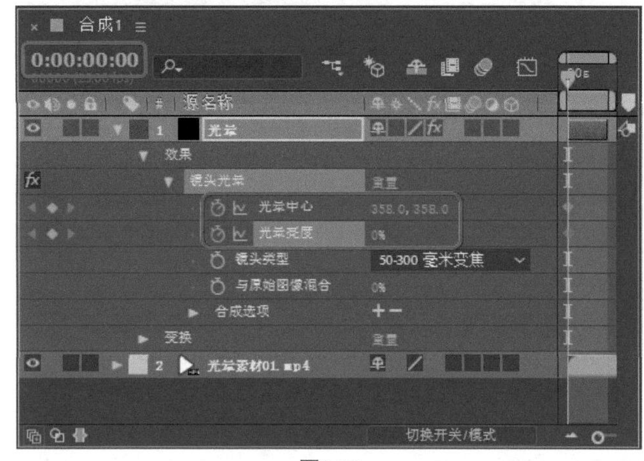

图5-79

Step 02 将当前时间设置为0:00:04:00，在【时间轴】面板中将【光晕亮度】设置为90，将【光晕】图层的【混合模式】设置为【屏幕】，如图5-80所示。

图5-80

Step 03 将当前时间设置为0:00:04:10，在【时间轴】面板中将【光晕中心】设置为772,358，将【光晕亮度】设置为0，如图5-81所示。

Step 04 设置完成后，继续选中该图层，在菜单栏中选择【效果】|【颜色校正】|【色相/饱和度】命令，在【时间轴】面板中勾选【色相/饱和度】下的【彩色化】设置为【开】，将【着色色相】设置为200，将【着色饱和度】设置为60，如图5-82所示。

图5-81

图5-82

Step 05 继续选中【光晕】图层，将【变换】下的【位置】设置为472,436，将【缩放】设置为180，如图5-83所示。

图5-83

Step 06 在【工具】面板中单击【横排文字工具】，在【合成】面板中单击鼠标，输入文字，选中输入的文字，在【字符】面板中将【字体系列】设置为Swis721 Hv BT，将【字体大小】设置为122像素，将【字符间距】设置为0，单击【全部大写字母】按钮，将【填充颜色】设置为#F4FFE8，在【段落】面板中单击【左对齐文本】按钮，并调整其位置，如图5-84所示。

图5-84

Step 07 选中该文字图层，按Ctrl+D组合键对其进行复制，将复制的图层隐藏，选中Technology文字图层，在菜单栏中选择【效果】|【过渡】|【线性擦除】命令，将当前时间设置为0:00:00:00，在【时间轴】面板中单击【过渡完成】左侧的【时间变化秒表】按钮，将【过渡完成】设置为84，将【擦除角度】设置为-90，

将【羽化】设置为30，如图5-85所示。

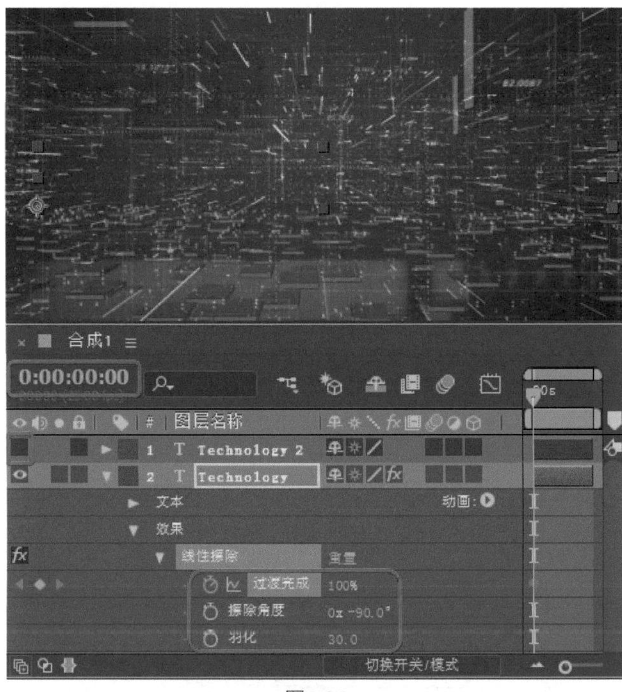

图5-85

Step 08 将当前时间设置为0:00:00:10，在【时间轴】面板中将【过渡完成】设置为77，如图5-86所示。

图5-86

Step 09 将当前时间设置为0:00:04:20，在【时间轴】面板中将【过渡完成】设置为0，如图5-87所示。

Step 10 继续选中Technology图层，在【时间轴】面板中将该图层的【混合模式】设置为【叠加】，按Ctrl+D组合键对选中的图层进行复制，将复制后的图层重新命名为【倒影 1】，选中【倒影 1】图层，为其再次添加一个【线性擦除】效果，在【时间轴】面板中将【线性擦除2】下方的【过渡完成】设置为36，将【擦除角度】【羽化】分别设置为0、40，单击【变换】下【缩放】右侧的【约束比例】按钮，将【缩放】设置为100,-100，将【不透明度】设置为26，如图5-88所示。

图5-87

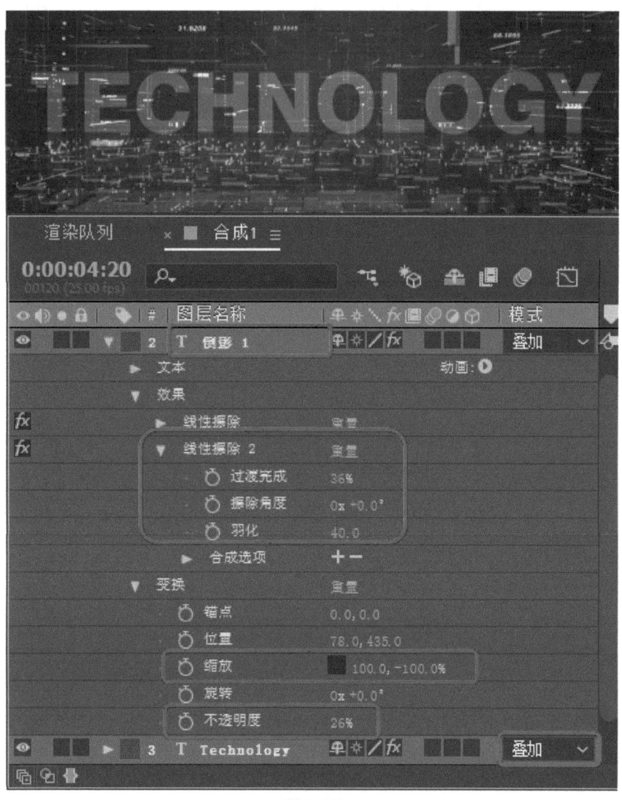

图5-88

Step 11 在【时间轴】面板中将Technology 2取消隐藏，将

当前时间设置为0:00:04:10，将【变换】下的【不透明度】设置为0，并单击其左侧的【时间变化秒表】按钮，如图5-89所示。

图5-89

Step 12 将当前时间设置为0:00:05:10，将【变换】下的【不透明度】设置为100，如图5-90所示。

图5-90

Step 13 选择Technology 2图层，按Ctrl+D组合键对其进行复制，将复制后的图层重新命名为【倒影 2】，选中【倒影 2】图层，为其添加【线性擦除】效果，确认当前时间为0:00:05:10，在【时间轴】面板中将【过渡完成】设置为36，将【擦除角度】、【羽化】分别设置为0、40，单击【变换】下【缩放】右侧的【约束比例】按钮，将【缩放】设置为100,-100，将【不透明度】设置为26，如图5-91所示。

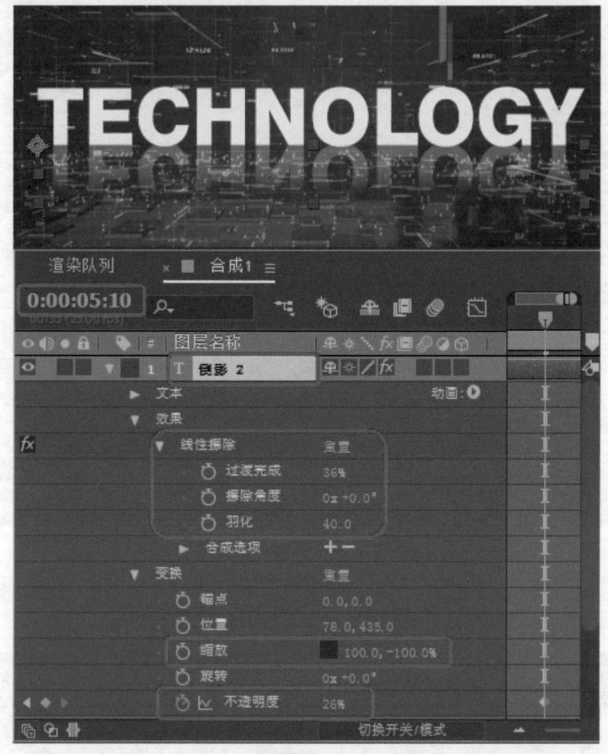

图5-91

Step 14 此时可以按空格键预览效果，如图5-92所示。

图5-92

实例 063 电流文字

本例将介绍电流文字的制作，本例主要通过为纯色图层添加【分形杂色】、【色阶】、CC Toner、【发光】效果，制作出电流效果，最后输入文字，并将文字与电

流效果叠加在一起，使其产生电流文字的效果，如图5-93所示。

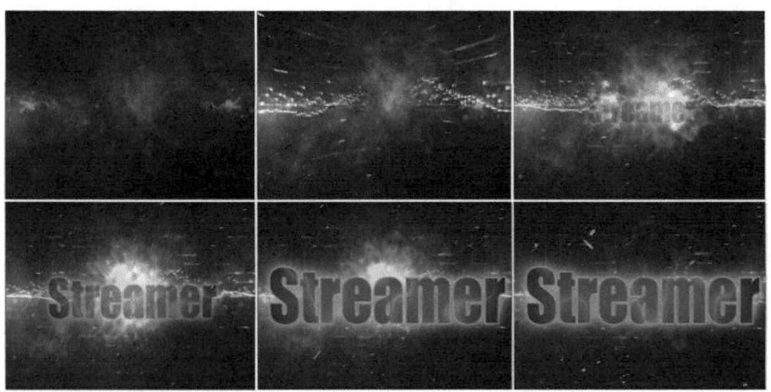

图5-93

Step 01 打开“电流文字素材.aep”素材文件，在【时间轴】面板中新建一个名称为【光】的黑色纯色图层，在菜单栏中选择【效果】|【杂色和颗粒】|【分形杂色】命令，为【光】图层添加【分形杂色】效果，在【时间轴】面板中将【分形类型】设置为【字符串】，将【对比度】设置为500，确认当前时间为0:00:00:00，在【变换】组中将【偏移（湍流）】设置为25,240，单击其左侧的【时间变化秒表】按钮，在【子设置】组中将【子影响（%）】设置为0，将【演化】设置为144，如图5-94所示。

图5-94

Step 02 将当前时间设置为0:00:05:00，在【时间轴】面板中将【偏移（湍流）】设置为600,240，如图5-95所示。

Step 03 在菜单栏中选择【效果】|【颜色校正】|【色阶】命令，为【光】图层添加【色阶】效果，在【效果控件】面板中将【输入黑色】设置为175，如图5-96所示。

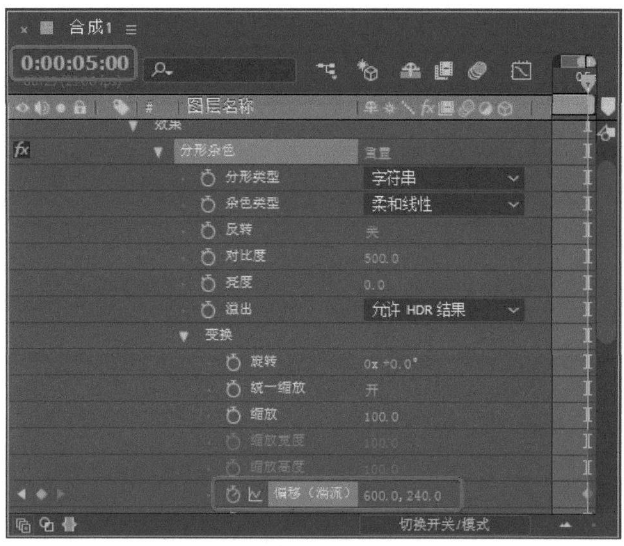

图5-95

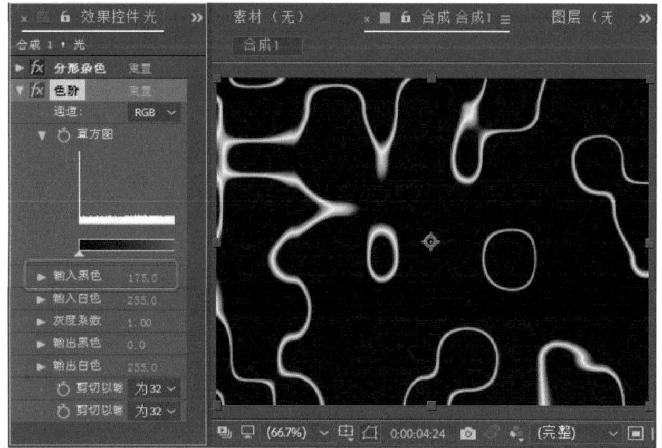

图5-96

Step 04 在菜单栏中选择【效果】|【颜色校正】|CC Toner命令，为【光】图层添加CC Toner效果，在【效果控件】面板中将Midtones设置为#0064FF，如图5-97所示。

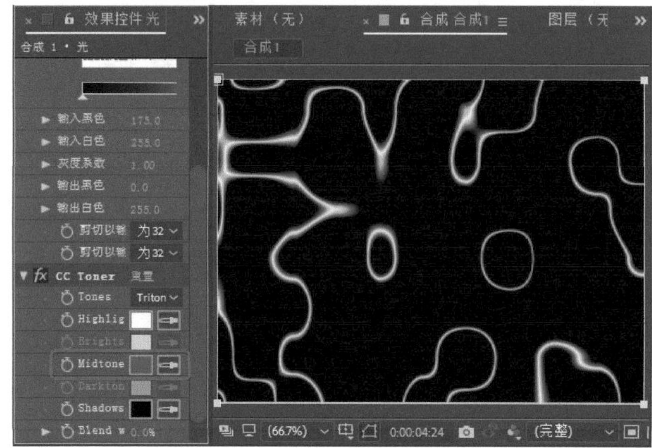

图5-97

Step 05 在菜单栏中选择【效果】|【风格化】|【发光】命令，为【光】图层添加【发光】效果，在【效果控件】面板中，将【发光阈值】设置为75，将【发光半径】设置为25，将【发光强度】设置为5，如图5-98所示。

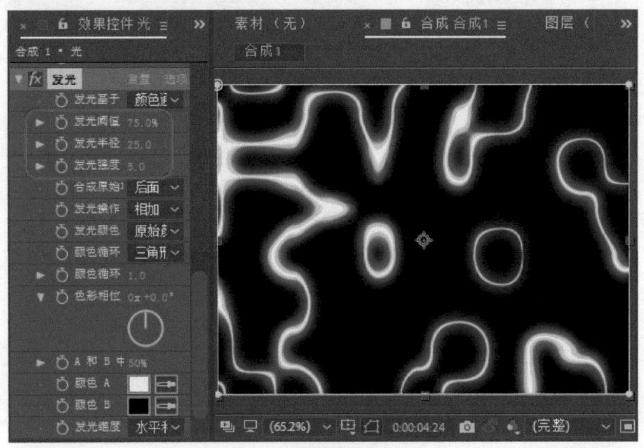

图5-98

Step 06 在【工具】面板中选择【横排文字工具】T，在【合成】面板中输入文字，选择输入的文字，在【字符】面板中将【字体系列】设置为Impact，将【字体大小】设置为160像素，取消单击【全部大写字母】按钮，将【填充颜色】设置为#FFFFFF，在【时间轴】面板中将文字图层下的【位置】设置为25,260，如图5-99所示。

图5-99

Step 07 在菜单栏中选择【效果】|【过时】|【快速模糊（旧版）】命令，为文字图层添加【快速模糊（旧版）】效果，在【时间轴】面板中将【模糊度】设置为200，如图5-100所示。

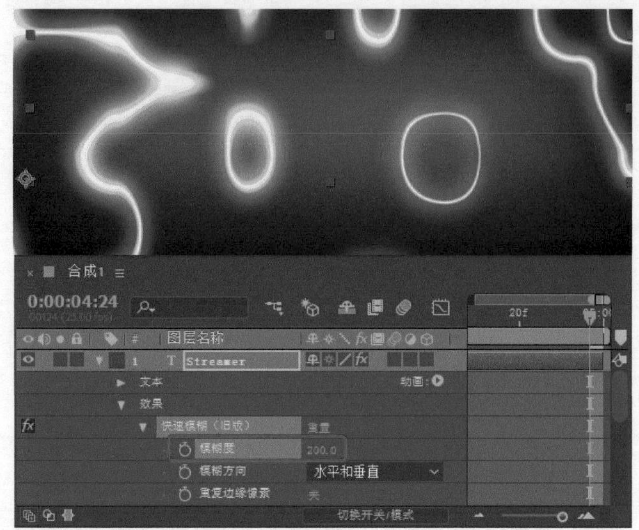

图5-100

Step 08 在【时间轴】面板中将【光】图层的【轨道遮罩】设置为【亮度遮罩“Streamer”】，如图5-101所示。

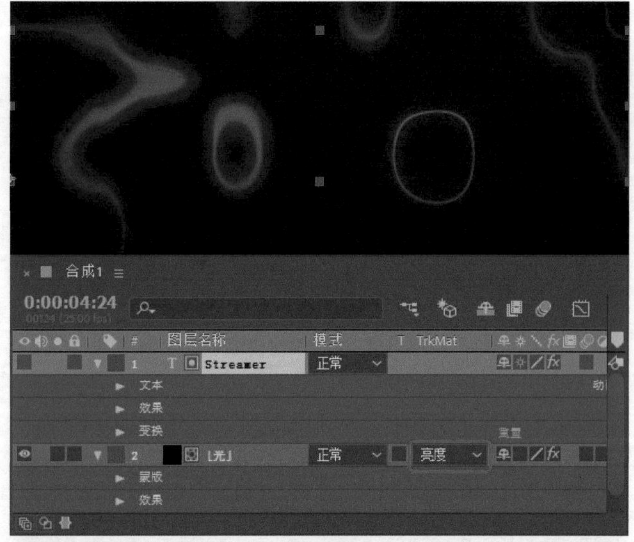

图5-101

Step 09 取消隐藏Streamer文字图层，并将其【模式】设置为【相加】，如图5-102所示。

Step 10 按Ctrl+D组合键复制出Streamer 2文字图层，将其【模式】设置为【模板Alpha】，然后将添加的【快速模糊（旧版）】效果删除，如图5-103所示。

Step 11 按Ctrl+D组合键复制出Streamer 3文字图层，将其【模式】设置为【相加】，在【字符】面板中将【填充颜色】设置为#000000，将【描边颜色】设置为#2C54FF，将【描边宽度】设置为5像素，将描边方式设置为【在描边上填充】，如图5-104所示。

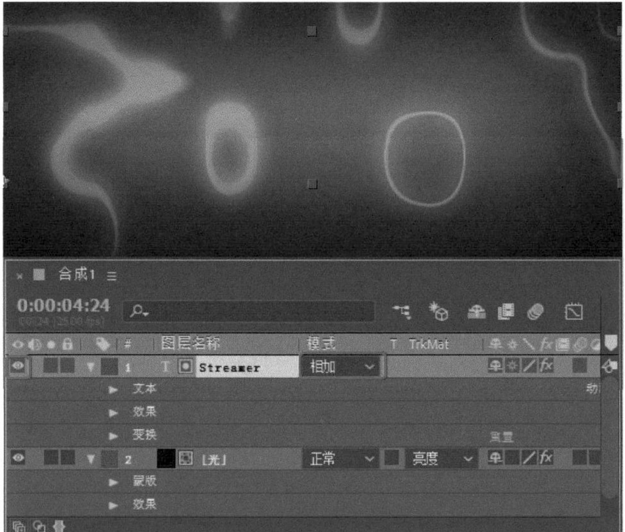

图5-102

图5-103

图5-104

Step 12 在【时间轴】面板中的空白处右击，在弹出的快捷菜单中选择【新建】|【调整图层】命令，新建一个调整图层，在菜单栏中选择【效果】|【颜色校正】|CC Toner命令，为调整图层添加CC Toner效果，在【时间轴】面板中将Midtones设置为#2569FF，如图5-105所示。

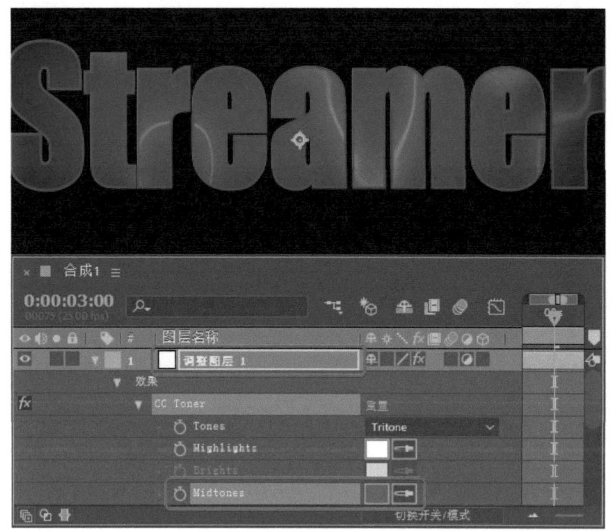

图5-105

Step 13 再次新建一个【调整图层 2】图层，在菜单栏中选择【效果】|【风格化】|【发光】命令，即可为【调整图层 2】图层添加【发光】效果，在【时间轴】面板中将【发光基于】设置为【Alpha通道】，将【发光阈值】设置为20，将【发光半径】设置为50，将【发光颜色】设置为【A和B颜色】，将【颜色A】设置为#24CCFC，将【颜色B】设置为#4169FB，如图5-106所示。

图5-106

Step 14 在【时间轴】面板中选择Streamer 3文字图层，按Ctrl+D组合键复制出Streamer 4文字图层，并将Streamer 4文字图层移至最上方，如图5-107所示。

图5-107

Step 15 将【调整图层 2】图层的【轨道遮罩】设置为【Alpha反转遮罩“Streamer 4”】，并取消隐藏Streamer 4文字图层，如图5-108所示。

图5-108

Step 16 新建一个名称为【合成2】的合成，在【项目】面板中选择“电流素材01.avi”素材文件，按住鼠标将其拖曳至【时间轴】面板中，如图5-109所示。

Step 17 在【项目】面板中选择“电流素材02.mp4”素材文件，按住鼠标将其拖曳至【时间轴】面板中，将其【混合模式】设置为【相加】，将【缩放】设置为50，将【不透明度】设置为33，如图5-110所示。

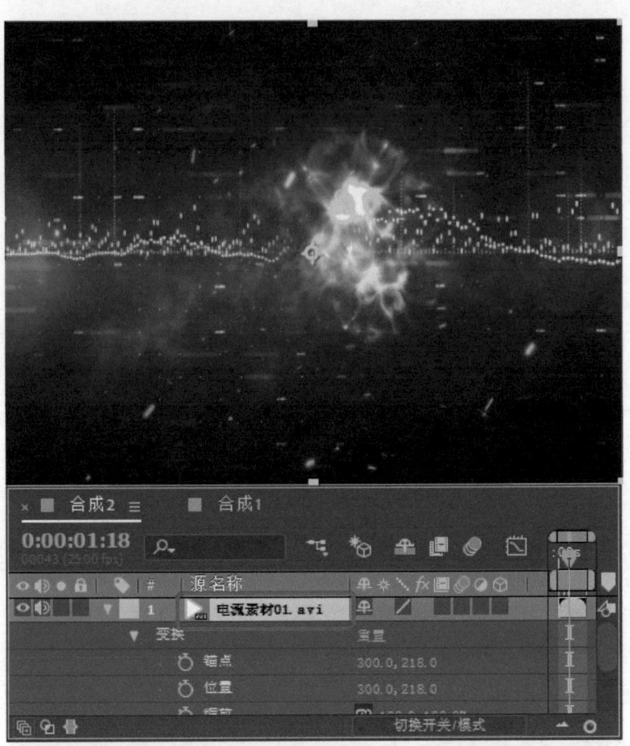

图5-109

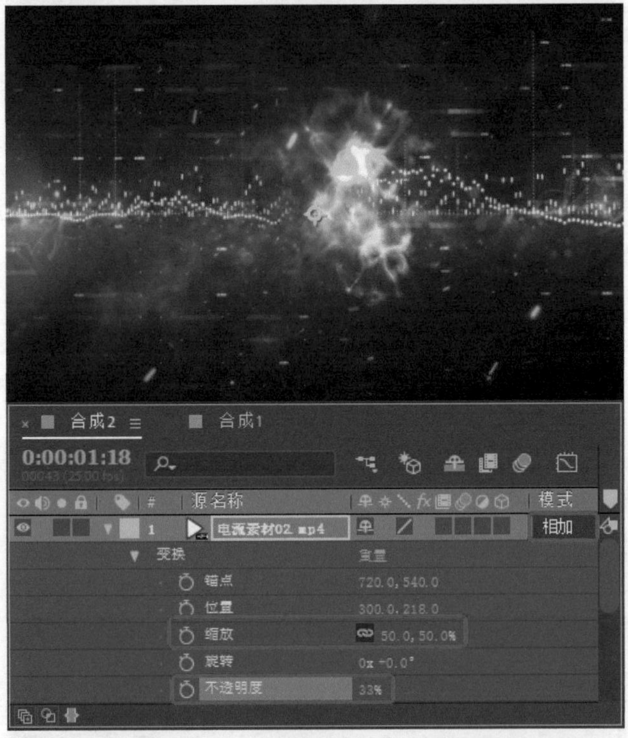

图5-110

Step 18 在【时间轴】面板中选择【电流素材02】图层，按Ctrl+D组合键对其进行复制，将其入点设置为0:00:01:22，再次按Ctrl+D组合键对其进行复制，将其入点设置为0:00:03:19，如图5-111所示。

图5-111

Step 19 在【项目】面板中选择【合成1】，按住鼠标将其拖曳至【时间轴】面板中，将其入点设置为0:00:00:00，将当前时间设置为0:00:00:18，在【时间轴】面板中将【位置】设置为300、239，将【缩放】均设置为0，将【不透明度】设置为0，单击【缩放】与【不透明度】左侧的【时间变化秒表】按钮，如图5-112所示。

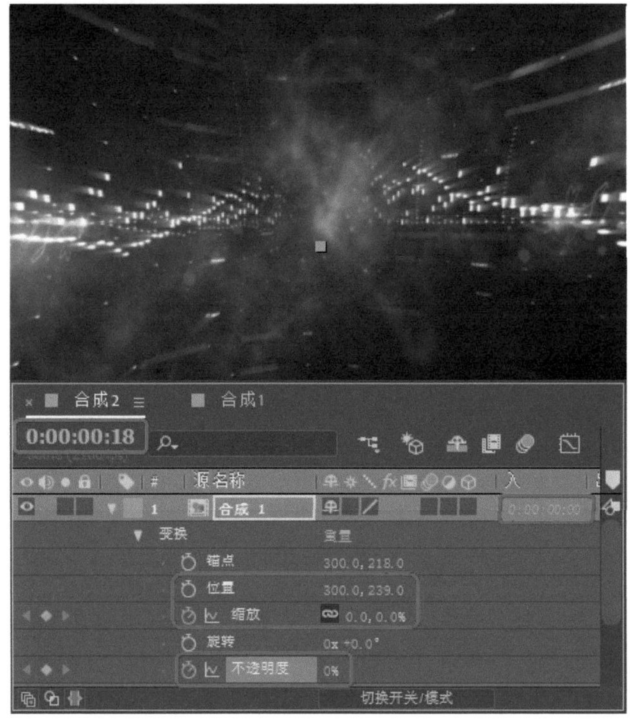

图5-112

Step 20 将当前时间设置为0:00:01:04，将【缩放】均设置为100，将【不透明度】设置为100，如图5-113所示。

图5-113

实例064 积雪文字

本例将介绍积雪文字的制作，本例主要利用【横排文字工具】输入文字，并通过对文字的叠加使文字产生积雪效果，如图5-114所示。

图5-114

Step 01 打开“积雪文字素材.aep”素材文件，在【工具】面板中选择【横排文字工具】，在【合成】面板中输入文字，选择输入的文字，在【字符】面板中将【字体系列】设置为【汉仪小麦体简】，将【字体大小】设置为65，将【基线偏移】设置为-120，单击【仿粗体】按钮，将【填充颜色】设置为#FFFFFF，将【描边颜色】设置为无，将当前时间设置为0:00:00:00，在【时间轴】面板中将【锚点】设置为132,127，将【位置】设置为414,547，单击【缩放】左侧的【时间变化秒表】按钮，如图5-115所示。

Step 02 将当前时间设置为0:00:04:00，单击【缩放】右侧的【约束比例】按钮，将其取消比例约束，将【缩放】

分别设置为100,95，如图5-116所示。

图5-115

图5-116

Step 03 在【项目】面板中选择【积雪】合成，按Ctrl+D组合键复制出【积雪 2】合成，双击【积雪 2】合成，将其在【时间轴】面板中打开，确认当前时间为0:00:04:00，在【时间轴】面板中将文字图层的【缩放】均设置为105，如图5-117所示。

Step 04 在【项目】面板中将【积雪】合成拖曳至【时间轴】面板中文字图层的上方，并将文字图层的【轨道遮罩】设置为【亮度反转遮罩“[积雪]”】，如图5-118所示。

图5-117

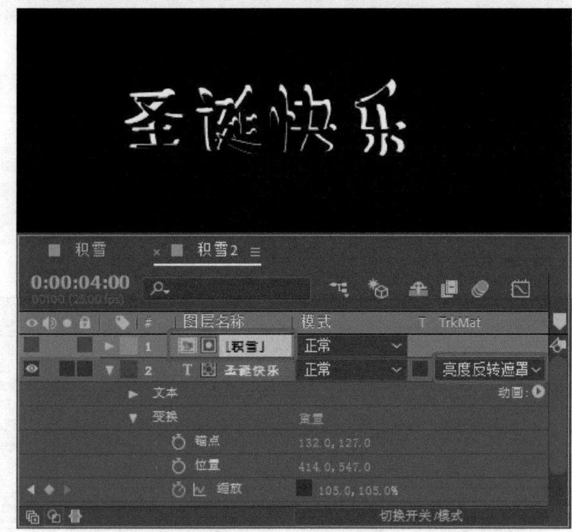

图5-118

Step 05 新建一个名称为【积雪文字】，【宽度】、【高度】分别为1024、809，【像素长宽比】为D1/DV PAL（1.09），【持续时间】为0:00:05:00的合成文件，在【项目】面板中选择“积雪素材01.jpg”素材文件，按住鼠标将其拖曳至【时间轴】面板中，将【缩放】设置为40，如图5-119所示。

Step 06 在【项目】面板中选择“积雪素材02.png”素材文件，按住鼠标将其拖曳至【时间轴】面板中，将【位置】设置为334,260，将【缩放】设置为29，如图5-120所示。

Step 07 在【工具】面板中选择【横排文字工具】T，在【合成】面板中输入文字，选择输入的文字，在【字符】面板中将【字体系列】设置为【汉仪小麦体简】，将【字体大小】设置为65，将【基线偏移】设置为-120，单击【仿粗体】按钮，将【填充颜色】设置为#E22B2B，将【描边颜色】设置为无，将当前时间设置为0:00:00:00，在【时间轴】面板中将【锚点】设置为132,127，将【位置】设置为349.5,316，将【缩放】设置为233，如图5-121所示。

图5-119

图5-120

Step 08 在【项目】面板中将【积雪 2】合成拖曳至【积雪文字】时间轴中文字图层的上方，将【位置】设置为571,−19，单击【缩放】右侧的【约束比例】按钮，将其取消比例约束，将【缩放】分别设置为225、233，如图5-122所示。

图5-121

图5-122

Step 09 在【时间轴】面板中选择【积雪 2】图层，在菜单栏中选择【效果】|【风格化】|【毛边】命令，添加【毛边】效果，在【时间轴】面板中将【边界】设置为3，将【边缘锐度】设置为0.3，将【复杂度】设置为10，将【演化】设置为45，将【随机植入】设置为100，如图5-123所示。

图5-123

Step 10 在菜单栏中选择【效果】|【风格化】|【发光】命令，为【积雪 2】图层添加【发光】效果，在【时间轴】面板中将【发光半径】设置为5，如图5-124所示。

图5-124

Step 11 在菜单栏中选择【效果】|【透视】|【斜面Alpha】命令，为【积雪 2】图层添加【斜面Alpha】效果，在【时间轴】面板中将【边缘厚度】设置为4，如图5-125所示。

图5-125

Step 12 此时，积雪文字就制作完成了，按空格键可以在【合成】面板中观察效果，如图5-126所示。

图5-126

实例 065 气泡文字

本例将介绍气泡文字的制作，本例主要通过为纯色图层添加【泡沫】效果，并利用文字制作气泡中的文字效果，如图5-127所示。

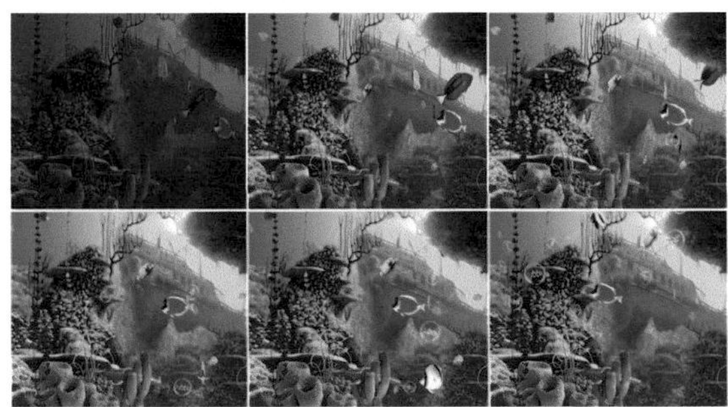

图5-127

Step 01 打开“气泡文字素材.aep”素材文件，在【时间轴】面板中新建一个名称为【黑色】的纯色图层，选中该图层，在菜单栏中选择【效果】|【过时】|【基本文字】命令，在弹出的对话框中输入文字，选择【水平】和【居中对齐】单选按钮，将【字体】设置为Arial体，如图5-128所示。

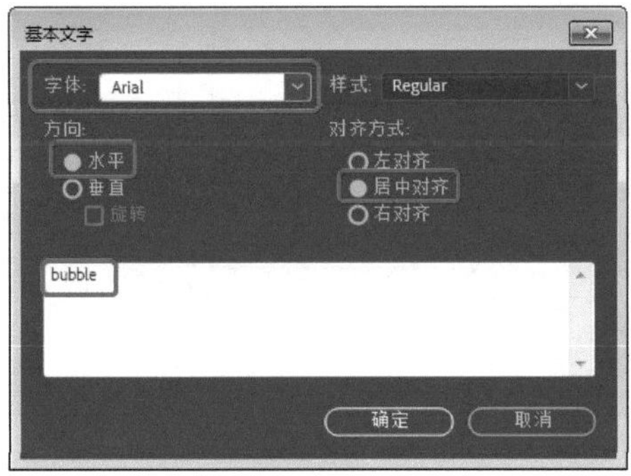

图5-128

Step 02 设置完成后，单击【确定】按钮，继续选中该图层，在【时间轴】面板中将【基本文字】下的【显示选项】设置为【在描边上填充】，将【填充颜色】设置为白色，将【描边宽度】设置为2，将【大小】设置为170，将【字符间距】设置为0，如图5-129所示。

图5-129

Step 03 继续选中该图层，在菜单栏中选择【效果】|【扭曲】|【凸出】命令，在【时间轴】面板中将【凸出】下的【水平半径】【垂直半径】都设置为320，将【消除锯齿】设置为【高】，如图5-130所示。

图5-130

Step 04 设置完成后，新建一个名称为【气泡文字】，【宽度】、【高度】分别为720、576，将【持续时间】设置为0:00:10:00的合成，在【项目】面板中将“气泡素材01.mp4”素材文件拖曳至【时间轴】面板中，将【位置】设置为477,288，将【缩放】设置为55，如图5-131所示。

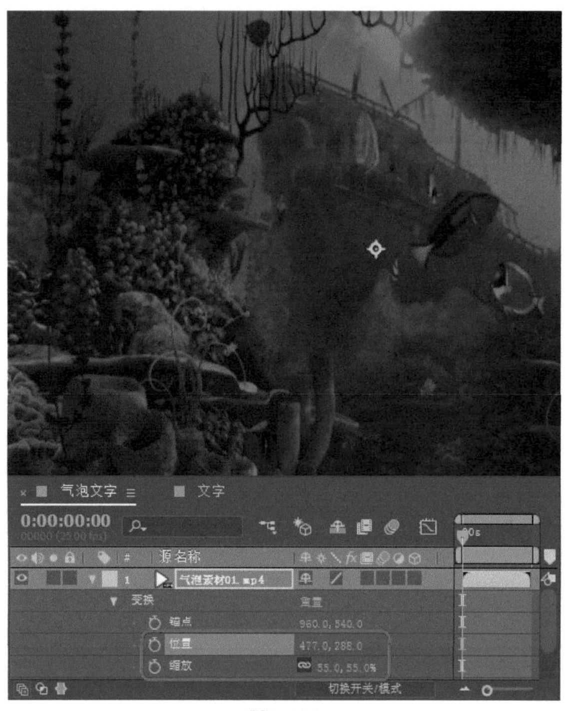

图5-131

Step 05 在【项目】面板中选择【文字】合成文件，按住鼠标将其拖曳至【气泡文字】时间轴中，并将其进行隐藏，在【时间轴】面板中新建一个名称为【气泡】的纯色图层，选中该图层，在菜单栏中选择【效果】|【模拟】|【泡沫】命令，在【时间轴】面板中将【泡沫】下的【视图】设置为【已渲染】，将【制作者】选项组中的【产生点】设置为360,578，将【产生X大小】、【产生Y大小】、【产生速率】分别设置为0.4、0.1、0.1，在【气泡】选项组中将【大小】设置为0.5，如图5-132所示。

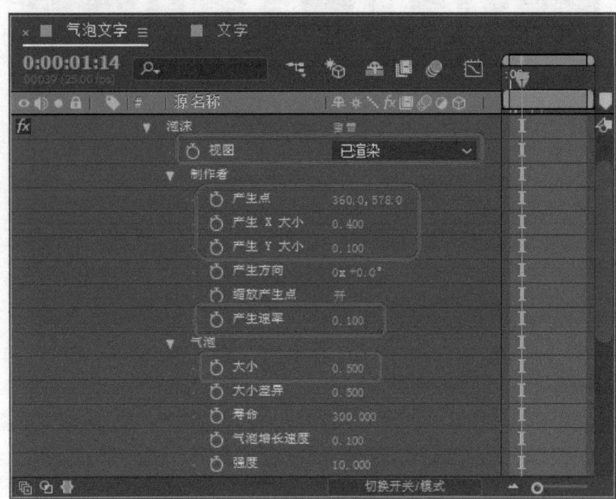

图5-132

Step 06 在【物理学】选项组中将【初始速度】、【风向】、【湍流】、【粘度】、【粘性】分别设置为6、0、0.1、1.5、0，在【正在渲染】选项组中将【气泡纹理】、【气泡方向】分别设置为【小雨】、【物理方向】，将【反射强度】、【反射融合】分别设置为0.4、0.7，如图5-133所示。

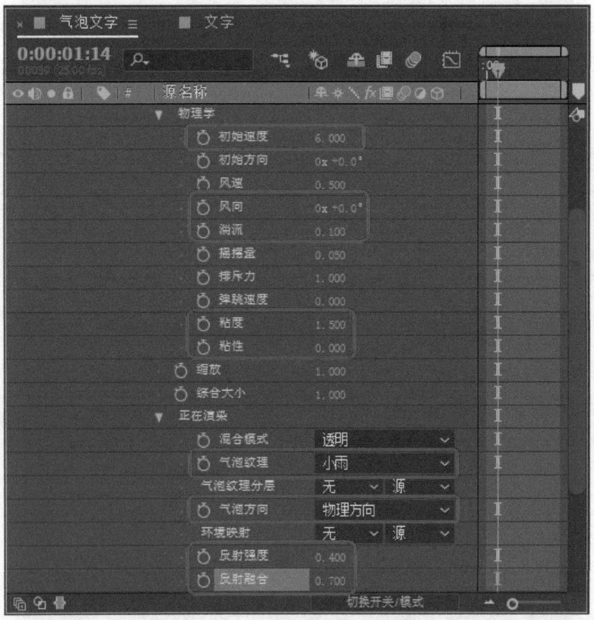

图5-133

Step 07 设置完成后，继续选中【气泡】图层，按Ctrl+D组合键对该图层进行复制，并将其命名为【气泡中的文字】，选中【气泡中的文字】图层，在【时间轴】面板中将【正在渲染】选项组中的【气泡纹理】、【气泡纹理分层】分别设置为【用户自定义】、【3.文字】，如图5-134所示。

图5-134

Step 08 将该图层的图层混合模式设置为【相加】，打开其3D图层模式，在【时间轴】面板中选择【气泡】图层，将其图层模式设置为【发光度】，打开其3D图层模式，如图5-135所示。

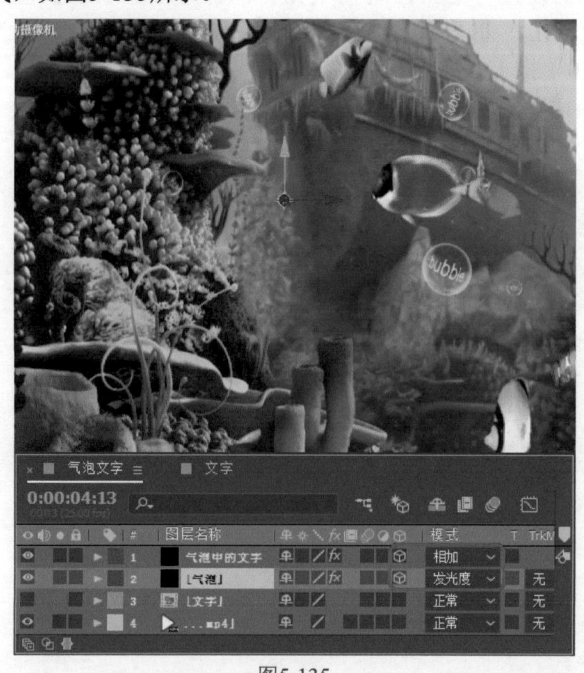

图5-135

Step 09 在【时间轴】面板中右击，在弹出的快捷菜单中选择【新建】|【摄像机】命令，将会弹出【摄像机设置】对话框，在该对话框中单击【确定】按钮，如图5-136所示。

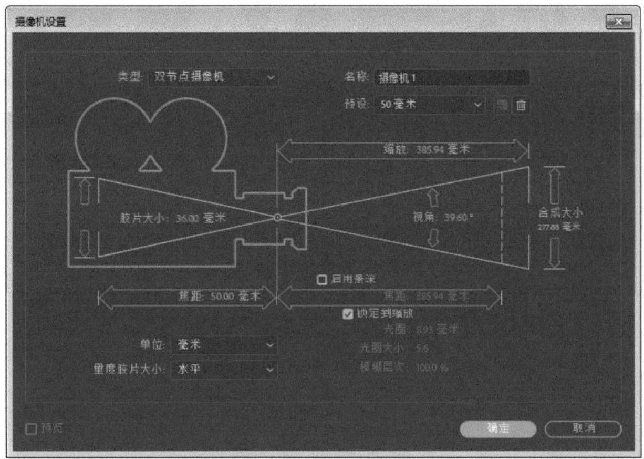

图5-136

Step 10 在【时间轴】面板中将【变换】下的【目标点】设置为376.8,330,300，将【位置】设置为376.8,58.4,-772，将【摄像机选项】下的【缩放】、【焦距】都设置为1094像素，如图5-137所示。

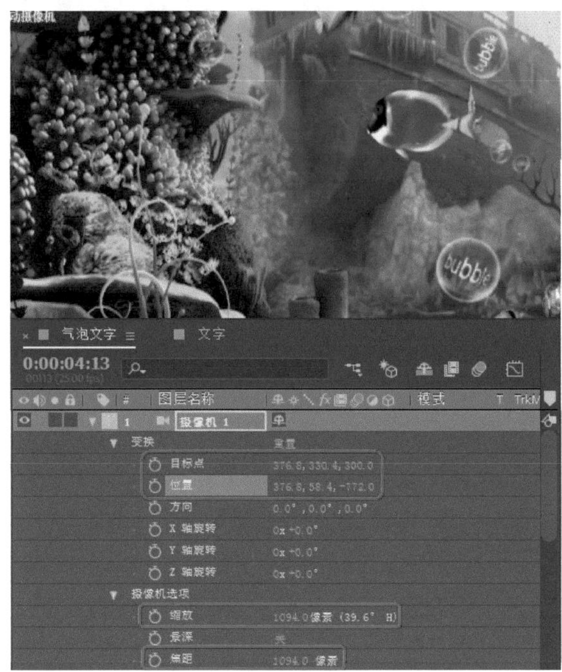

图5-137

实例 066 科技感文字

本例将介绍如何制作科技感文字，本例主要通过为文字添加【卡片擦除】、【高斯模糊（旧版）】、【色阶】等效果，制作出科技感文字效果，如图5-138所示。

图5-138

Step 01 打开“科技感文字素材.aep”素材文件，在【项目】面板中选择“科技素材01.mp4”素材文件，按住鼠标将其拖曳至【时间轴】面板中，将【位置】设置为376,301.5，将【缩放】设置为65，如图5-139所示。

图5-139

Step 02 在【工具】面板中单击【横排文字工具】，在【合成】面板中单击鼠标，输入文字，选中输入的文字，在【字符】面板中将【字体系列】设置为Base 02，将【字体大小】设置为119，将【字符间距】设置为60，将【水平缩放】设置为110，将【基线偏移】设置为100，将字体颜色值设置为#F4FFE8，在【段落】面板中单击【居中对齐文本】按钮，并调整其位置，将文字的位置调整为366,414，如图5-140所示。

图5-140

Step 03 设置完成后，选中该图层，在菜单栏中选择【效果】|【过渡】|【卡片擦除】命令，将当前时间设置为0:00:00:00，在【时间轴】面板中将【卡片擦除】下的【过渡完成】设置为0，将【行数】设置为1，将【列数】设置为22，如图5-141所示。

图5-141

Step 04 设置完成后，再将【位置抖动】下的【X抖动量】、【X抖动速度】、【Y抖动速度】、【Z抖动量】、【Z抖动速度】分别设置为0、1.4、0、0、1.5，然后再单击【X抖动量】、【Z抖动量】左侧的【时间变化秒表】按钮，如图5-142所示。

Step 05 将当前时间设置为0:00:02:12，在【时间轴】面板中单击【X抖动速度】、【Z抖动速度】左侧的【时间变化秒表】按钮，然后将【X抖动量】、【Z抖动量】分别设置为5、6.16，如图5-143所示。

图5-142

图5-143

Step 06 将当前时间设置为0:00:03:10，在【时间轴】面板中将【位置抖动】下的【X抖动量】、【X抖动速度】、【Z抖动量】、【Z抖动速度】都设置为0，如图5-144所示。

Step 07 继续将当前时间设置为0:00:03:10，在【时间轴】面板中单击【卡片擦除】下【过渡完成】左侧的【时间变化秒表】按钮，添加一个关键帧，如图5-145所示。

Step 08 将当前时间设置为0:00:04:10，将【卡片擦除】下的【过渡完成】设置为100，如图5-146所示。

图5-144

图5-145

图5-146

Step 09 继续选中该图层，在菜单栏中选择【效果】|【过时】|【高斯模糊（旧版）】命令，将当前时间设置为0:00:00:10，在【时间轴】面板中单击【高斯模糊（旧版）】下的【模糊度】左侧的【时间变化秒表】按钮，添加一个关键帧，如图5-147所示。

图5-147

Step 10 将当前时间设置为0:00:03:10，在【时间轴】面板中将【高斯模糊（旧版）】下的【模糊度】设置为27，如图5-148所示。

图5-148

Step 11 将当前时间设置为0:00:04:10，在【时间轴】面板中将【高斯模糊（旧版）】下的【模糊度】设置为0，如图5-149所示。

Step 12 继续选中该图层，按Ctrl+D组合键，对该图层进行复制，将复制后的图层中的【高斯模糊（旧版）】效

果删除，选中复制后的图层，在菜单栏中选择【效果】|【模糊和锐化】|【定向模糊】命令，将当前时间设置为0:00:00:00，在【时间轴】面板中将【定向模糊】下的【模糊长度】设置为100，并单击其左侧的【时间变化秒表】按钮，添加一个关键帧，如图5-150所示。

图5-149

图5-150

Step 13 将当前时间设置为0:00:01:17，在【时间轴】面板中将【定向模糊】下的【模糊长度】设置为50，如图5-151所示。

Step 14 将当前时间设置为0:00:03:10，在【时间轴】面板中将【定向模糊】下的【模糊长度】设置为100，如图5-152所示。

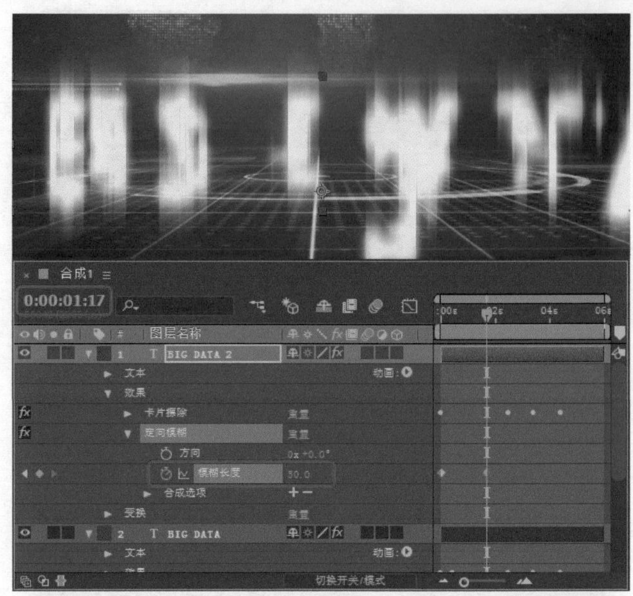

图5-151

图5-152

Step 15 将当前时间设置为0:00:04:10，在【时间轴】面板中将【定向模糊】下的【模糊长度】设置为50，如图5-153所示。

Step 16 继续选中该图层，在菜单栏中选择【效果】|【颜色校正】|【色阶】命令，在【效果控件】面板中将【色阶】下的【通道】设置为Alpha，将【Alpha输入白色】、【Alpha灰度系数】、【Alpha输出黑色】、【Alpha输出白色】分别设置为288、1.49、-7.6、306，如图5-154所示。

Step 17 继续选中BIG DATA 2图层，在【时间轴】面板中将该图层的混合模式设置为【相加】，如图5-155所示。

图5-153

图5-154

图5-155

Step 18 在【时间轴】面板中新建一个名称为【遮罩】的黑色纯色图层，在【时间轴】面板中选择BIG DATA 2图层，将轨道遮罩设置为【Alpha遮罩“[遮罩]”】，如图5-156所示。

图5-156

Step 19 将当前时间设置为0:00:04:10，在【时间轴】面板中选择【遮罩】图层，单击其【变换】下的【位置】左侧的【时间变化秒表】按钮，添加一个关键帧，如图5-157所示。

图5-157

Step 20 将当前时间设置为0:00:05:10，将【变换】下的【位置】设置为1100、287.5，如图5-158所示。

Step 21 再次新建一个名为【光晕】的纯色图层，在【时间轴】面板中将其图层混合模式设置为【相加】，选中光晕图层，在菜单栏中选择【效果】|【生成】|【镜头光晕】命令，将当前时间设置为0:00:04:10，将【镜头光晕】下的【光晕中心】设置为-64,324，单击其左侧的【时间变化秒表】按钮，按Alt+[组合键，剪切入点，如图5-159所示。

Step 22 将当前时间设置为0:00:05:10，将【镜头光晕】下的【光晕中心】设置为798,324，按Alt+]组合键，剪切出点，如图5-160所示。

图5-158

图5-159

图5-160

实例067 打字动画

本例将介绍如何制作打字动画，本例主要通过利用【圆角矩形工具】绘制对话框，通过设置关键帧参数制作出弹出信息的效果，然后使用【横排文字工具】输入文本，并为其添加【打字机】动画预设效果，制作出打字动画效果，如图5-161所示。

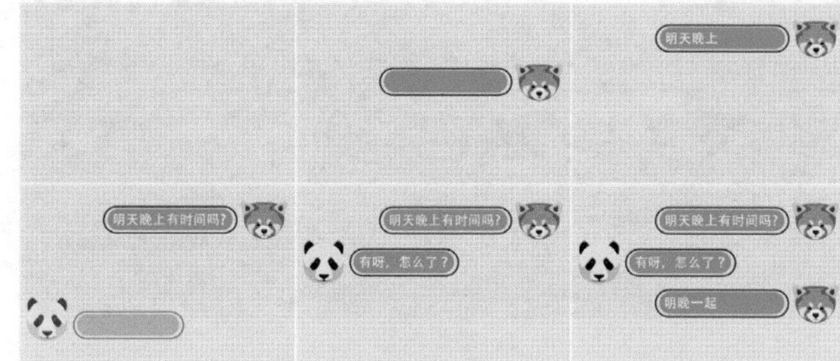

图5-161

Step 01 打开“打字动画素材.aep”素材文件，在【时间轴】面板中右击，在弹出的快捷菜单中选择【新建】|【纯色】命令，在弹出的对话框中将【名称】设置为【背景】，将【颜色】设置为#CAE5FB，如图5-162所示。

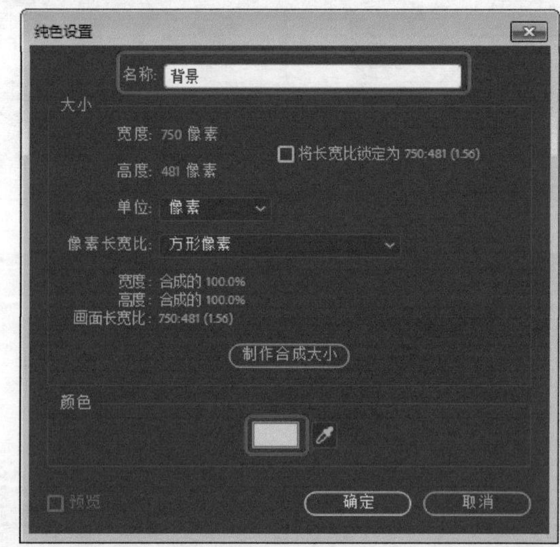

图5-162

Step 02 设置完成后，单击【确定】按钮，选择新建的【背景】纯色图层，在菜单栏中选择【效果】|【生成】|【网格】命令，将【大小依据】设置为【宽度和高度滑块】，将【宽度】、【高度】、【边界】分别设置为14、15、2，将【混合模式】设置为【正常】，如图5-163所示。

Step 03 新建一个名称为【图形 1】，【宽度】、【高度】分别为750、481，【像素长宽比】为【方形像素】，将【持续时间】设置为0:00:12:00的合成，在

【工具】面板中单击【圆角矩形工具】按钮，在【合成】面板中绘制一个圆角矩形，在【时间轴】面板中单击【大小】右侧的【约束比例】按钮，取消比例的约束，将【大小】设置为361,71，将【圆度】设置为35.5，将【描边1】下的【颜色】设置为黑色，将【描边宽度】设置为3，将【填充1】下的【颜色】设置为#C7E8FA，将【变换：矩形1】下的【位置】设置为34.5,145，如图5-164所示。

图5-163

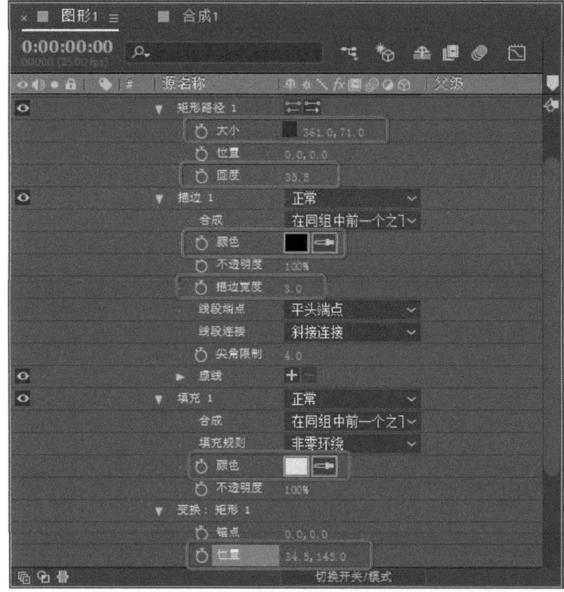

图5-164

Step 04 在【时间轴】面板中的空白位置处单击鼠标，在【工具】面板中单击【圆角矩形工具】按钮，在【合成】面板中绘制一个圆角矩形，在【时间轴】面板中单击【大小】右侧的【约束比例】按钮，取消比例的约束，将【大小】设置为339,58，将【圆度】设置为29，将【描边1】下的【描边宽度】设置为0，将【填充1】下的【颜色】设置为#FF7DB5，将【变换：矩形1】下的【位置】设置为35,144.5，如图5-165所示。

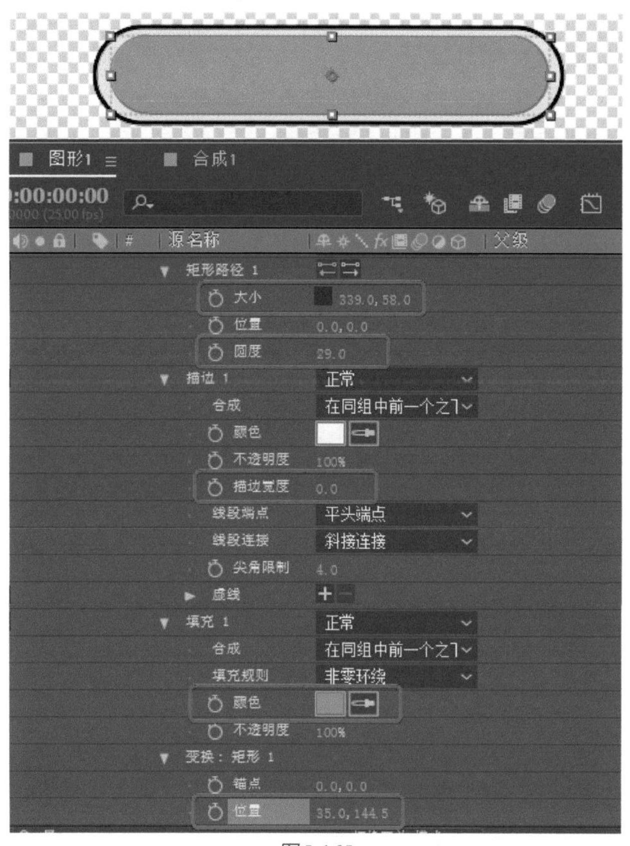

图5-165

Step 05 在【项目】面板中选择【图形 1】合成，按Ctrl+D组合键对其进行复制，双击【图形 2】合成，将【形状图层 1】图层下的【大小】设置为298,71，将【变换】下的【位置】设置为262,57.5，如图5-166所示。

Step 06 将【形状图层2】下的【大小】设置为277,58，将【变换】下的【位置】设置为261,57.5，如图5-167所示。

Step 07 在【时间轴】面板中单击【合成1】，在【项目】面板中选择【图形 1】，按住鼠标将其拖曳至【时间轴】面板中，将当前时间设置为0:00:00:00，将【位置】设置为375,382.5，并单击【位置】左侧的【时间变化秒表】按钮，如图5-168所示。

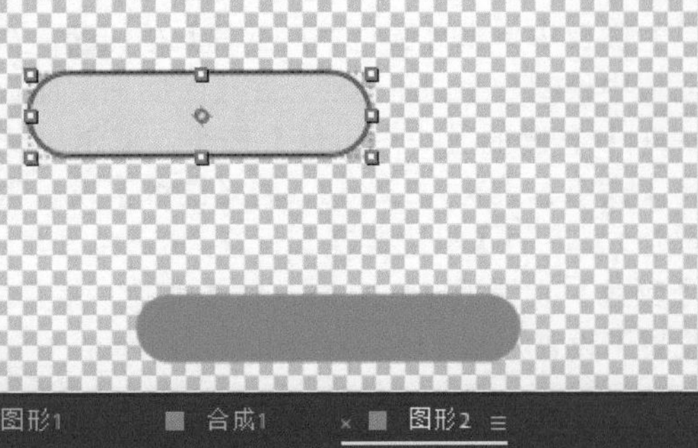

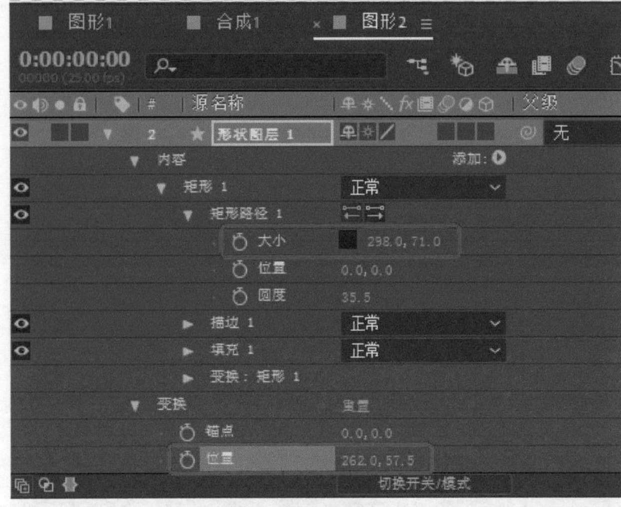

图5-166

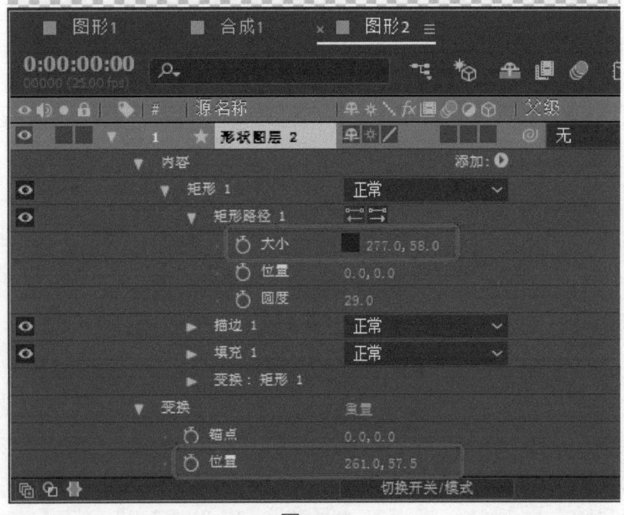

图5-167

Step 08 将当前时间设置为0:00:00:07，将【位置】设置为375,-59.5，如图5-169所示。

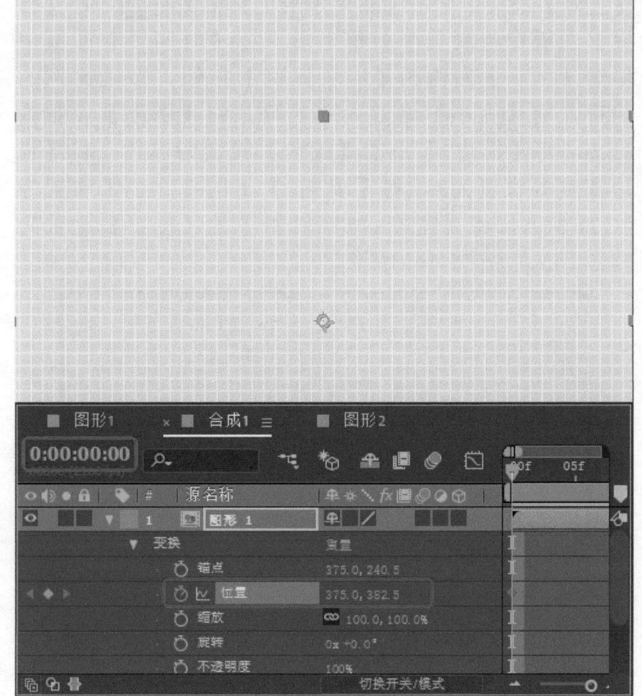

图5-168

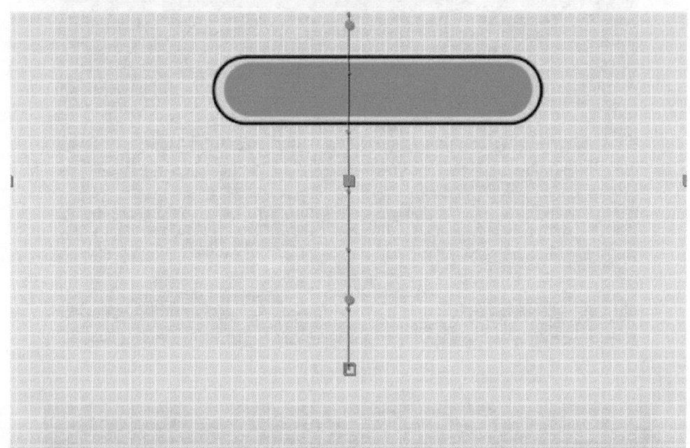

图5-169

Step 09 将当前时间设置为0:00:00:10，将【位置】设置为375,-50，如图5-170所示。

Step 10 在【工具】面板中单击【横排文字工具】按钮，在【合成】面板中单击鼠标，输入文字，在【字符】面板中将【字体系列】设置为【Adobe 黑体 Std】，将【字体大小】设置为35，将【字符间距】设置为40，将

【填充颜色】设置为白色，在【段落】面板中单击【左对齐文本】按钮，在【时间轴】面板中将【位置】设置为253.5,107.3，如图5-171所示。

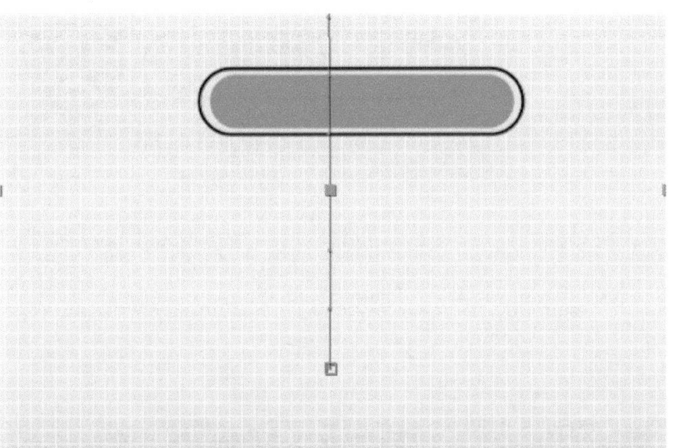

图5-170

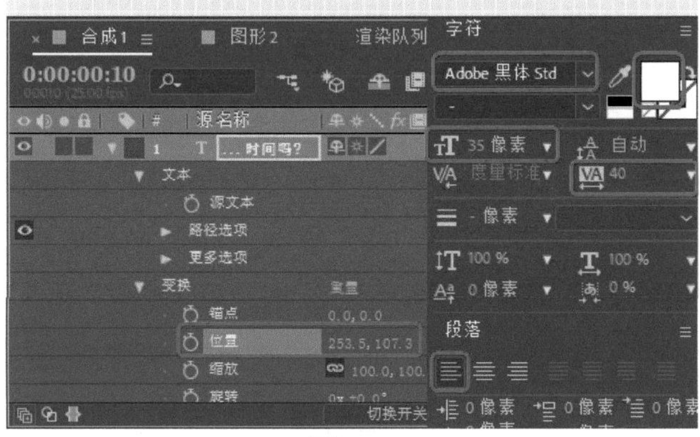

图5-171

Step 11 将当前时间设置为0:00:00:11，在【效果和预设】面板中搜索【打字机】动画预设，按住鼠标将其拖曳至【时间轴】面板中的文字图层上，如图5-172所示。

图5-172

Step 12 在【项目】面板中选择【打字素材01.png】素材文件，按住鼠标将其拖曳至【时间轴】面板中，将当前时间设置为0:00:00:00，将【位置】设置为666,538.5，单击【位置】左侧的【时间变化秒表】按钮，将【缩放】设置为30，如图5-173所示。

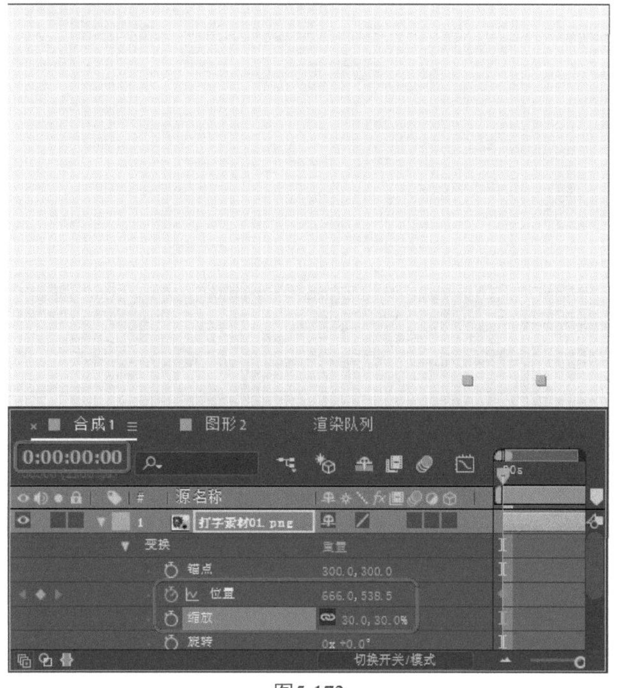

图5-173

Step 13 将当前时间设置为0:00:00:07，将【位置】设置为666,75，如图5-174所示。

Step 14 将当前时间设置为0:00:00:10，将【位置】设置为666,90，如图5-175所示。

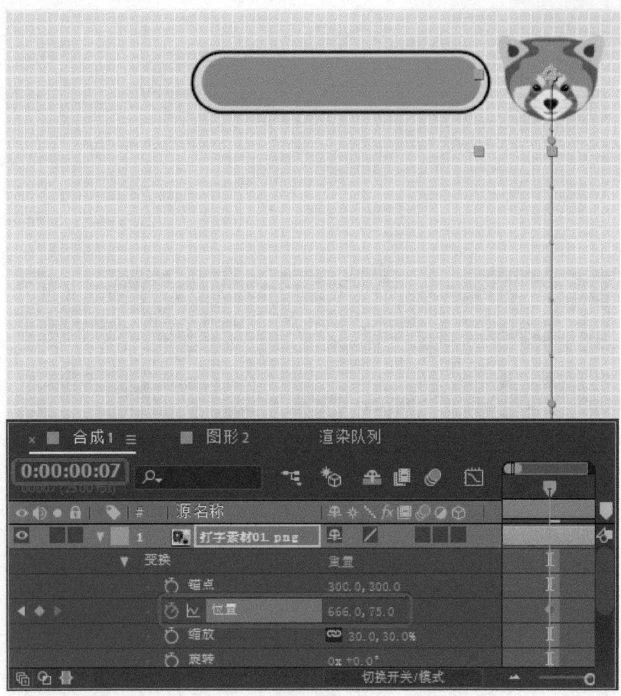

图5-174

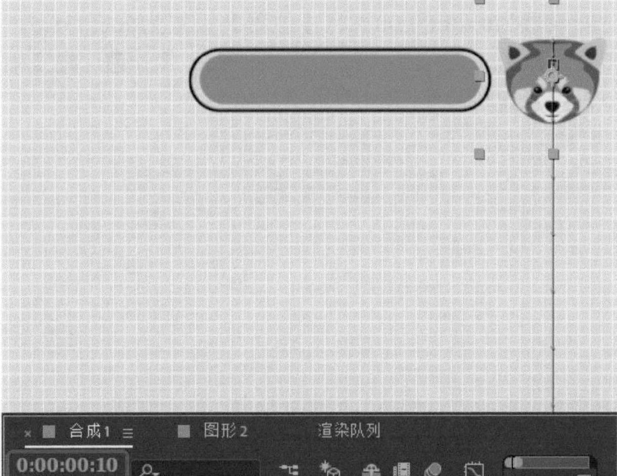

图5-175

Step 15 在【项目】面板中选择【打字素材02.mp3】素材文件，按住鼠标将其拖曳至【时间轴】面板中，如图5-176所示。

Step 16 在【项目】面板中选择【图形 2】合成，按住鼠标将其拖曳至【时间轴】面板中，将当前时间设置为0:00:02:23，将【位置】设置为375,559.5，单击【位置】左侧的【时间变化秒表】按钮，将【不透明度】设置为0，单击其左侧的【时间变化秒表】按钮，如图5-177所示。

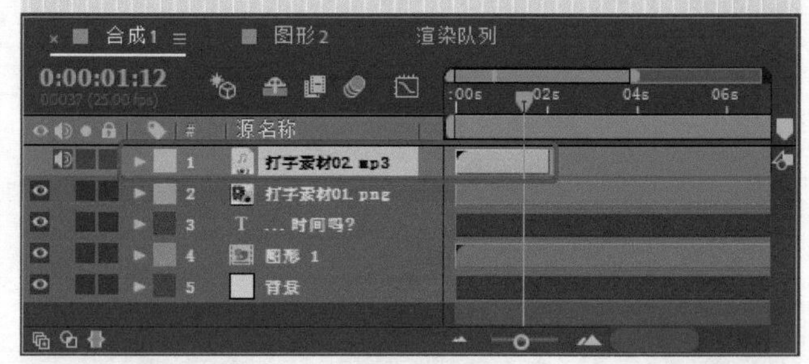

图5-176

图5-177

Step 17 将当前时间设置为0:00:03:05，将【不透明度】设置为100，如图5-178所示。

Step 18 将当前时间设置为0:00:03:07，将【位置】设置为375,233.5，如图5-179所示。

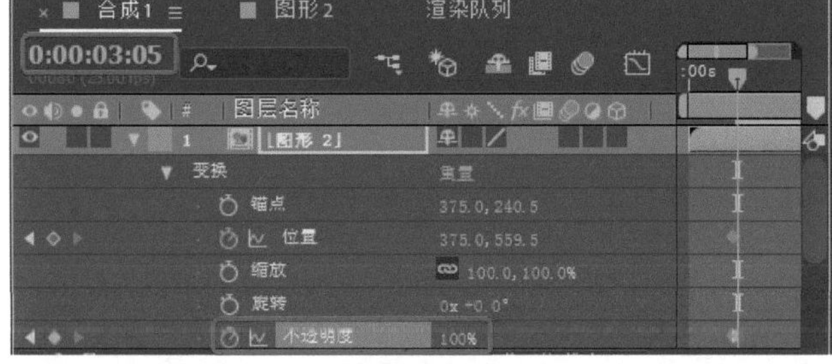

图5-178

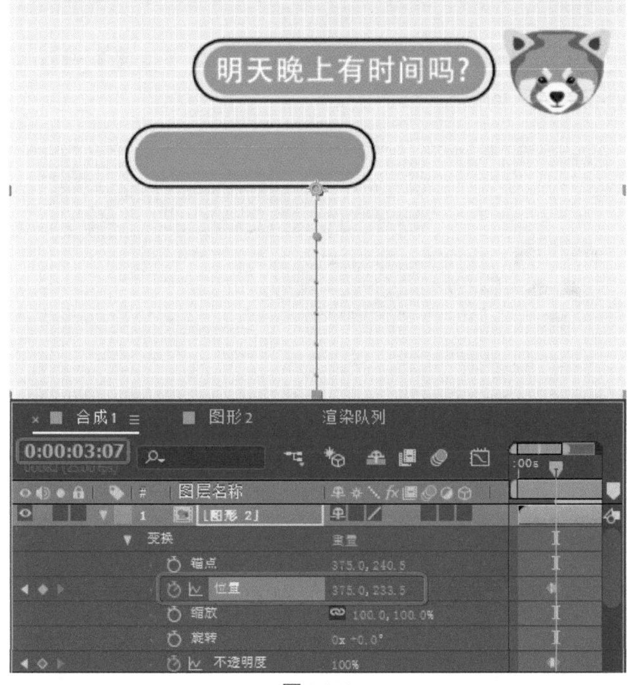

图5-179

Step 19 将当前时间设置为0:00:03:12，将【位置】设置为375,245.5，如图5-180所示。

Step 20 在【时间轴】面板中选择【明天晚上有时间吗?】文字图层，按Ctrl+D组合键对其进行复制，将其调整至【图形 2】图层的上方，并修改文字内容，将复制的文字图层重新命名为【有呀，怎么了？】，将当前时间设置为0:00:03:12，在【时间轴】面板中选择【范围选择器1】下的时间线左侧的两个关键帧，按住鼠标拖动选中的两个关键帧，将左侧第一个关键点与时间线对齐，将【变换】下的【位置】设置为172,222，如图5-181所示。

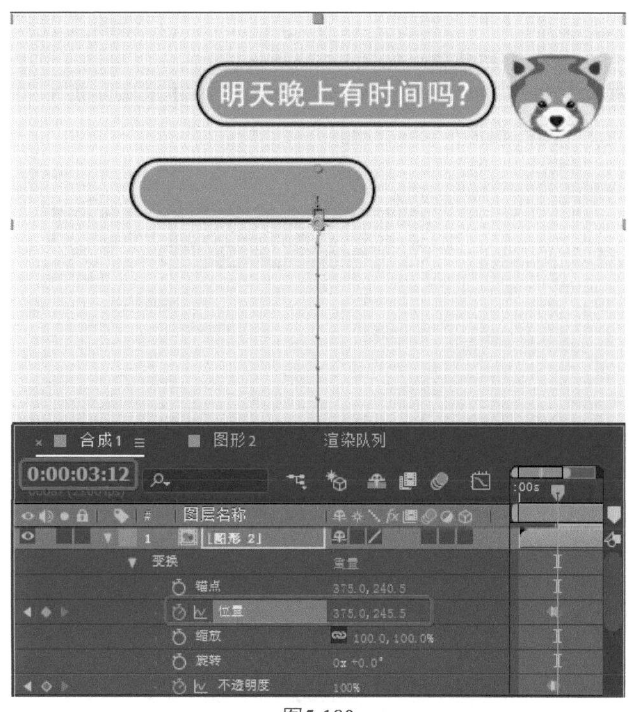

图5-180

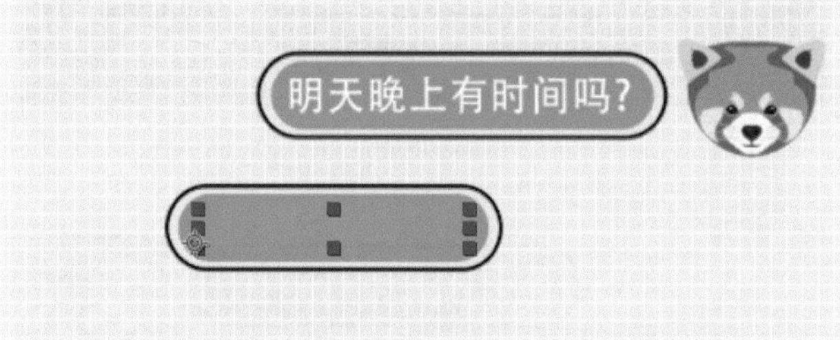

图5-181

Step 21 在【项目】面板中选择【打字素材03.png】素材文件，按住鼠标将其拖曳至【时间轴】面板中，将当前时间设置为0:00:02:22，将【位置】设置为75,544.5，单击其左侧的【时间变化秒表】按钮，将【缩放】设置为30，将【不透明度】设置为0，单击其左侧的【时间变化秒表】按钮，如图5-182所示。

Step 22 将当前时间设置为0:00:03:04，将【不透明度】设置为100，如图5-183所示。

图5-182

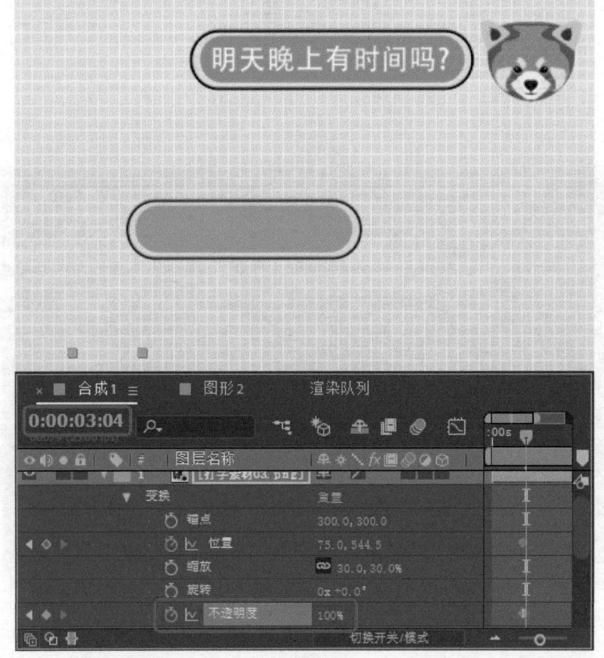

图5-183

Step 23 将当前时间设置为0:00:03:06，将【位置】设置为75,207，如图5-184所示。

图5-184

Step 24 将当前时间设置为0:00:03:11，将【位置】设置为75,203.5，如图5-185所示。

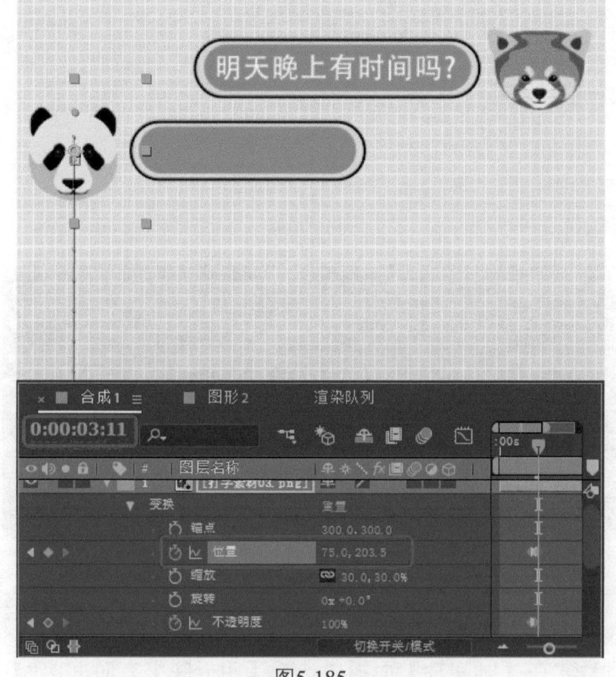

图5-185

Step 25 在【项目】面板中选择【打字素材02.mp3】素材文件，按住鼠标将其拖曳至【时间轴】面板中，将其入点设置为0:00:02:19，如图5-186所示。

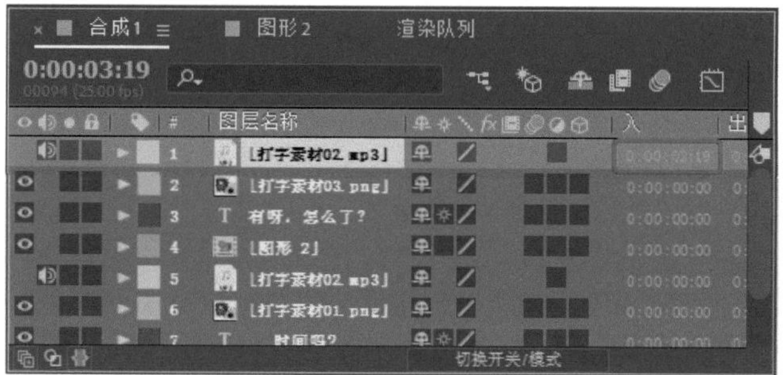

图5-186

Step 26 根据前面介绍的方法制作其他动画效果，如图5-187所示。

图5-187

实例068 滚动文字

本例将介绍如何制作滚动文字，首先利用【钢笔工具】绘制水平直线，通过为直线添加【线性擦除】效果制作音乐进度条效果，然后为纯色图层添加【音频频谱】、【百叶窗】效果制作音乐条跳动效果，最后输入段落文字，并通过为其添加【位置】关键帧，制作出文字滚动效果，如图5-188所示。

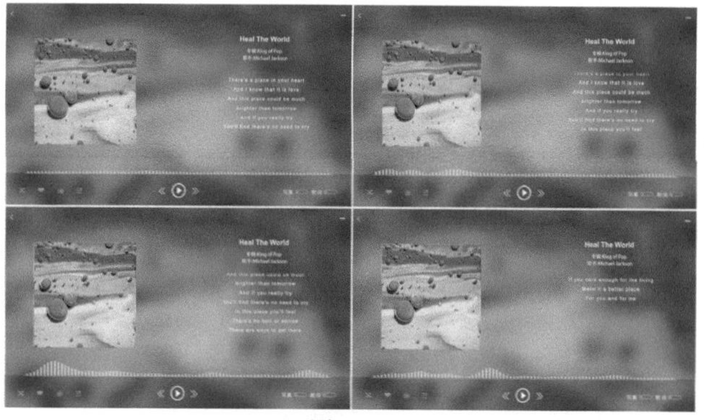

图5-188

Step 01 打开“滚动文字素材.aep”素材文件，新建一个名称为【进度条】，【宽度】、【高度】分别为1920、1080，【像素长宽比】为【方形像素】，【持续时间】为0:01:08:20的合成，在【工具】面板中单击【钢笔工具】按钮，在【合成】面板中绘制一条水平直线，将【描边 1】下的【颜色】设置为白色，将【描边宽度】设置为2，并调整其位置，如图5-189所示。

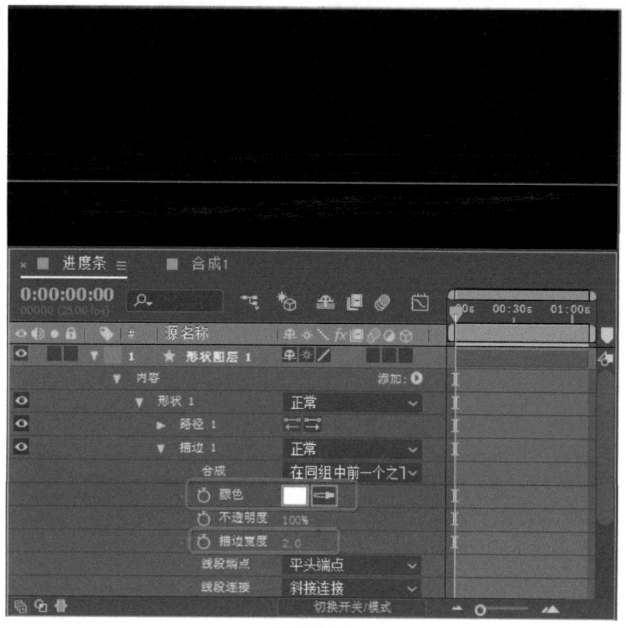

图5-189

Step 02 在【时间轴】面板中选择【形状图层1】，按Ctrl+D组合键，对选中的图层进行复制，将【形状图层2】下的【描边1】中的【颜色】设置为#00B4FF，如图5-190所示。

Step 03 在【时间轴】面板中选择【形状图层 2】图层，在菜单栏中选择【效果】|【过渡】|【线性擦除】命令，为选中的图层添加线性擦除，将当前时间设置为0:00:00:00，将【线性擦除】下的【过渡完成】设置为100，单击其左侧的【时间变化秒表】按钮，将【擦除角度】设置为-90，如图5-191所示。

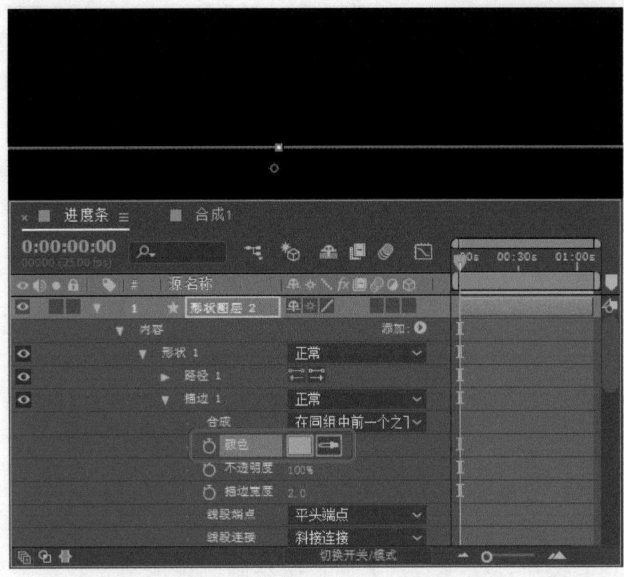

图5-190

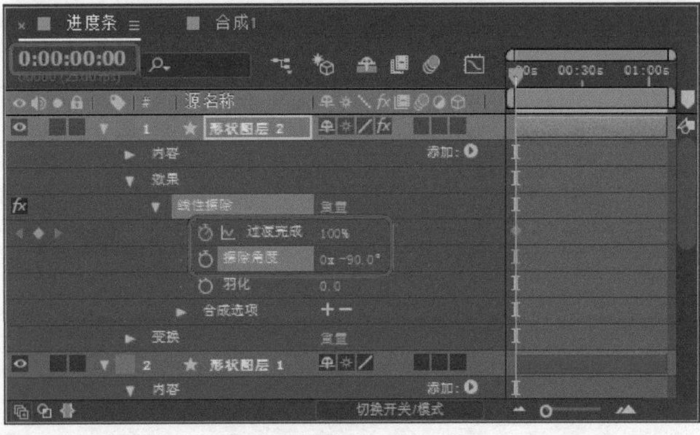

图5-191

Step 04 将当前时间设置为0:01:08:19，将【过渡完成】设置为0，如图5-192所示。

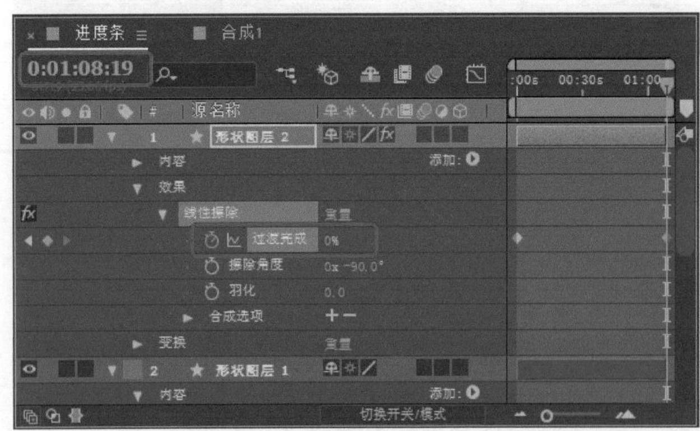

图5-192

Step 05 新建一个名称为【音乐条】的合成，在【项目】面板中选择【黑色】纯色图层，按住鼠标将其拖曳至【时间轴】面板中，再将“滚动素材04.mp3”素材文件拖曳至【时间轴】面板中，如图5-193所示。

Step 06 在【时间轴】面板中选择【黑色】纯色图层，在菜单栏中选择【效果】|【生成】|【音频频谱】命令，将【音频层】设置为“滚动素材04.mp4”，将【起始点】设置为124,540，将【结束点】设置为1792,540，将【起始频率】、【结束频率】、【频段】、【最大高度】、【音频持续时间（毫秒）】、【厚度】、【柔和度】分别设置为20、800、88、500、30、8、0，将【内部颜色】、【外部颜色】均设置为白色，将【面选项】设置为【A面】，如图5-194所示。

图5-193

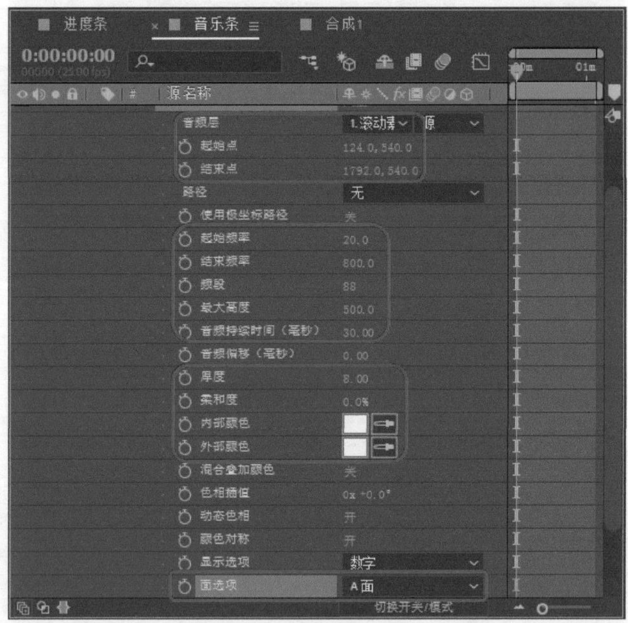

图5-194

Step 07 继续选中【黑色】纯色图层，在菜单栏中选择【效果】|【过渡】|【百叶窗】命令，将【过渡完成】、【方向】、【宽度】分别设置为30、90、6，如图5-195所示。

Step 08 新建一个名称为【滚动歌词】的合成，在工具箱中单击【横排文字工具】按钮，在【合成】面板中绘制一个文本框，输入文字，选中输入的文字，在【字符】面板中将【字体系列】设置为Arial，将【字体样式】设置为Regular，将【字体大小】设置为26，将【字符间距】设置为100，单击【仿粗体】按钮，将【填充颜色】设置为#F4FFE8，在【段落】面板中单击【居中对齐文本】按钮，如图5-196所示。

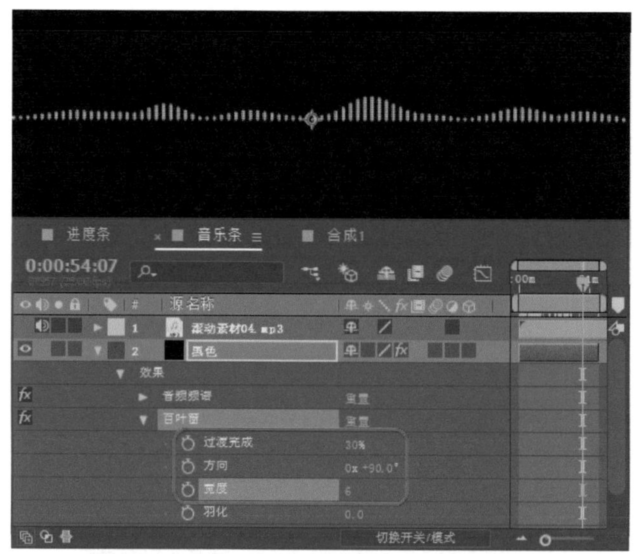

图5-195

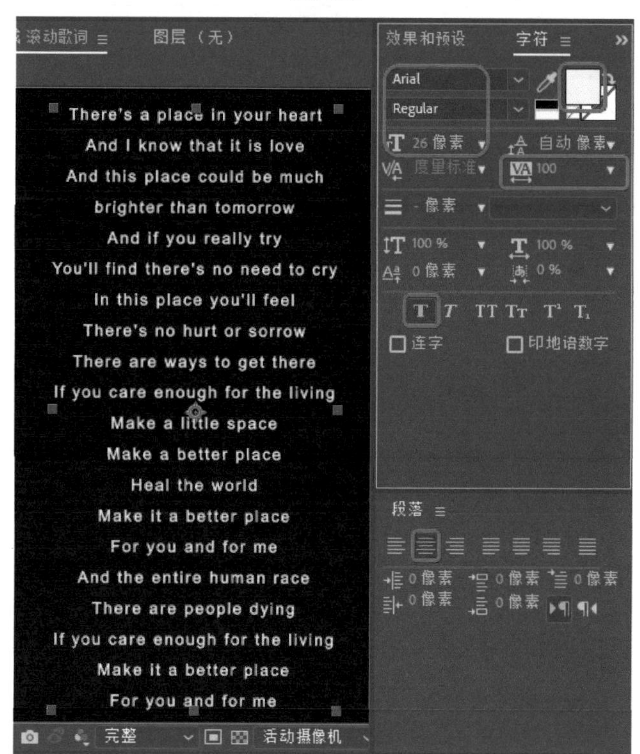

图5-196

Step 09 将当前时间设置为0:00:06:00，在【时间轴】面板中将【位置】设置为1449,887，单击【位置】左侧的【时间变化秒表】按钮，如图5-197所示。

Step 10 将当前时间设置为0:01:08:19，将【位置】设置为1449,-135，如图5-198所示。

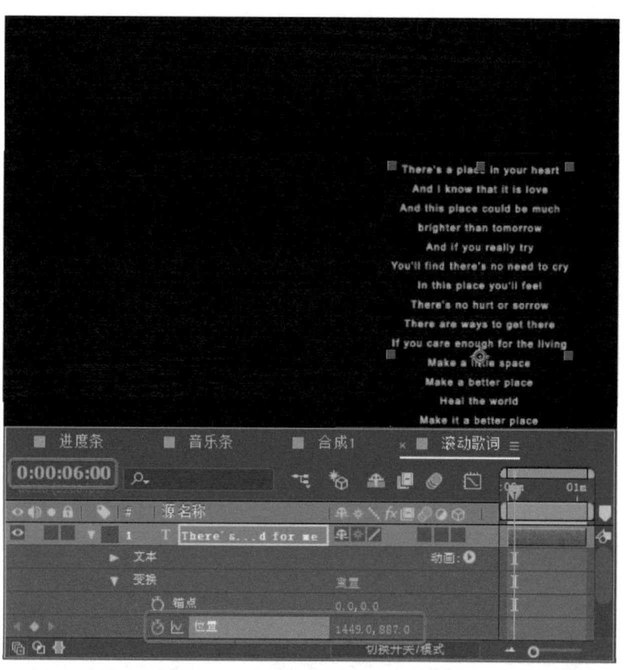

图5-197

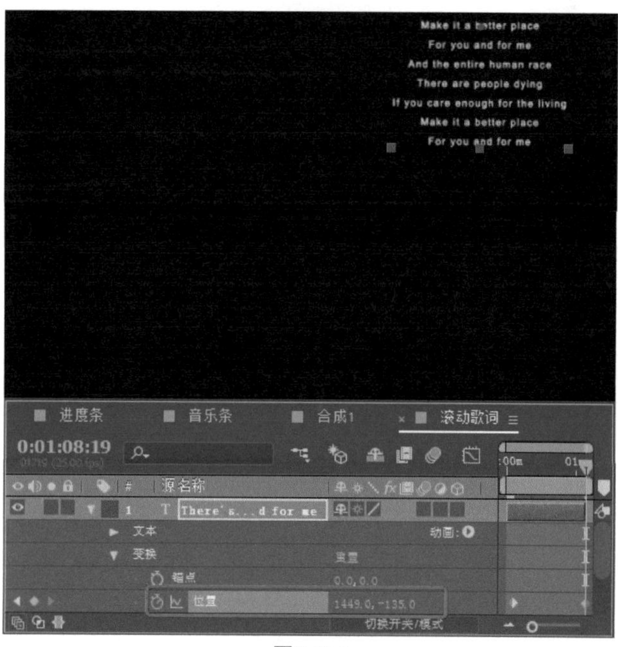

图5-198

Step 11 在【时间轴】面板中单击【合成1】，在【项目】面板中选择【音乐条】合成文件，按住鼠标将其拖曳至【时间轴】面板中，将【位置】设置为960,903，如图5-199所示。

Step 12 在【项目】面板中选择【进度条】合成文件，按住鼠标将其拖曳至【时间轴】面板中，将【位置】设置为960,539，单击【缩放】右侧的【约束比例】按钮，取消比例的约束，将【缩放】设置为89,100，如图5-200所示。

图5-199

图5-200

Step 13 在【项目】面板中选择【滚动歌词】合成文件，按住鼠标将其拖曳至【时间轴】面板中，在【时间轴】面板中选中【滚动歌词】图层，在【工具】面板中单击【矩形工具】按钮，在【合成】面板中绘制一个矩形，在【时间轴】面板中单击【蒙版路径】右侧的【形状】，在弹出的对话框中将【左侧】、【顶部】、【右侧】、【底部】分别设置为1188、356、1720、676，如图5-201所示。

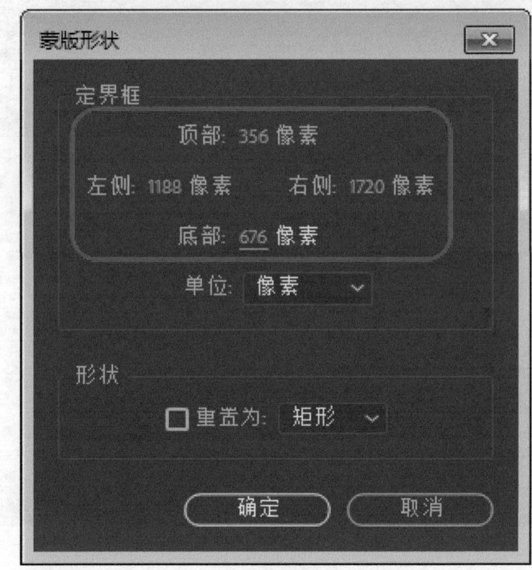

图5-201

Step 14 设置完成后，单击【确定】按钮，将【蒙版羽化】设置为20，如图5-202所示。

图5-202

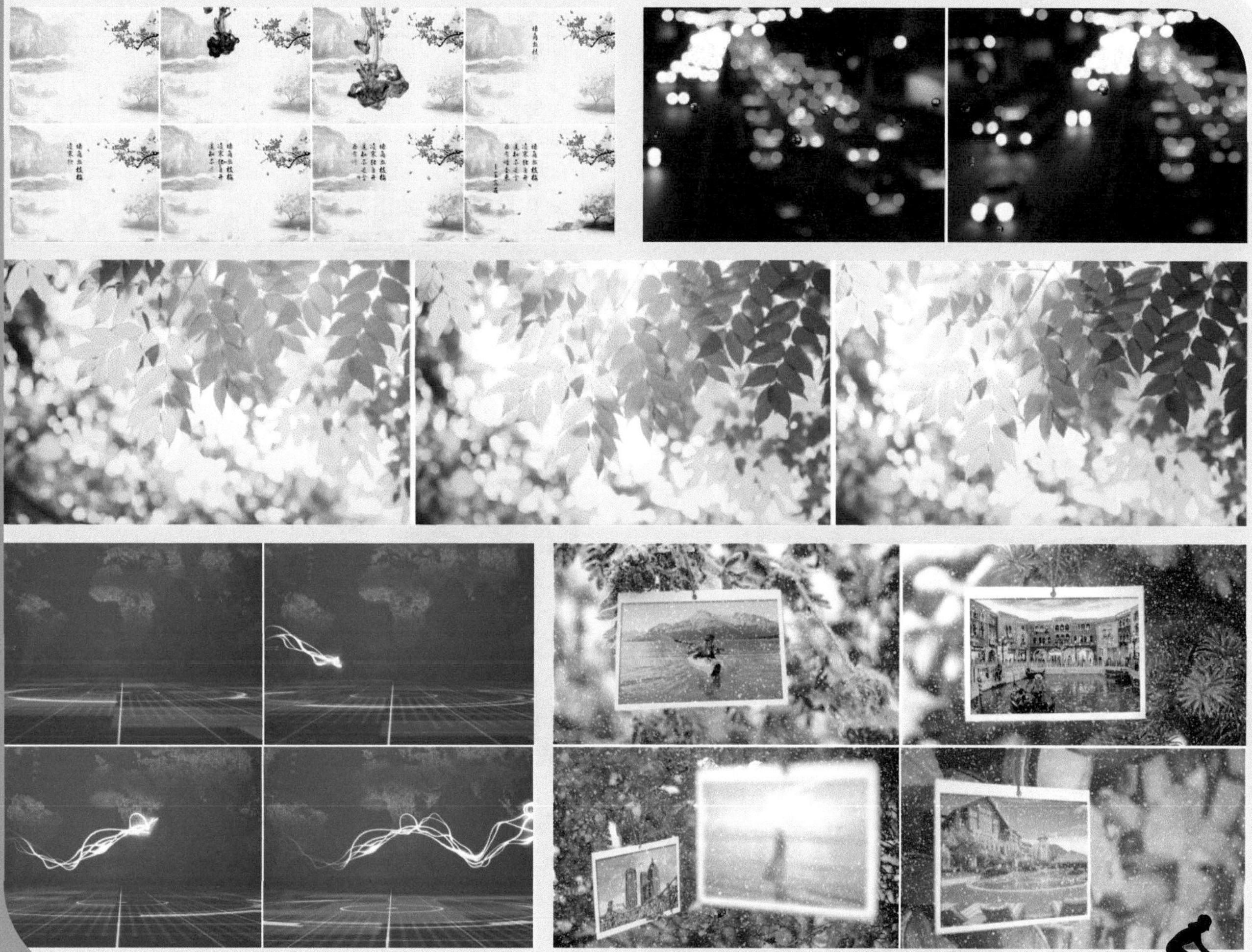

第6章 滤镜特效

本章导读

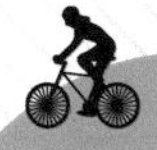

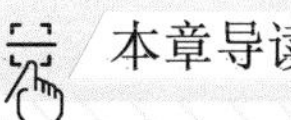

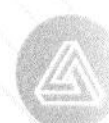

在After Effects中内置的特效有数百种，巧妙地使用这些特效可以高效且精确地制作出多种引人注目的动态图形和震撼人心的视觉效果。本章将介绍通过使用特效来制作各种效果的方法，包括下雪、下雨、水墨画和心电图等。

实例069 翻书效果

本例介绍翻书效果的制作，通过为图片添加CC Page Turn特效并设置关键帧参数，完成翻书动画的制作，效果如图6-1所示。

图6-1

Step 01 按Ctrl+O组合键，打开“素材\Cha06\翻书效果素材.aep”素材文件，在【项目】面板中选择【翻书素材1.jpg】文件，将其拖到【时间轴】面板中，如图6-2所示。

图6-2

Step 02 在【项目】面板中选择“翻书素材2.png”素材文件，按住鼠标将其拖曳至【时间轴】面板中，并将其进行隐藏，如图6-3所示。

图6-3

> **提示**
>
> 在此不用调整“翻书素材2.png”素材文件的位置。

Step 03 使用同样的方法添加“翻书素材3.png”素材文件，选中该图层，在菜单栏中选择【效果】|【扭曲】|CC Page Turn命令，如图6-4所示。

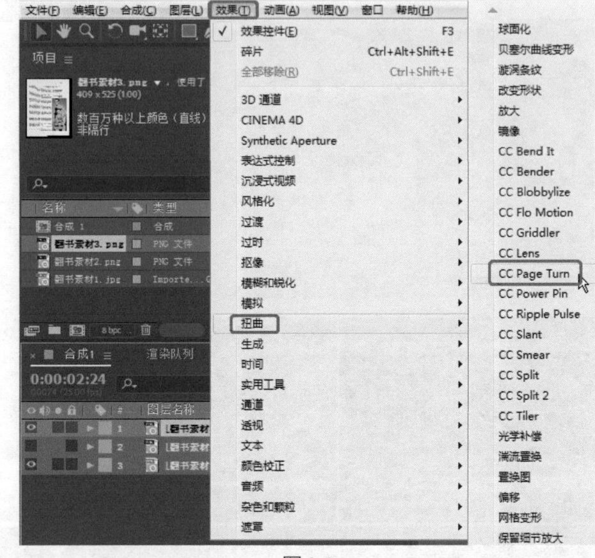

图6-4

Step 04 将当前时间设置为0:00:00:00，在【效果控件】面板中将CC Page Turn下的Fold Position设置为355.3,465.6，并单击其左侧的【时间变化秒表】按钮，将Fold Radius、Back Opacity分别设置为50.6、100，将Back Page设置为“2.翻书素材2.png”，如图6-5所示。

图6-5

◎知识链接：CC Page Turn效果参数作用

CC Page Turn其效果可以很方便地生成完美的翻页效果。

Controls：控制翻页的类型。

Fold Position：翻页的位置。

Fold Direction：翻页的方向。

Fold Radius：翻页的半径大小。

Light Direction：在这个特效中，还可以模拟灯光照射到页面的效果，这个选项控制灯光的方向。

Render：控制被渲染的部分，可以是前页、后页，也可以是前后页面一起进行渲染。

Back Page：设置页面被翻过去之后的背面图像。

Back Opacity：背面的透明度。

Paper Color：当Back Page选项设置为None的时候，背面就会采用一个空白页面进行填充，在这里设置空白页面的颜色。

Step 05 将当前时间设置为0:00:01:12，在【时间轴】面板中将CC Page Turn下的Fold Position设置为27.1,253.7，如图6-6所示。

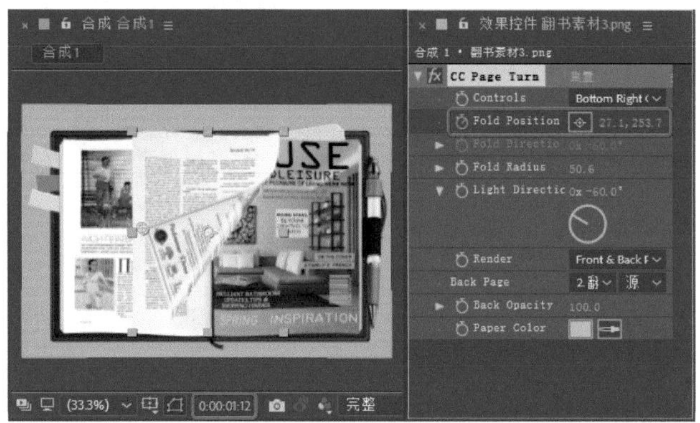

图6-6

Step 06 将当前时间设置为0:00:02:15，在【时间轴】面板中将CC Page Turn下的Fold Position设置为-306.9, 445.4，如图6-7所示。

图6-7

Step 07 将当前时间设置为0:00:03:00，在【时间轴】面板中将CC Page Turn下的Fold Position设置为-418.3,528.2，如图6-8所示。

图6-8

Step 08 继续选中该图层，将当前时间设置为0:00:02:15，将【变换】下的【位置】设置为711.5,342.4，单击其左侧的【时间变化秒表】按钮，将【缩放】取消锁定，然后单击其左侧的【时间变化秒表】按钮，如图6-9所示。

图6-9

Step 09 将当前时间设置为0:00:03:00，将【变换】下的【位置】设置为776.9,342.4，将【缩放】设置为109,100，如图6-10所示。

Step 10 至此，翻书效果就制作完成了，可以通过拖动鼠标来查看效果，如图6-11所示。

图6-10

图6-11

实例 070 下雪效果

本例介绍下雪效果的制作，主要是通过为素材图片添加CC Snowfall特效来模拟下雪效果，完成后的效果如图6-12所示。

图6-12

Step 01 按Ctrl+O组合键，打开“素材\Cha06\下雪效果素材.aep”素材文件，在【项目】面板中选择“下雪素材01.mp4”文件，将其拖到【时间轴】面板中，如图6-13所示。

Step 02 选中该图层，在菜单栏中选择【效果】|【模拟】|CC Snowfall命令，如图6-14所示。

图6-13

图6-14

提示

在【效果和预设】面板中双击【模拟】下的CC Snowfall效果，也可以为选择的图层添加该效果，或者直接将效果拖曳至图层上。

Step 03 继续选中该图层，将当前时间设置为0:00:23:21，在【时间轴】面板中将CC Snowfall下的Flakes、Size、Variation%（Size）、Scene Depth、Speed、Variation%（Speed）、Spread、Opacity分别设置为42300、10、

70、6690、50、100、47.9、100，单击Flakes左侧的【时间变化秒表】按钮，将Background Illumination选项组中的Influence、Spread Width、Spread Height分别设置为31、0、50，将Extras选项组中的Offset设置为512、374，如图6-15所示。

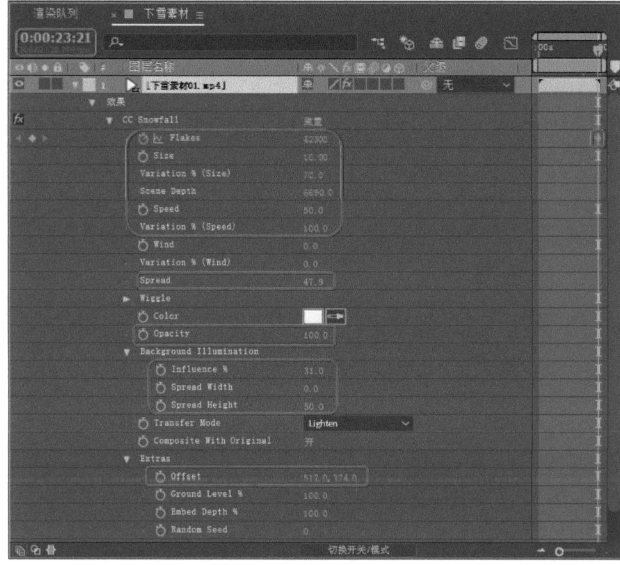

图6-15

Step 04 将当前时间设置为0:00:24:26，将Flakes设置为0，如图6-16所示。

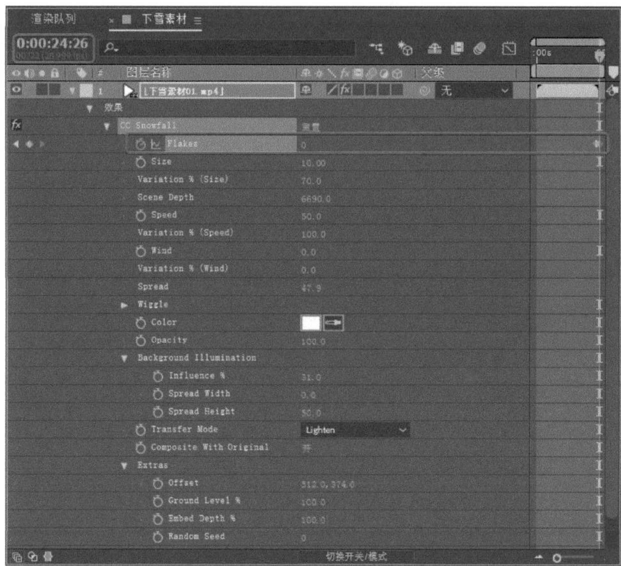

图6-16

◎提示·◦

CC Snowfall特效用来模拟下雪的效果，下雪的速度相当快，但在该特效中不能调整雪花的形状。

Step 05 将【项目】面板中的“下雪素材02.mp3”音频文件拖曳至【时间轴】面板中，将当前时间设置为0:00:18:26，将【音频】下方的【音频电平】设置为0，单击【音频电平】左侧的【时间变化秒表】按钮，如图6-17所示。

图6-17

Step 06 将当前时间设置为0:00:20:11，将【音频】下方的【音频电平】设置为-10，将当前时间设置为0:00:24:11，将【音频】下方的【音频电平】设置为-50，如图6-18所示。

图6-18

实例071 下雨效果

本例介绍下雨效果的制作，通过为素材图片添加CC Rainfall特效来模拟下雨效果，然后制作图片运动动画，完成后的效果如图6-19所示。

图6-19

Step 01 按Ctrl+O组合键，打开“素材\Cha06\下雨效果素材.aep”素材文件，在【项目】面板中选择“下雨素材01.mp4”文件，将其拖到【时间轴】面板中，如图6-20所示。

Step 02 选中该图层，在菜单栏中选择【效果】|【模拟】|CC Rainfall命令，在【效果控件】面板中将CC Rainfall下的Drops、Size、Scene Depth、Speed、

Variation%（Wind）、Opacity分别设置为8500、5、5000、4000、10、24，将Extras选项组中的Offset设置为600,457，如图6-21所示。

Step 03 拖动时间线，在【合成】面板中可以观察下雨效果，如图6-22所示。

Step 04 将【项目】面板中的“下雨素材02.mp3”音频文件拖曳至【时间轴】面板中，如图6-23所示。

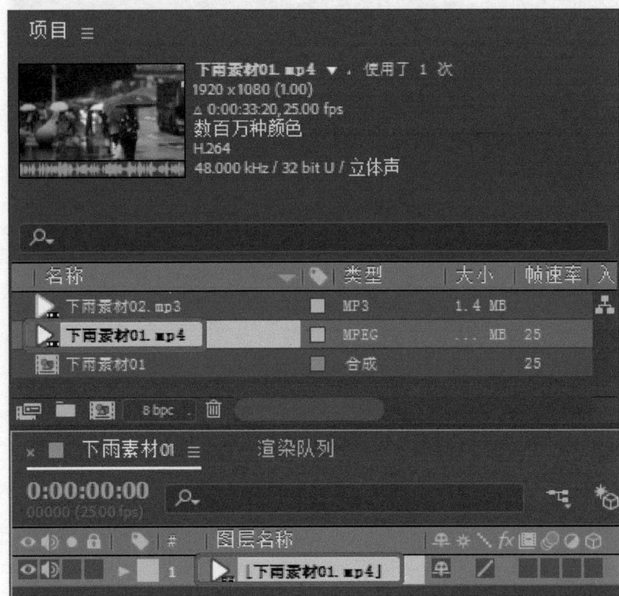

图6-20

图6-21

图6-22

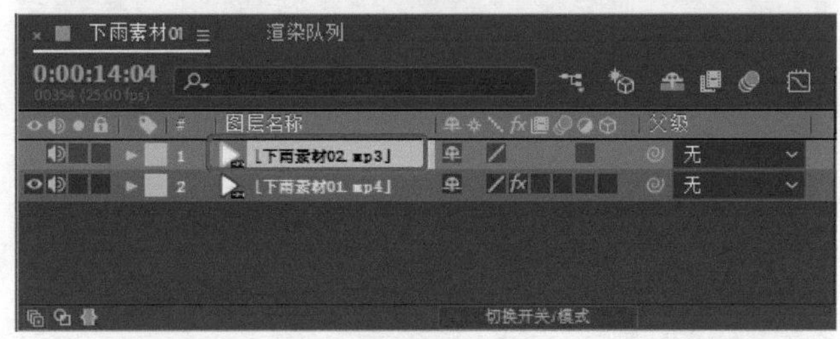

图6-23

◎知识链接：CC Rainfall效果参数作用

CC Rainfall特效可以模拟下雨的效果，控制非常简单。

Drops：雨的数量。

Size：雨的大小。

Scene Depth：雨的大小。

Speed：下雨的角度。

Wind：疯的速度。

Variation%（Wind）：变动风能。

Spread：角度的紊乱。

Drop Size：雨点的大小。

Color：雨点的颜色。

Opacity：雨点的透明度。

Background Reflection：背景反射强度。

Transfer Mode：雨的传输模式。

Composite With Original：选中该选项，则不显示背景。

实例 072 闪电效果

下面将讲解如何创建雷雨动画效果，效果如图6-24所示，其具体操作步骤如下。

图6-24

Step 01 按Ctrl+O组合键，打开“素材\Cha06\闪电效果素材.aep”素材文件，在【项目】面板中选择【闪电素材.mp4】文件，将其拖到【时间轴】面板中，在【时间轴】面板中将【变换】|【缩放】设置为78%，如图6-25所示。

图6-25

Step 02 在【效果和预设】面板中搜索【亮度和对比度】效果，将特效添加到素材文件上，在【效果控件】面板中将【亮度和对比度】下方的【亮度】、【对比度】设置为-32、-22，如图6-26所示。

图6-26

Step 03 新建一个【雨】纯色图层，为其添加CC Rainfall，在时间轴面板中将Size设置为6，将Wind、Variation%（Wind）分别设置为870、38，将Opacity设置为50，将图层的混合模式设置为【屏幕】，如图6-27所示。

图6-27

Step 04 拖动时间线在【合成】面板中观察下雨效果，如图6-28所示。

图6-28

Step 05 新建一个【闪电】纯色图层，将其入点时间设置为0:00:00:10，为其添加【高级闪电】效果，确认当前时间为0:00:00:10，在【时间轴】面板中将【闪电类型】设置为【随机】，将【源点】设置为375.9、148.9，将【外径】设置为1040、810，单击【外径】左侧的【时间变化秒表】按钮，将【核心半径】与【核心不透明度】分别设置为3、100，单击【核心不透明度】左侧的【时间变化秒表】按钮，将【发光半径】、【发光不透明度】分别设置为30、50，单击【发光不透明度】左侧的【时间变化秒表】按钮，将【发光颜色】的RGB值设置为42,57,150，将【Alpha障碍】、【分叉】分别设置为10、11，如图6-29所示。

Step 06 将当前时间设置为0:00:01:10，将【外径】设置为577,532，将【核心不透明度】、【发光不透明度】分别设置为50、0，将图层混合模式设置为【相加】，如图6-30所示。

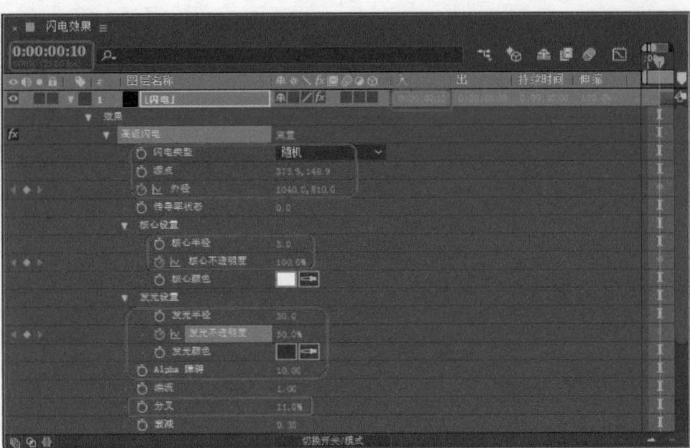

图6-29

图6-30

Step 07 继续选中【闪电】图层，将当前时间设置为0:00:01:10，将其时间滑块结尾处与时间线对齐，如图6-31所示。

Step 08 继续选中该图层，按Ctrl+D组合键对其进行复制，将复制后的对象命名为【闪电2】，将其入点时间设置为0:00:02:00，将当前时间设置为0:00:02:00，将【闪电类型】设置为【击打】，将【源点】设置为948.5,11.9，将【方向】设置为737,352，将【核心不透明度】设置为75，如图6-32所示。

图6-31

图6-32

Step 09 将当前时间设置为0:00:03:00，在【时间轴】面板中将【方向】设置为629,383，将【核心不透明度】设置为0，如图6-33所示。

图6-33

Step 10 在【时间轴】面板中选择【闪电2】图层，按Ctrl+D组合键对其进行复制，将当前时间设置为0:00:03:13，将该图层的入点时间设置为0:00:03:13，将【闪电类型】设置为【击打】，将【源点】设置为393.5,11.9，将【方向】设置为654,352，如图6-34所示。

图6-34

Step 11 在【项目】面板中选择“打雷声音.mp3”音频文件，按住鼠标将其拖曳至【闪电 3】图层的下方，如图6-35所示。

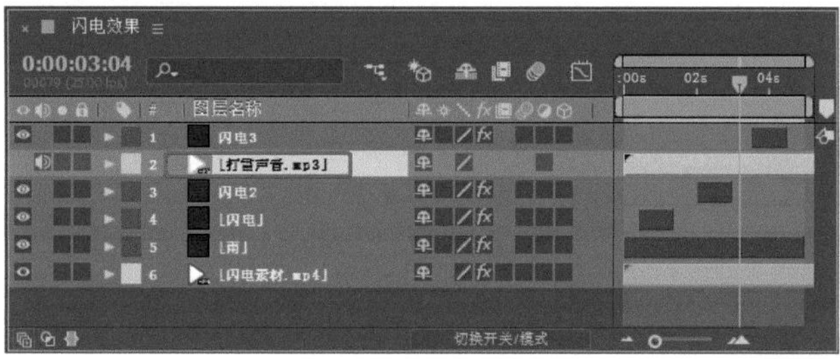

图6-35

Step 12 在【项目】面板中选择“下雨声音.mp3”文件，将其拖到【时间轴】面板中，将图层调整至“闪电素材.mp4”图层下方，如图6-36所示。

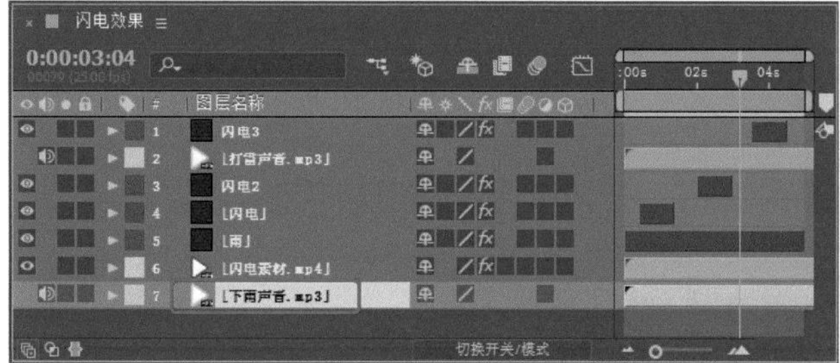

图6-36

实例073 飘动的云彩

本例介绍飘动的云彩的制作，首先使用【分形杂色】【色阶】和【色调】特效制作出天空，然后制作摄影机动画，完成后的效果如图6-37所示。

图6-37

Step 01 按Ctrl+O组合键，打开“素材\Cha06\飘动的云彩素材.aep”素材文件，在时间轴中右击，在弹出的快捷菜单中选择【新建】|【纯色】命令，在弹出的对话框中将【名称】设置为【天空】，将【颜色】设置为白色，如图6-38所示。

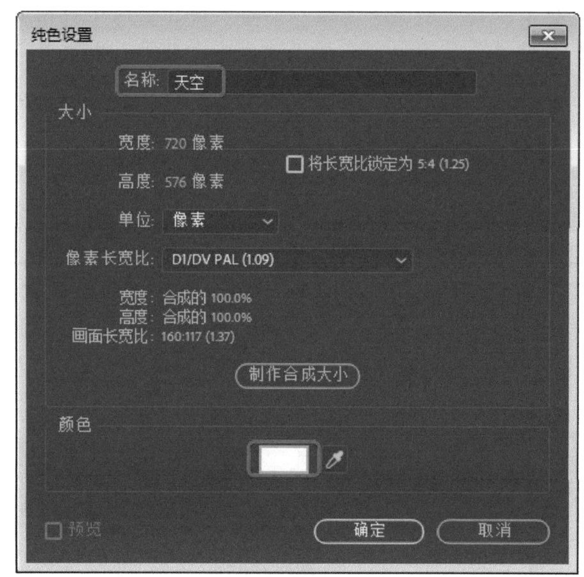

图6-38

Step 02 设置完成后，单击【确定】按钮，选中该图层，在菜单栏中选择【效果】|【杂色和颗粒】|【分形杂色】命令，将当前时间设置为0:00:00:00，在【时间轴】面板中将【分形杂色】下的【分形类型】设置为【动态扭转】，将【杂色类型】设置为【样条】，将【溢出】设置为【剪切】，将【变换】选项组中的【统一缩放】设置为关，将【缩放宽度】设置为350，单击【偏移（湍流）】左侧的【时间变化秒表】按钮，将其参数设置为91,288，在【子设置】选项组中将【子影响】设置为60，单击【子旋转】左侧的【时间变化秒表】按钮，然后单击【演化】左侧的【时间变化秒表】按钮，将【演化】设置为0x221°，如图6-39所示。

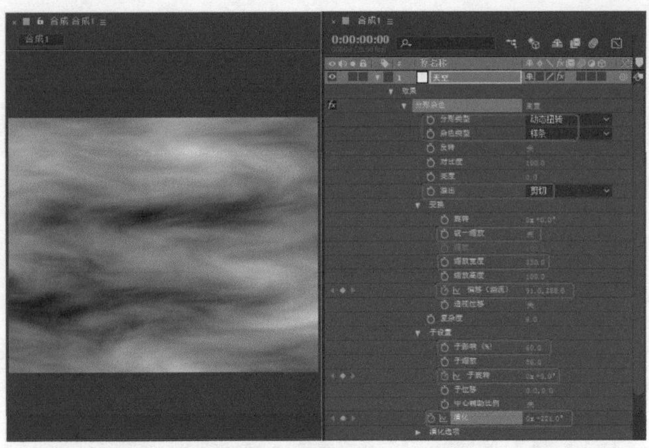

图6-39

◎提示·◦

【湍流杂色】效果本质上是【分形杂色】效果的现代高性能实现。【湍流杂色】效果需要的渲染时间较短，且更易于用于创建平滑动画。【湍流杂色】效果还可以更准确地对湍流系统建模，并且较小的杂色要素比较大的杂色要素移动得更快。使用【分形杂色】效果代替湍流杂色效果的主要原因是，前者适合创建循环动画，因为【湍流杂色】效果没有【循环】属性。

Step 03 将当前时间设置为0:00:07:24，在【效果控件】面板中将【偏移（湍流）】设置为523,288，将【子旋转】、【演化】分别设置为10、240，如图6-40所示。

Step 04 继续选中该图层，在菜单栏中选择【效果】|【颜色校正】|【色阶】命令，在【效果控件】面板中将【色阶】下的【输入黑色】、【输入白色】分别设置为77、237，如图6-41所示。

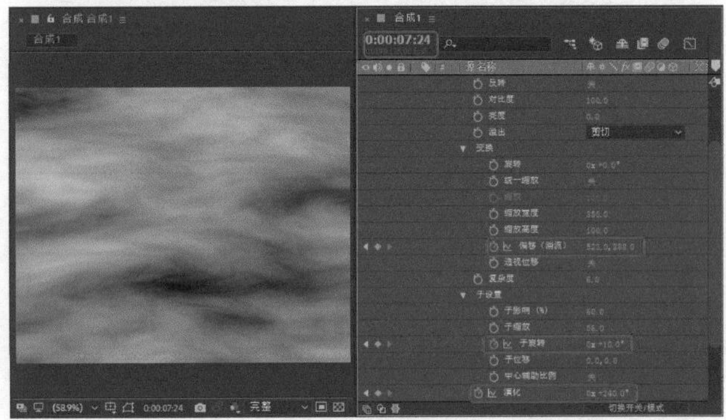

图6-40

◎提示·◦

色阶效果可将输入颜色或 Alpha 通道色阶的范围重新映射到输出色阶的新范围，并由灰度系数值确定值的分布。

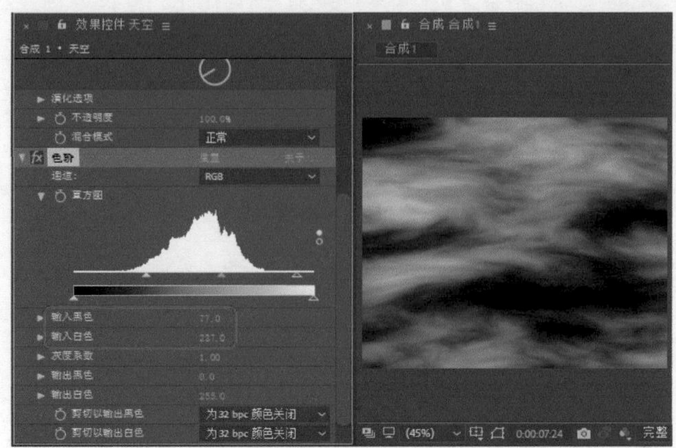

图6-41

Step 05 设置完成后，继续选中该图层，在菜单栏中选择【效果】|【颜色校正】|【色调】命令，在【效果控件】面板中将【色调】下的【将黑色映射到】的颜色值设置为#006FBD，如图6-42所示。

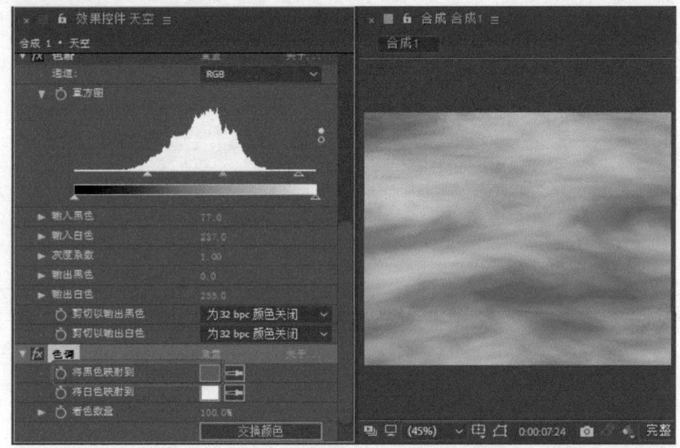

图6-42

Step 06 继续选中该图层，在【时间轴】面板中打开该图层的三维开关，将【变换】下的【位置】设置为360, 391.8,75.4，将【缩放】都设置为140，将【方向】设置为36,0,0，如图6-43所示。

Step 07 在【项目】面板中选择“风景.png”素材文件，按住鼠标将其拖曳至【时间轴】面板中，将当前时间设置为0:00:00:00，将【变换】下的【位置】设置为336, 332，将【缩放】设置为115.6，如图6-44所示。

◎提示·◦

关键帧用于设置动作、效果、音频以及许多其他属性的参数，这些参数通常随时间变化。关键帧标记为图层属性（如空间位置、不透明度或音量）指定值的时间点。可以在关键帧之间插补值。使用关键帧创建随时间推移的变化时，通常使用至少两个关键帧：一个对应于变化开始的状态，另一个对应于变化结束的新状态。

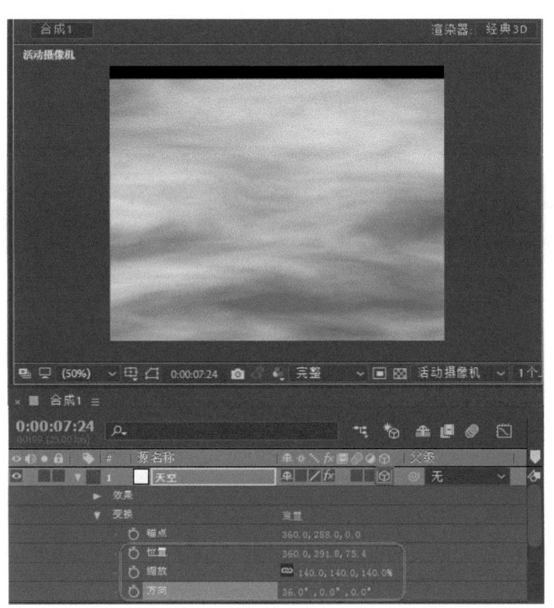

图6-43

Step 08 在时间轴中右击，在弹出的快捷菜单中选择【新建】|【摄像机】命令，在弹出的对话框中单击【确定】按钮，选中该图层，将【变换】下的【目标点】设置为360,300,-95.2，将【位置】设置为360,342.3,-576，将【摄像机选项】下的【缩放】、【焦距】、【光圈】分别设置为525.1、525.1、12.1，如图6-45所示。

图6-44

图6-45

实例 074 桌面上的卷画

本例介绍卷画效果的制作，该例的制作比较简单，主要是为图片添加CC Cylinder效果来制作卷画效果，然后为制作的卷画添加投影，完成后的效果如图6-46所示。

图6-46

Step 01 按Ctrl+O组合键，打开“素材\Cha06\桌面上的卷画素材.aep”素材文件，在【项目】面板中选择m01.jpg素材文件，按住鼠标将其拖曳至【时间轴】面板中，将【变换】下的【缩放】设置为53，如图6-47所示。

图6-47

Step 02 设置完成后，在【项目】面板中选择m02.jpg素材文件，按住鼠标将其拖曳至【合成】面板中，在【时间轴】面板中将【变换】下的【位置】设置为688.7，362，将【缩放】设置为60，如图6-48所示。

图6-48

Step 03 继续选中该图层，在菜单栏中选择【效果】|【透视】|CC Cylinder命令，在【效果控件】面板中将CC Cylinder下的Radius设置为28，将Rotation下的RotationZ设置为48，将Light下的Light Intensity设置为145，将Light Direction设置为-72，如图6-49所示。

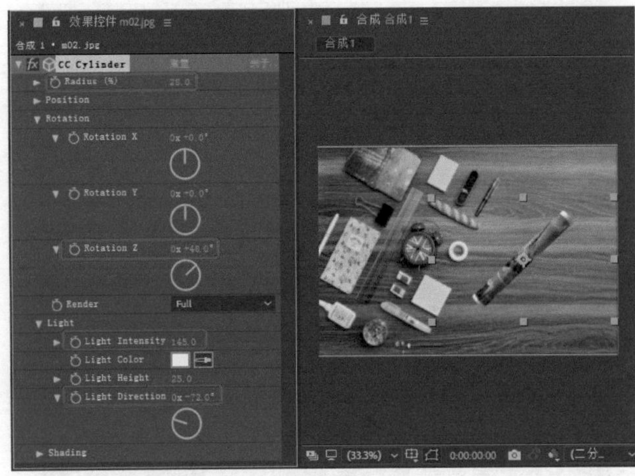

图6-49

Step 04 继续选中该图层，在菜单栏中选择【效果】|【透视】|【投影】命令，在【效果控件】面板中将【投影】下的【距离】、【柔和度】分别设置为59、92，如图6-50所示。

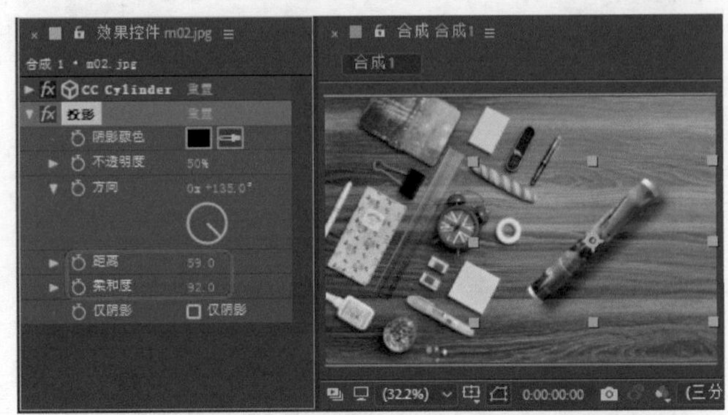

图6-50

◎知识链接：CC Cylinder效果参数作用

CC Cylinder特效可以模拟很多意想不到的效果，将平面的图层进行弯曲，并进行三维空间的旋转和任意角度观察，将图层进行三维变形。

Radius：半径，也就是将图层弯曲成圆柱体后的半径大小。

Position：位移控制。

Position X：X向的位移控制。

Position Y：Y向的位移控制。

Position Z：Z向的位移控制。

Rotation：旋转控制。

Rotation X：X轴的旋转控制。

Rotation Y：Y轴的旋转控制。

Rotation Z：Z轴的旋转控制。

Render：渲染设置，单击显示下拉列表。

Full：对整个图形进行渲染。

Outside：只对外侧面进行渲染。

Inside：只对内侧面进行渲染。

Light：灯光设置。

Light Intensity：灯光强度。

Light Color：灯光颜色。

Light Height：灯光高度。

Light Direction：灯光方向。

Shading：着色方式设置。

Ambient：环境亮度。

Diffuse：固有色强度，也就是图像本身的亮度。

Specular：高光强度。

Roughness：粗糙度。

Metal：金属度。

Step 05 在【项目】面板中选择m03.jpg素材文件，按住鼠标将其拖曳至【合成】面板中，在【时间轴】面板中将

【位置】设置为767.5、383，将【缩放】设置为50，如图6-51所示。

图6-51

Step 06 继续选中该图层，为其添加CC Cylinder效果，在【效果控件】面板中将CC Cylinder下的Radius设置为28，将Rotation下的RotationX、RotationZ分别设置为17、-32，将Light下的Light Intensity设置为145，将Light Height设置为48，将Light Direction设置为-72，如图6-52所示。

图6-52

Step 07 继续选中该图层，在菜单栏中选择【效果】|【透视】|【投影】命令，在【效果控件】面板中将【投影】下的【距离】、【柔和度】分别设置为59、92，如图6-53所示。

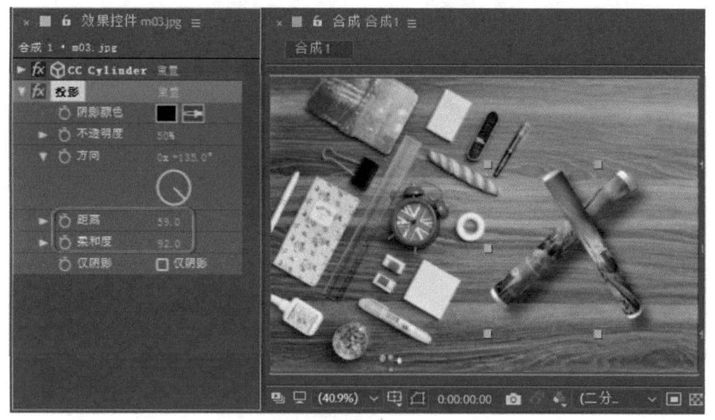

图6-53

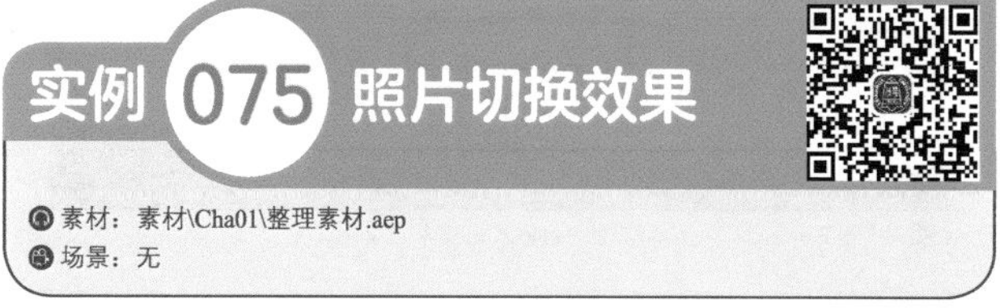

实例 075 照片切换效果

素材：素材\Cha01\整理素材.aep

场景：无

本例介绍照片切换效果的制作，通过添加【卡片擦除】特效制作照片切换动画，然后为照片添加倒影并创建摄影机，完成后的效果如图6-54所示。

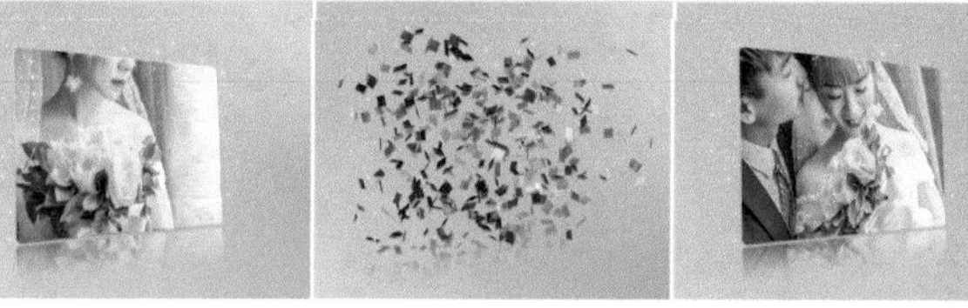
图6-54

Step 01 按Ctrl+O组合键，打开“素材\Cha06\照片切换效果素材.aep”素材文件，在【时间轴】面板中右击，在弹出的快捷菜单中选择【新建】|【形状图层】命令，在工具栏中单击【圆角矩形工具】，在【合成】面板中绘制一个圆角矩形，如图6-55所示。

> **提示**
>
> 绘制圆角矩形后，在图层下的【矩形路径1】组中，通过设置【圆度】参数可以更改圆角大小。

Step 02 选中该图层，在菜单栏中选择【图层】|【图层样式】|【渐变叠加】命令，在【时间轴】面板中单击【渐变叠加】下的【编辑渐变】，在弹出的对话框中将左侧色标的颜色值设置为#E5E5E5，将右侧色标的颜色值设置为#505050，将【颜色中点】设置为82.2，如图6-56所示。

图6-55

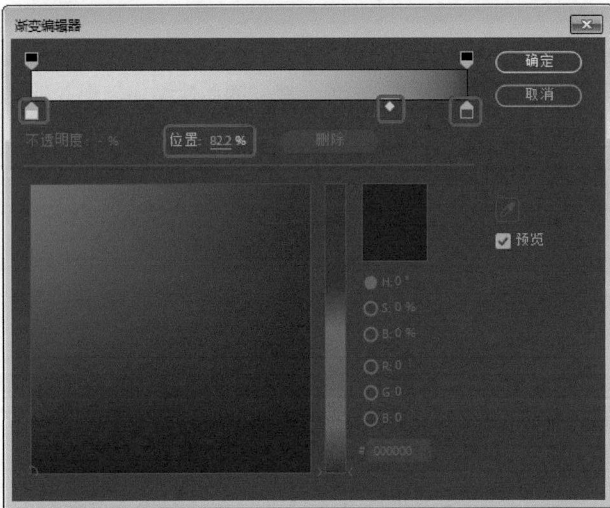

图6-56

◎知识链接：After Effects图层样式

Photoshop 提供了各种图层样式（例如阴影、发光和斜面）来更改图层的外观。在导入 Photoshop 图层时，After Effects 可以保留这些图层样式。也可以在 After Effects 中应用图层样式并为其属性制作动画。

可以在 After Effects 中复制并粘贴任何图层样式，包括导入After Effects 中的 PSD 文件中的图层样式。

除了添加视觉元素的图层样式（例如投影或颜色叠加）之外，每个图层的【图层样式】属性组还包含【混合选项】属性组。可以使用【混合选项】设置来实现对混合操作的强大而灵活的控制。

◎知识链接：After Effects图层样式

虽然图层样式在 Photoshop 中称为效果，但它们的行为更像 After Effects 中的混合模式。图层样式在标准渲染顺序中位于变换之后，而效果位于变换之前。另一个区别是每个图层样式直接与合成中的基础图层混合，而效果在它所应用于的图层上渲染，然后其结果作为一个整体与基础图层交互。

在导入包括图层的 Photoshop 文件作为合成时，可以保留可编辑图层样式或将图层样式合并到素材中。在仅导入一个包括图层样式的图层时，可以选择忽略图层样式或将图层样式合并到素材中。可以随时将合并的图层样式转换为基于 Photoshop 素材项目的每个After Effects 图层的可编辑图层样式。

After Effects 可以保留导入的 Photoshop 文件中的所有图层样式，但只能在 After Effects中添加和修改一些图层样式和控制。

Step 03 设置完成后，单击【确定】按钮，在【时间轴】面板中将【渐变叠加】下的【角度】设置为-90，如图6-57所示。

图6-57

Step 04 在【项目】面板中选择“照片01.jpg”素材文件，按住鼠标将其拖曳至【时间轴】面板中，在工具栏中单击【圆角矩形工具】，在【合成】面板中绘制一个圆角矩形，如图6-58所示。

Step 05 在【项目】面板中选择【照片01】合成文件，按Ctrl+C组合键进行复制，按Ctrl+V组合键进行粘贴，双击该合成，在【时间轴】面板中将【照片02】合成中的

“照片01.jpg”素材文件删除，如图6-59所示。

图6-58

图6-59

Step 06 在【项目】面板中选择“照片02.jpg”素材文件，按住鼠标将其拖曳至【照片02】时间轴中，使用【圆角矩形工具】绘制一个圆角矩形，如图6-60所示。

Step 07 按Ctrl+N组合键，在弹出的对话框中将【合成名称】设置为【照片切换】，将【预设】设置为PAL D1/DV，将【像素长宽比】设置为D1/DV PAL（1.09），将【持续时间】设置为0:00:05:00，如图6-61所示。

Step 08 设置完成后，单击【确定】按钮，在【项目】面板中将“渐变背景.mp4”素材文件拖曳至【时间轴】面板中，如图6-62所示。

图6-60

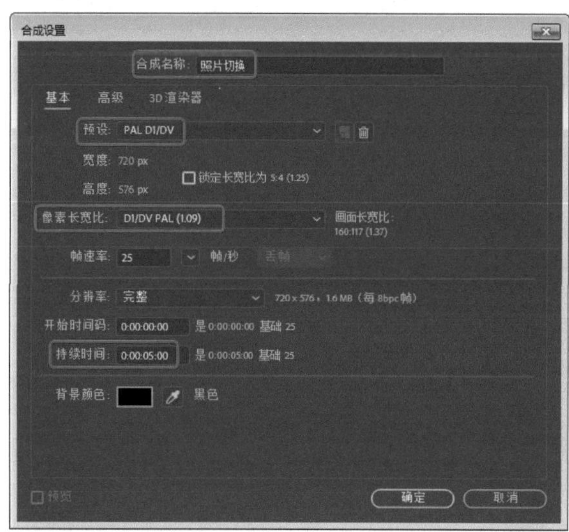

图6-61

图6-62

Step 09 在【项目】面板中选择【照片02】合成文件，按住鼠标将其拖曳至【照片切换】时间轴中，并对该图层进行隐藏，效果如图6-63所示。

Step 10 在【项目】面板中选择【照片01】合成文件，按住鼠标将其拖曳至【照片切换】时间轴中，将【变换】下的【缩放】设置为75，如图6-64所示。

图6-63

图6-64

Step 11 继续选中该图层，在菜单栏中选择【效果】|【过渡】|【卡片擦除】命令，将【卡片擦除】下的【过渡宽度】设置为100，将【背景图层】设置为【2.照片02】，将【行数】、【列数】都设置为20，将【翻转轴】和【翻转方向】都设置为【随机】，将【渐变图层】设置为【无】，将【摄像机位置】选项组中的【X轴旋转】、【Y轴旋转】、【Z轴旋转】分别设置为-4、-29、0，将【X、Y位置】设置为492.5,340，将【焦距】设置为50，如图6-65所示。

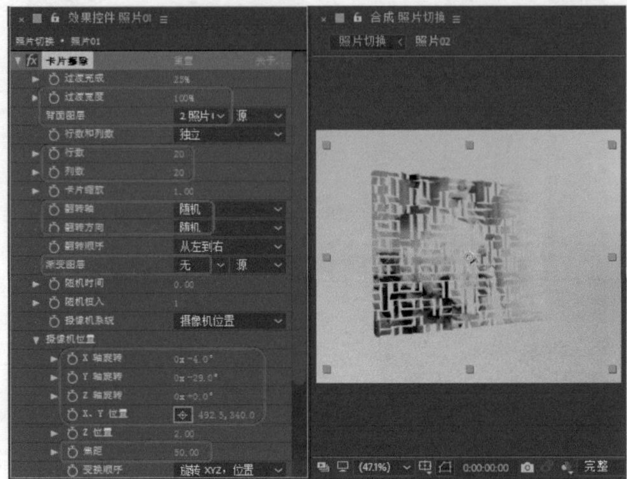

图6-65

Step 12 将当前时间设置为0:00:01:00，在【位置抖动】选项组中单击【X抖动量】、【Y抖动量】、【Z抖动量】左侧的【时间变化秒表】按钮，在【旋转抖动】选项组中单击【X旋转抖动量】、【Y旋转抖动量】、【Z旋转抖动量】左侧的【时间变化秒表】按钮，如图6-66所示。

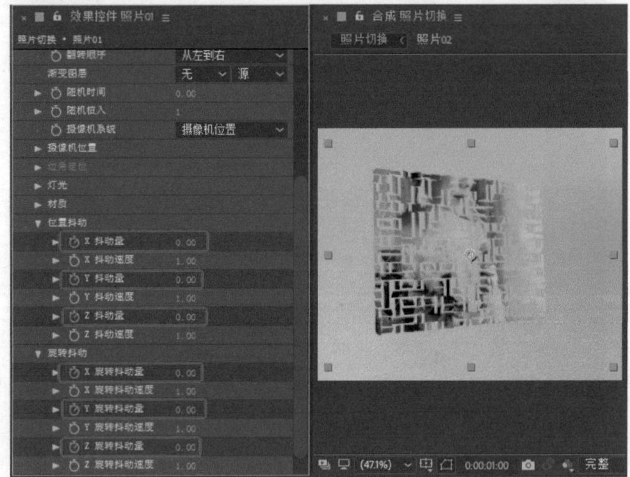

图6-66

知识链接：【卡片擦除】效果参数作用

此效果模拟一组卡片，这组卡片先显示一张图片，然后翻转以显示另一张图片。【卡片擦除】提供对卡片的行数和列数、翻转方向以及过渡方向的控制（包括使用渐变来确定翻转顺序的功能）。还可以控制随机性和抖动以使效果看起来更逼真。通过改变行和列，还可以创建百叶窗和灯笼效果。

【过渡宽度】：主动从原始图像更改到新图像的区域的宽度。

◎知识链接：【卡片擦除】效果参数作用

【背面图层】：在卡片背面分段显示的图层。可以使用合成中的任何图层；甚至可以关闭其【视频】开关。如果图层有效果或蒙版，则先预合成此图层。

【行数和列数】：指定行数和列数的相互关系。【独立】可同时激活【行数】和【列数】滑块。【列数受行数控制】只激活【行数】滑块。如果选择此选项，则列数始终与行数相同。

【行数】：行的数量，最多1000行。

【列数】：列的数量，最多1000列，除非选择【列数受行数控制】。行和列始终均匀地分布在图层中，因此形状不规则的矩形拼贴不能沿图层边缘显示，除非使用Alpha通道。

【卡片缩放】：卡片的大小。小于1的值会按比例缩小卡片，从而显示间隙中的底层图层。大于1的值会按比例放大卡片，从而在卡片相互重叠时创建块状的马赛克效果。

【翻转轴】：每个卡片绕其翻转的轴。

【翻转方向】：卡片绕其轴翻转的方向。

【翻转顺序】：过渡发生的方向。还可以使用渐变来定义自定义翻转顺序：卡片首先翻转渐变为黑色的位置，最后翻转渐变为白色的位置。

【渐变图层】：要用于【翻转顺序】的渐变图层。可以使用合成中的任何图层。

【随机时间】：使过渡的时间随机化。如果此控件设置为0，则卡片将按顺序翻转。值越高，卡片翻转顺序的随机性就越大。

【摄像机系统】：使用效果的【摄像机位置】属性、效果的【边角定位】属性，还是默认的合成摄像机和光照位置来渲染卡片的3D图像。

【摄像机位置】选项组

【X轴旋转、Y轴旋转、Z轴旋转】：围绕相应的轴旋转摄像机。使用这些控件可从上面、侧面、背面或其他任何角度查看卡片。

【X、Y位置】：摄像机在x、y空间中的位置。

【Z位置】：摄像机在Z轴上的位置。较小的数值使摄像机更接近卡片，较大的数值使摄像机远离卡片。

【焦距】：从摄像机到图像的距离。焦距越小，视角越大。

【变换顺序】：摄像机围绕其三个轴旋转的顺序，以及摄像机是在使用其他【摄像机位置】控件定位之前还是之后旋转。

【边角定位】：边角定位是备用的摄像机控制系统。此控件可用作辅助控件，以便将效果的结果合成到相对于帧倾斜的平面上的场景中。

◎知识链接：【卡片擦除】效果参数作用

【左上角、右上角、左下角、右下角】：附加图层每个角的位置。

【自动焦距】：控制动画期间效果的透视。如果取消选择【自动焦距】，程序将使用您指定的焦距查找摄像机位置和方向，以便在边角固定点放置图层的角（如果可能）。如果不能完成此操作，则此图层将替换为在固定点之间绘制的轮廓。如果选择【自动焦距】，将在可能的情况下使用匹配边角点所需的焦距。否则，程序将插入附近帧中正确的值。

【焦距】：如果您已获得的结果不是所需结果，则覆盖其他设置。如果为【焦距】设置的值不等于固定点实际在该配置中时焦距本该使用的值，则图像可能看起来异常（例如，被奇怪地修剪）。但是，如果您知道您试图匹配的焦距，则此控件是获得正确结果的最简单方法。

【抖动】选项组：添加抖动（【位置抖动】和【旋转抖动】）可使该过渡更加逼真。抖动可在过渡发生之前、发生过程中和发生之后对卡片生效。如果想让抖动仅在过渡期间发生，请从抖动量0开始，在过渡期间使其增加到所需的量，然后在过渡完成时使其返回到0。

【位置抖动】：指定x、y和z轴的抖动量和速度。【X抖动量】、【Y抖动量】和【Z抖动量】指定额外运动的量。【X抖动速度】、【Y抖动速度】和【Z抖动速度】值指定每个【抖动量】选项的抖动速度。

【旋转抖动】：指定围绕x、y和z轴的旋转抖动的量和速度。【X旋转抖动量】、【Y旋转抖动量】和【Z旋转抖动量】指定沿某个轴旋转抖动的量。值90°使卡片可在任意方向旋转最多90°。【X旋转抖动速度】、【Y旋转抖动速度】和【Z旋转抖动速度】值指定旋转抖动的速度。

Step 13 将当前时间设置为0:00:01:18，将【位置抖动】选项组中的【X抖动量】、【Y抖动量】、【Z抖动量】分别设置为5、5、25，将【旋转抖动】选项组中的【X旋转抖动量】、【Y旋转抖动量】、【Z旋转抖动量】都设置为360，如图6-67所示。

Step 14 将当前时间设置为0:00:02:06，在【时间轴】面板中为【位置抖动】选项组中的【X抖动量】、【Y抖动量】、【Z抖动量】和【旋转抖动】选项组中的【X旋转抖动量】、【Y旋转抖动量】、【Z旋转抖动量】都添加一个关键帧，如图6-68所示。

Step 15 将当前时间设置为0:00:03:00，将【位置抖动】选项组中的【X抖动量】、【Y抖动量】、【Z抖动量】和【旋转抖动】选项组中的【X旋转抖动量】、【Y旋转抖动量】、【Z旋转抖动量】都设置为0，如图6-69所示。

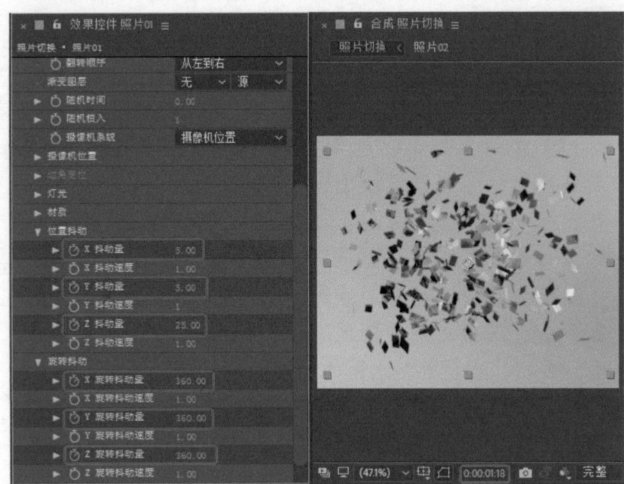

图6-67

图6-68

图6-69

Step 16 将当前时间设置为0:00:01:03，在【时间轴】面板中将【卡片擦除】下的【过渡完成】设置为0，并单击其左侧的⏱按钮，如图6-70所示。

Step 17 将当前时间设置为0:00:02:03，将【卡片擦除】下的【过渡完成】设置为100，如图6-71所示。

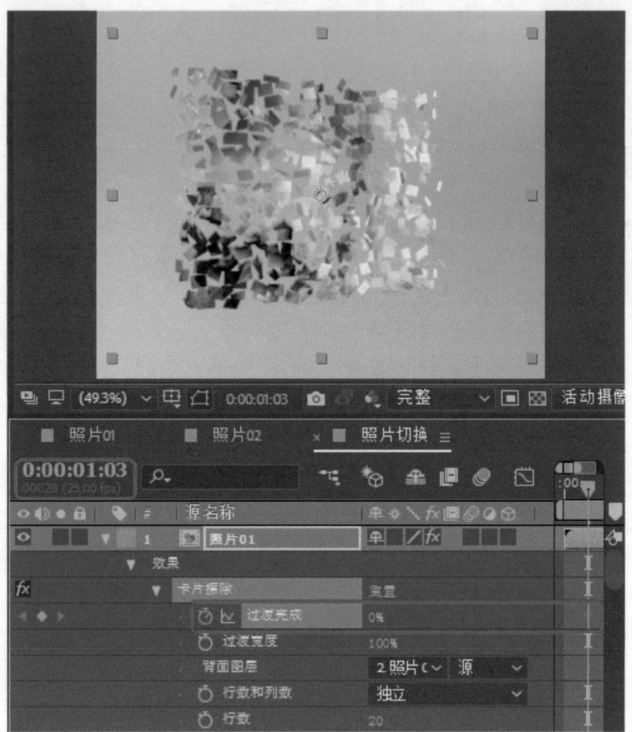

图6-70

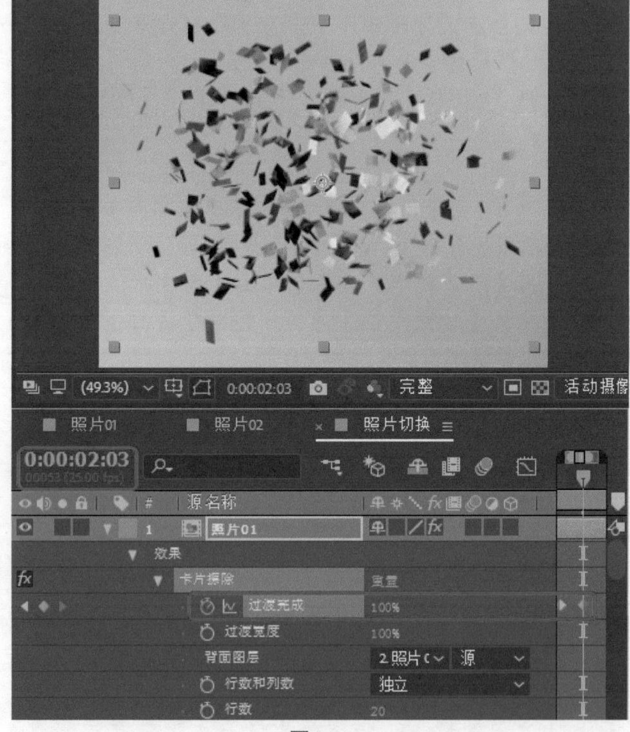

图6-71

Step 18 继续选中该图层，按Ctrl+D组合键，对其进行复制，将其命名为【照片倒影】，将【摄像机位置】选项组中的【X轴旋转】、【Y轴旋转】、【Z轴旋转】分别设置为-4、0、-5，将【X、Y位置】设置为507.5, 326，将【Z位置】设置为2.24，如图6-72所示。

图6-72

Step 19 继续选中该图层，打开该图层的三维模式，将【变换】下的【位置】设置为360,608,0，将【方向】设置为180°,0°,0°，如图6-73所示。

图6-73

Step 20 选中该图层，在菜单栏中选择【效果】|【过渡】|【线性擦除】命令，在时间轴中将【线性擦除】下的【过渡完成】、【擦除角度】、【羽化】分别设置为74、184、103，如图6-74所示。

图6-74

Step 21 继续选中该图层，在菜单栏中选择【效果】|【过时】|【快速模糊（旧版）】命令，在【时间轴】面板中将【快速模糊】下的【模糊度】设置为3，如图6-75所示。

图6-75

Step 22 在【项目】面板中选择“装饰素材.png”素材文件，按住鼠标将其拖曳至【时间轴】面板中，将【变换】下的【缩放】设置为72，如图6-76所示，拖动时间线即可预览效果。

图6-76

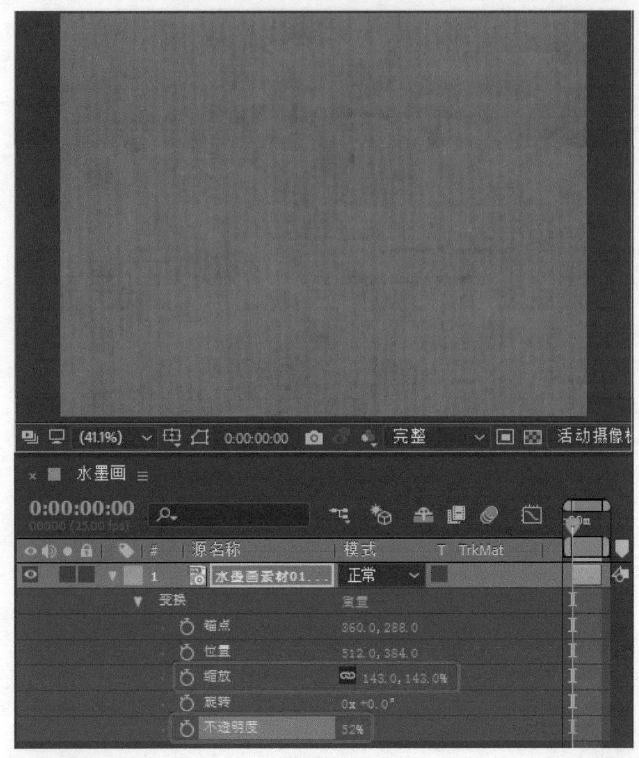

图6-78

实例076 水墨画

本例介绍水墨画效果的制作，首先将素材图片调整为水墨画风格，然后添加视频文件，最后制作文字动画，完成后的效果如图6-77所示。

图6-77

Step 01 按Ctrl+O组合键，打开“素材\Cha06\水墨画素材.aep”素材文件，在【项目】面板中选择“水墨画素材01.jpg”素材文件，按住鼠标将其拖曳至【时间轴】面板中，将【变换】下的【缩放】设置为143，将【不透明度】设置为52，如图6-78所示。

Step 02 在【项目】面板中选择“水墨画素材02.mp4”素材文件，按住鼠标将其拖曳至【合成】面板中，将当前时间设置为0:00:00:00，在【时间轴】面板中将【变换】下的【缩放】设置为73，将图层的混合模式设置为【相乘】，如图6-79所示。

图6-79

> ◎提示

【相乘】：对于每个颜色通道，将源颜色通道值与基础颜色通道值相乘，再除以 8-bpc、16-bpc 或 32-bpc 像素的最大值，具体取决于项目的颜色深度。结果颜色决不会比原始颜色明亮。如果任一输入颜色是黑色，则结果颜色是黑色。如果任一输入颜色是白色，则结果颜色是其他输入颜色。此混合模式模拟在纸上用多个记号笔绘图或将多个彩色透明滤光板置于光照前面。在与除黑色或白色之外的颜色混合时，具有此混合模式的每个图层或画笔将生成深色。

Step 03 选中该图层，在菜单栏中选择【效果】|【颜色校正】|【亮度和对比度】命令，在【时间轴】面板中将【亮度和对比度】下的【亮度】、【对比度】分别设置为25、20，如图6-80所示。

图6-80

Step 04 在菜单栏中选择【效果】|【过时】|【高斯模糊（旧版）】命令，在【时间轴】面板中将【高斯模糊】下的【模糊度】设置为1，如图6-81所示。

Step 05 在菜单栏中选择【效果】|【杂色和颗粒】|【中间值】命令，在【时间轴】面板中将【中间值】下的【半径】设置为2，如图6-82所示。

> ◎提示

中间值效果可将每个像素替换为具有指定半径相邻像素的中间颜色值的像素。【半径】值较低时，此效果可用于减低某些类型的杂色的深度。【半径】值较高时，此效果可为图像提供艺术外观。

图6-81

图6-82

Step 06 在【项目】面板中选择“水墨画素材03.wmv”素材文件，按住鼠标将其拖曳至【时间轴】面板中，在【时间轴】面板中将该图层的混合模式设置为【相减】，将【变换】下的【位置】设置为448.7,582，将【缩放】设置为219，将【旋转】设置为90，如图6-83所示。

提示

【相减】：从基础颜色中减去源颜色。如果源颜色是黑色，则结果颜色是基础颜色。

Step 07 继续选中该图层并右击，在弹出的快捷菜单中选择【时间】|【时间伸缩】命令，在弹出的对话框中将【新持续时间】设置为0:00:02:00，如图6-84所示。

Step 08 设置完成后，单击【确定】按钮，将当前时间设置为0:00:01:15，在【时间轴】面板中单击【变换】下的【不透明度】左侧的【时间变化秒表】按钮，如图6-85所示。

图6-83

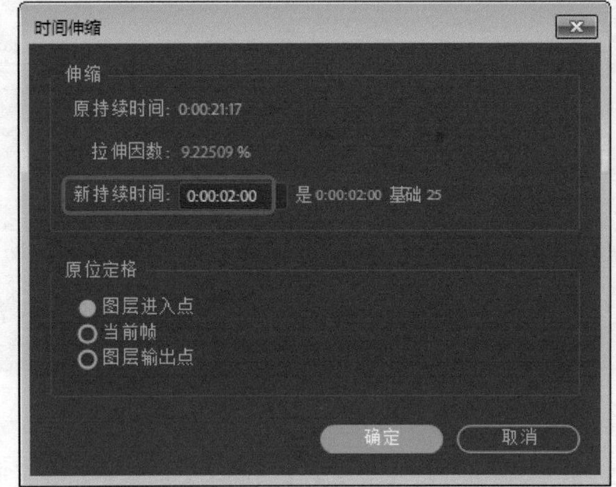

图6-84

Step 09 将当前时间设置为0:00:02:00，在【时间轴】面板中将【变换】下的【不透明度】设置为0，如图6-86所示。

图6-85

图6-86

Step 10 在工具栏中单击【直排文字工具】按钮，在【合成】面板中单击，输入文字，选中输入的文字，在【字符】面板中将【字体】设置为【方正黄草简体】，将字体大小设置为53，将【字符间距】设置为-25，将【水平缩放】设置为110，将字体颜色设置为黑色，如图6-87所示。

图6-87

Step 11 选中该图层，在菜单栏中选择【效果】|【过渡】|【线性擦除】命令，将当前时间设置为0:00:01:00，在【时间轴】面板中将【线性擦除】下的【过渡完成】设置为100，单击其左侧的【时间变化秒表】按钮，将【擦除角度】、【羽化】分别设置为0、75，如图6-88所示。

图6-88

Step 12 将当前时间设置为0:00:05:00，在【时间轴】面板中将【线性擦除】下的【过渡完成】设置为0，如图6-89所示。

提示

【线性擦除】效果按指定方向对图层执行简单的线性擦除。

【擦除角度】：擦除进行的方向。例如，如果是90°，将从左到右进行擦除。

【羽化】：将边缘部分虚化。

图6-89

Step 13 在工具栏中单击【直排文字工具】，在【合成】面板中单击鼠标，输入文字，调整其位置，并为其添加【线性擦除】效果，将当前时间设置为0:00:03:00，在【时间轴】面板中将【线性擦除】下的【过渡完成】设置为100，单击其左侧的【时间变化秒表】按钮，将【擦除角度】、【羽化】分别设置为0、75，如图6-90所示。

图6-90

Step 14 将当前时间设置为0:00:07:00，在【时间轴】面板中将【线性擦除】下的【过渡完成】设置为0，如图6-91所示。

图6-91

Step 15 设置完成后，使用同样的方法创建其他文字及动画效果，如图6-92所示。

水墨画

0:00:16:24
00424 (25.00 fps)

#	源名称	模式	TrkMat
1	遥知不是雪	正常	
2	为有暗香来	正常	无
3	王安石	正常	无
4	凌寒独自开	正常	无
5	墙角数枝梅	正常	无
6	水墨画素材03...	相减	无
7	水墨画素材02...	相乘	无
8	水墨画素材01...	正常	无

图6-92

实例077 滑落的水滴

本例介绍滑落的水滴的制作，该例的制作比较简单，主要是为素材图片添加CC Mr.Mercury（水银滴落）效果并设置其参数，完成后的效果如图6-93所示。

图6-93

Step 01 按Ctrl+O组合键，打开“素材\Cha06\滑落的水滴素材.aep”素材文件，在【项目】面板中选择“水滴背景.mp4”素材文件，将其拖曳至【时间轴】面板中，效果如图6-94所示。

图6-94

Step 02 按Ctrl+D组合键复制图层，将复制后的图层重命名为【水滴】，如图6-95所示。

图6-95

Step 03 确认复制后的【水滴】图层处于选择状态，在菜单栏中选择【效果】|【模拟】|CC Mr.Mercury命令，即可为图层添加CC Mr.Mercury效果，在【效果控件】面板中将Radius X设置为147，将Radius Y设置为159，将Producer设置为1000,0，将Velocity设置为0，将Birth Rate设置为0.6，将Longevity（sec）设置为4，将Gravity设置为0.5，将Resistance设置为0.5，将Animation设置为Direction，将Influence Map设置为Constant Blobs，将Blob Birth Size设置为0.2，将Blob Death Size设置为0.1，在Light组中将Light Intensity设置为22，将Light Direction设置为84°，如图6-96所示。

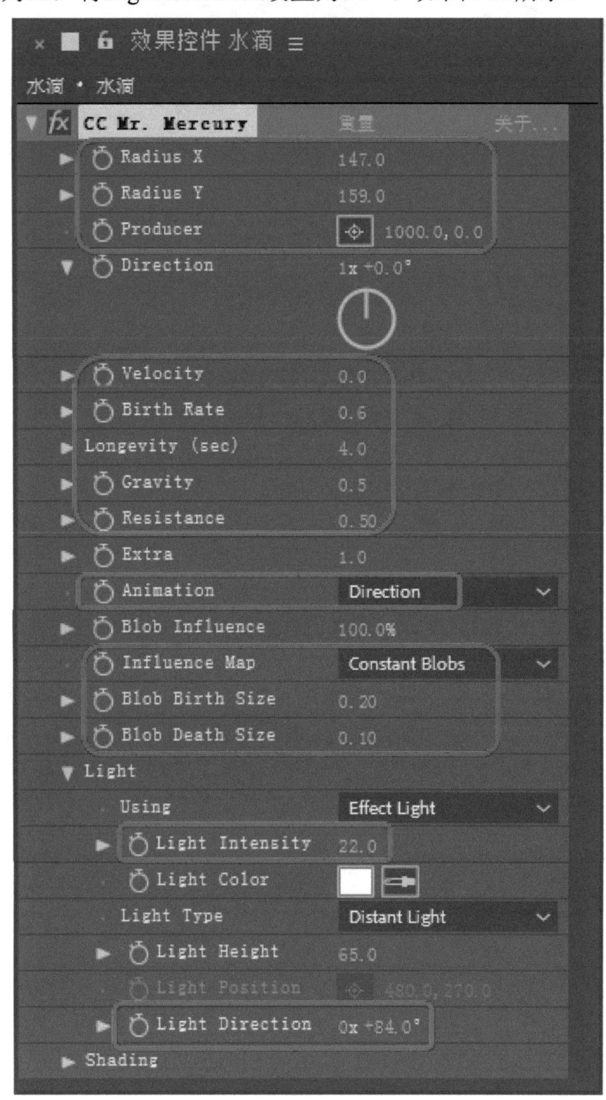

图6-96

Step 04 拖动时间线在【合成】面板中预览效果，如图6-97所示。

◎提示·◎

为图像添加CC Mr.Mercury特效之后，就可以产生水或者是水银等液体下泄的效果，不用设置系统会自动生成动画，而且效果不错，也可用来模拟水从对象表面流下时所产生的折射效果。

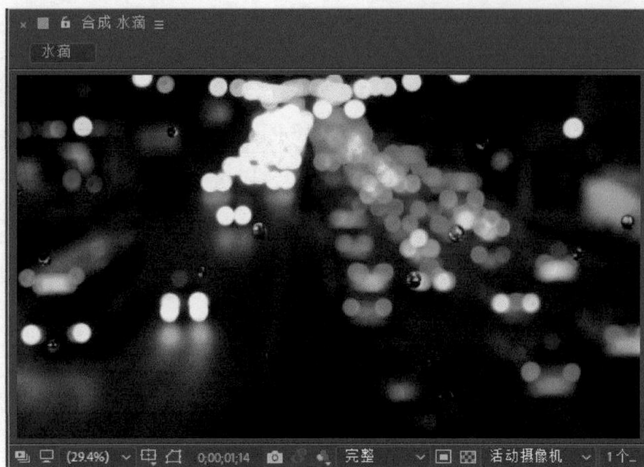

图6-97

实例078 梦幻星空

本例介绍梦幻星空的制作，首先为纯色图层添加CC Particle Systems II（粒子仿真系统 II）效果，将粒子类型设置为星形，然后为星形添加发光效果，最后复制纯色图层，并更改星形颜色，完成后的效果如图6-98所示。

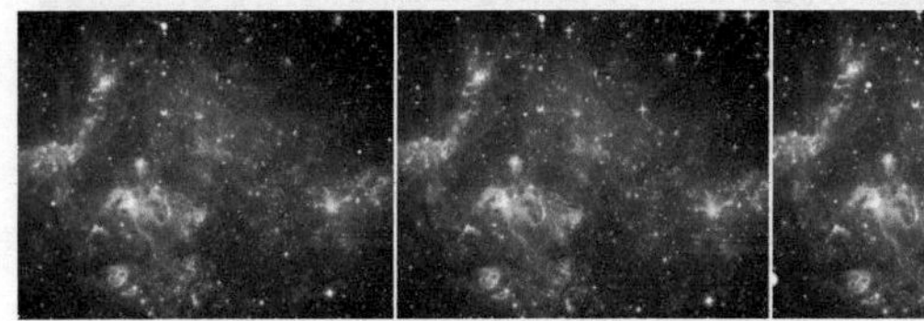

图6-98

Step 01 按Ctrl+O组合键，打开“素材\Cha06\梦幻星空素材.aep”素材文件，在【项目】面板中选择“星光素材.mp4”素材文件，将其拖曳至【时间轴】面板中，将【缩放】设置为23，如图6-99所示。

Step 02 在时间轴的空白处右击，在弹出的快捷菜单中选择【新建】|【纯色】命令，弹出【纯色设置】对话框，输入【名称】为【星1】，将【颜色】的RGB值设置为0,0,0，单击【确定】按钮，如图6-100所示。

Step 03 即可新建【星1】图层，在菜单栏中选择【效果】|【模拟】|CC Particle Systems II命令，即可为【星1】图层添加CC Particle Systems II效果，在【效果控件】面板中将Birth Rate设置为0.3，在Producer组中将Position设置为360,-346，将Radius X设置为140，将Radius Y设置为160，在Physics组中将Velocity设置为0，将Gravity设置为0，在Particle组中将Particle Type设置为Star，将Birth Size设置为0.06，将Death Size设置为0.3，将Birth Color的RGB值设置为136,199,253，将Death Color的RGB值设置为62,116,224，如图6-101所示。

图6-99

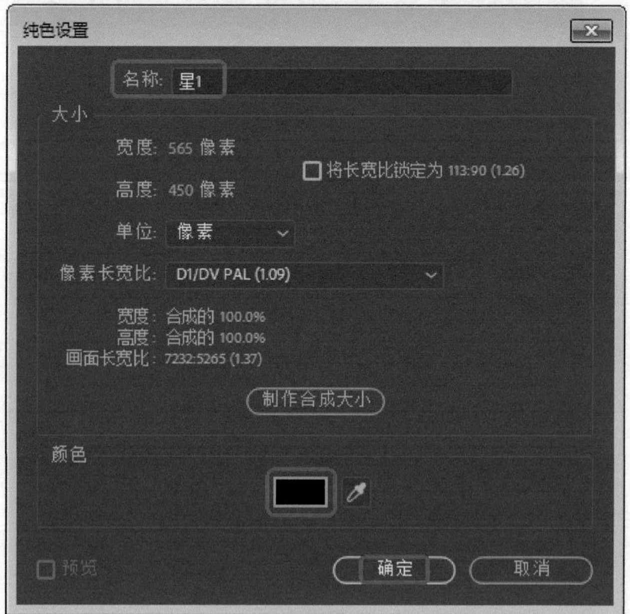

图6-100

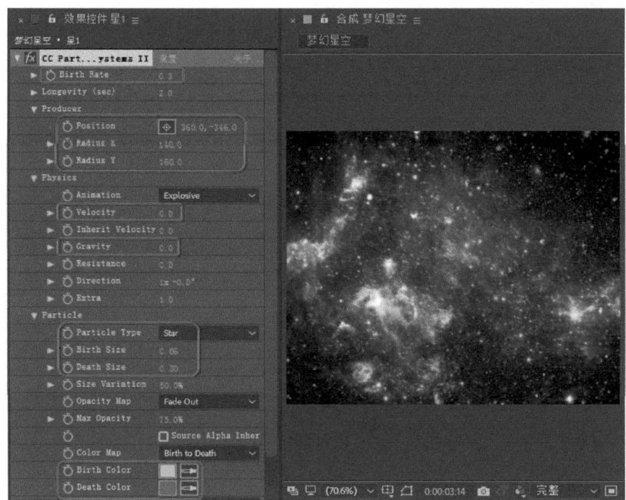

图6-101

Step 04 在菜单栏中选择【效果】|【风格化】|【发光】命令，即可为【星1】图层添加【发光】效果，在【效果控件】组中将【发光阈值】设置为20%，如图6-102所示。

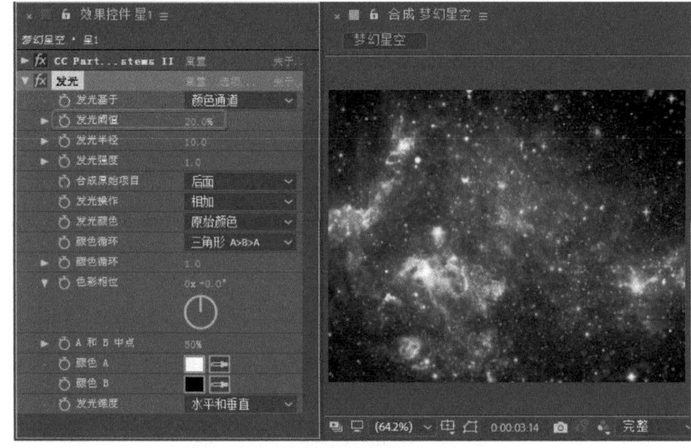

图6-102

Step 05 按Ctrl+D组合键复制【星1】图层，并将复制后的图层重命名为【星2】，如图6-103所示。

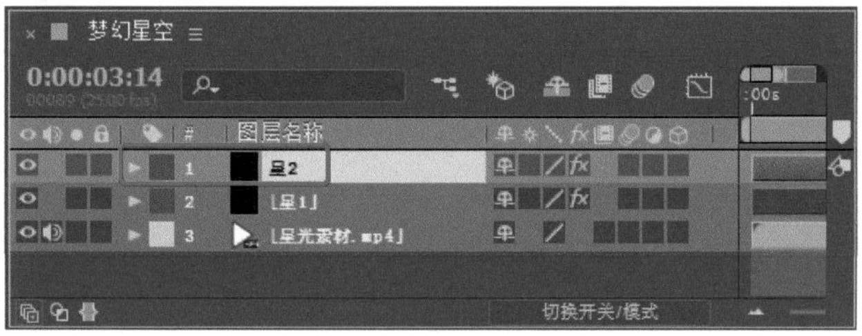

图6-103

Step 06 在【效果控件】面板中，更改【星2】图层的CC Particle Systems II效果参数，将Longevity（sec）设置为1.5，在Producer组中将Position设置为429,-401，将Radius X设置为150，将Birth Size设置为0.2，将Birth Color的RGB值设置为251,241,88，如图6-104所示。

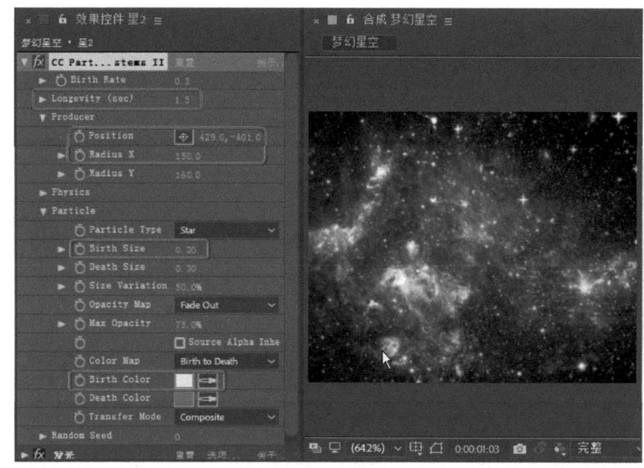

图6-104

◎提示·◦

在图层上右击，在弹出的快捷菜单中选择【重命名】命令，即可重命名图层。

实例079 心电图

本例介绍心电图的制作方法，首先制作栅格，然后使用【钢笔工具】绘制蒙版路径，通过添加【勾画】和【发光】效果制作出心律，完成后的效果如图6-105所示。

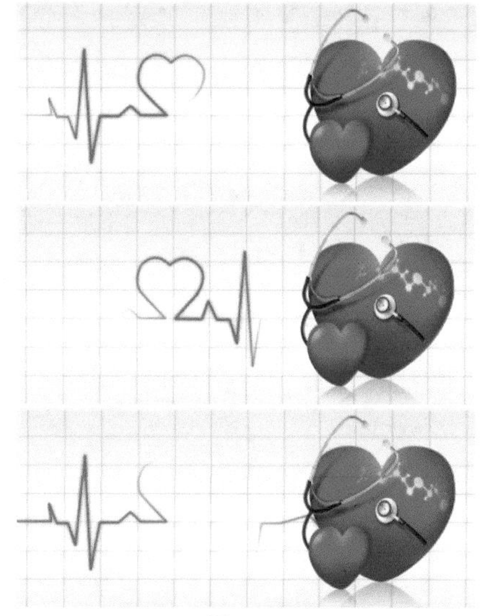

图6-105

Step 01 按Ctrl+O组合键，打开“素材\Cha06\心电图素材.aep”素材文件，在【项目】面板中选择“心电图背景.jpg”素材文件，将其拖曳至【时间轴】面板中，将【变换】下的【位置】设置为360,175，将【缩放】设置为188，如图6-106所示。

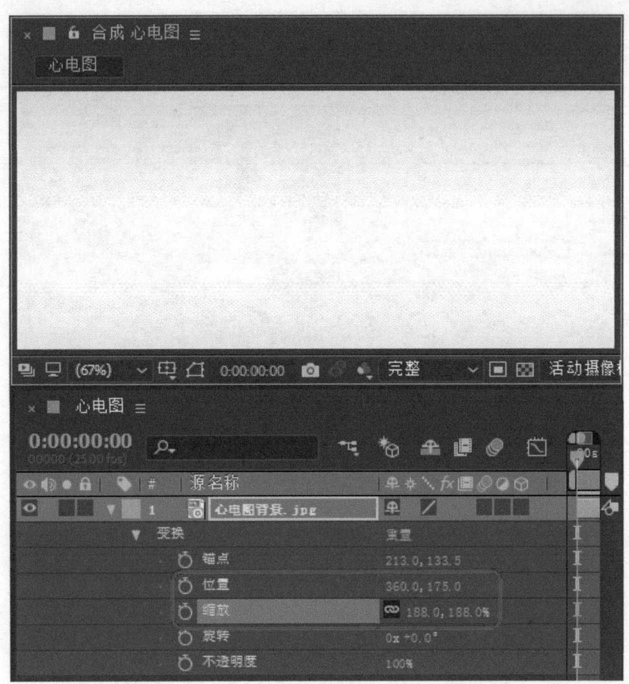

图6-106

Step 02 在时间轴的空白处右击，在弹出的快捷菜单中选择【新建】|【纯色】命令，弹出【纯色设置】对话框，输入【名称】为【栅格】，将【颜色】的RGB值设置为0,0,0，单击【确定】按钮，如图6-107所示。

Step 03 即可新建【栅格】图层，在菜单栏中选择【效果】|【生成】|【网格】命令，即可为【栅格】图层添加【网格】效果，在【效果控件】面板中将【锚点】设置为360,300，将【大小依据】设置为【宽度和高度滑块】，将【宽度】设置为63，将【高度】设置为43，将【边界】设置为1.5，将【颜色】的RGB值设置为196,36,31，如图6-108所示。

Step 04 在菜单栏中选择【效果】|【风格化】|【发光】命令，即可为【栅格】图层添加【发光】效果，在【效果控件】面板中使用默认参数设置即可，如图6-109所示。

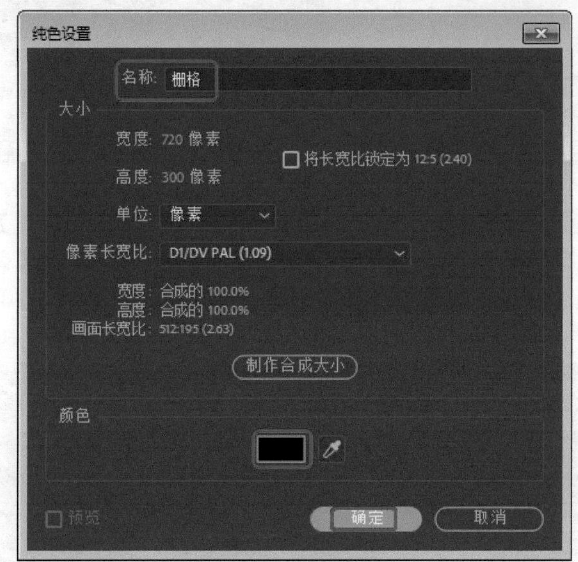

图6-107

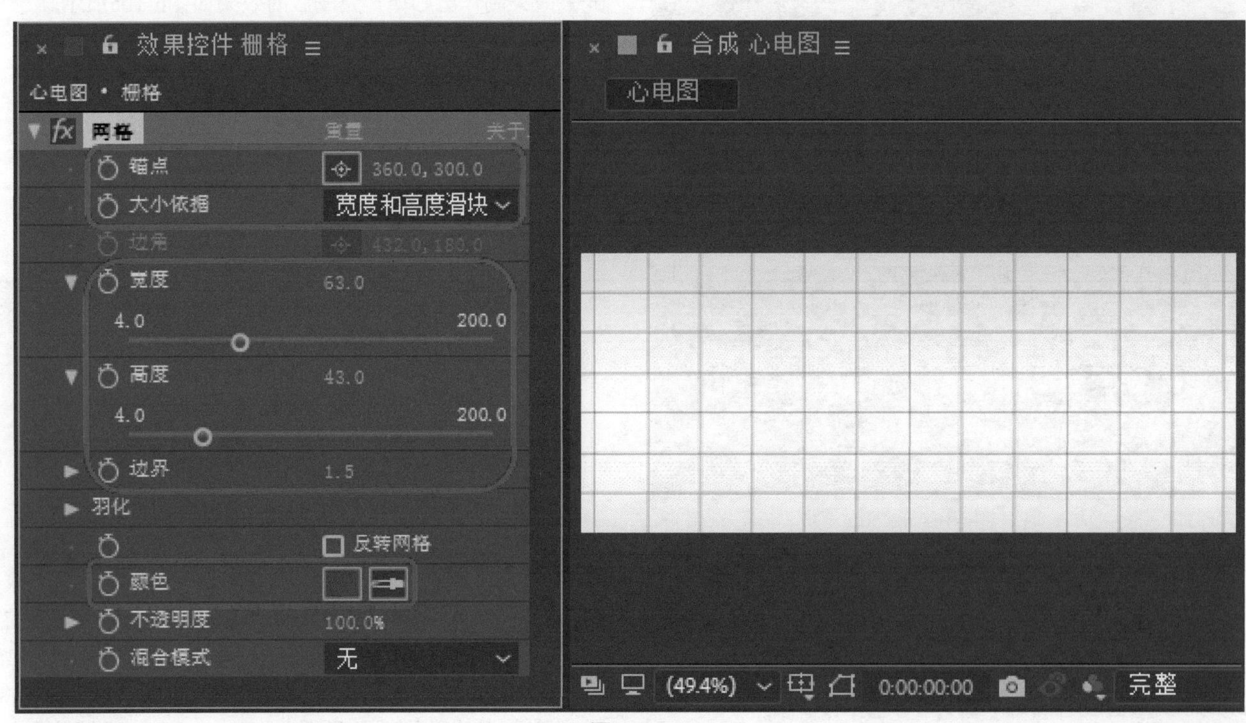

图6-108

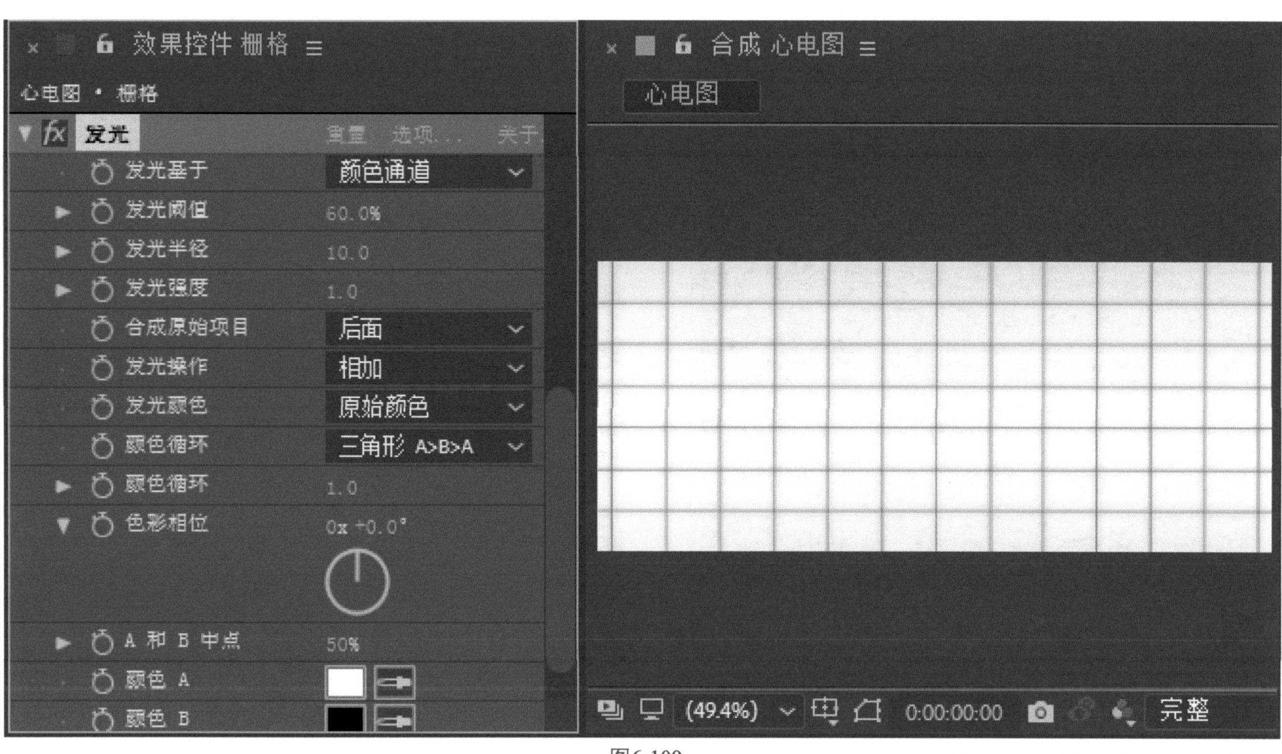

图6-109

◎知识链接：【网格】效果参数作用

使用网格效果可创建可自定义的网格。可以纯色渲染此网格，也可将其用作源图层 Alpha 通道的蒙版。此效果适合生成设计元素和遮罩，可在这些设计元素和遮罩中应用其他效果。

【锚点】：网格图案的源点。移动此点会使图案位移。

【大小依据】：确定矩形尺寸的方式。

【边界】：网格线的粗细。值 0 可使网格消失。

【羽化】：网格的柔和度。

【反转网格】：反转网格的透明和不透明区域。

【颜色】：设置网格的颜色。

【不透明度】：设置网格的不透明度。

【混合模式】：用于在原始图层上面合成网格的混合模式。这些混合模式与时间轴面板中的混合模式一样，但默认模式【无】除外，此设置仅渲染网格。

Step 05 在时间轴中将【栅格】图层的【不透明度】设置为30%，如图6-110所示。

Step 06 在时间轴的空白处右击，在弹出的快捷菜单中选择【新建】|【纯色】命令，弹出【纯色设置】对话框，输入【名称】为【心律】，单击【确定】按钮，如图6-111所示。

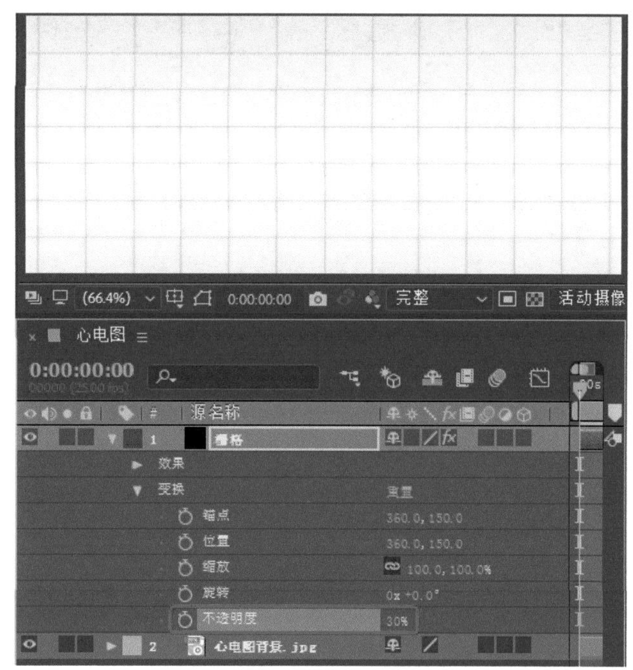

图6-110

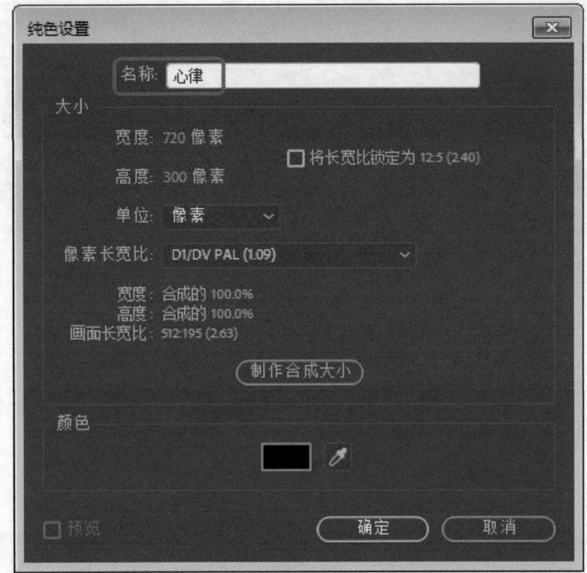

图6-111

Step 07 即可新建【心律】图层，确认【心律】图层处于选择状态，在工具栏中单击【钢笔工具】，在【合成】面板中绘制心律波线，效果如图6-112所示。

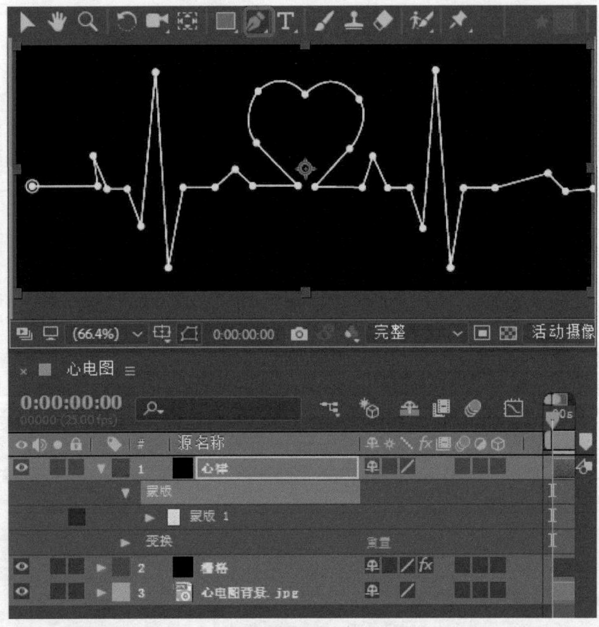

图6-112

◎提示·◎

为了方便绘制心律波线，可以在菜单栏中选择【视图】|【显示网格】命令，显示网格。绘制完成后，再次选择【显示网格】命令即可隐藏网格。

Step 08 在菜单栏中选择【效果】|【生成】|【勾画】命令，即可为【栅格】图层添加【勾画】效果，在【效果控件】组中将【描边】设置为【蒙版/路径】，在【片段】组中将【片段】设置为1，将【长度】设置为0.6，将【片段分布】设置为【成簇分布】，将当前时间设置为0:00:00:00，单击【旋转】左侧的【时间变化秒表】按钮，在【正在渲染】组中将【混合模式】设置为【透明】，将【颜色】的RGB值设置为255,0,0，将【宽度】设置为3，将【硬度】设置为0.15，将【起始点不透明度】设置为0，将【中点不透明度】设置为1，如图6-113所示。

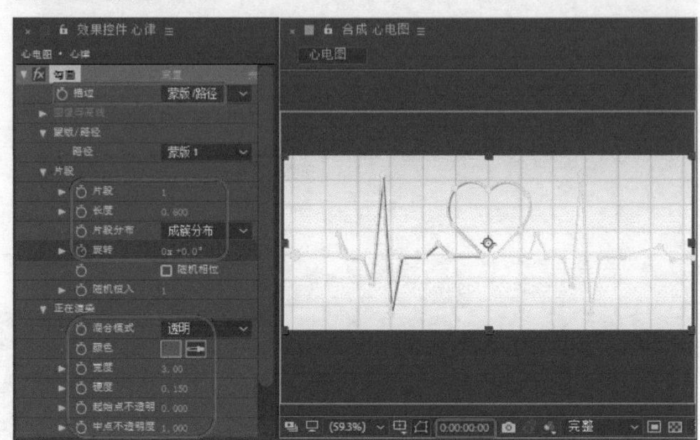

图6-113

◎知识链接：【勾画】效果参数作用·◎

勾画效果可以在对象周围生成航行灯和其他基于路径的脉冲动画。可以勾画任何对象的轮廓，使用光照或更长的脉冲围绕此对象，然后为其设置动画，以创建在对象周围追光的景象。

【描边】：设置描边基于的对象，包括【图像等高线】或【蒙版/路径】。

【片段】：指定创建各描边等高线所用的段数。

【长度】：确定与可能最大的长度有关的片段的描边长度。例如，如果【片段】设置为 1，则描边的最大长度是围绕对象轮廓移动一周的完整长度。

【片段分布】：确定片段的间距。【成簇分布】用于将片段像火车车厢一样连到一起：片段长度越短，火车的总长度越短。【均匀分布】用于在等高线周围均匀间隔片段。

【旋转】：为等高线周围的片段设置动画。

【混合模式】：确定描边应用到图层的方式。【透明】用于在透明背景上创建效果。【上面】用于将描边放置在现有图层上面。【下面】用于将描边放置在现有图层后面。【模板】用于使用描边作为 Alpha 通道蒙版，并使用原始图层的像素填充描边。

【颜色】：指定描边颜色。

【宽度】：指定描边的宽度，以像素为单位。支持小数值。

【硬度】：确定描边边缘的锐化程度或模糊程度。值为 1，可创建略微模糊的效果；值为 0.0，可使线条变模糊，以使纯色区域的颜色几乎不能保持不变。

◎知识链接：【勾画】效果参数作用

【起始点不透明度】【结束点不透明度】：指定描边起始点或结束点的不透明度。

【中点不透明度】：指定描边中点的不透明度。此控件适用于相对不透明度，不适用于绝对不透明度。将其设置为0，可使不透明度从起始点平滑地转变到结束点，就像根本没有中点一样。

Step 09 将当前时间设置为0:00:09:24，将【旋转】设置为4x+0°，如图6-114所示。

Step 10 在菜单栏中选择【效果】|【风格化】|【发光】命令，即可为【心律】图层添加【发光】效果，在【效果控件】面板中将【颜色B】的RGB值设置为255,0,0，如图6-115所示。

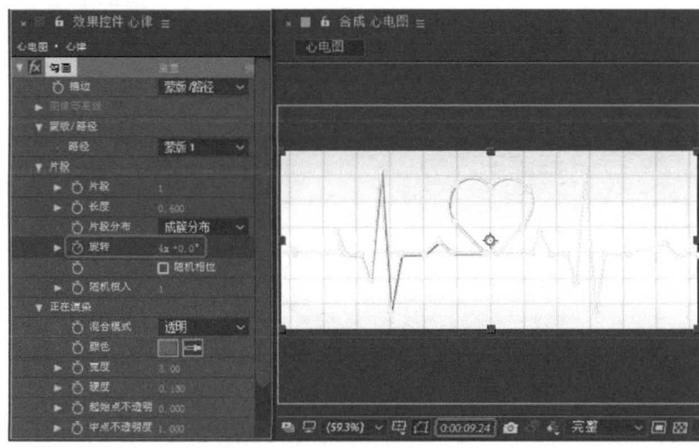

图6-114

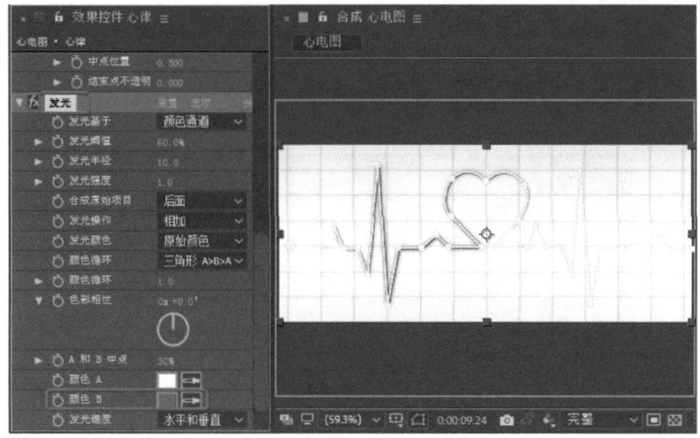

图6-115

Step 11 在【时间轴】面板中将【变换】下的【位置】设置为238,154，将【缩放】设置为72，如图6-116所示。

Step 12 在【项目】面板中选择“心电图背景2.png”素材文件，将其拖曳至【时间轴】面板中，在【时间轴】面板中将【变换】|【位置】设置为570、150，将【缩放】设置为21，如图6-117所示。

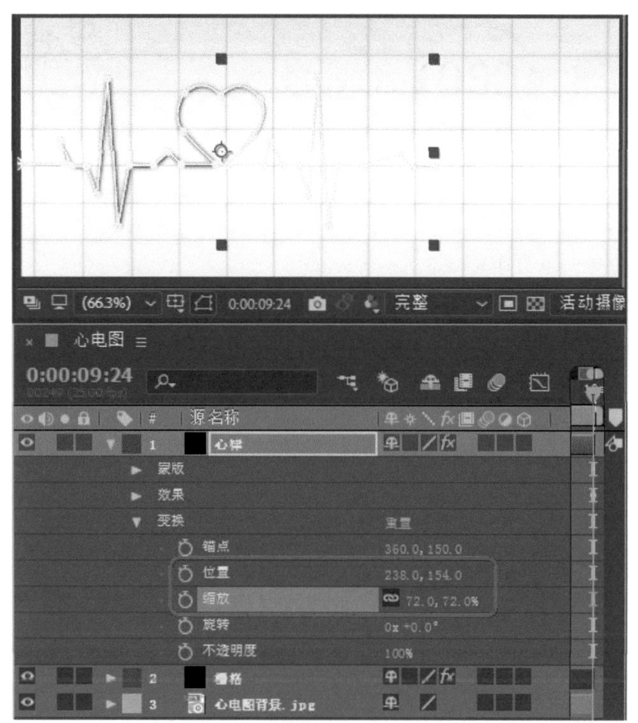

图6-116

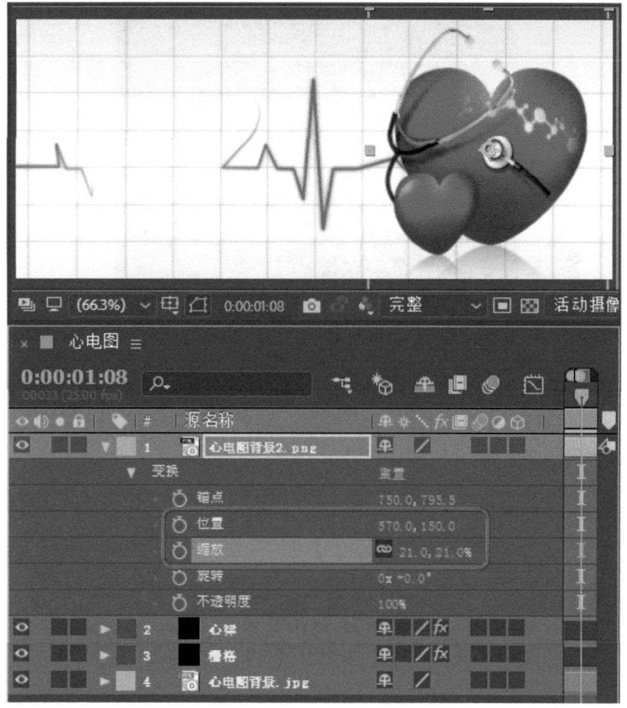

图6-117

实例080 泡泡特效

下面介绍如何制作泡泡特效，主要通过为纯色图层添加【泡沫】和【四色渐变】特效，完成后的效果如图6-118所示。

图6-118

Step 01 按Ctrl+O组合键，打开“素材\Cha06\泡泡特效素材.aep”素材文件，在【项目】面板中选择“泡泡背景.mp4”文件，将其拖到【时间轴】面板中，如图6-119所示。

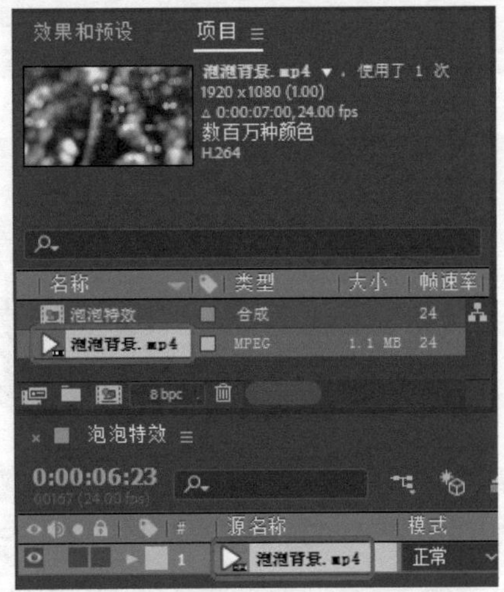

图6-119

Step 02 在【时间轴】面板的空白位置处右击，在弹出的快捷菜单中选择【新建】|【纯色】命令，在弹出的对话框中保持默认设置，单击【确定】按钮，在【效果和预设】面板中搜索【泡沫】特效，将【泡沫】特效拖曳至【黑色 纯色 1】图层上，在【时间轴】面板中将【视图】设置为已渲染，确认当前时间为0:00:00:00，将【制作者】组中的【产生点】设置为530,139.5，单击【产生点】左侧的【时间变化秒表】按钮，将【产生X大小】【产生Y大小】均设置为0.05，将【气泡】组下方的【大小】、【强度】设置为2、5，将【流动映射】选项组下方的【模拟品质】设置为强烈，将【随机植入】设置为2，如图6-120所示。

Step 03 将当前时间设置为0:00:04:17，将【制作者】组中的【产生点】设置为530、189.5，将【正在渲染】组中的【气泡纹理】设置为小雨，如图6-121所示。

图6-120

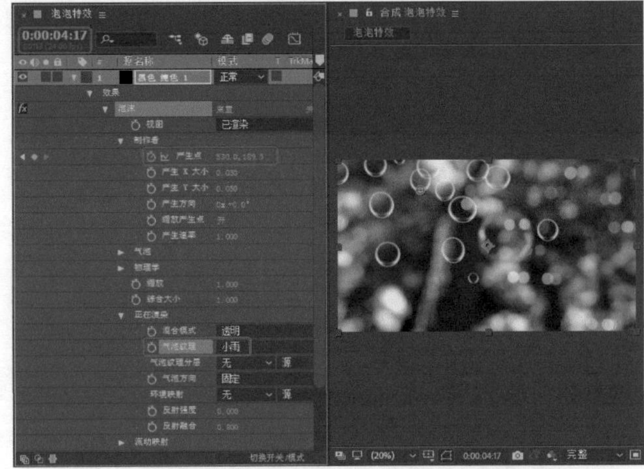

图6-121

Step 04 展开【变换】选项组，将【位置】设置为1482、580，将【缩放】设置为147，如图6-122所示。

图6-122

Step 05 为【黑色 纯色 1】图层添加【四色渐变】特效，在【效果控件】面板中将【点1】设置为100,66.7，将【颜色1】设置为255,255,0，将【点2】设置为900,66.7，将【颜色2】设置为0,255,0，将【点3】设置为100,600.3，将【颜色3】设置为255,0,255，将【点4】设置为900,600.3，将【颜色4】设置为0,0,255，将【混合】、【抖动】、【不透明度】设置为100,0,70，将【混合模式】设置为强光，如图6-123所示。

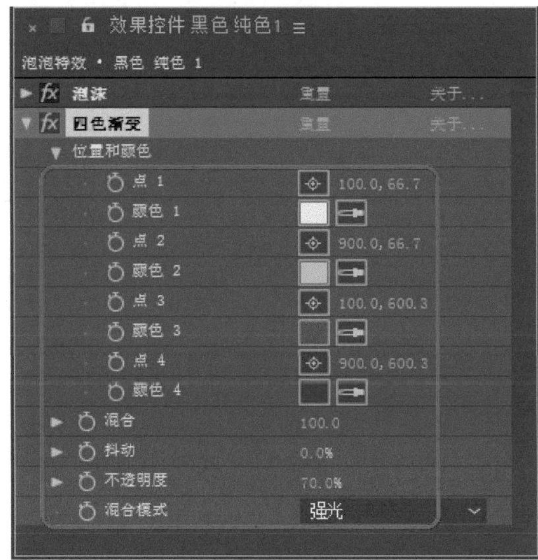

图6-123

Step 06 拖动时间线在【合成】面板中预览效果，如图6-124所示。

图6-124

实例081 镜头光晕效果

下面介绍如何制作镜头光晕特效，为【树叶素材】添加【照片滤镜】、【曝光度】以及【颜色平衡】特效，调整视频背景的颜色，新建纯色为其添加【镜头光晕】特效制作出光晕特效，完成后的效果如图6-125所示。

图6-125

Step 01 按Ctrl+O组合键，打开“素材\Cha06\镜头光晕效果素材.aep”素材文件，在【项目】面板中选择“树叶素材.mp4”文件，将其拖到【时间轴】面板中，将【缩放】设置为150，如图6-126所示。

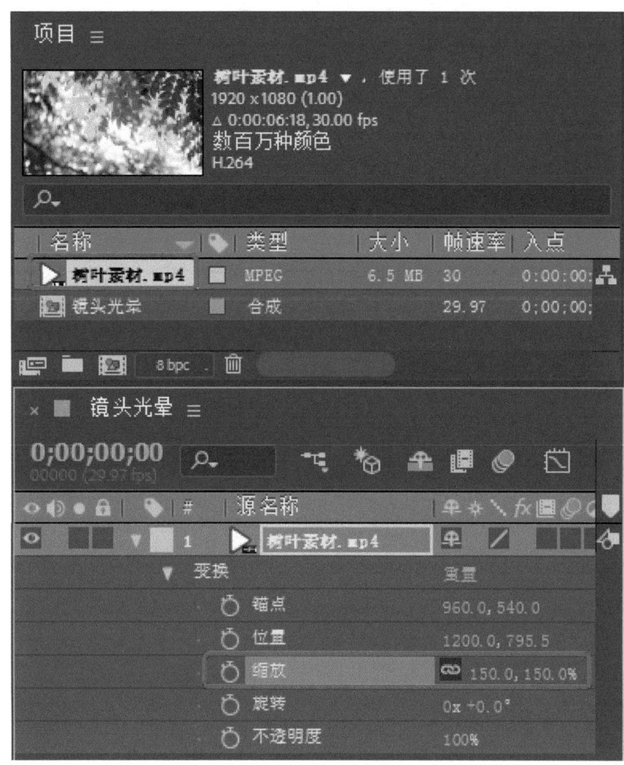

图6-126

Step 02 在【效果和预设】面板中搜索【照片滤镜】特效，将【照片滤镜】特效拖曳至“树叶素材.mp4”图层上，在【效果控件】面板中将【照片滤镜】|【滤镜】设置为绿，将【密度】设置为58，取消选中【保持发光】复选框，如图6-127所示。

图6-127

Step 03 为“树叶素材.mp4”图层添加【曝光度】特效，将【通道】设置为单个通道，将【红色】组中的【红色曝光度】、【红色偏移】、【红色灰度系数校正】设置为0.49、0、1，将【绿色】组中的【绿色曝光度】设置为0.51，将【蓝色】组中的【蓝色曝光度】、【蓝色偏移】、【蓝色灰度系数校正】设置为0.44、0、2，如图6-128所示。

图6-128

Step 04 为“树叶素材.mp4”图层添加【颜色平衡】特效，将【高光绿色平衡】设置为-20，如图6-129所示。

图6-129

Step 05 在【时间轴】面板的空白位置处右击，在弹出的快捷菜单中选择【新建】|【纯色】命令，在弹出的对话框中保持默认设置，单击【确定】按钮，为【黑色 纯色 1】图层添加【镜头光晕】特效，将当前时间设置为0:00:00:00，在【时间轴】面板中将【光晕中心】设置为1976,222，将【光晕亮度】设置为159，将【镜头类型】设置为50-300毫米变焦，将【与原始图像混合】设置为49，单击【光晕中心】、【光晕亮度】、【与原始图像混合】左侧的【时间变化秒表】按钮，如图6-130所示。

Step 06 将当前时间设置为0:00:04:17，在【时间轴】面板中将【光晕中心】设置为504,222，将【黑色 纯色 1】图层的【混合模式】设置为相加，如图6-131所示。

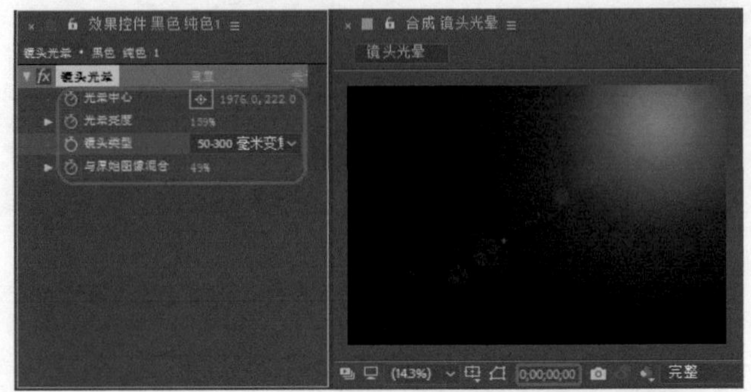

图6-130

图6-131

实例082 流光线条

本例介绍流光线条的制作，首先使用【钢笔工具】绘制路径，然后为绘制的路径添加【勾画】和【发光】效果，通过添加【梯度渐变】特效制作背景，最后为线条添加【湍流置换】特效并复制线条，完成后的效果如图6-132所示。

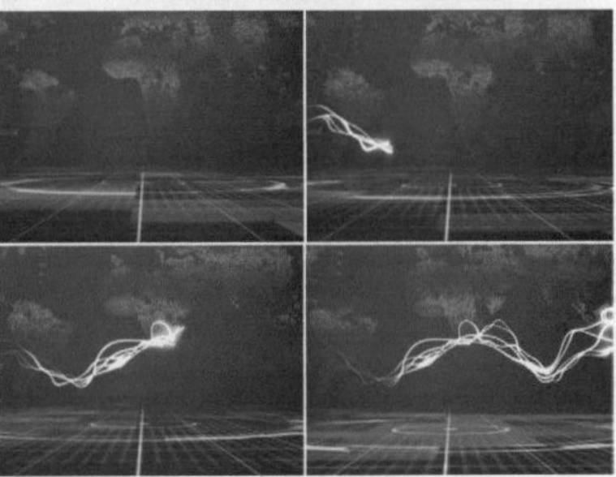

图6-132

Step 01 按Ctrl+O组合键，打开“素材\Cha06\流光线条素材.aep”素材文件，在时间轴中右击，在弹出的快捷菜单中选择【新建】|【纯色】命令，在弹出的对话框中将【名称】设置为【光线1】，将【颜色】设置为黑色，单击【确定】按钮，在工具栏中单击【钢笔工具】，在【合成】面板中绘制一条路径，如图6-133所示。

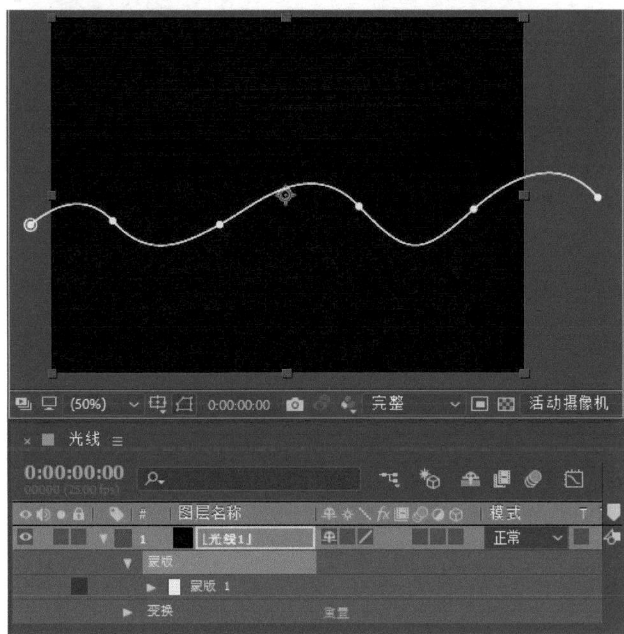

图6-133

提示

使用【选取工具】选择顶点并拖动顶点，可以调整路径形状，通过使用工具栏中的【转换“顶点”工具】可以更改顶点类型，也可以使用【添加“顶点”工具】和【删除“顶点”工具】在路径上添加或删除顶点。

Step 02 选中该图层，在菜单栏中选择【效果】|【生成】|【勾画】命令，将当前时间设置为0:00:00:00，将【勾画】下的【描边】设置为【蒙版/路径】，在【片段】选项组中将【片段】、【长度】、【旋转】分别设置为1、0、0，单击【长度】和【旋转】左侧的【时间变化秒表】按钮，在【正在渲染】选项组中将【颜色】设置为白色，将【中心位置】设置为0.366，如图6-134所示。

Step 03 将当前时间设置为0:00:04:24，将【勾画】下的【长度】、【旋转】分别设置为1、-1x，如图6-135所示。

Step 04 继续选中该图层，在菜单栏中选择【效果】|【风格化】|【发光】命令，将【发光】下的【发光阈值】、【发光半径】、【发光强度】分别设置为20、5、2，将【发光颜色】设置为【A和B颜色】，将【颜色A】的颜色值设置为#FEBF00，将【颜色B】的颜色值设置为#F30000，如图6-136所示。

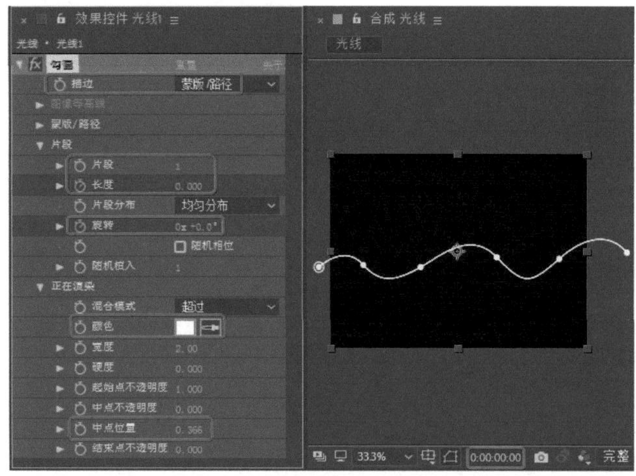

图6-134

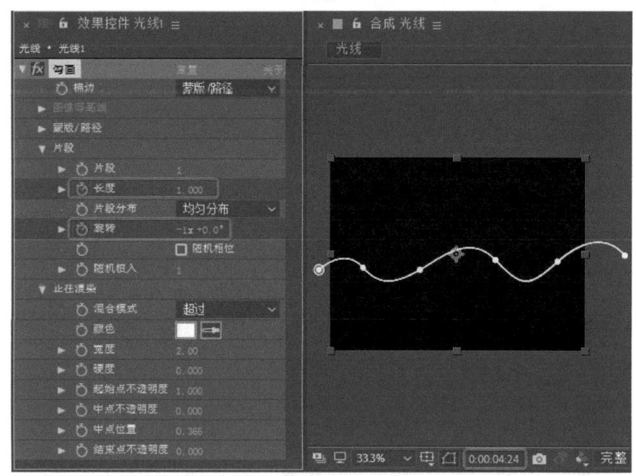

图6-135

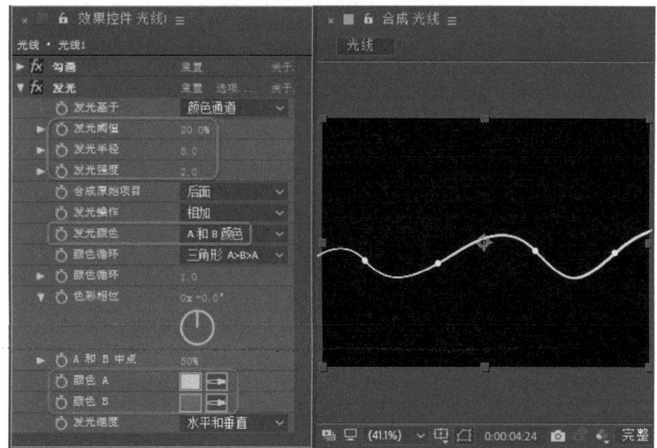

图6-136

Step 05 选中该图层，按Ctrl+D组合键，并将其命名为【光线 2】，将图层的混合模式设置为【相加】，如图6-137所示。

◎提示

【相加】：每个结果颜色通道值是源颜色和基础颜色的相应颜色通道值的和。

Step 06 继续选中该图层，将【勾画】下的【长度】设置为0.05，并单击其左侧的【时间变化秒表】按钮取消关键帧，将【片段分布】设置为【成簇分布】，将【正在渲染】选项组中的【宽度】、【硬度】、【中点位置】分别设置为5.7、0.6、0.5，如图6-138所示。

Step 07 将【发光】下的【发光半径】设置为30，将【颜色A】的颜色值设置为#0095FE，将【颜色B】的颜色值设置为#015DA4，如图6-139所示。

Step 08 按Ctrl+N组合键，在弹出的对话框中将【合成名称】设置为【流光线条】，将【预设】设置为PAL D1/DV，将【像素长宽比】设置为D1/DV PAL（1.09），将【持续时间】设置为0:00:05:00，如图6-140所示。

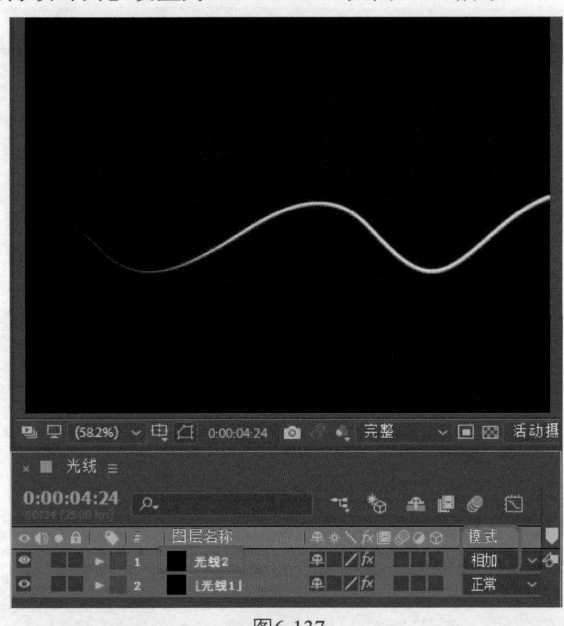

图6-137

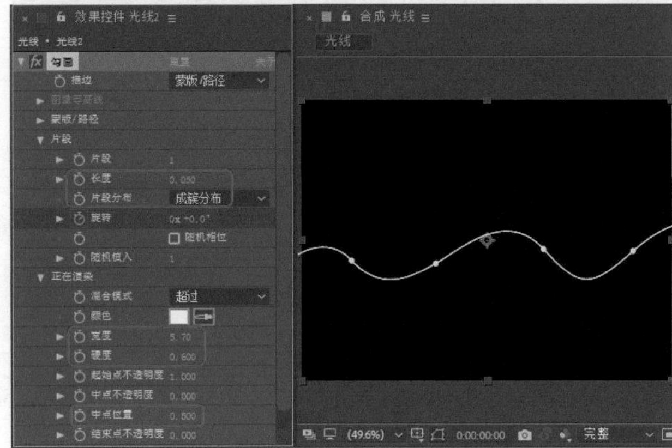

图6-138

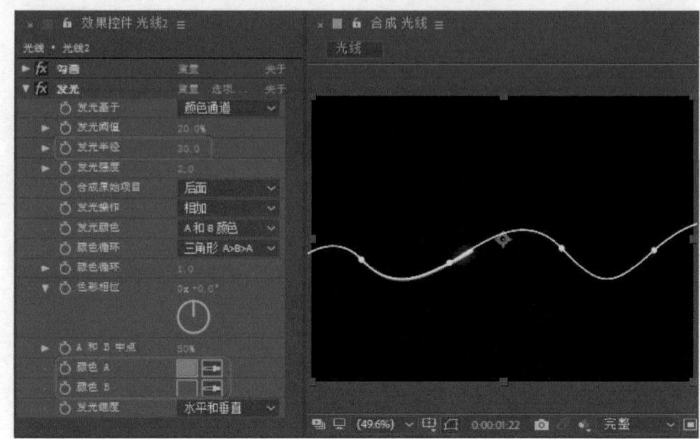

图6-139

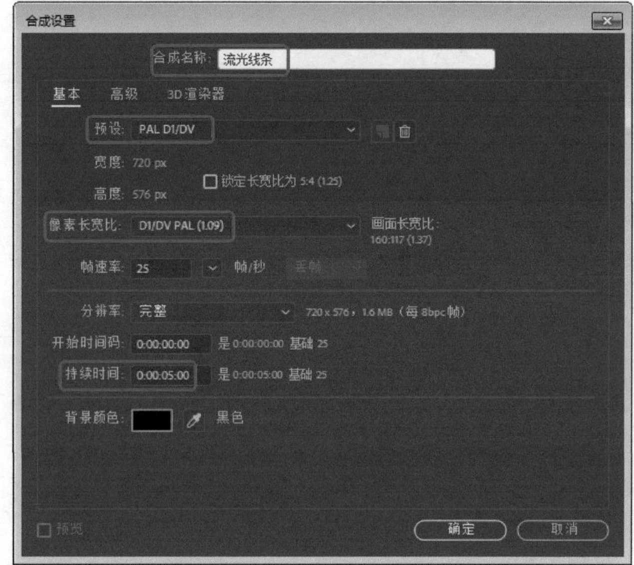

图6-140

Step 09 在【项目】面板中将“光线素材.mp4”素材文件拖曳至【时间轴】面板中，如图6-141所示。

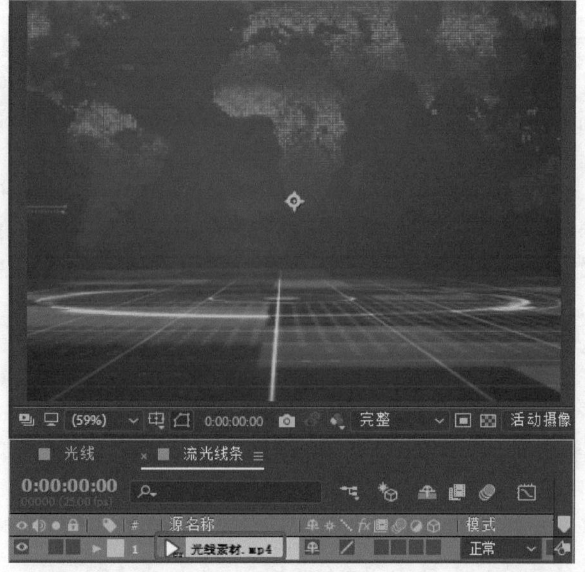

图6-141

Step 10 在【项目】面板中选择【光线】合成文件，按住鼠标将其拖曳至【合成】面板中，在【时间轴】面板中将图层混合模式设置为【相加】，将【变换】下的【位置】设置为360,242，如图6-142所示。

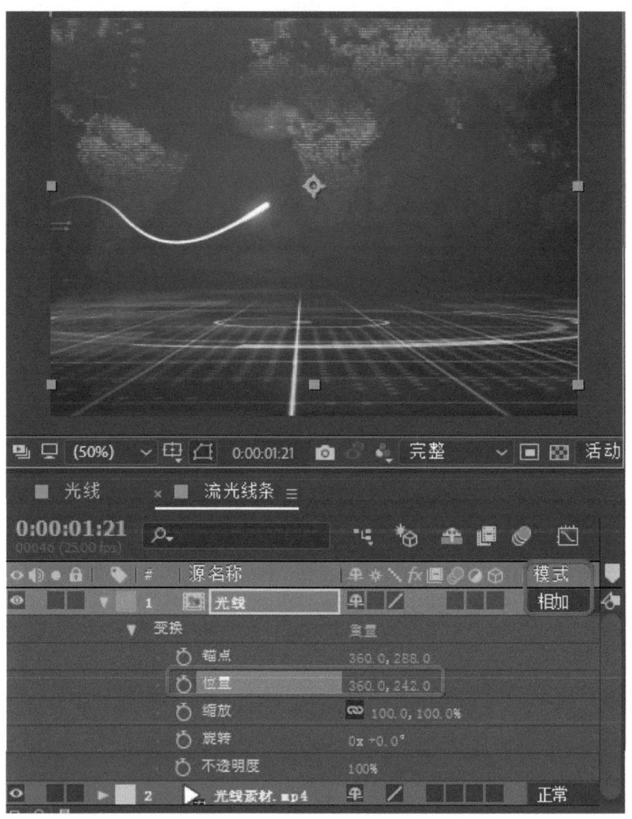

图6-142

Step 11 在菜单栏中选择【效果】|【扭曲】|【湍流置换】命令，将【湍流置换】下的【数量】、【大小】分别设置为60、30，将【消除锯齿（最佳品质）】设置为【高】，如图6-143所示。

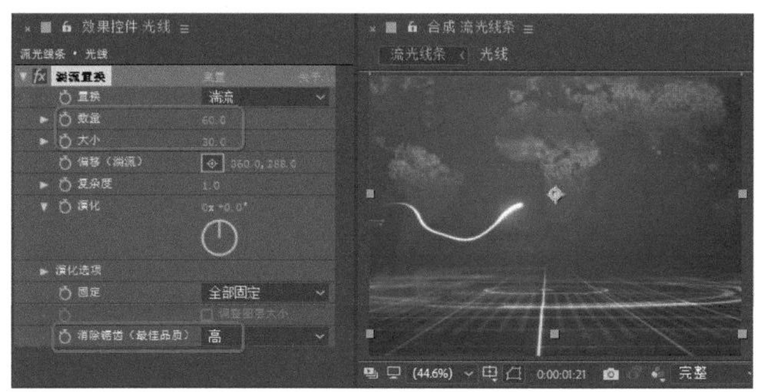

图6-143

Step 12 对该图层进行复制，并调整其参数，效果如图6-144所示，对完成后的场景进行保存即可。

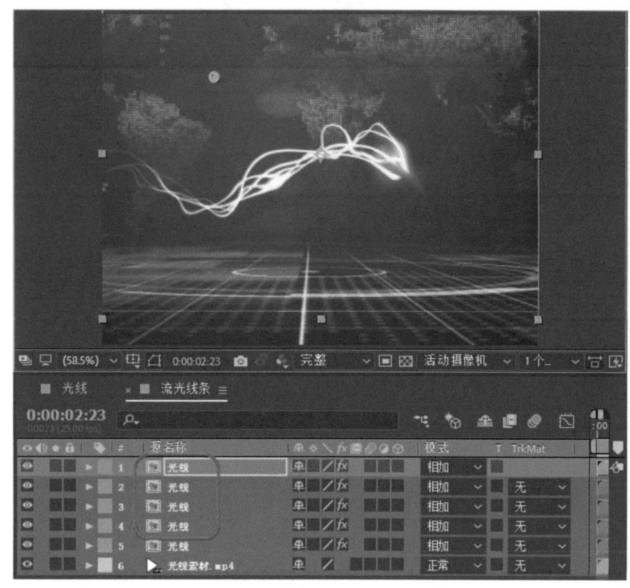

图6-144

提示

湍流置换效果可使用分形杂色在图像中创建湍流扭曲效果。例如，使用此效果创建流水、哈哈镜和摆动的旗帜。

第7章 图像调色

本章导读

在影视制作中，图像处理时经常需要对图像颜色进行调整，色彩的调整主要是通过对图像的明暗、对比度、饱和度以及色相等的调整，来达到改善图像质量的目的，以更好地控制影片的色彩信息，制作出更加理想的视频画面效果。本章将介绍对合成图像进行调色的方法与技巧。

实例083 替换衣服颜色

本例介绍如何替换衣服颜色，本例主要通过为图像添加【更改为颜色】效果来制作替换衣服颜色效果，效果如图7-1所示。

图7-1

Step 01 打开“替换衣服颜色素材.aep”素材文件，在【项目】面板中选择“替换衣服颜色.jpg”素材文件，按住鼠标将其拖曳至【时间轴】面板中，将【缩放】设置为51.5，如图7-2所示。

Step 02 选中【时间轴】面板中的素材文件，在菜单栏中选择【效果】|【颜色校正】|【更改为颜色】命令，在【效果控件】面板中将【自】的颜色值设置为# A443B2，将【至】的颜色值设置为# DB303B，将【更改】设置为【色相】，将【更改方式】设置为【设置为颜色】，将【色相】、【亮度】、【饱和度】、【柔和度】分别设置为5、70、50、0，如图7-3所示。

图7-2

图7-3

实例084 黑白艺术照

本例介绍如何制作黑白艺术照，本例主要通过为照片添加【黑色和白色】效果来制作黑白艺术照效果，效果如图7-4所示。

图7-4

Step 01 打开“黑白艺术照素材.aep”素材文件，在【项目】面板中选择“黑白艺术照.jpg”素材文件，按住鼠标将其拖曳至【时间轴】面板中，如图7-5所示。

图7-5

Step 02 在菜单栏中选择【效果】|【颜色校正】|【黑色和白色】命令，在【效果控件】面板中将【红色】、【黄色】、【绿色】、【青色】、【蓝色】、【洋红】分别设置为54、55、40、62、206、233，如图7-6所示。

图7-6

实例 085 炭笔效果

本例介绍炭笔效果的制作，本例主要为照片设置混合模式，并添加【阈值】效果，效果如图7-7所示。

图7-7

Step 01 打开“炭笔效果素材.aep”素材文件，在【项目】面板中选择“炭笔素材01.jpg”素材文件，按住鼠标将其拖曳至【时间轴】面板中，在菜单栏中选择【效果】|【颜色校正】|【亮度和对比度】命令，在【时间轴】面板中将【亮度】、【对比度】分别设置为8、10，将【使用旧版（支持HDR）】设置为【开】，如图7-8所示。

图7-8

Step 02 在【项目】面板中选择“炭笔素材02.jpg”素材文件，按住鼠标将其拖曳至【时间轴】面板中，将【混合模式】设置为【变暗】，将【位置】设置为1013、599，如图7-9所示。

图7-9

Step 03 在菜单栏中选择【效果】|【风格化】|【阈值】命令，在【时间轴】面板中将【级别】设置为140，如图7-10所示。

图7-10

Step 04 在【工具】面板中单击【横排文字工具】按钮，在【合成】面板中单击，输入文字，选中输入的文字，在【字符】面板中将【字体系列】设置为

CommercialScript BT，将【字体大小】设置为122，将【字符间距】设置为68，将【填充颜色】设置为黑色，在【段落】面板中单击【左对齐文本】按钮，在【时间轴】面板中将【位置】设置为11,576，如图7-11所示。

图7-11

实例086 图像混合

本例介绍如何制作图像混合效果，本例主要通过为图像添加【混合】、【曲线】效果，使两个图像融合在一起，完成后的效果如图7-12所示。

图7-12

Step 01 打开“图像混合素材.aep”素材文件，在【项目】面板中选择“图像混合01.jpg”素材文件，按住鼠标将其拖曳至【时间轴】面板中，将【位置】设置为351,331，将【缩放】设置为61，如图7-13所示。

图7-13

Step 02 在【项目】面板中选择“图像混合02.jpg”素材文件，按住鼠标将其拖曳至【时间轴】面板中，将【位置】设置为720、288，如图7-14所示。

图7-14

Step 03 在【时间轴】面板中选择“图像混合01.jpg”图层，在菜单栏中选择【效果】|【通道】|【混合】命

令，将【与图层混合】设置为“图像混合02.jpg”，将【模式】设置为【仅变暗】，将【如果图层大小不同】设置为【伸缩以合适】，将【图像混合02.jpg】图层隐藏，如图7-15所示。

图7-15

Step 04 继续选中“图像混合01.jpg”图层，在菜单栏中选择【效果】|【颜色校正】|【曲线】命令，在【效果控件】面板中添加两个编辑点，并对编辑点进行调整，如图7-16所示。

图7-16

实例087 素描效果

本例介绍素描效果的制作，本例主要通过为图像添加【黑色和白色】、【查找边缘】、【亮度和对比度】效果来达到素描效果，效果如图7-17所示。

图7-17

Step 01 打开“素描效果素材.aep”素材文件，在【项目】面板中选择“素描效果.jpg”素材文件拖曳至【时间轴】面板中，将【缩放】设置为35，如图7-18所示。

图7-18

Step 02 在【时间轴】面板中选择“素描效果.jpg”素材文件，在菜单栏中选择【效果】|【颜色校正】|【黑色和白色】命令，在【时间轴】面板中将【红色】、【黄色】、【绿色】、【青色】、【蓝色】、【洋红】分别设置为40、60、40、60、20、80，如图7-19所示。

图7-19

Step 03 在菜单栏中选择【效果】|【风格化】|【查找边缘】命令，将【与原始图像混合】设置为64，如图7-20所示。

图7-20

Step 04 在菜单栏中选择【效果】|【颜色校正】|【亮度和对比度】命令，将【亮度】、【对比度】分别设置为37、9，将【使用旧版（支持HDR）】设置为【开】，如图7-21所示。

图7-21

实例 088 冷色调照片

本例介绍冷色调照片效果，本例主要通过为照片添加【颜色平衡】、【色相/饱和度】、【曲线】效果来达到冷色调照片效果，如图7-22所示。

图7-22

Step 01 打开“冷色调照片素材.aep”素材文件，在【项目】面板中选择“冷色调照片.jpg”素材文件，按住鼠标将其拖曳至【时间轴】面板中，如图7-23所示。

图7-23

Step 02 在菜单栏中选择【效果】|【颜色校正】|【颜色平衡】命令，将【中间调红色平衡】、【中间调绿色平衡】、【中间调蓝色平衡】分别设置为-86、-30、35，如图7-24所示。

图7-24

Step 03 在菜单栏中选择【效果】|【颜色校正】|【色相/饱和度】命令，在【效果控件】面板中将【主饱和度】设置为13，如图7-25所示。

图7-25

Step 04 在菜单栏中选择【效果】|【颜色校正】|【曲线】命令，在【效果控件】面板中添加一个编辑点，并对编辑点进行调整，如图7-26所示。

图7-26

实例 089 梦幻色调

本例介绍如何制作梦幻色调，本例主要通过为照片添加【曲线】、【可选颜色】效果来完成效果的调整，如图7-27所示。

图7-27

Step 01 打开“梦幻色调素材.aep”素材文件，在【项目】面板中选择“梦幻色调.jpg”素材文件拖曳至【时间轴】面板中，如图7-28所示。

Step 02 在菜单栏中选择【效果】|【颜色校正】|【曲线】命令，在【效果控件】面板中添加一个编辑点，并对编辑点进行调整，如图7-29所示。

Step 03 在菜单栏中选择【效果】|【颜色校正】|【可选颜色】命令，在【效果控件】面板中将【颜色】设置为【无色】，将【黄色】设置为-36，如图7-30所示。

图7-28

图7-29

图7-30

Step 04 再次为图像添加一个【曲线】效果，在【效果控件】面板中添加两个编辑点，并对编辑点进行调整，如图7-31所示。

图7-31

实例090 季节变换

本例介绍如何制作季节变换效果，本例主要通过为视频素材添加【色相/饱和度】、【自然饱和度】、【曲线】效果来达到季节变换效果，完成后的效果如图7-32所示。

图7-32

Step 01 打开“季节变换素材.aep”素材文件，在【项目】面板中选择“季节变换01.mp4”素材文件，按住鼠标将其拖曳至【时间轴】面板中，如图7-33所示。

图7-33

Step 02 选择【时间轴】面板中的“季节变换01.mp4”图层，在菜单栏中选择【效果】|【颜色校正】|【色相/饱和度】命令，在【效果控件】面板中将【通道控制】设置为【主】，将【主色相】、【主饱和度】分别设置为14、24，如图7-34所示。

图7-34

Step 03 将【通道控制】设置为【黄色】，将【黄色色相】设置为-1x-42°，如图7-35所示。

图7-35

Step 04 将【通道控制】设置为【绿色】，将【绿色色相】设置为266，如图7-36所示。

图7-36

Step 05 在菜单栏中选择【效果】|【颜色校正】|【自然饱和度】命令，将【自然饱和度】、【饱和度】分别设置为15、5，如图7-37所示。

图7-37

Step 06 在菜单栏中选择【效果】|【颜色校正】|【曲线】命令，将【通道】设置为RGB，添加一个编辑点，并调整编辑点的位置，将【通道】设置为【红】，添加一个编辑点，调整编辑点的位置，如图7-38所示。

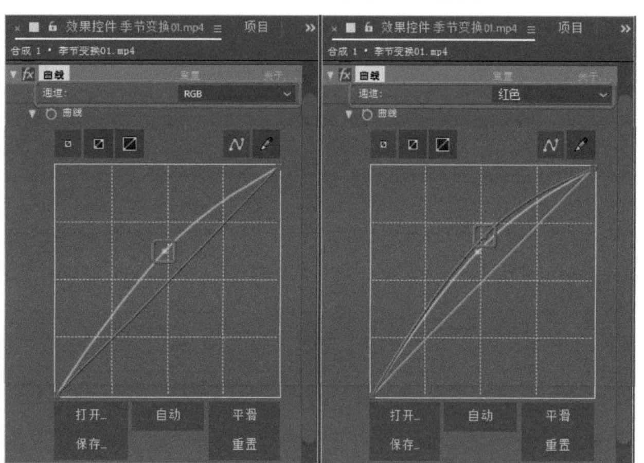

图7-38

Step 07 在【项目】面板中选择“季节变换02.mov”素材文件，按住鼠标将其拖曳至【时间轴】面板中，将【持续时间】设置为0:00:16:34，如图7-39所示。

Step 08 在【时间轴】面板中将【位置】设置为541、540，将【缩放】设置为327，如图7-40所示。

图7-39

图7-40

实例091 LOMO色调

LOMO色调是一种带有暗角的非主流风格，一直以来因其独特的韵味深受人们的喜爱，本例将介绍如何制作LOMO色调效果，完成后的效果如图7-41所示。

图7-41

Step 01 打开“LOMO色调素材.aep”素材文件，在【项目】面板中选择“LOMO色调.jpg”素材文件，按住鼠标将其拖曳至【时间轴】面板中，将【缩放】设置为80，如图7-42所示。

图7-42

Step 02 在【时间轴】面板中选择“LOMO色调.jpg”图层，在菜单栏中选择【效果】|【颜色校正】|【色调】命令，将【将白色映射到】设置为黑色，将【着色数量】设置为15，如图7-43所示。

Step 03 在菜单栏中选择【效果】|【颜色校正】|【照片滤镜】命令，在【时间轴】面板中将【滤镜】设置为【自定义】，将【颜色】设置为#C2FFF4，如图7-44所示。

Step 04 在菜单栏中选择【效果】|【颜色校正】|【曲线】命令，在【效果控件】面板中将【通道】设置为RGB，添加两个编辑点，并调整编辑点的位置，如图7-45所示。

Step 05 将【通道】设置为【红色】，添加两个编辑点，并对编辑点进行调整，如图7-46所示。

Step 06 将【通道】设置为【绿色】，添加两个编辑点，并对编辑点进行调整，如图7-47所示。

图7-43

图7-44

图7-45

图7-46

图7-47

Step 07 将【通道】设置为【蓝色】，添加两个编辑点，并对编辑点进行调整，如图7-48所示。

Step 08 在菜单栏中选择【效果】|【颜色校正】|【曝光度】命令，在【效果控件】面板中将【偏移】设置为0.05，如图7-49所示。

Step 09 在菜单栏中选择【效果】|【颜色校正】|【自然饱和度】命令，在【时间轴】面板中将【自然饱和度】【饱和度】分别设置为-29.5、6.6，如图7-50所示。

图7-48

图7-49

图7-50

Step 10 在菜单栏中选择【效果】|【颜色校正】|【亮度和对比度】命令，在【时间轴】面板中将【亮度】、【对比度】分别设置为5、10，将【使用旧版（支持HDR）】设置为【开】，如图7-51所示。

图7-51

实例 092 唯美清新色调

本例介绍如何将照片调整为唯美清新色调效果，本例主要通过为照片添加多种颜色校正效果，从而制作出唯美清新色调效果，效果如图7-52所示。

图7-52

Step 01 打开“唯美清新色调素材.aep”素材文件，在【项目】面板中选择“唯美清新色调.jpg”素材文件，将其拖曳至【时间轴】面板中，将【缩放】设置为81，如图7-53所示。

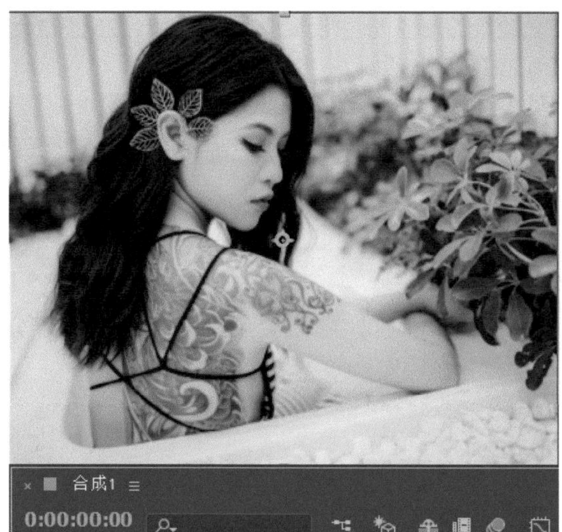

图7-53

Step 02 在菜单栏中选择【效果】|【颜色校正】|【色阶】命令，在【效果控件】面板中将【通道】设置为RGB，将【输入黑色】、【灰度系数】、【输出黑色】分别设置为31、1.3、30，如图7-54所示。

图7-54

Step 03 将【通道】设置为【蓝色】，将【蓝色输出黑色】、【蓝色输出白色】分别设置为60、233，如图7-55所示。

图7-55

Step 04 为“唯美清新色调.jpg”图层添加【曲线】效果，在【效果控件】面板中为【红色】、【绿色】、【蓝色】通道添加编辑点，并对编辑点进行调整，如图7-56所示。

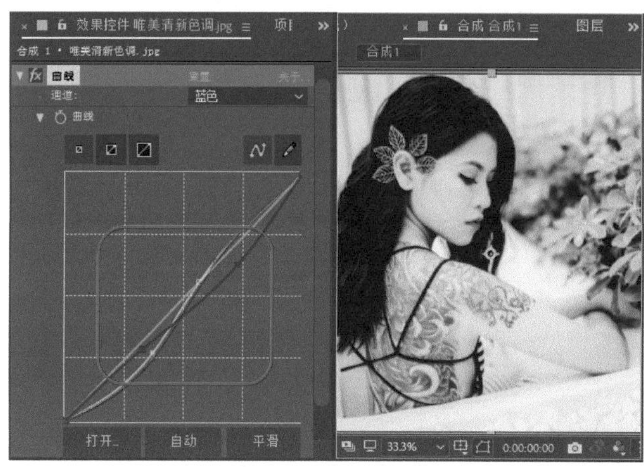

图7-56

Step 05 为选中的图层添加【色阶】效果，在【效果控件】面板中将【通道】设置为RGB，将【灰度系数】、【输出黑色】分别设置为0.75、34，如图7-57所示。

Step 06 为选中的图层添加【照片滤镜】效果，在【时间轴】面板中将【滤镜】设置为【暖色滤镜（81）】，如图7-58所示。

Step 07 为选中的图层添加【色调】效果，在【时间轴】面板中将【着色数量】设置为30，如图7-59所示。

图7-57

图7-58

Step 08 为选中的图层添加【颜色平衡】效果，在【时间轴】面板中将【阴影绿色平衡】、【阴影蓝色平衡】、【中间调红色平衡】、【中间调绿色平衡】、【中间调蓝色平衡】、【高光红色平衡】、【高光绿色平衡】、【高光蓝色平衡】分别设置为7、24、2、23、-3、3、6、14，如图7-60所示。

图7-59

图7-60

Step 09 在菜单栏中选择【效果】|【风格化】|【发光】命令，在【时间轴】面板中将【发光阈值】、【发光半

径】、【发光强度】分别设置为98、238、0.2，将【发光颜色】设置为【A和B颜色】，将【颜色B】设置为# FF9C00，如图7-61所示。

图7-61

Step 10 在菜单栏中选择【效果】|【过时】|【快速模糊（旧版）】命令，在【时间轴】面板中将【模糊度】设置为1，如图7-62所示。

图7-62

Step 11 在菜单栏中选择【效果】|【模糊和锐化】|【锐化】命令，在【时间轴】面板中将【锐化量】设置为50，如图7-63所示。

图7-63

Step 12 为选中的图层添加【颜色平衡】效果，在【时间轴】面板中将【阴影红色平衡】、【阴影绿色平衡】、【阴影蓝色平衡】、【中间调红色平衡】、【中间调绿色平衡】、【中间调蓝色平衡】、【高光红色平衡】、【高光绿色平衡】、【高光蓝色平衡】分别设置为49、0、38、44、9、-8、5、-20、2，如图7-64所示。

图7-64

实例093 电影色调

本例介绍电影色调的调整，本例主要通过为视频添加【曲线】、【色相/饱和度】、【颜色平衡】等效果来制作电影色调，效果如图7-65所示。

图7-65

Step 01 打开“电影色调素材.aep”素材文件，在【项目】面板中选择“电影色调.mp4”素材文件，按住鼠标将其拖曳至【时间轴】面板中，将【持续时间】设置为0:00:15:00，如图7-66所示。

Step 02 在【时间轴】面板中选择“电影色调.mp4”图层，在菜单栏中选择【效果】|【颜色校正】|【曲线】命令，在【效果控件】面板中添加两个编辑点，并对编辑点进行调整，如图7-67所示。

Step 03 为选中的图层添加【色相/饱和度】效果，在【效果控件】面板中将【主饱和度】设置为-30，如图7-68所示。

Step 04 为选中的图层添加【颜色平衡】效果，在【时间轴】面板中将【阴影红色平衡】、【阴影绿色平衡】、【阴影蓝色平衡】、【中间调红色平衡】、【中间调绿色平衡】、【中间调蓝色平衡】、【高光红色平衡】、【高光绿色平衡】、【高光蓝色平衡】分别设置为80、0、11、30、0、0、20、6、-50，如图7-69所示。

图7-66

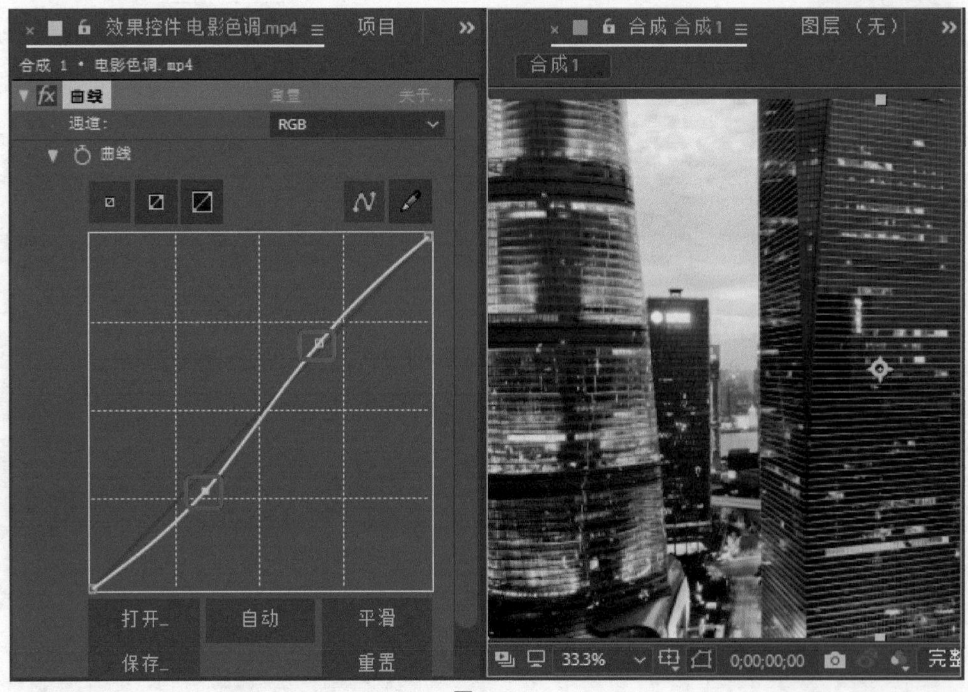

图7-67

图7-68

图7-69

Step 05 为选中的图层添加【快速模糊（旧版）】效果，将【模糊度】设置为1，如图7-70所示。

图7-70

Step 06 为选中的图层添加【锐化】效果，将【锐化量】设置为50，如图7-71所示。

图7-71

Step 07 在菜单栏中选择【效果】|【生成】|【四色渐变】命令，在【时间轴】面板中将【颜色1】设置为# 575700，将【颜色2】设置为# 2A2A2A，将【颜色3】设置为# 510051，将【点4】设置为1692、878，将【颜色4】设置为# 000062，将【混合模式】设置为【滤色】，如图7-72所示。

图7-72

Step 08 为选中的图层添加【曲线】效果，在【效果控件】面板中添加两个编辑点，并调整编辑点的位置，如图7-73所示。

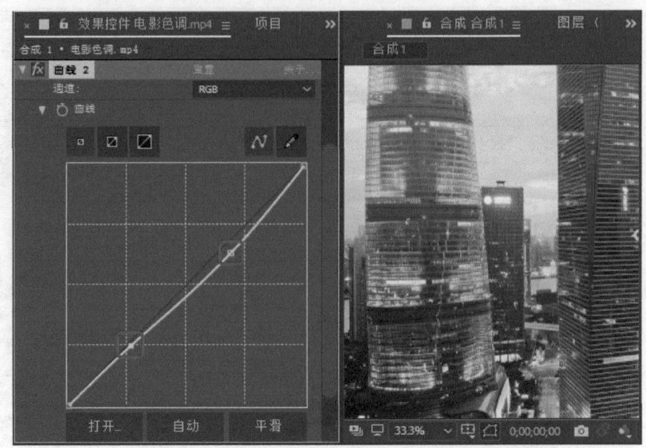
图7-73

实例 094 怀旧照片

本例介绍如何制作怀旧照片，本例主要通过为照片添加【照片滤镜】、【三色调】、【投影】等效果，为照片添加运动关键帧，效果如图7-74所示。

图7-74

Step 01 打开“怀旧照片素材.aep”素材文件，在【项目】面板中选择“怀旧照片素材01.mp4”素材文件，按住鼠标将其拖曳至【时间轴】面板中，将当前时间设置为0:00:05:15，单击【缩放】、【不透明度】左侧的【时间变化秒表】按钮，如图7-75所示。

Step 02 将当前时间设置为0:00:06:10，将【缩放】均设置为232，将【不透明度】设置为0，如图7-76所示。

Step 03 在【项目】面板中选择“怀旧照片素材02.jpg”素材文件，按住鼠标将其拖曳至【时间轴】面板中，将当前时间设置为0:00:05:10，将【缩放】设置为302，单击其左侧的【时间变化秒表】按钮，将【不透明度】设置为0，单击其左侧的【时间变化秒表】按钮，如图7-77所示。

Step 04 将当前时间设置为0:00:06:10，将【缩放】设置为100，将【不透明度】设置为100，如图7-78所示。

图7-75

图7-76

图7-77

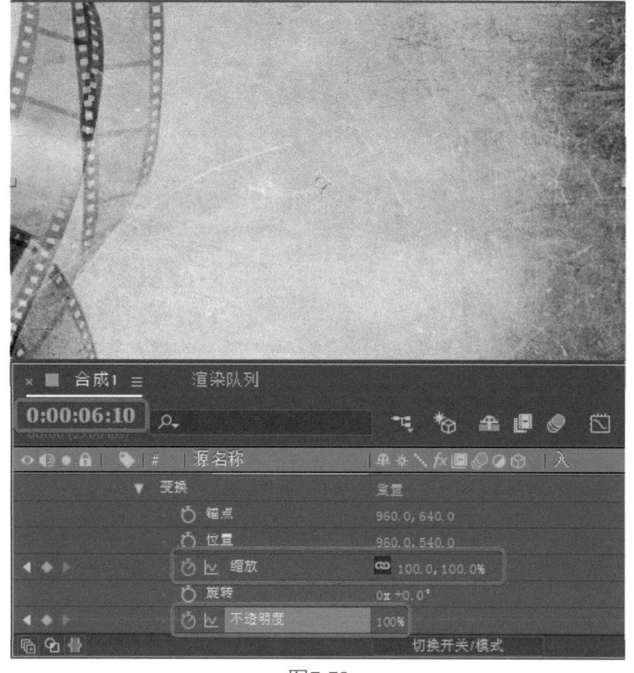

图7-78

Step 05 在【项目】面板中将“怀旧照片素材03.mp4”素材文件拖曳至【时间轴】面板中，将【混合模式】设置为【柔光】，将入点时间设置为0:00:06:10，如图7-79所示。

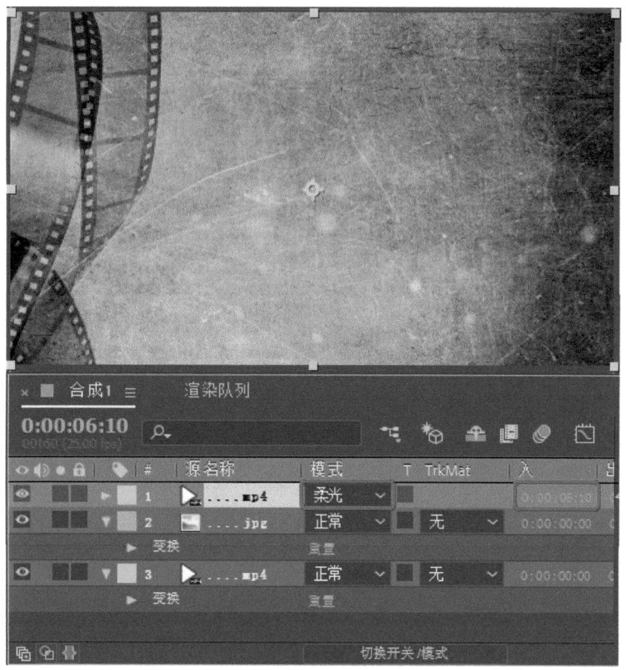

图7-79

Step 06 在【项目】面板中将“怀旧照片素材04.png”素材文件拖曳至【时间轴】面板中，为其添加【照片滤镜】效果，在【时间轴】面板中将【滤镜】设置为【暖色滤镜（81）】，如图7-80所示。

图7-80

Step 07 为选中的“怀旧照片素材04.mp4”图层添加【三色调】效果，将【中间调】设置为#B39350，如图7-81所示。

图7-81

Step 08 在菜单栏中选择【效果】|【透视】|【投影】命令，在【时间轴】面板中将【不透明度】、【方向】、【距离】、【柔和度】分别设置为50、135、15、20，如图7-82所示。

Step 09 在菜单栏中选择【效果】|【杂色和颗粒】|【添加颗粒】命令，在【时间轴】面板中将【中心】设置为508、353，将【宽度】、【高度】分别设置为607、390，将【显示方块】设置为【关】，将【大小】设置0.1，如图7-83所示。

图7-82

图7-83

Step 10 将当前时间设置为0:00:06:10，打开“怀旧照片素材04.mp4”图层的3D模式，单击【位置】左侧的【时间变化秒表】按钮，将【位置】设置为427,280,-2009，将【Z轴旋转】设置为15，如图7-84所示。

图7-84

Step 11 将当前时间设置为0:00:07:15，将【位置】设置为737,449,-764，如图7-85所示。

图7-85

Step 12 在【项目】面板中将“怀旧照片素材05.png”素材文件拖曳至【时间轴】面板中，在【时间轴】面板中选择“怀旧照片素材04.png”图层下的【效果】，按Ctrl+C组合键进行复制，选择“怀旧照片素材05.png”图层，按Ctrl+V组合键进行粘贴，如图7-86所示。

图7-86

Step 13 打开“怀旧照片素材05.png”图层的3D图层模式，将当前时间设置为0:00:07:10，单击【位置】左侧的【时间变化秒表】按钮，将【位置】设置为1871,381,-1147，单击【方向】左侧的【时间变化秒表】按钮，将【方向】设置为336,357,0，将【Z轴旋转】设置为-6，如图7-87所示。

图7-87

Step 14 将当前时间设置为0:00:08:15，将【位置】设置为1212.5,579,-914，将【方向】设置为0,0,350，如图7-88所示。

图7-88

Step 15 在【项目】面板中将“怀旧照片素材06.png”素材文件拖曳至【时间轴】面板中，在【时间轴】面板中选择“怀旧照片素材05.png”图层下的【效果】，按Ctrl+C组合键进行复制，选择“怀旧照片素材06.png”图层，按Ctrl+V组合键进行粘贴，并打开“怀旧照片素材06.png”素材文件的3D图层模式，如图7-89所示。

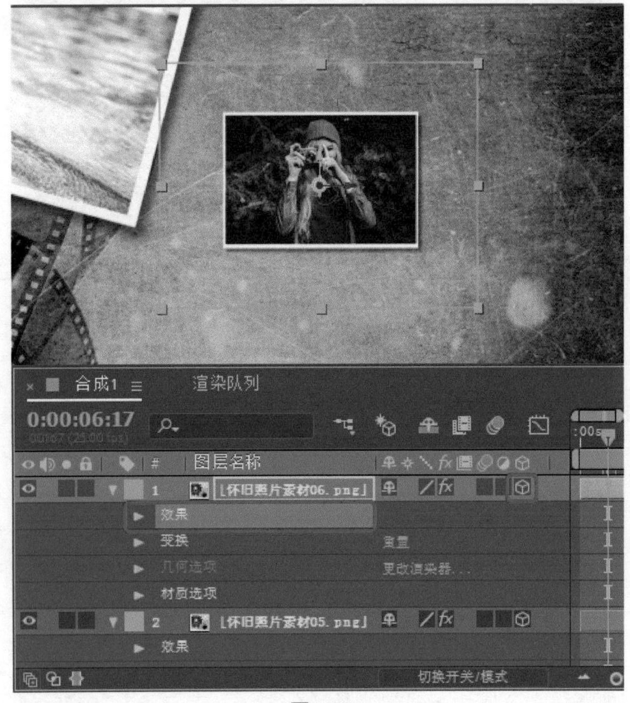

图7-89

Step 16 将当前时间设置为0:00:08:10，在【时间轴】面板中单击【位置】左侧的【时间变化秒表】按钮，将【位置】设置为1130,22,-1147，单击【方向】左侧的【时间变化秒表】按钮，将【方向】设置为336,357,0，将【Z轴旋转】设置为-6，如图7-90所示。

图7-90

Step 17 将当前时间设置为0:00:09:15，将【位置】设置为889,662,-933，将【方向】设置为0,0,15，如图7-91所示。

图7-91

Step 18 在【项目】面板中将“怀旧照片素材07.mp3”素材文件拖曳至【时间轴】面板中，如图7-92所示。

图7-92

01 02 03 04 05 06 07 第7章 图像调色 08 09 10 11

第8章 抠取图像

本章导读

视频中的许多精美画面都是后期合成后的效果，抠像是后期合成的主要技术方法。抠像是通过利用一定的特效手段，对素材进行整合的一种手段，在After Effects中专门提供了抠像工具和特效，本章将对其进行详细介绍。

实例095 拉开电影的序幕

本例为素材添加Keylight（1.2）效果进行素材抠像，拉开电影的序幕，效果如图8-1所示。

图8-1

Step 01 按Ctrl+O组合键，打开“素材\Cha08\拉开电影的序幕素材.aep”素材文件，在【项目】面板中选择“电影片头.mp4”文件，将其拖到【时间轴】面板中，如图8-2所示。

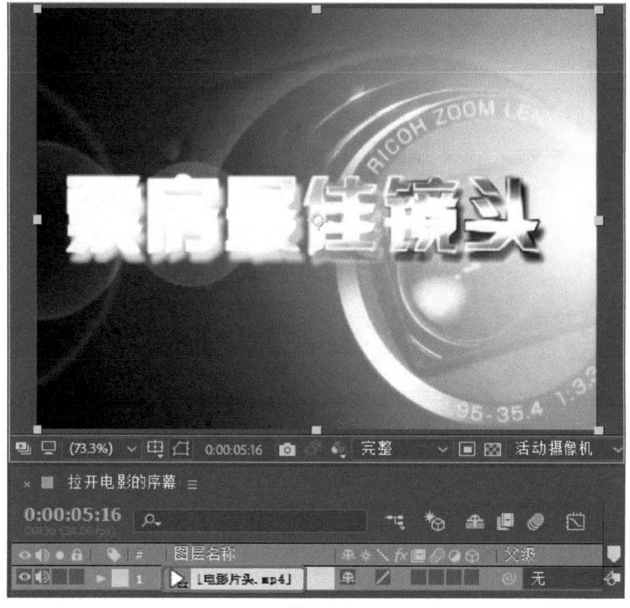

图8-2

Step 02 在【项目】面板中选择“幕布.mp4”素材文件，按住鼠标将其拖曳至【时间轴】面板中，将【变换】|【位置】设置为360,240，将【缩放】设置为68，如图8-3所示。

Step 03 在【效果和预设】面板中搜索Keylight（1.2）特效，为“幕布.mp4”添加该特效，在【效果控件】面板中单击Screen Colour右侧的【吸管】按钮，拾取幕布绿色部分，抠取图像，将当前时间设置为0:00:01:12，在【合成】面板中吸取颜色，如图8-4所示。

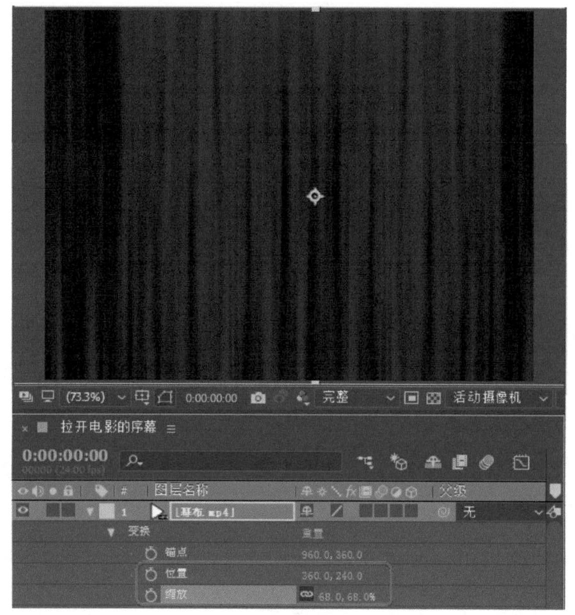

图8-3

Step 04 拖动时间线在【合成】面板中观察效果，如图8-5所示。

图8-4

图8-5

实例096 黑夜蝙蝠动画

本例介绍如何制作黑夜蝙蝠动画短片。本例首先添加素材图片，在视频层上使用【颜色键】效果，通过设置【颜色键】效果参数，将视频与图片合成在一起。完成后的效果如图8-6所示。

图8-6

Step 01 按Ctrl+O组合键，打开“素材\Cha08\黑夜蝙蝠动画素材.aep”素材文件，在【项目】面板中选择“黑夜背景.mp4”文件，将其拖到【时间轴】面板中，如图8-7所示。

图8-7

Step 02 将【项目】面板中的Bats.avi素材添加到时间轴中的顶部，将其【缩放】设置为252，如图8-8所示。

Step 03 选中时间轴中的Bats.avi层，在菜单栏中选择【效果】|【过时】|【颜色键】命令，在【合成】面板中，将分辨率设置为【完整】。在【效果控件】面板中，将【颜色容差】设置为255，将【薄化边缘】设置为2，使用【颜色键】中【主色】右侧的■（吸管）工具，吸取视频中的白色，如图8-9所示。

Step 04 拖动时间线在【合成】面板中观察效果，如图8-10所示。

图8-8

图8-9

图8-10

实例097 绿色健康图像

本例介绍如何制作绿色健康图像。本例首先添加素材图片，在图层上添加Keylight（1.2）效果，通过设置吸取的颜色，抠取图像。完成后的效果如图8-11所示。

图8-11

Step 01 按Ctrl+O组合键，打开“素材\Cha08\绿色健康图像素材.aep”素材文件，在【项目】面板中选择“保护环境.jpg”文件，将其拖到【时间轴】面板中，如图8-12所示。

图8-12

Step 02 将【项目】面板中的“垃圾箱.jpg”素材添加到时间轴中的顶部，将【变换】|【位置】设置为1190、612，将【缩放】设置为19，如图8-13所示。

Step 03 选中时间轴中的“垃圾箱.jpg”图层，在菜单栏中选择【效果】|【抠像】|Keylight（1.2）命令。在【效果控件】面板中，将Screen Balance设置为100，使用Screen Colour右侧的■（吸管）工具吸取【垃圾箱.jpg】层中的蓝色，抠取图像，如图8-14所示。

Step 04 在【效果和预设】面板中搜索【投影】特效，为“垃圾箱.jpg”图层添加该特效，在【效果控件】面板中将【不透明度】设置为65%，将【距离】【柔和度】设置为20、60，拖动时间线在【合成】面板中观察效果，如图8-15所示。

图8-13

图8-14

图8-15

实例098 游弋的鱼

本例介绍如何制作游弋的鱼，本例首先添加素材图层，在视频图层上添加Keylight（1.2）效果，通过设置吸取的颜色，抠取图像，最后设置鱼的位置，效果如图8-16所示。

图8-16

Step 01 按Ctrl+O组合键，打开“素材\Cha08\游弋的鱼素材.aep”素材文件，在【项目】面板中选择“海洋素材01.mp4”文件，将其拖到【时间轴】面板中，如图8-17所示。

图8-17

Step 02 在【项目】面板中选择“海洋素材02.mp4”素材文件，按住鼠标将其拖曳至【时间轴】面板中，将【变换】|【位置】设置为971、420，如图8-18所示。

Step 03 选中时间轴中的“海洋素材02.mp4”图层，在菜单栏中选择【效果】|【抠像】|Keylight（1.2）命令。在【效果控件】面板中，将Screen Gain设置为255，使用Screen Colour右侧的（吸管）工具吸取“海洋素材02.mp4”图层中的绿色，抠取图像，如图8-19所示。

Step 04 拖动时间线在【合成】面板中观察效果，如图8-20所示。

图8-18

图8-19

图8-20

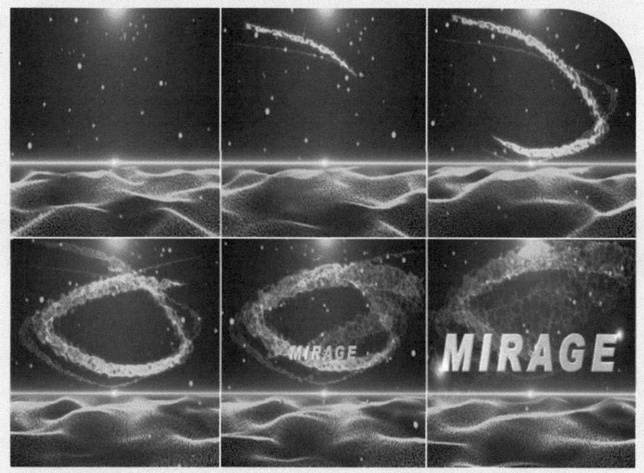

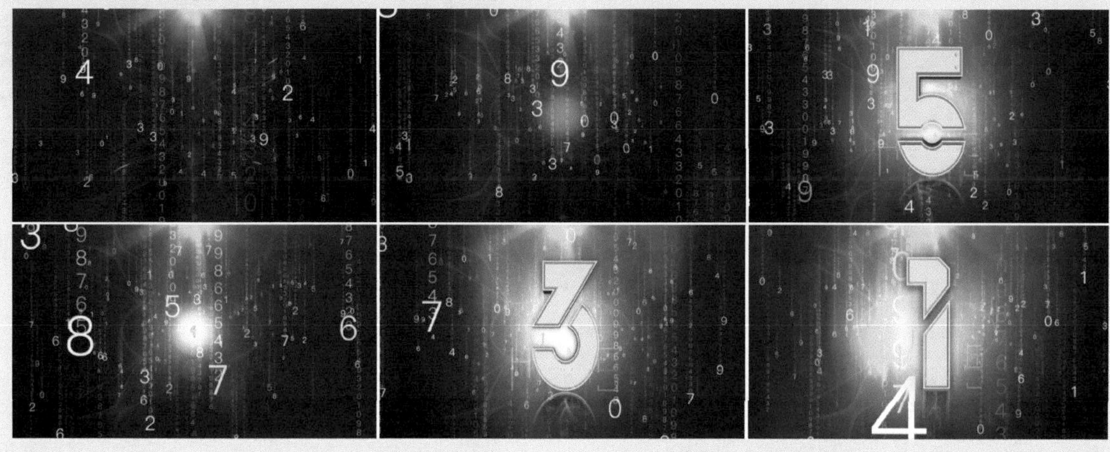

第9章 光效和粒子的制作

本章导读

光效和粒子经常应用于制作视频中的环境背景，也能够制作特殊的炫酷效果。本章将简单介绍光效和粒子的制作。

实例 099 幻动方块

本例首先制作方块纯色图层，为其添加【分形杂色】效果，然后创建调整图层，为其添加【色相/饱和度】和【曲线】效果，效果如图9-1所示。

图9-1

Step 01 打开“幻动方块素材.aep”素材文件，在【项目】面板中将“幻动方块.mp4”素材文件拖曳至【时间轴】面板中，如图9-2所示。

图9-2

Step 02 新建一个名称为【方块】并与合成大小相同的黑色纯色图层，选中【方块】纯色图层，在菜单栏中选择【效果】|【杂色和颗粒】|【分形杂色】命令。在【时间轴】面板中将当前时间设置为0:00:00:00，将【分形杂色】中的【分形类型】设置为【湍流平滑】，将【杂色类型】设置为【块】，将【反转】设置为【开】，将【对比度】、【亮度】分别设置为48、-18，将【溢出】设置为【反绕】，将【变换】下的【缩放】设置为240，将【复杂度】设置为2，单击【演化】左侧的【时间变化秒表】按钮，将【混合模式】设置为【发光度】，如图9-3所示。

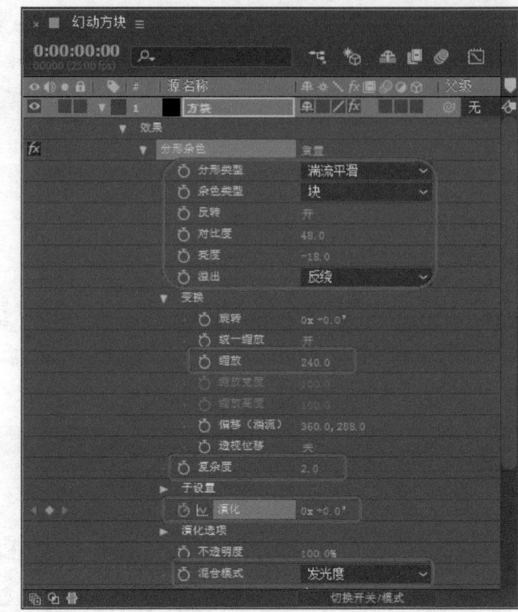

图9-3

Step 03 将当前时间设置为0:00:09:24，将【演化】设置为2x+240.0°，如图9-4所示。

图9-4

Step 04 在【时间轴】面板中选择【方块】图层，将【混合模式】设置为【叠加】，如图9-5所示。

Step 05 在【时间轴】面板中新建一个调整图层，将其【混合模式】设置为【叠加】，将当期时间设置为0:00:00:00，为调整图层添加【色相/饱和度】效果，在【时间轴】面板中将【色彩化】设置为【开】，将【着色色相】设置为200，单击其左侧的【时间变化秒表】按钮，将【着色饱和度】设置为80，如图9-6所示。

图9-5

图9-6

Step 06 将当前时间设置为0:00:09:24，将【着色色相】设置为1x+200°，将【不透明度】设置为43，如图9-7所示。

Step 07 为调整图层添加【曲线】效果，在【效果控件】面板中添加一个编辑点，并调整编辑点的位置，如图9-8所示。

Step 08 将当前时间设置为0:00:05:00，在菜单栏中选择【效果】|【模糊和锐化】|【摄像机镜头模糊】命令。在【时间轴】面板中将【摄像机镜头模糊】中的【模糊半径】设置为0，单击其左侧的【时间变化秒表】按钮，如图9-9所示。

Step 09 将当前时间设置为0:00:06:00，在【时间轴】面板中将【摄像机镜头模糊】中的【模糊半径】设置为10，如图9-10所示。

图9-7

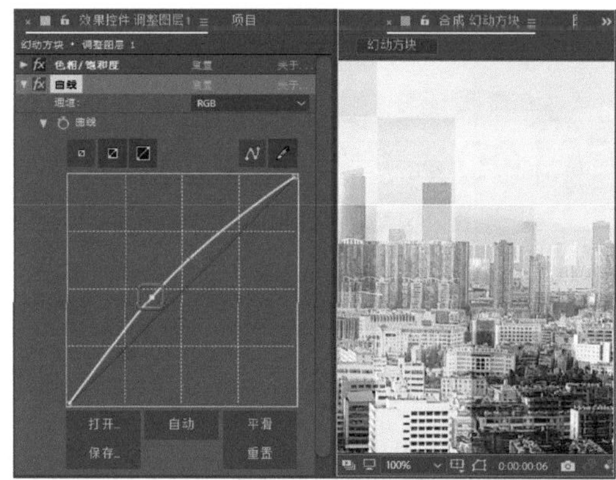

图9-8

图9-9

图9-10

实例 100 魔幻粒子

本例介绍如何制作魔幻粒子效果。本例主要通过新建【立体文字】合成制作立体文字效果。然后新建合成，通过添加背景视频并创建调整图层，制作粒子运动效果，效果如图9-11所示。

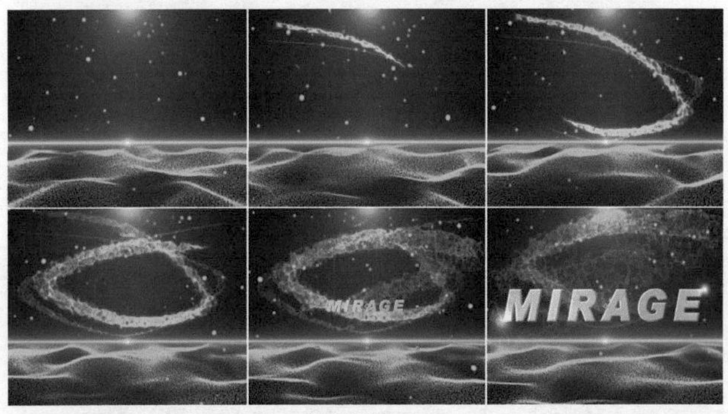

图9-11

Step 01 打开“魔幻粒子素材.aep”素材文件，在【项目】面板中选择“魔幻粒子01.jpg”素材文件拖曳至【时间轴】面板中，单击【缩放】右侧的【约束比例】按钮，取消缩放的约束比例，将【缩放】设置为110,100，如图9-12所示。

Step 02 在【工具】面板中单击【横排文字工具】按钮，在【合成】面板中输入英文HEROES，将【字体系列】设置为Arial Black，字体颜色的RGB值设置为251,93,22，描边颜色的RGB值设置为248,1,59，将【字体大小】设置为115，将【字符间距】设置为139，单击【仿粗体】与【全部大写字母】按钮，将【填充颜色】设置为#FB5D16，然后将文字图层的【位置】设置为77、327，如图9-13所示。

图9-12

图9-13

Step 03 在【时间轴】面板中将“魔幻粒子01.jpg”图层的轨道遮罩设置为【Alpha遮罩“Mirage”】，如图9-14所示。

Step 04 新建一个名称为【立体文字】，【宽度】、【高度】为720、576，持续时间为0:00:08:00的合成，将【项目】面板中的【合成1】合成添加到【立体文字】时间轴中，选中【时间轴】面板中的【合成1】图层，在菜单栏中选择【效果】|【透视】|【斜面Alpha】命令。在【时间轴】面板中将【斜面Alpha】中的【边缘厚度】设置为3，如图9-15所示。

图9-14

图9-15

Step 05 在【时间轴】面板中选择【合成1】图层，按Ctrl+D组合键对选中的图层进行复制，并将复制的图层设置为【文字2】，将【文字2】的【位置】设置为359,288，如图9-16所示。

图9-16

Step 06 在【时间轴】面板中选择【文字2】图层，按Ctrl+D组合键对选中的图层进行复制，将【文字3】的【位置】设置为358,288，如图9-17所示。

图9-17

Step 07 新建一个名称为【魔幻粒子】的合成，在【项目】面板中将“魔幻粒子02.mp4”素材文件拖曳至【时间轴】面板中，将【缩放】设置为27，如图9-18所示。

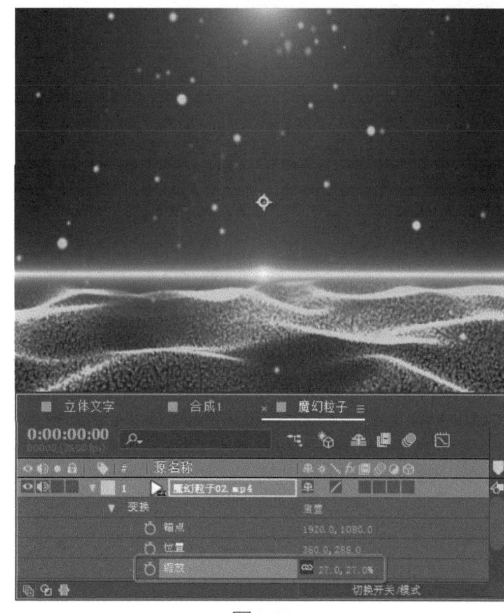

图9-18

Step 08 在【时间轴】面板中新建一个【粒子1】的纯色图层，选中【时间轴】面板中的【粒子1】图层，将【混合模式】设置为【相加】，将当前时间设置为0:00:00:00，在菜单栏中选择【效果】|【模拟】|CC Particle Systems Ⅱ命令。在【时间轴】面板中将Birth Rate设置为2，将Longevity（sec）设置为5，在Producer组中，将Position设置为46,94，单击其左侧的【时间变化秒表】按钮，添加关键帧，Radius X设置为0，Radius Y设置为0，在Physics组中，将Animation设置为Fire，Velocity设置为-0.2，Gravity设置为0.1，Resistance设置为100，单

击其左侧的【时间变化秒表】按钮，添加关键帧，Direction设置为0x+0°，如图9-19所示。

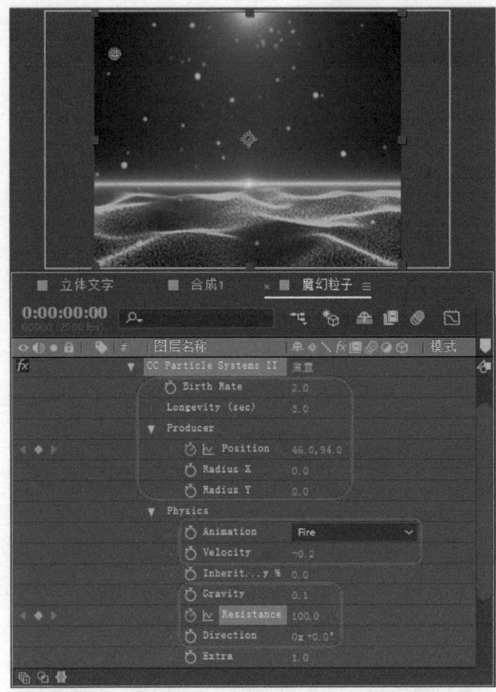

图9-19

Step 09 在Particle组中，将Particle Type设置为Faded Sphere，Birth Size设置为0.08，Death Size设置为0.15，Max Opacity设置为100，Birth Color设置为#AFE4F7，Death Color设置为#007EB3，如图9-20所示。

图9-20

Step 10 将当前时间设置为0:00:00:20，将Position设置为361.6,126，如图9-21所示。

图9-21

Step 11 将当前时间设置为0:00:01:15，将Position设置为648.7,235.6，如图9-22所示。

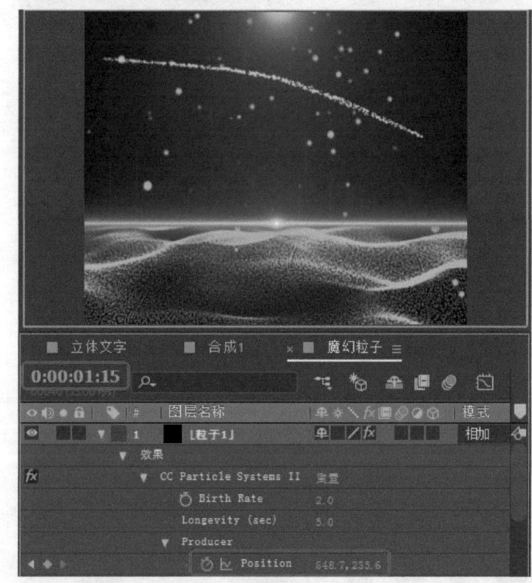

图9-22

Step 12 将当前时间设置为0:00:02:14，将Position设置为354.3,390，如图9-23所示。

Step 13 将当前时间设置为0:00:03:09，将Position设置为47.2,247，如图9-24所示。

Step 14 将当前时间设置为0:00:04:02，将Position设置为399.2,96.2，如图9-25所示。

Step 15 将当前时间设置为0:00:04:19，将Position设置为764.8,51.7，如图9-26所示。

Step 16 将当前时间设置为0:00:04:02，将Position设置为348.6,327.6，如图9-27所示。

Step 17 将当前时间设置为0:00:05:19，将Position设置为-200,506，Resistance设置为0，如图9-28所示。

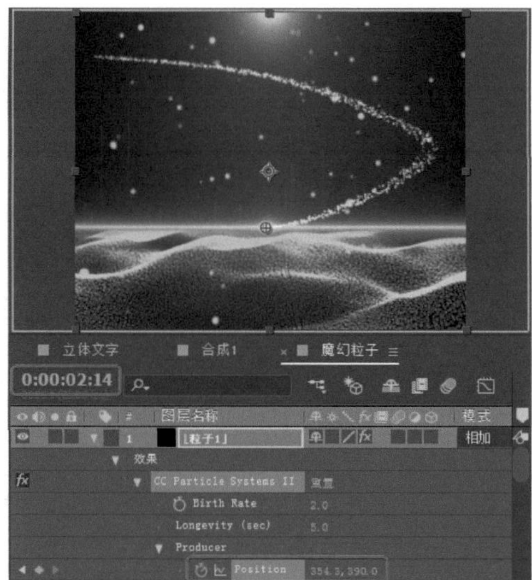

图9-23

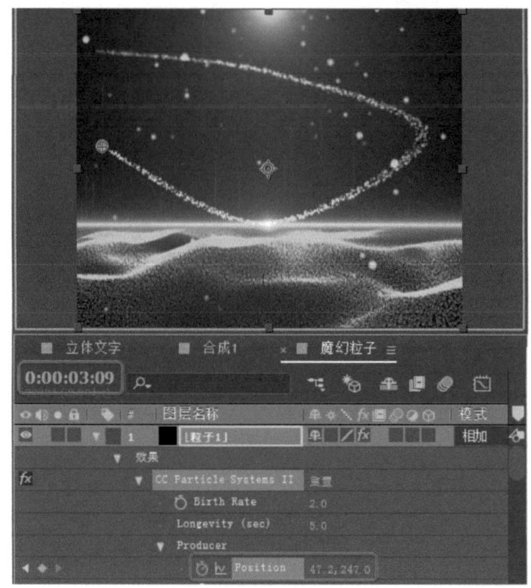

图9-24

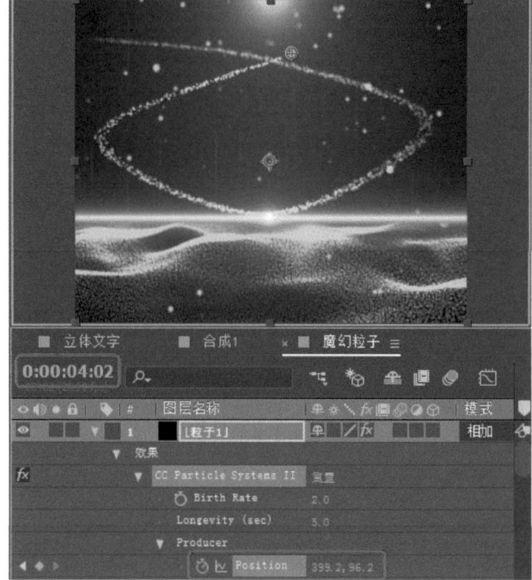

图9-25

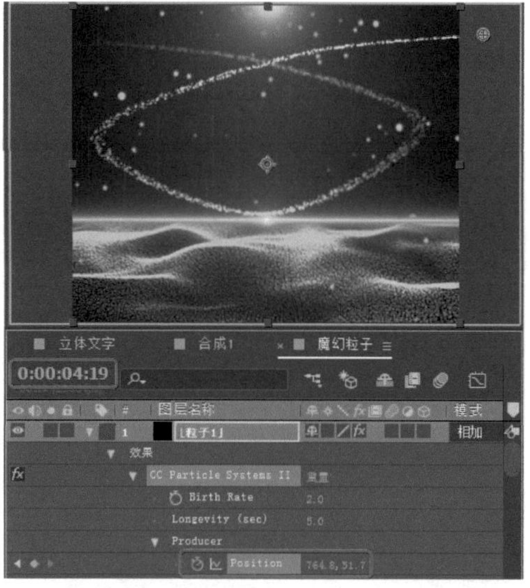

图9-26

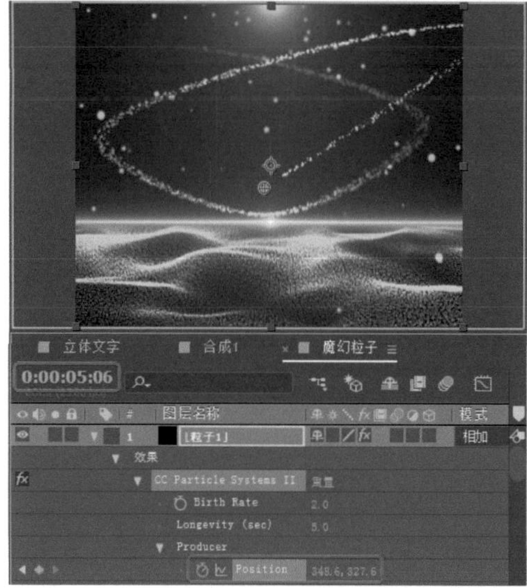

图9-27

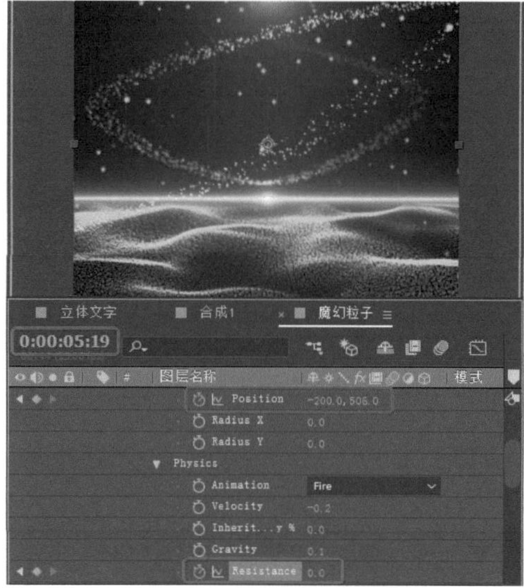

图9-28

Step 18 在菜单栏中选择【效果】|【风格化】|【发光】命令。在【时间轴】面板中将【发光】中的【发光颜色】设置为【A和B颜色】，如图9-29所示。

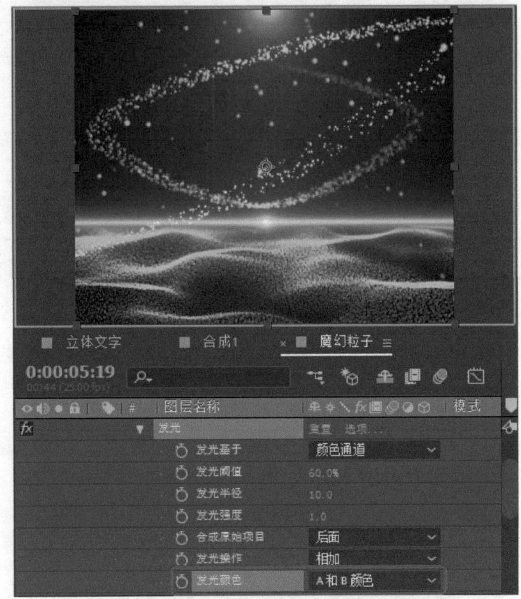

图9-29

Step 19 在菜单栏中选择【效果】|【模糊和锐化】|CC Vector Blur命令。在【时间轴】面板中将CC Vector Blur中的Amount设置为30，将Ridge Smoothness设置为8，将Map Softness设置为6，如图9-30所示。

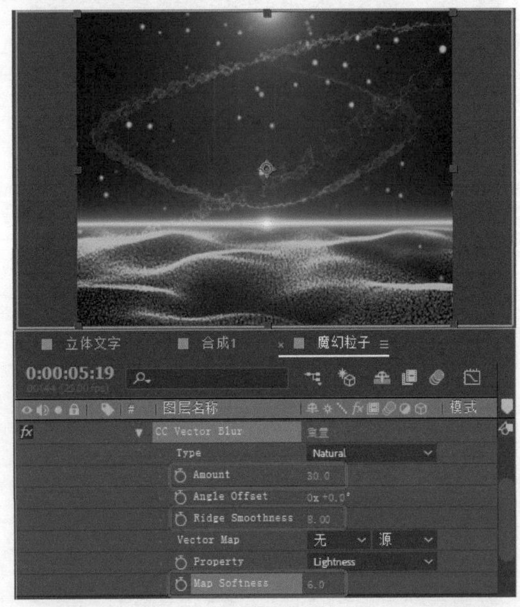

图9-30

Step 20 在菜单栏中选择【效果】|【过时】|【快速模糊（旧版）】命令，在【时间轴】面板中将【快速模糊（旧版）】中的【模糊度】设置为1，将【粒子1】图层的【运动模糊】开启，如图9-31所示。

图9-31

Step 21 按Ctrl+D组合键，复制【粒子1】图层，将复制得到的图层重命名为【粒子2】，并对Position参数进行调整，如图9-32所示。

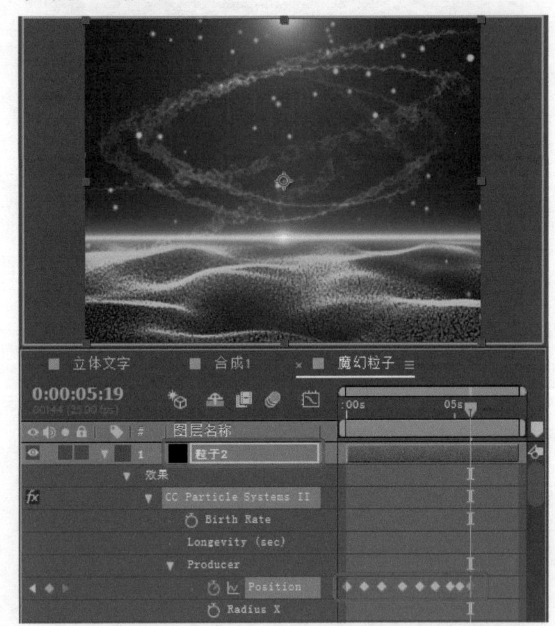

图9-32

Step 22 在【时间轴】面板中将CC Particle Systems Ⅱ中的Birth Rate设置为5，在Physics组中，将Velocity设置为-1.5，Inherit Velocity设置为10，Gravity设置为0. 2，如图9-33所示。

Step 23 将【粒子2】图层中【发光】下的【发光颜色】设置为【原始颜色】，如图9-34所示。

Step 24 将CC Vector Blur中的Amount设置为40，将Property设置为Alpha，将Map Softness设置为10，如图9-35所示。

图9-33

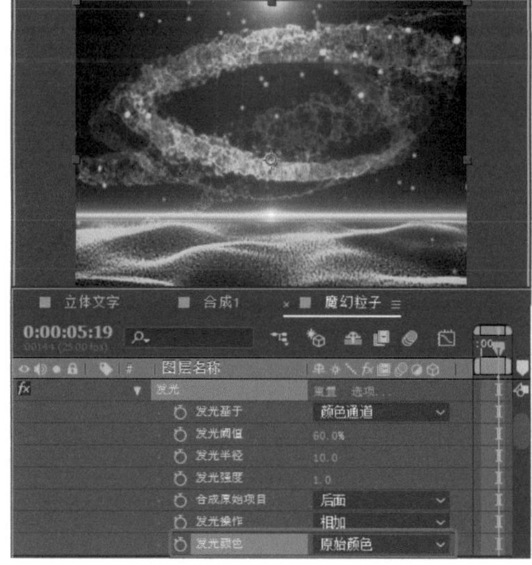

图9-34

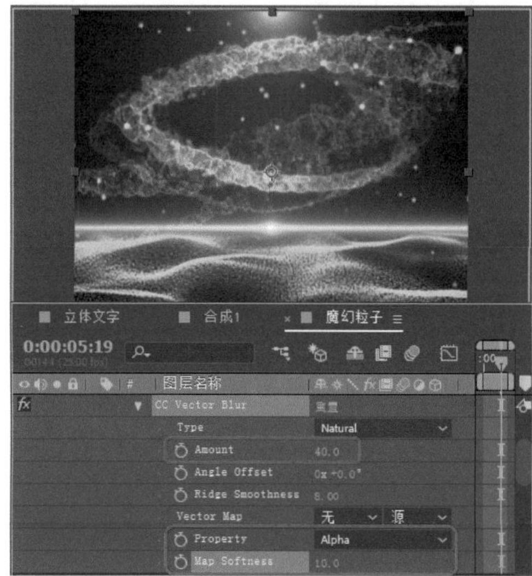

图9-35

Step 25 将【项目】面板中的【立体文字】合成添加到【时间轴】面板的顶层，将当前时间设置为0:00:05:06，选中【立体文字】图层并按Alt+[组合键，将时间线左侧部分删除，如图9-36所示。

图9-36

Step 26 确认当时间设置为0:00:05:06，将【立体文字】图层的【缩放】设置为8，单击其左侧的【时间变化秒表】按钮，添加关键帧，如图9-37所示。

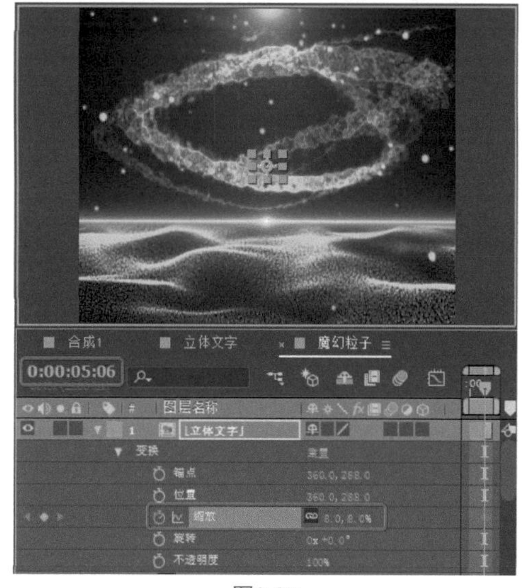

图9-37

Step 27 将当前时间设置为0:00:05:15，将【缩放】设置为110，如图9-38所示。

Step 28 将当前时间设置为0:00:06:17，为【缩放】和【不透明度】添加关键帧，如图9-39所示。

Step 29 将当前时间设置为0:00:07:24，将【缩放】设置为900，【不透明度】设置为0，如图9-40所示。

Step 30 新建一个名称为【镜头光晕】的纯色图层，将【镜头光晕】纯色图层的【混合模式】设置为【相加】，将当前时间设置为0:00:05:12，选中【镜头光晕】图层并按Alt+[组合键，将时间线左侧部分删除，如图9-41所示。

图9-38

图9-39

Step 31 将当前时间设置为0:00:05:15，为【镜头光晕】图层添加【镜头光晕】效果。在【效果控件】面板中，将【光晕中心】设置为90,240，单击其左侧的【时间变化秒表】按钮，添加关键帧，如图9-42所示。

Step 32 将当前时间设置为0:00:06:15，将【光晕中心】设置为665,240，将【光晕高度】设置为70，单击其左侧的【时间变化秒表】按钮，添加关键帧，如图9-43所示。

Step 33 将当前时间设置为0:00:06:17，将【光晕高度】设置为0，如图9-44所示。

Step 34 在【时间轴】面板中选中【镜头光晕】效果，按Ctrl+D组合键将其进行复制，将当前时间设置为0:00:05:15，将【镜头光晕2】的【镜头类型】设置为105毫米定焦，将【光晕中心】设置为640、330，如图9-45所示。

图9-40

图9-41

图9-42

图9-43

图9-44

图9-45

Step 35 将当前时间设置为0:00:06:15，将【镜头光晕2】的【光晕中心】设置为45,330，如图9-46所示。

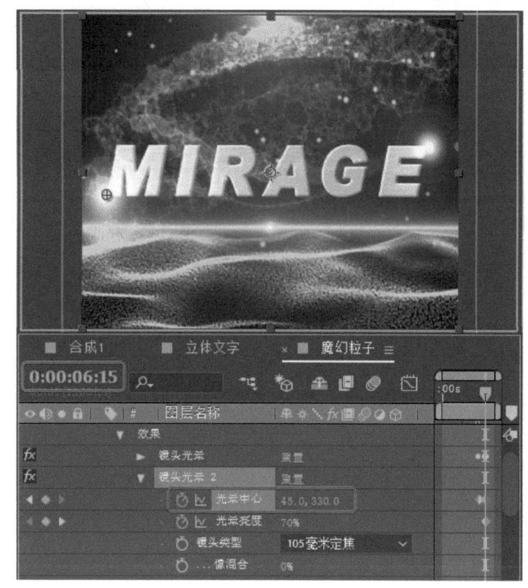

图9-46

实例 101 光效倒计时

本例介绍如何制作光效倒计时，其中主要应用了【音频频谱】、【发光】、【定向模糊】、CC Lens效果等制作发光效果，最后添加素材图片，并设置【缩放】参数，制作出光效倒计时效果，如图9-47所示。

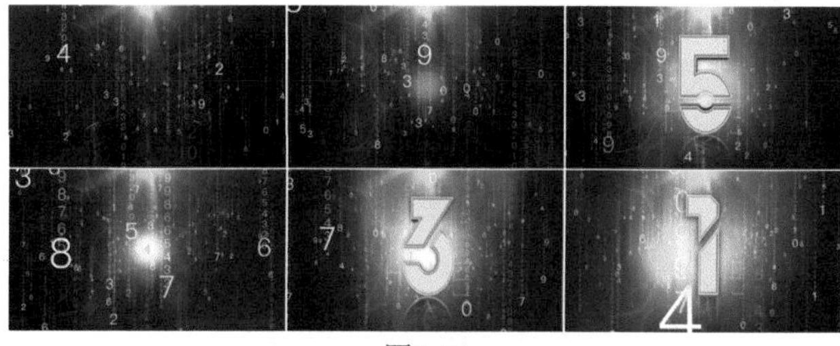

图9-47

Step 01 打开【光效倒计时素材.aep】素材文件，在【时间轴】面板中新建一个名称为【光01】、颜色为#111010的纯色图层，并打开【光01】图层的运动模糊与3D图层模式，为【光01】图层添加【音频频谱】效果，在【时间轴】面板中将【起始点】设置为955.6,-34.3，将【结束点】设置为959.6,1108.1，将【起始频率】和【结束频率】分别设置为120、601，将【最大高度】设置为4050，【音频持续时间】设置为200，【音频偏移】设置为50，【柔和度】设置为100，将【内部颜色】设置为#00F6FF，将【外部颜色】设置为#00649D，如图9-48所示。

图9-48

Step 02 为【光01】图层添加【发光】效果，在【时间轴】面板中将【发光基于】设置为【Alpha通道】，【发光阈值】设置为15.3，【发光半径】设置为64，【发光强度】设置为3.3，【发光颜色】设置为【A和B颜色】，【色彩相位】设置为5x+0°，将【颜色A】设置为#00D2FF，将【颜色B】设置为#04DFFF，如图9-49所示。

图9-49

Step 03 为【光01】图层添加CC Lens效果，将当前时间设置为0:00:02:01，在【时间轴】面板中将Center设置为960,540，将Size设置为40，单击Size左侧的【时间变化秒表】按钮，将Convergence设置为100，如图9-50所示。

图9-50

Step 04 将当前时间设置为0:00:03:03，在【时间轴】面板中将Size设置为0，如图9-51所示。

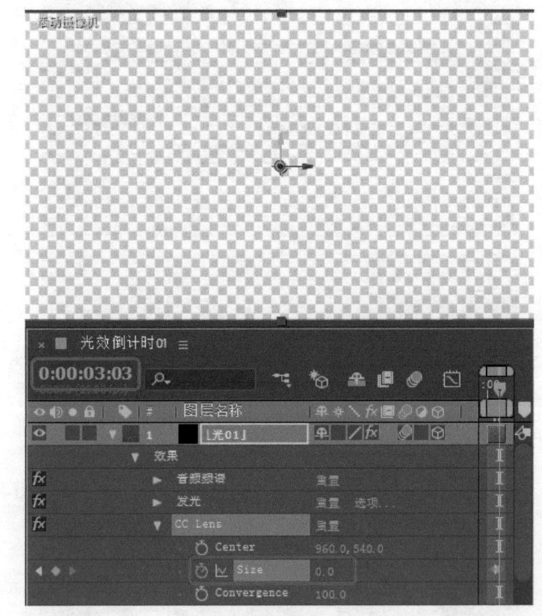

图9-51

Step 05 为【光01】图层添加CC Flo Motion效果，将当前时间设置为0:00:00:00，将Knot1设置为950、535.5，单击Amount 1和Amount 2左侧的【时间变化秒表】按钮，添加关键帧，并将Amount 1和Amount 2分别设置为20、86，将Knot2设置为953.7、538.5，Antialiasing设置为Low，如图9-52所示。

Step 06 将当前时间设置为0:00:02:01，将其Amount 1和Amount 2分别设置为-131、-75，如图9-53所示。

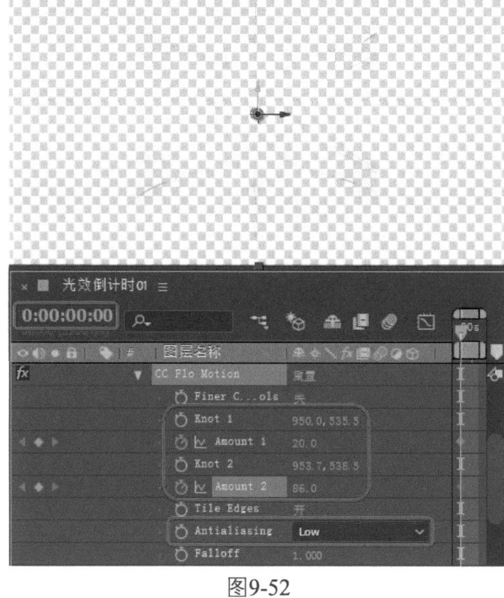

图9-52

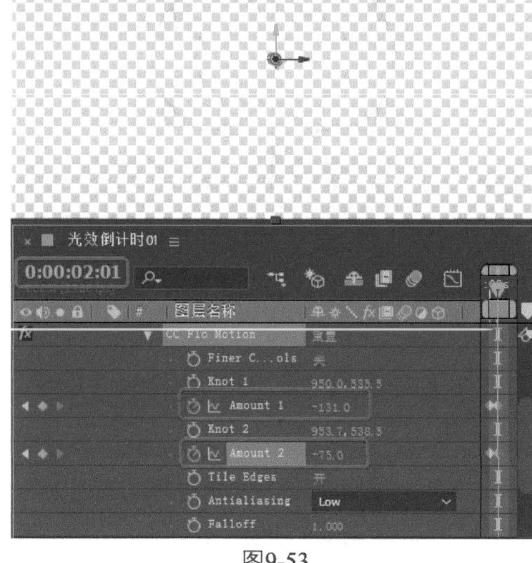

图9-53

Step 07 在【时间轴】面板中选择【光01】图层，按Ctrl+D组合键，对其进行复制，选择最上侧【光01】图层，将其名称修改为【光02】，选择【光02】图层，按U键，显示该图层的所有关键帧，并将其所有的关键帧删除，如图9-54所示。

Step 08 选择【光02】图层下的【音频频谱】效果，将【起始点】设置为955.6,-26.2，将【结束点】设置为955.6,1100，将【内部颜色】设置为#00BAFF，将【外部颜色】设置为其他，保持默认值，如图9-55所示。

Step 09 选择【光02】图层下的【发光】效果，在【时间轴】面板中将【发光半径】和【发光强度】分别设置为113、2.4，将【颜色A】设置为#88CBFF，将【颜色B】设置为#04A3FF，如图9-56所示。

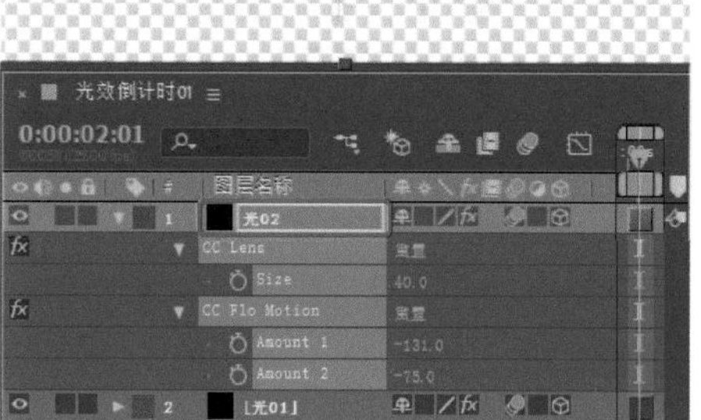

图9-54

图9-55

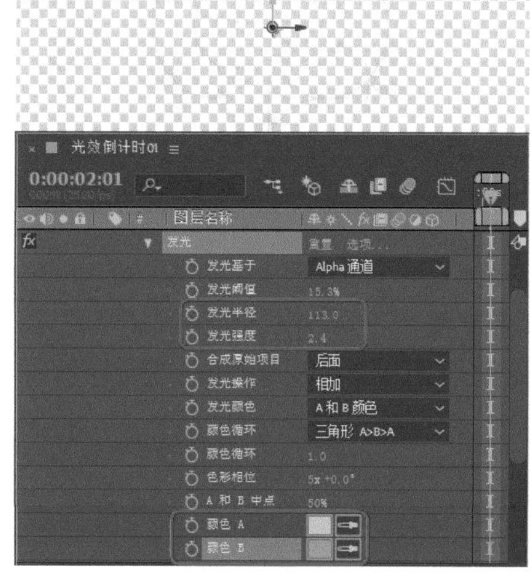

图9-56

Step 10 为【光02】添加【定向模糊】效果，将其调整至【发光】效果的下方，将【模糊长度】设置为114，如图9-57所示。

图9-57

Step 11 为【光02】图层添加【快速模糊（旧版）】效果，并将其调整至【定向模糊】效果的下方，将【模糊度】设置为10，如图9-58所示。

图9-58

Step 12 展开【光02】图层下的CC Lens效果，将Size设置为56，如图9-59所示。

Step 13 展开【光02】图层下的CC Flo Motion效果，将Knot1设置为480,270，将Knot2设置为953.7,538.5，将Amount 1和Amount 2分别设置为0、121，如图9-60所示。

Step 14 在【时间轴】面板中选择【光02】图层，按Ctrl+D组合键进行复制，复制出【光03】图层，将其【混合模式】设置为【相加】，并在【效果控件】面板中将所有的特效删除，如图9-61所示。

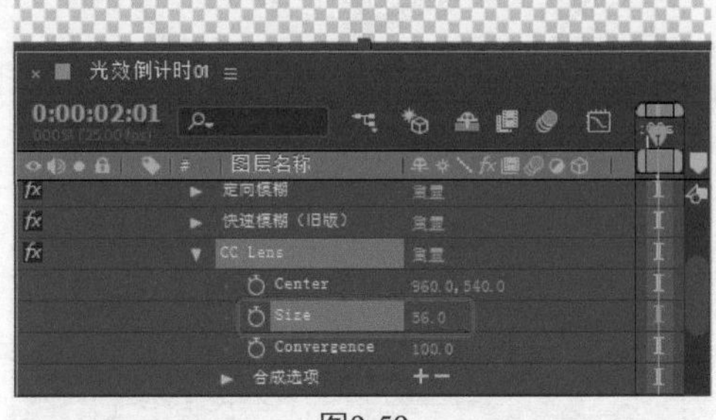

图9-59

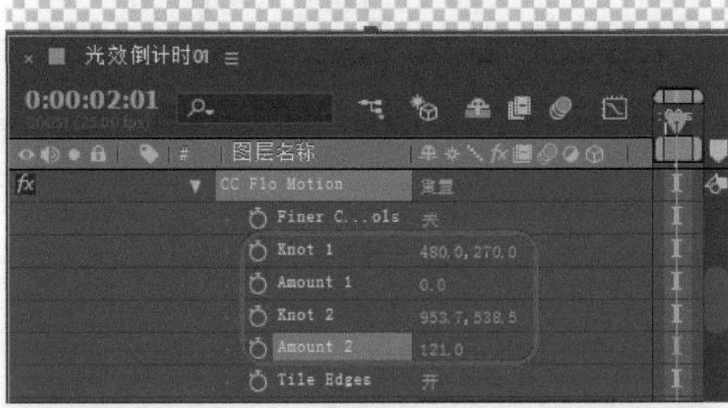

图9-60

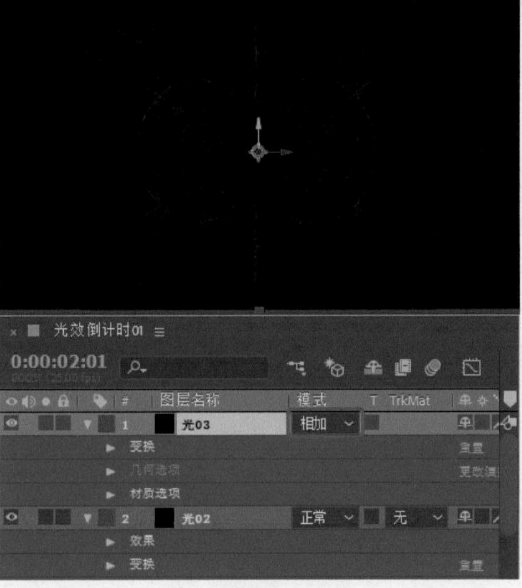

图9-61

Step 15 为【光03】图层添加【镜头光晕】效果，将当前时间设置为0:00:03:02，在【时间轴】面板中将【光晕中心】设置为960,536，单击【光晕亮度】左侧的【时间变化秒表】按钮，将【光晕亮度】设置为111，将【镜头类型】设置为【105毫米定焦】，如图9-62所示。

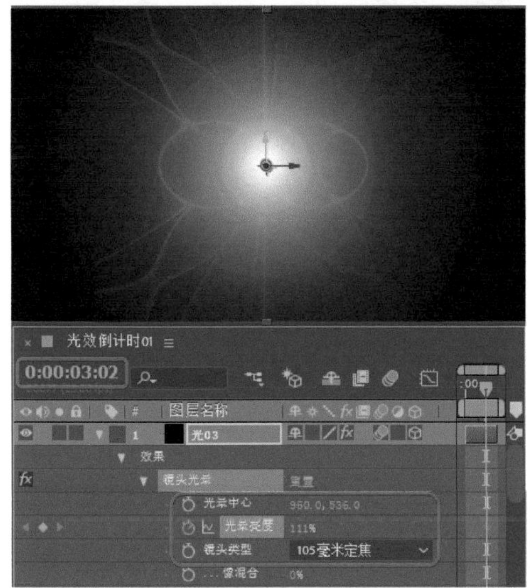

图9-62

Step 16 将当前时间设置为0:00:03:20，将【光晕亮度】设置为138，如图9-63所示。

图9-63

Step 17 为【光03】图层添加【色调】效果，使用其默认参数，如图9-64所示。

Step 18 为【光03】图层添加【曲线】效果，在【效果控件】面板中将【通道】设置为RGB，添加两个编辑点，并对编辑点进行调整，如图9-65所示。

Step 19 将【曲线】效果下的【通道】设置为【红色】，对曲线进行调整，如图9-66所示。

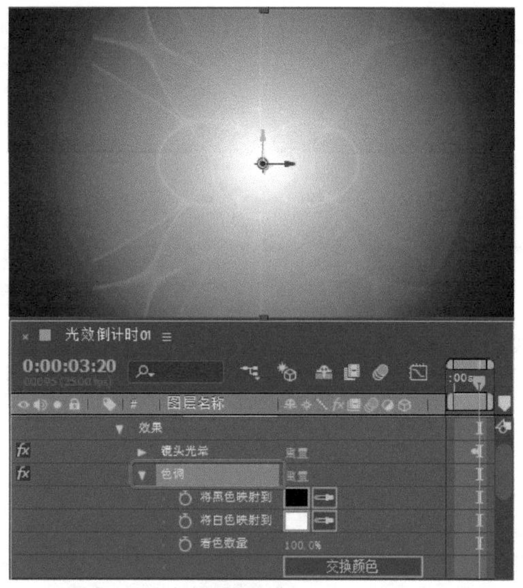

图9-64

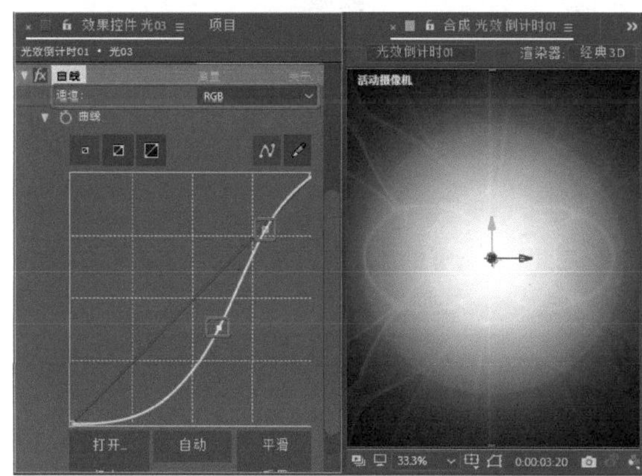

图9-65

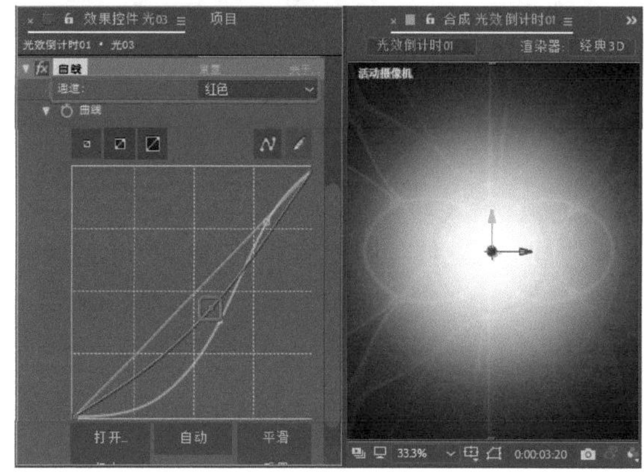

图9-66

Step 20 将【曲线】效果下的【通道】设置为【绿色】，添加编辑点，并对编辑点进行调整，如图9-67所示。

Step 21 将【曲线】效果下的【通道】设置为【蓝色】，添加编辑点，并对编辑点进行调整，如图9-68所示。

Step 22 将当前时间设置为0:00:02:03，将【光03】图层下的【不透明度】设置为0，单击其左侧的【时间变化秒表】按钮，如图9-69所示。

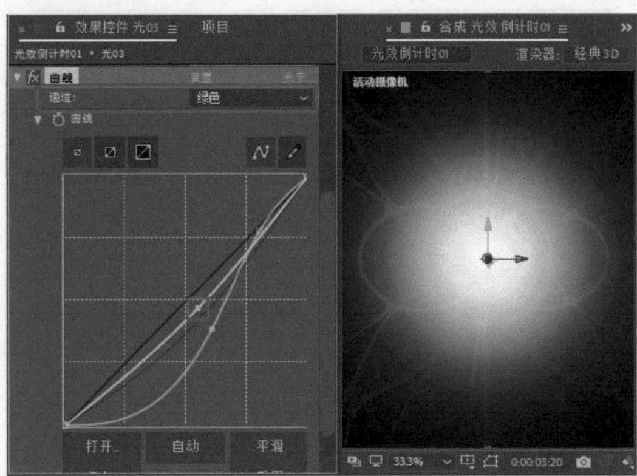

图9-67

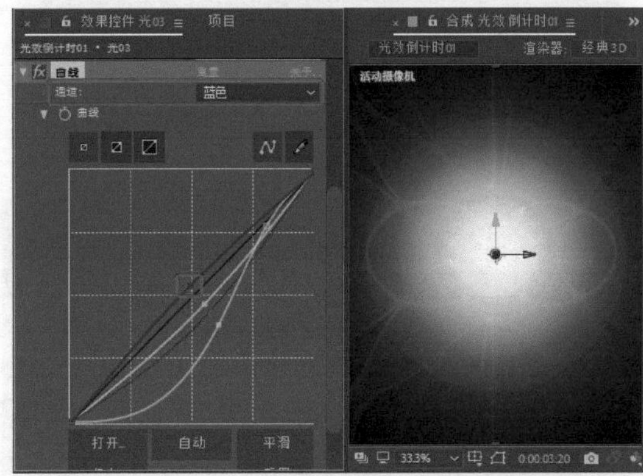

图9-68

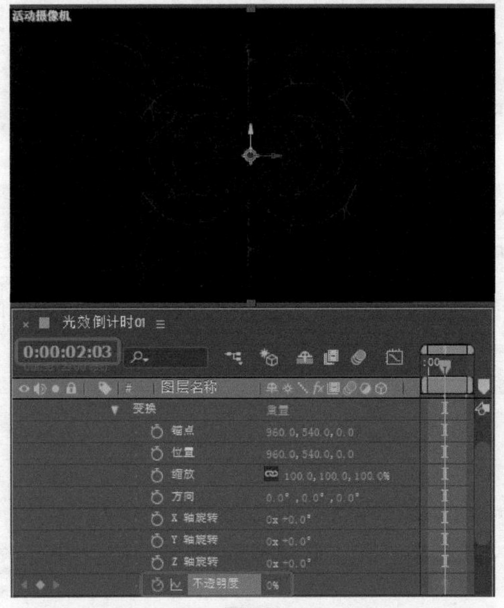

图9-69

Step 23 将当前时间设置为0:00:03:02，将【不透明度】设置为100，如图9-70所示。

Step 24 在【项目】面板中选择【光效倒计时01】合成，将其拖至面板底部的【新建合成】按钮，此时会新建名为【光效倒计时02 】的合成，在【光效倒计时02】的【时间轴】面板中右击，在弹出的快捷菜单中选择【合成设置】命令，弹出【合成设置】对话框，将【持续时间】设置为0:00:02:00，单击【确定】按钮，将入点时间设置为-0:00:03:00，如图9-71所示。

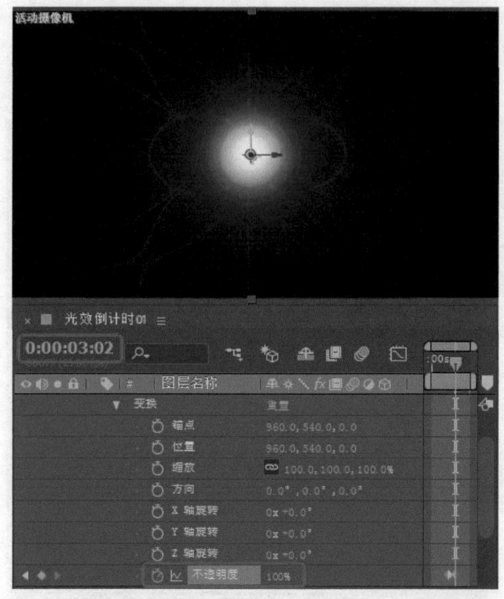

图9-70

图9-71

Step 25 新建一个名称为【光效倒计时03】，【预设】为HDTV 1080 25，【像素长宽比】为【方形像素】，【帧速率】为25帧/秒，【持续时间】为0:00:3:00的合成，在【项目】面板中选择【光效倒计时01.mp4】素材文件，按住鼠标将其拖曳至【光效倒计时03】的【时间轴】面板中，如图9-72所示。

Step 26 在【项目】面板中选择【光效倒计时01】，按住鼠标将其拖曳至【时间轴】面板中，将其【混合模式】设置为【相加】，如图9-73所示。

Step 27 在【项目】面板中将【光效倒计时02.png】素材文件拖曳至【时间轴】面板中，在【时间轴】面板中将入点设置为0:00:03:00，将持续时间设置为0:00:02:00，如图9-74所示。

Step 28 将当前时间设置为0:00:03:00，在【时间轴】面板中将【缩放】设置为0，单击其左侧的【时间变化秒表】按钮，如图9-75所示。

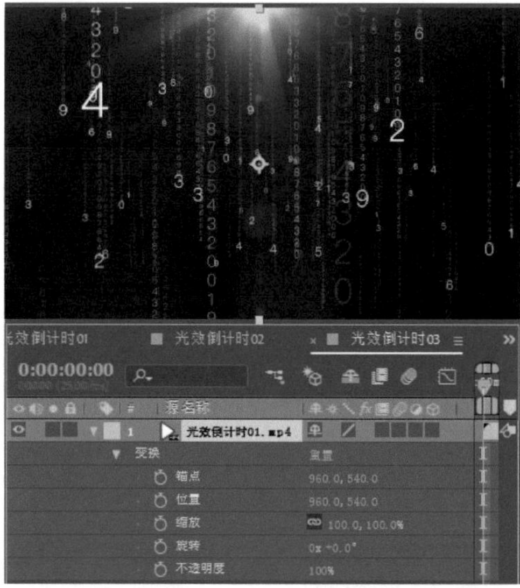
图9-72

图9-73

图9-74

Step 29 将当前时间设置为0:00:03:12，将【缩放】设置为82，如图9-76所示。

Step 30 使用同样的方法添加其他对象，并进行相应的设置，如图9-77所示。

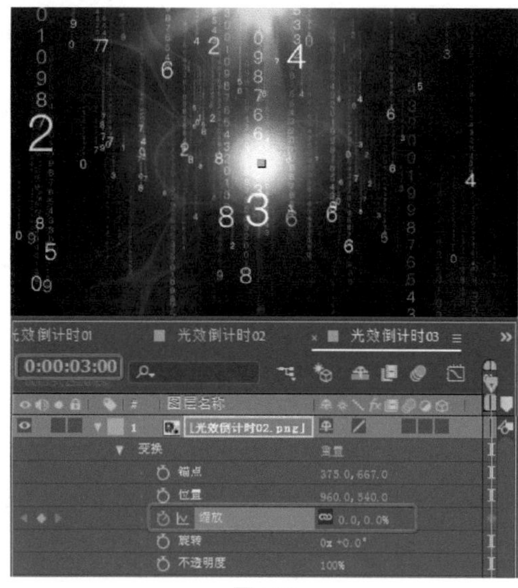
图9-75

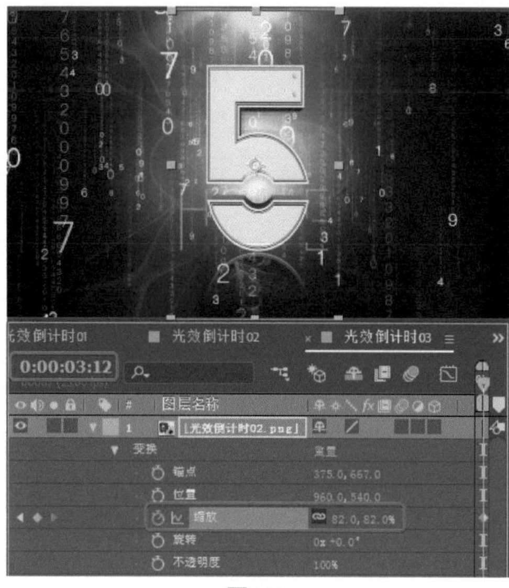
图9-76

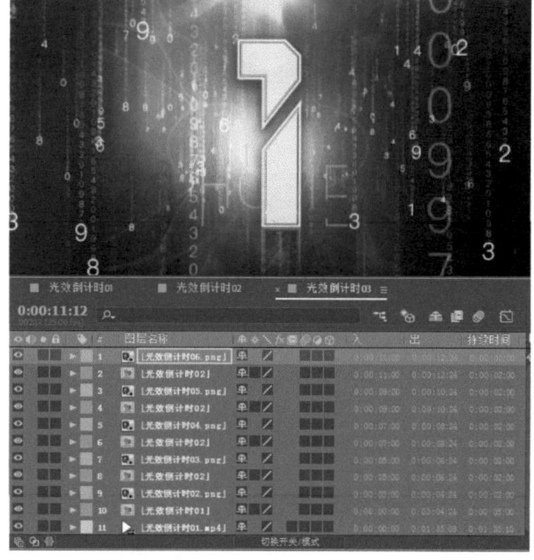
图9-77

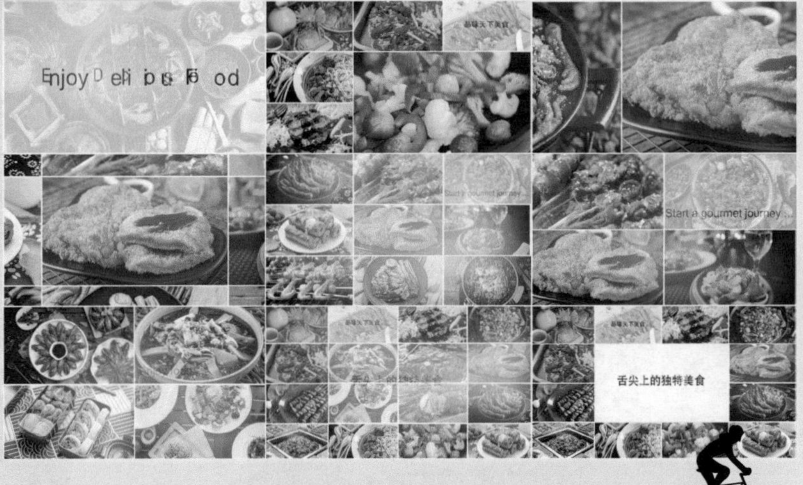

第10章 传统宣传片设计

本章导读

宣传片是宣传形象的最好手段之一。它能非常有效地把形象提升到一个新的层次，更好地把产品和服务展示给大众，诠释不同的文化理念，所以宣传片已经成为企业必不可少的企业形象宣传工具之一，本章将介绍魅力重庆与美食宣传片的制作。

实例 102 魅力重庆宣传片——创建视频动画

本例讲解如何创建视频动画，其具体操作步骤如下。

Step 01 按Alt+Ctrl+N组合键，新建一个空白项目，在【项目】面板中右击，在弹出的快捷菜单中选择【新建文件夹】命令，如图10-1所示。

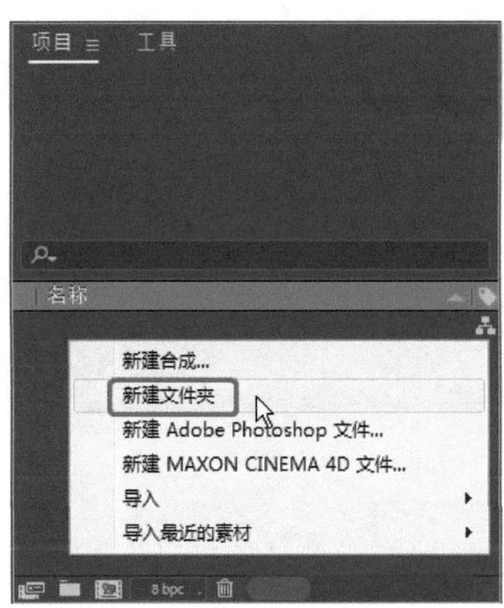

图10-1

Step 02 将新建的文件夹命名为“素材”，在【项目】面板中双击鼠标，在弹出的对话框中选择“重庆1.mp4”~“重庆9.mp4”以及“背景音乐.mp3”素材文件，单击【导入】按钮，即可将素材导入【项目】面板，将素材拖曳至【素材】文件夹中，如图10-2所示。

图10-2

Step 03 按Ctrl+N组合键，弹出【合成设置】对话框，将【合成名称】设置为【重庆1】，将【宽度】和【高度】分别设置为3840、2667，将【帧速率】设置为30，将【持续时间】设置为0:00:08:00，将【背景颜色】设置为黑色，如图10-3所示。

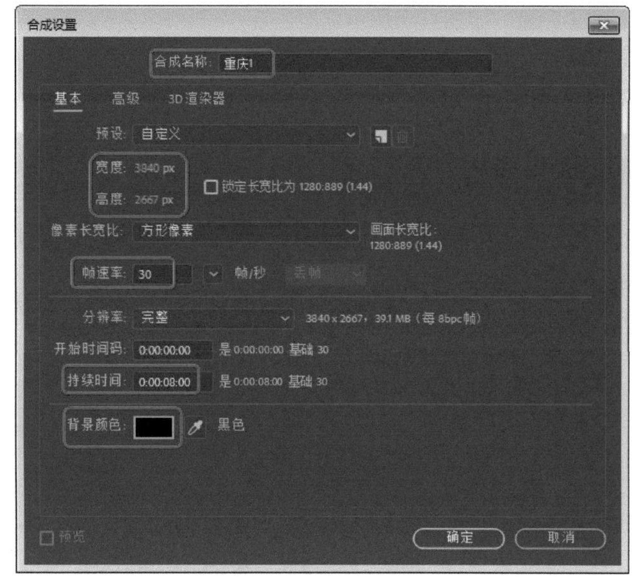

图10-3

Step 04 单击【确定】按钮，将“重庆1.mp4”拖曳至【时间轴】面板中，将【位置】设置为1896,1330，将【缩放】设置为246，如图10-4所示。

图10-4

Step 05 单击【时间轴】面板底部的第三个窗格控制按钮，将【入】设置为-0:00:01:21，【持续时间】设置为0:00:08:00，如图10-5所示。

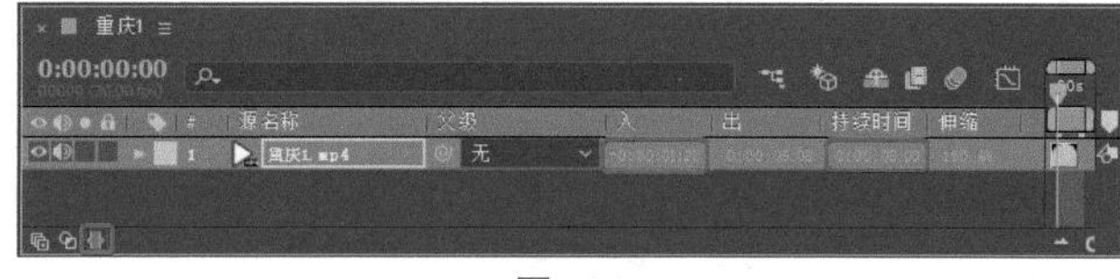

图10-5

Step 06 按Ctrl+N组合键，弹出【合成设置】对话框，将【合成名称】设置为【重庆2】，将【宽度】和【高度】分别设置为3840、2160，将【持续时间】设置为0:00:05:00，如图10-6所示。

Step 07 单击【确定】按钮，将【重庆2.mp4】拖曳至时间轴面板中，将【位置】设置为1920、1333.5，将【缩放】设置为246，单击【时间轴】面板底部的第三个窗格控制按钮，将【入】设置为0:00:00:00，【持续时间】设置为0:00:05:00，如图10-7所示。

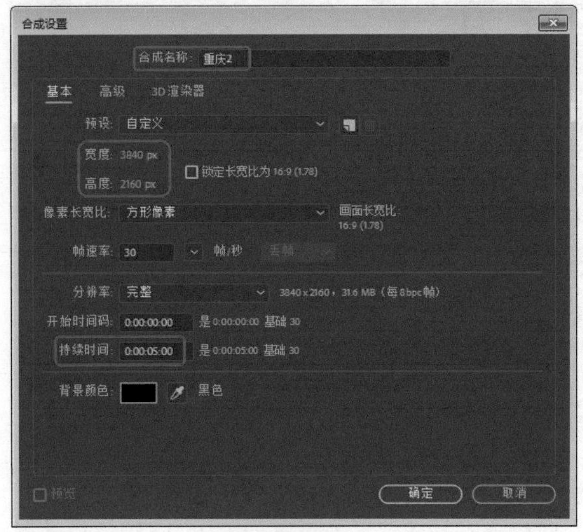

图10-6

图10-7

Step 08 使用同样的方法，制作【重庆3~重庆8】合成文件，如图10-8所示。

Step 09 在【项目】面板中新建一个文件夹，将其命名为“重庆”，将【重庆1~重庆8】合成文件拖曳至文件夹中，如图10-9所示。

图10-8

图10-9

实例 103 魅力重庆宣传片——创建过渡动画

本例讲解如何创建过渡动画，其具体操作步骤如下。

Step 01 按Ctrl+N组合键，弹出【合成设置】对话框，将【名称】设置为【过渡动画1】，将【宽度】和【高度】分别设置为12500、4500，将【持续时间】设置为0:00:06:15，【背景颜色】设置为白色，如图10-10所示。

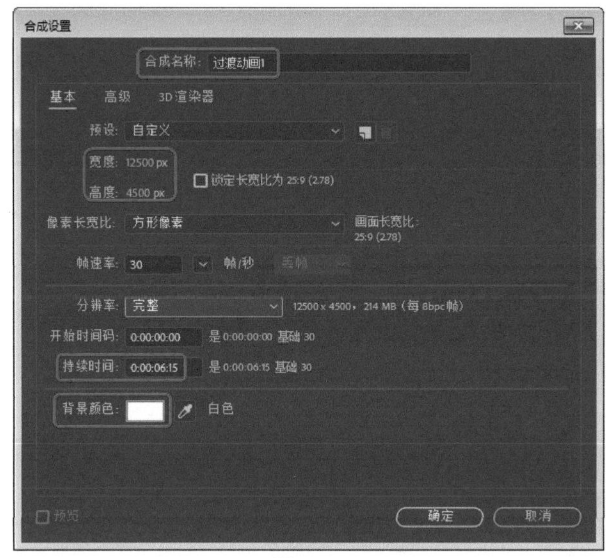

图10-10

Step 02 单击【确定】按钮，将【重庆1】合成文件拖曳至【时间轴】面板中，确认【入】为0:00:00:00，【持续时间】设置为0:00:08:00，如图10-11所示。

图10-11

Step 03 开启【运动模糊】和【3d图层】，将当前时间设置为0:00:01:09，展开【变换】选项卡，将【位置】设置为7210,2674,0，单击【缩放】右侧的按钮，将【缩放】设置为50,50,100，单击【缩放】左侧的【时间变化秒表】按钮，如图10-12所示。

Step 04 将当前时间设置为0:00:06:14，将【缩放】设置为59,59,100，如图10-13所示。

图10-12

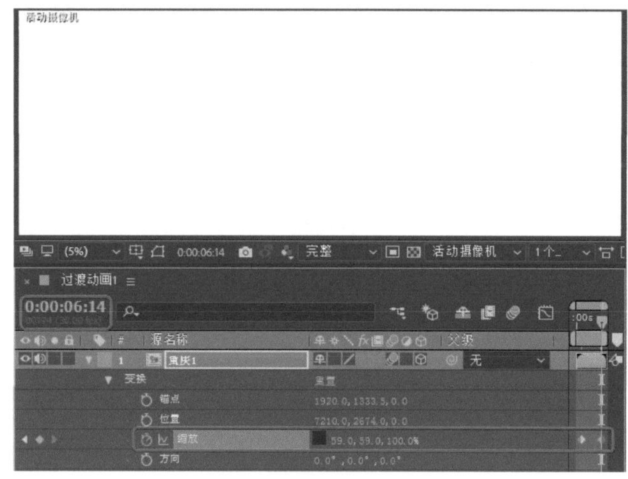

图10-13

Step 05 在【效果和预设】面板中搜索【动态拼贴】特效，双击该特效，在【效果】选项组下将【拼贴中心】设置为1920,1333.5，将当前时间设置为0:00:01:09，将【输出高度】设置为400，单击左侧的按钮，如图10-14所示。

图10-14

Step 06 将当前时间设置为0:00:01:10，将【输出高度】设置为100，如图10-15所示。

图10-15

Step 07 再次将【重庆1】合成文件拖曳至时间轴面板中，开启【运动模糊】和【3d图层】，将【位置】设置为7210,2674,0，将【缩放】设置为50,50,50，如图10-16所示。

图10-16

Step 08 为合成文件添加【动态拼贴】特效，将【拼贴中心】设置为1920,1333.5，将当前时间设置为0:00:01:09，将【输出高度】设置为600，单击左侧的按钮，如图10-17所示。

Step 09 将当前时间设置为0:00:01:10，将【输出高度】设置为100，如图10-18所示。

Step 10 将【重庆3】合成文件拖曳至时间轴面板中，将【入】设置为0:00:01:09，【持续时间】设置为0:00:08:00，如图10-19所示。

图10-17

图10-18

图10-19

Step 11 开启【运动模糊】和【3d图层】，将当前时间设置为0:00:01:09，将【位置】设置为7210,1583.5,0，将【缩放】设置为60,60,100，单击【缩放】左侧的按钮，如图10-20所示。

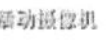Step 12 将当前时间设置为0:00:06:14，将【缩放】设置为50,50,100，如图10-21所示。

图10-20

图10-21

Step 13 使用同样的方法，将【重庆3】和【重庆2】依次拖入时间轴面板中，并设置参数，如图10-22所示。

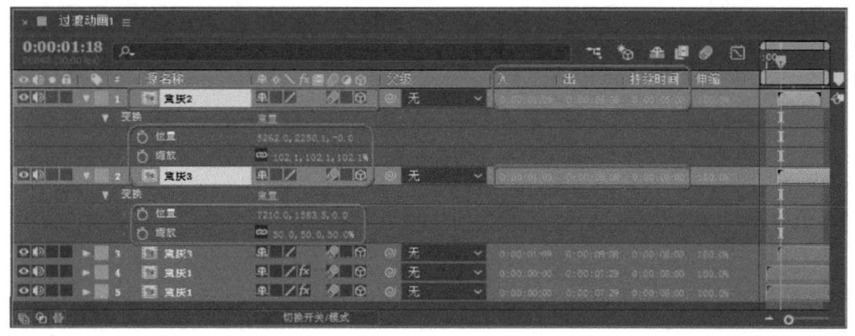

图10-22

Step 14 在时间轴面板空白部分右击，在弹出的快捷菜单中选择【新建】|【形状图层】命令，将【入】设置为0:00:01:09，【持续时间】设置为0:00:02:08，如图10-23所示。

图10-23

Step 15 在【变换】选项组中，将【锚点】设置为1548、-2，将【位置】设置为6250.5,2246.5，将【缩放】设置为62.5,127.8，如图10-24所示。

图10-24

Step 16 单击【矩形工具】，绘制一个矩形，将【矩形路径1】选项组下方的【大小】设置为3084,1728，将【描边1】选项组下方的【描边宽度】设置为100，如图10-25所示。

Step 17 将【填充1】选项组下方的【颜色】设置为#FC5151，将【变换：矩形1】选项组下方的【位置】设置为6、-2，如图10-26所示。

图10-25

图10-26

Step 18 在【项目】面板中将【重庆4】拖曳至时间轴中，开启【运动模糊】和【3d图层】，将【入】设置为0:00:02:15，将【持续时间】设置为0:00:05:00，如图10-27所示。

图10-27

Step 19 将【变换】下的【位置】设置为2372,2250,0，将【缩放】设置为102，如图10-28所示。

Step 20 在【重庆4】添加【动态拼贴】特效，将当前时间设置为0:00:04:10，单击【动态拼贴】下【输出高度】左侧的【时间变化秒表】按钮，将当前时间设置为0:00:04:11，将【输出高度】设置为600，如图10-29所示。

图10-28

图10-29

Step 21 将【重庆4】复制一层，为其添加【梯度渐变】特效，将【渐变起点】设置为600,365.4，将【起始颜色】设置为#F857A6，将【渐变终点】设置为3270,2155.4，将【结束颜色】设置为#FF83C0，将【渐变形状】设置为径向渐变，将【渐变散射】设置为100，将【与原始图像混合】设置为0，如图10-30所示。

图10-30

Step 22 将复制后的【重庆4】的【不透明度】设置为80%，设置图层的TrkMat模式，如图10-31所示。

图10-31

◎提示·◦

按T键可单独显示【不透明度】参数栏。

Step 23 按Ctrl+N组合键，弹出【合成设置】对话框，将【名称】设置为【过渡动画2】，将【宽度】和【高度】分别设置为3840、2323，将【分辨率】设置为二分之一，将【持续时间】设置为0:00:06:15，如图10-32所示。

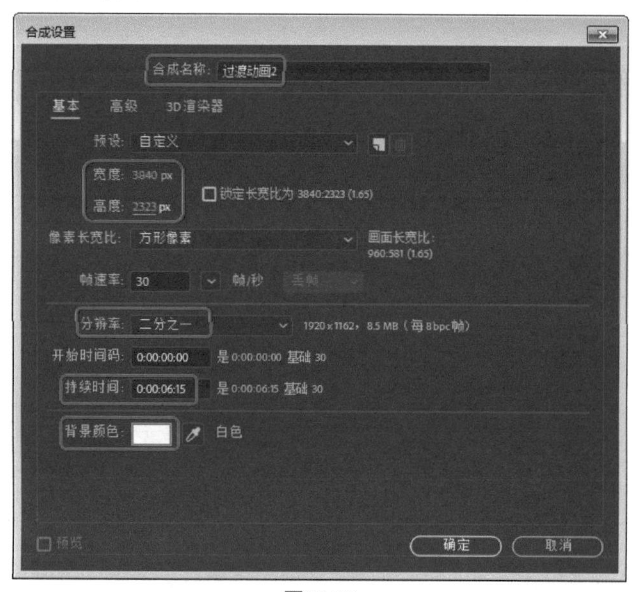

图10-32

Step 24 单击【确定】按钮，将【重庆5】拖曳至时间轴面板中，开启【运动模糊】和【3d图层】，将【位置】设置为964,629.5,0，将【缩放】设置为50，如图10-33所示。

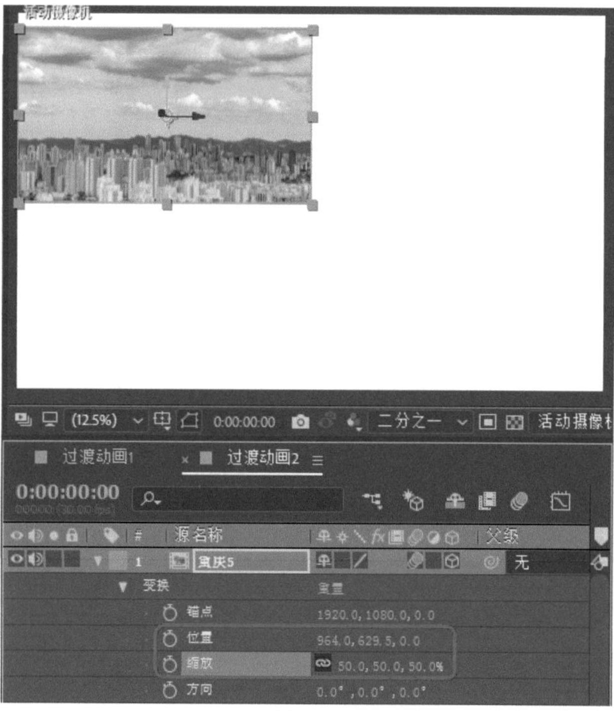

图10-33

Step 25 在【效果和预设】面板中搜索【动态拼贴】特效，双击该特效，将【动态拼贴】选项组下的【输出宽度】和【输出高度】设置为300，将【镜像边缘】设置为【开】，如图10-34所示。

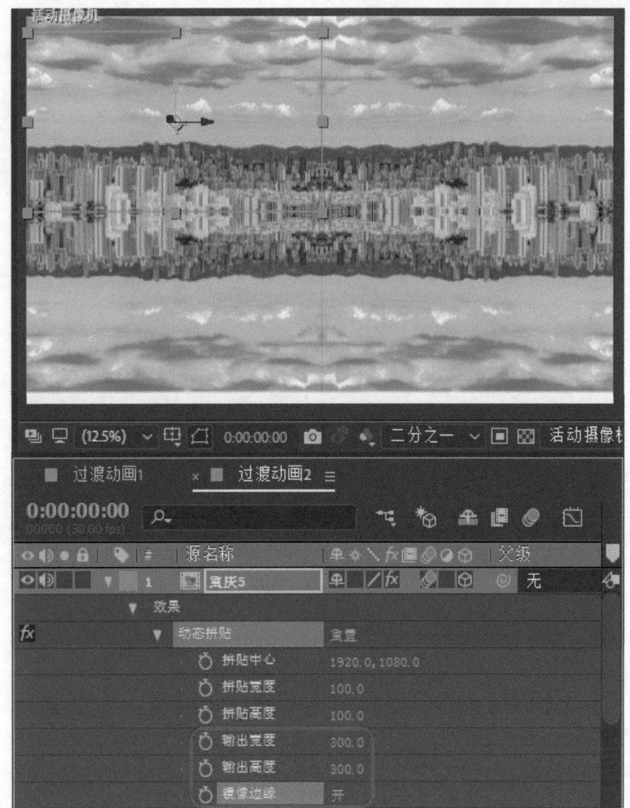
图10-34

实例104 魅力重庆宣传片——创建文字动画

本例讲解如何创建文字动画，其具体操作步骤如下。

Step 01 按Ctrl+N组合键，弹出【合成设置】对话框，将【名称】设置为【文本01】，将【宽度】和【高度】分别设置为4500,550，将【分辨率】设置为二分之一，将【持续时间】设置为0:00:05:00，将【背景颜色】设置为黑色，如图10-35所示。

Step 02 使用【横排文字工具】输入文本【遇见最美的城市】，将【字体】设置为【Adobe 黑体 Std】，将【字体大小】设置为68像素，【字符间距】设置为200，在【段落】面板中单击【居中对齐文本】按钮，如图10-36所示。

Step 03 开启【运动模糊】和【3d图层】，在【变换】选项组中将【锚点】设置为1.6,-24,0，将【位置】设置为2250,275,0，将【缩放】设置为600，如图10-37所示。

Step 04 为文本添加【填充】特效，将【效果】|【填充】|【颜色】设置为#EF6A6A，如图10-38所示。

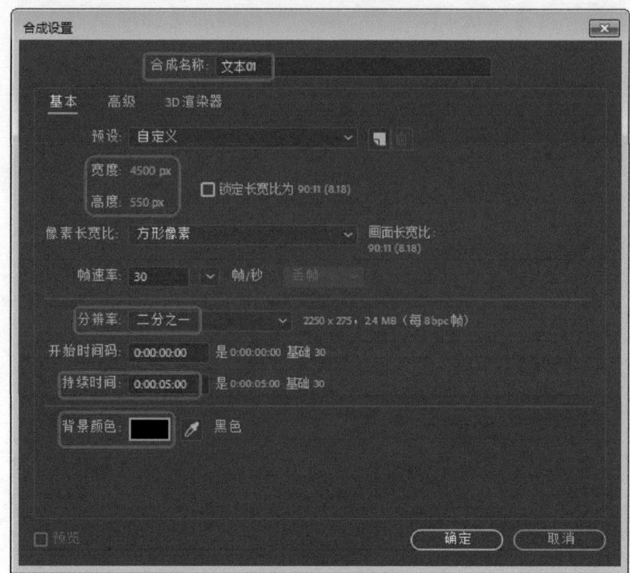
图10-35

图10-36

图10-37

Step 05 展开【文本】|【更多选项】选项组，单击动画:按钮，在弹出的快捷菜单中选择【启用逐字3D化】命令，如图10-39所示。

图10-38

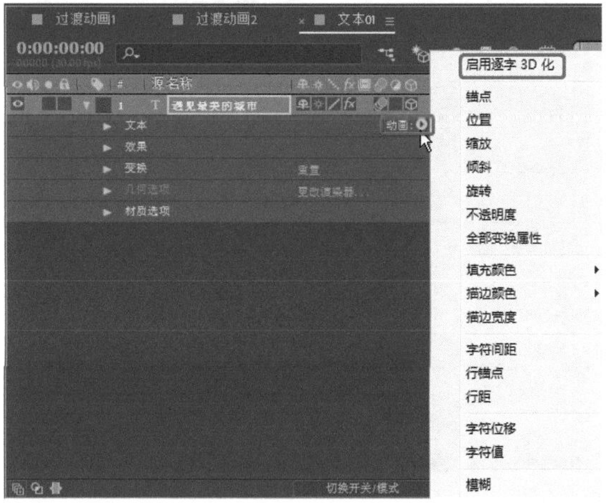

图10-39

Step 06 再次单击动画按钮，在弹出的快捷菜单中分别选择【位置】、【缩放】和【不透明度】命令，将【位置】设置为-492,0,0，将【缩放】设置为100,100,74.1，如图10-40所示。

图10-40

Step 07 展开【范围选择器1】|【高级】选项卡，将【单位】设置为【索引】，将【形状】设置为【下斜坡】，将【缓和高】和【缓和低】设置为0、50，如图10-41所示。

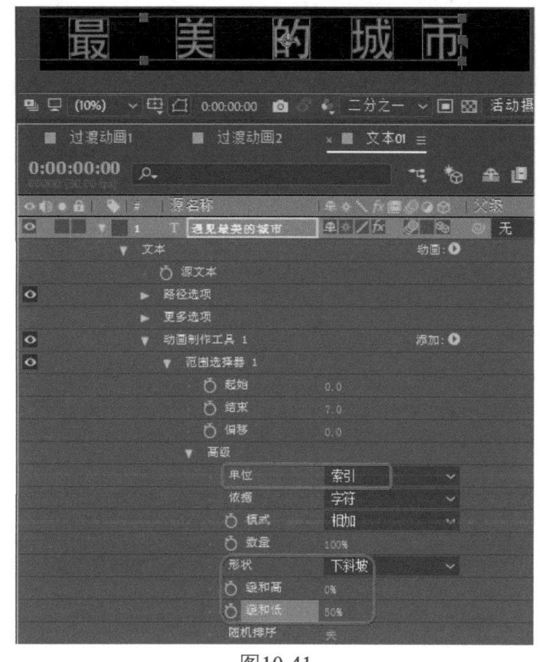

图10-41

Step 08 展开【动画制作工具1】|【范围选择器1】选项组，确定当前时间为0:00:00:00，将【起始】设置为7，将【结束】设置为0，将【偏移】设置为4，单击【偏移】左侧的按钮，如图10-42所示。

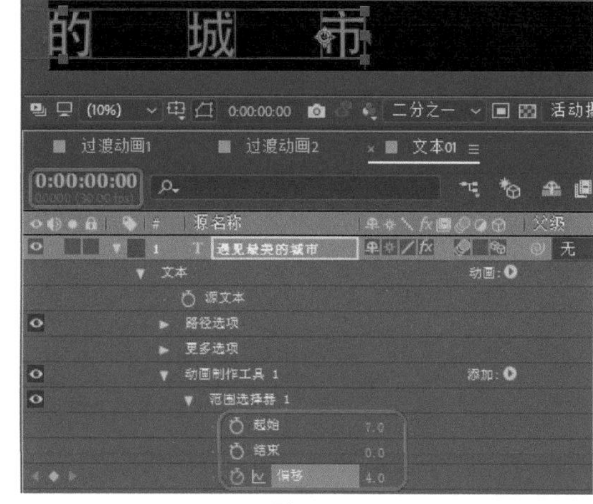

图10-42

提示

每当添加一种控制器时，都会在【动画】属性组中添加一个【范围控制器】选项。

Step 09 在【时间轴】面板右侧选择关键帧并右击，在弹出的快捷菜单中选择【关键帧辅助】|【缓动】命令，将当前时间设置为0:00:01:16，将【偏移】设置为-7，如

图10-43所示。

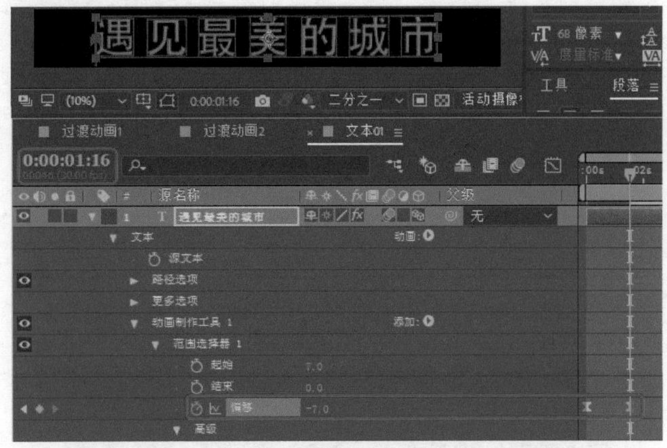

图10-43

Step 10 使用同样的方法制作【文本02】、【文本03】合成文件，如图10-44所示。

图10-44

Step 11 按Ctrl+N组合键，弹出【合成设置】对话框，将【名称】设置为【文本04】，将【宽度】和【高度】分别设置为3500、350，将【分辨率】设置为二分之一，将【持续时间】设置为0:00:05:00，将【背景颜色】设置为黑色，如图10-45所示。

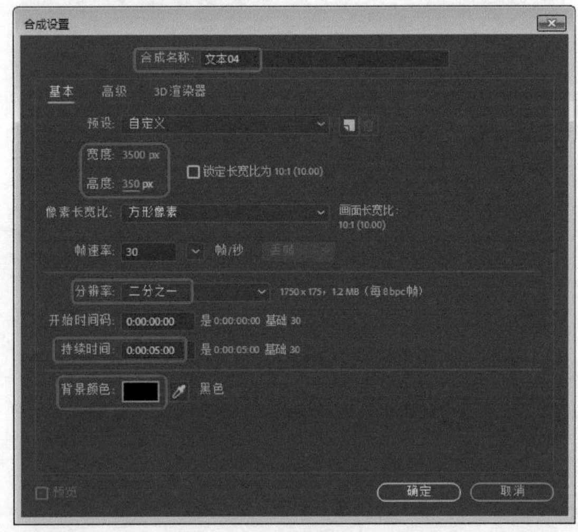

图10-45

Step 12 单击【确定】按钮，使用【横排文字工具】输入文本【山水之城】，将【字体】设置为【华文新魏】，将【字体大小】设置为12像素，【字符间距】设置为0，将【颜色】设置为白色，在【段落】面板中单击【居中对齐文本】按钮▤，如图10-46所示。

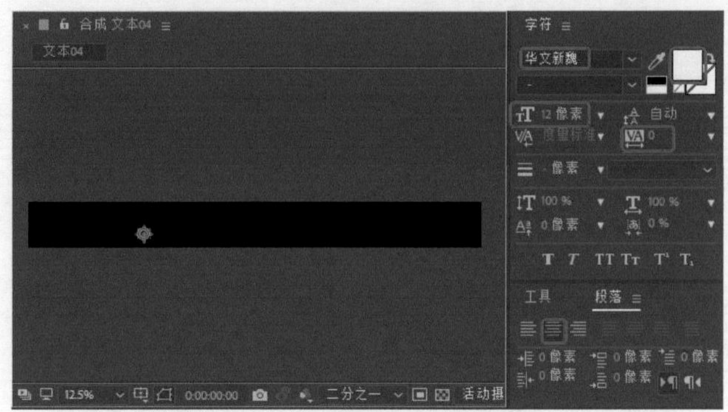

图10-46

Step 13 开启【运动模糊】和【3d图层】，在【变换】选项组中将【锚点】设置为-0.2,-4.2,0，将【位置】设置为1750,176,0，将【缩放】设置为2500,2457.6,119.9，如图10-47所示。

图10-47

Step 14 单击【动画:▶】按钮，在弹出的快捷菜单中选择【启用逐字3D化】命令，如图10-48所示。

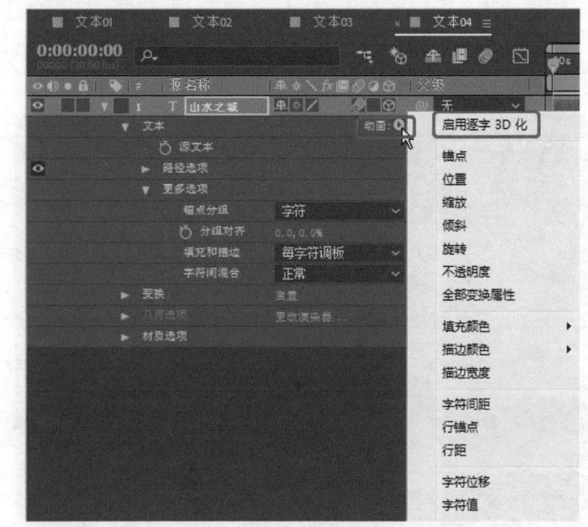

图10-48

Step 15 再次单击【动画:▶】按钮，在弹出的快捷菜单中选择【全部变换属性】命令，将【位置】设置为0,-190,0，如图10-49所示。

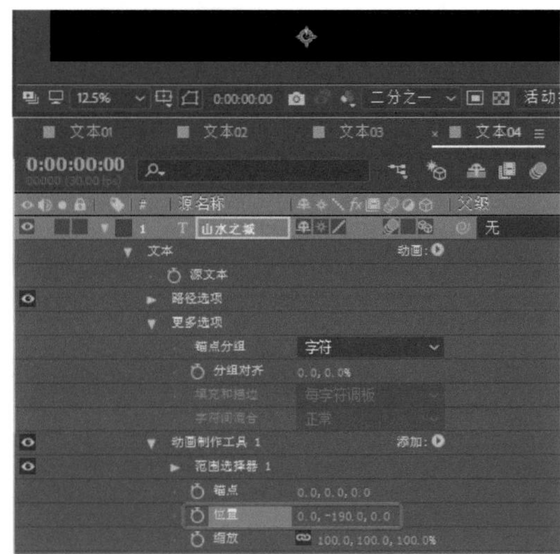

图10-49

Step 16 展开【范围选择器1】|【高级】选项卡，将【形状】设置为【上斜坡】，将【缓和高】和【缓和低】设置为0、100，【随机排序】设置为【开】，如图10-50所示。

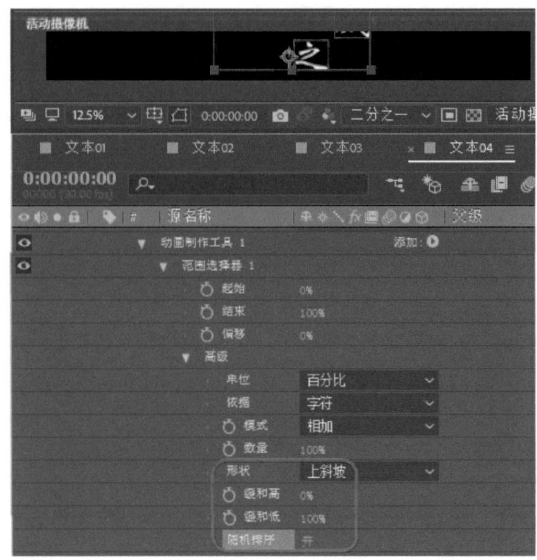

图10-50

◎知识链接·◦

【起始】【结束】：设置该控制器的有效起始或结束范围。

【偏移】：设置有效范围的偏移量。

【单位】、【依据】：这两个参数用于控制有效范围内的动画单位。前者以字母为单位；后者以词组为单位。

【模式】：设置有效范围与原文本之间的交互模式。

【数量】：设置属性控制文本的程度，值越大，影响的程度就超强。

【形状】：设置有效范围内字符排列的形状模式，包括【矩形】【上倾斜】【三角形】等6种形状。

【平滑度】：设置产生平滑过渡的效果。

【缓和高】、【缓和低】：控制文本动画过渡柔和最高和最低点的速率。

【随机顺序】：设置有效范围添加在其他区域的随机性。随着随机数值的变化，有效范围在其他区域的效果也在不断变化。

Step 17 展开【动画制作工具1】|【范围选择器1】选项组，确定当前时间为0:00:00:00，将【偏移】设置为-100，单击【偏移】左侧的【时间变化秒表】按钮，如图10-51所示。

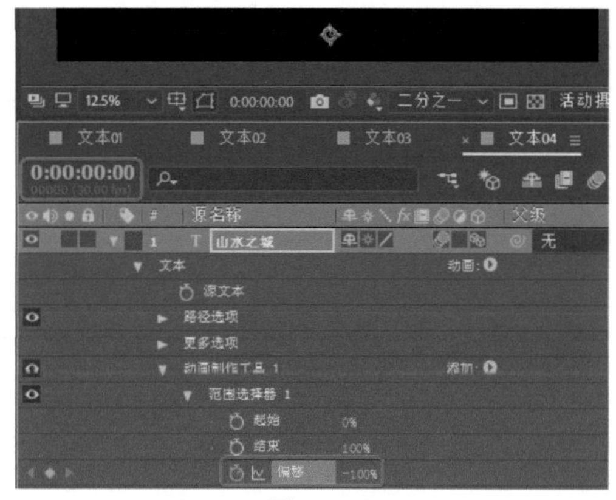

图10-51

Step 18 在时间轴面板右侧选择关键帧，单击鼠标右键，在弹出的快捷菜单中选择【关键帧辅助】|【缓动】命令，将当前时间设置为0:00:01:19，将【偏移】设置为100，如图10-52所示。

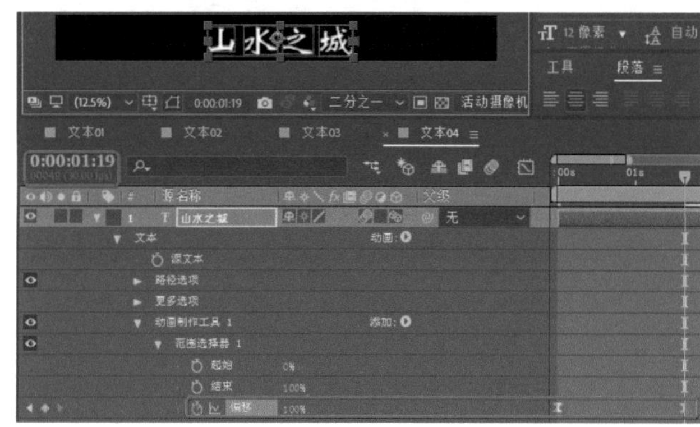

图10-52

Step 19 再次单击动画:按钮，在弹出的快捷菜单中选择【字符间距】命令，将当前时间设置为0:00:01:05，将【动画制作工具2】组下方的【字符间距大小】设置为8，单击左侧的【时间变化秒表】按钮，如图10-53所示。

Step 20 在【时间轴】面板右侧选择关键帧并右击，在弹出的快捷菜单中选择【关键帧辅助】|【缓动】命令，将当前时间设置为0:00:02:03，将【字符间距大小】设置为30，如图10-54所示。

Step 21 使用同样的方法制作【文本05】【文本06】【标题文本】【遇见重庆】合成文件，如图10-55所示。

图10-53

图10-54

图10-55

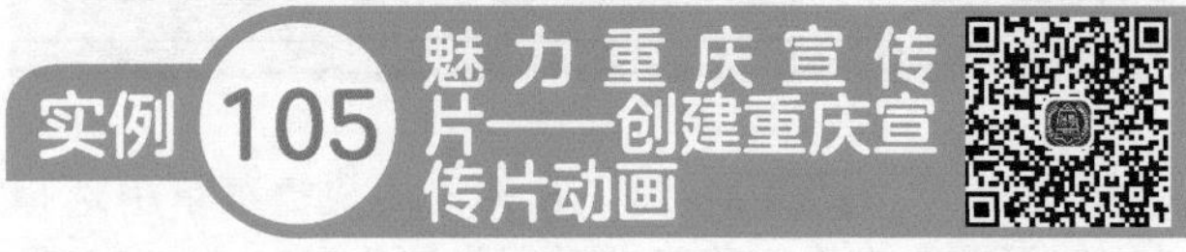

实例105 魅力重庆宣传片——创建重庆宣传片动画

下面介绍如何创建青岛宣传片动画，其具体操作步骤如下。

Step 01 在【项目】面板中单击【新建合成】按钮，在弹出的【合成设置】对话框中将【合成名称】设置为【重庆宣传片动画】，将【宽度】、【高度】分别设置为3840、2160，将【像素长宽比】设置为【方形像素】，将【帧速率】设置为30，将【分辨率】设置为【二分之一】，将【持续时间】设置为0:00:16:00，将【背景颜色】的RGB值设置为0,0,0，如图10-56所示。

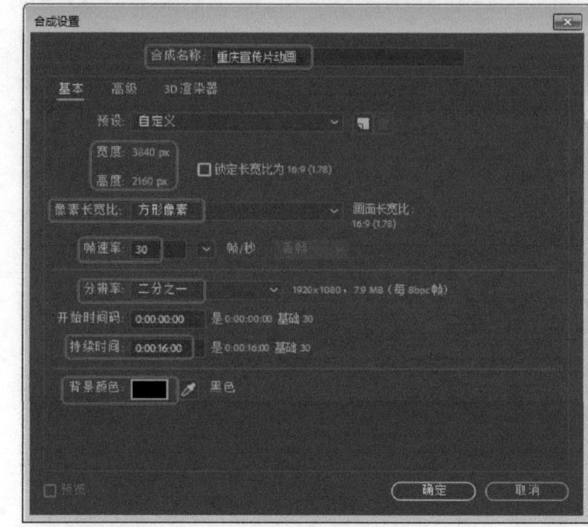

图10-56

Step 02 设置完成后，单击【确定】按钮，将【过渡动画1】合成文件拖曳至时间轴面板中，将【入】设置为0:00:00:00，【持续时间】设置为0:00:06:15，如图10-57所示。

图10-57

Step 03 启用【对于合成图层】按钮和【3d图层】按钮，将【位置】设置为-13.2,6394.7,0，将【缩放】设置为202，如图10-58所示。

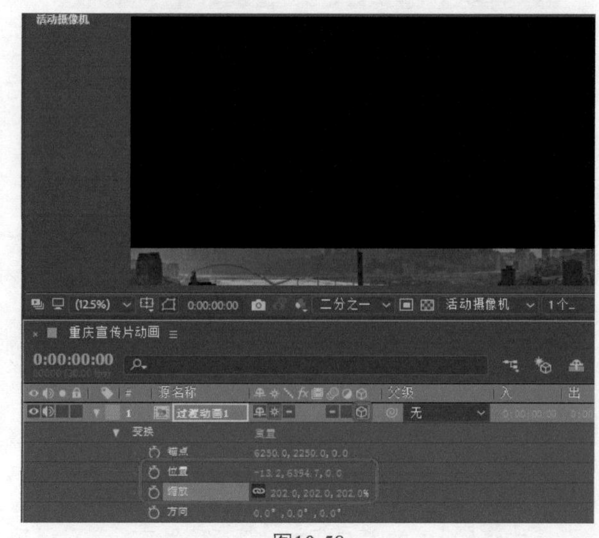

图10-58

Step 04 在【时间轴】面板中右击，在弹出的快捷菜单中选择【新建】|【形状图层】命令，将【入】设置为0:00:00:00，【持续时间】设置为0:00:03:12，如图10-59所示。

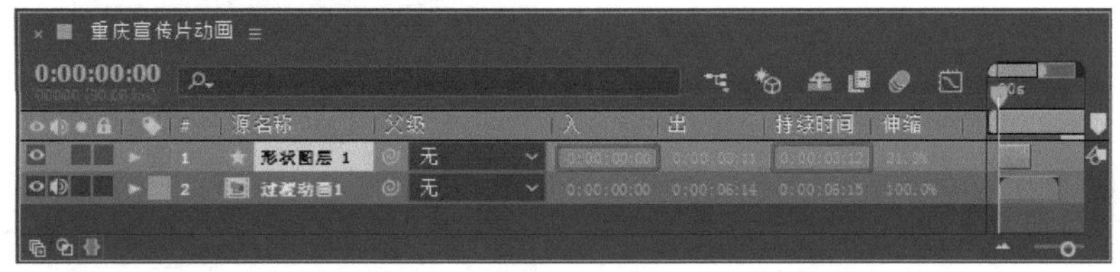

图10-59

Step 05 展开【变换】选项卡，将【锚点】设置为-2,8，将【位置】设置为1920,7423，将【缩放】设置为90，将【不透明度】设置为75，如图10-60所示。

图10-60

Step 06 使用【矩形工具】绘制矩形，展开【内容】|【矩形1】|【矩形路径1】选项卡，将【大小】设置为2124,370，如图10-61所示。

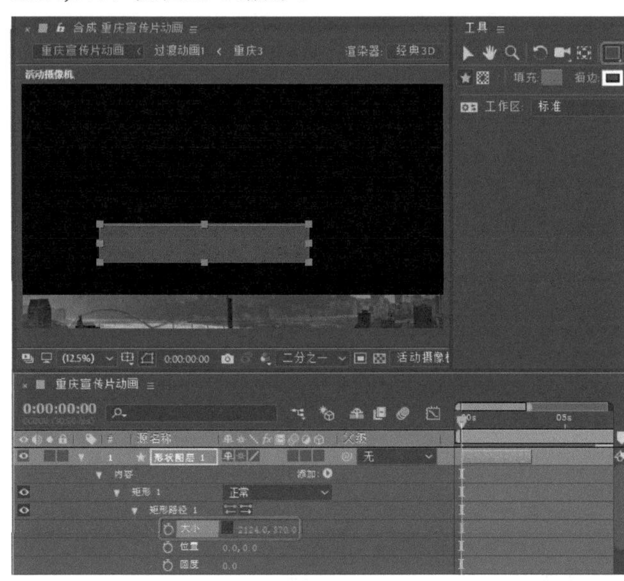

图10-61

Step 07 展开【变换：矩形1】选项卡，将【位置】设置为-2,8，如图10-62所示。

Step 08 为形状图形添加【填充】特效，将【颜色】RGB值设置为255,255,255，如图10-63所示。

Step 09 将【文本01】添加至时间轴面板中，将【当前时间】设置为0:00:03:12，按Alt+]快捷组合键，将时间滑块的结尾处与时间线对齐，如图10-64所示。

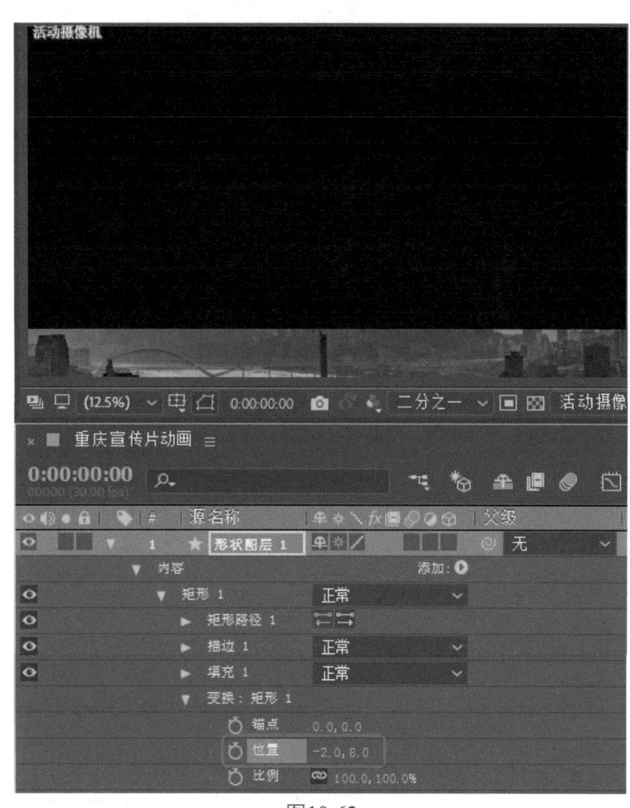

图10-62

Step 10 启用【对于合成图层】按钮和【3d图层】按钮，将【变换】选项组的【位置】设置为1931.7,7426.4,0，将【缩放】设置为50，如图10-65所示。

图10-63

图10-64

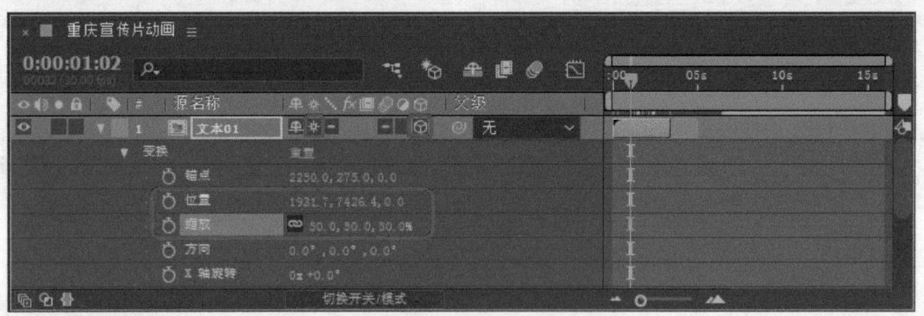
图10-65

Step 11 为文本对象添加【梯度渐变】特效，将当前时间设置为0:00:01:07，将【渐变起点】设置为1632,920，将【起始颜色】设置为#309BFA，将【渐变终点】设置为2406.8,1130.6，将【结束颜色】设置为#00F2FE，将【渐变形状】设置为【径向渐变】，单击【渐变起点】和【渐变终点】左侧的【时间变化秒表】按钮，选择关键帧，按F9键将其转换为缓动帧，如图10-66所示。

图10-66

Step 12 将当前时间设置为0:00:02:09，将【渐变起点】设置为2756,1432，将【渐变终点】设置为3338.8,1642.6，如图10-67所示。

图10-67

Step 13 复制形状图层，将图层移动至【文本01】的上方，如图10-68所示。

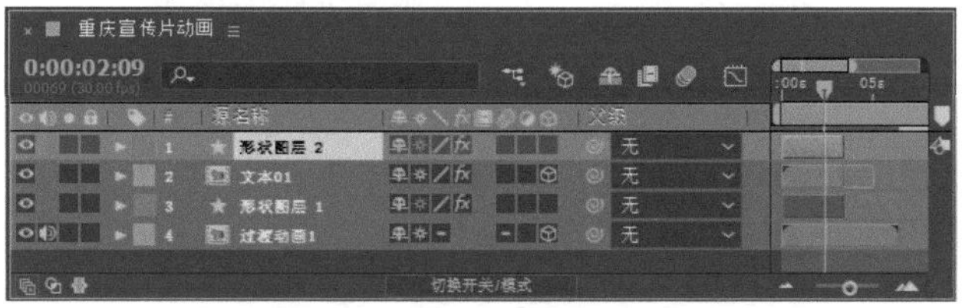

图10-68

Step 14 在【时间轴】面板中右击，在弹出的快捷菜单中选择【新建】|【纯色】命令，弹出【纯色设置】对话框，将【宽度】和【高度】设置为100，【单位】设置为【像素】，将【像素长宽比】设置为【方形像素】，将【颜色】设置为白色，单击【确定】按钮，如图10-69所示。

图10-69

◎提示◦

纯色层是一个单一颜色的静态层，主要用于制作蒙版、添加特效或合成的动态背景。

Step 15 将【入】设置为0:00:00:00，【持续时间】设置为0:00:03:12，如图10-70所示。

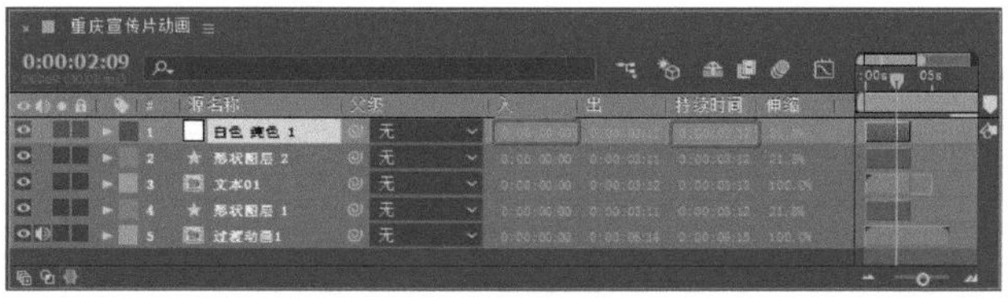

图10-70

Step 16 开启【3d图层】，将当前时间设置为0:00:00:00，将【锚点】设置为50，【位置】设置为1896,6410,0，单击【位置】左侧的【时间变化秒表】按钮，如图10-71所示。

Step 17 将当前时间设置为0:00:01:07，将【位置】设置为1896,59,0，将【缩放】设置为100，单击【缩放】左侧的【时间变化秒表】按钮，如图10-72所示。

Step 18 将当前时间设置为0:00:02:15，将【位置】设置为2877,1076,0，将【缩放】设置为50，如图10-73所示。

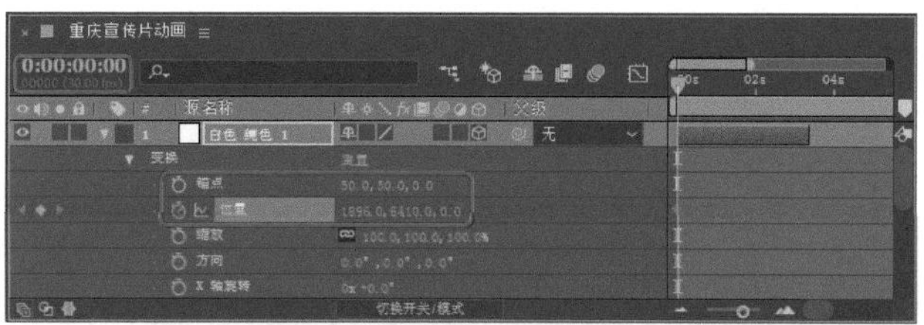
图10-71

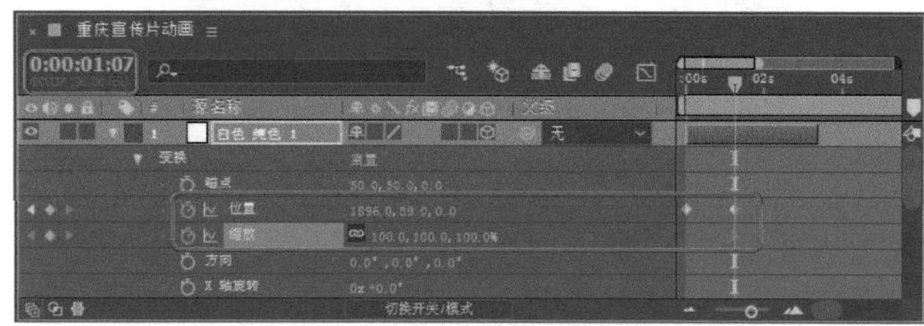
图10-72

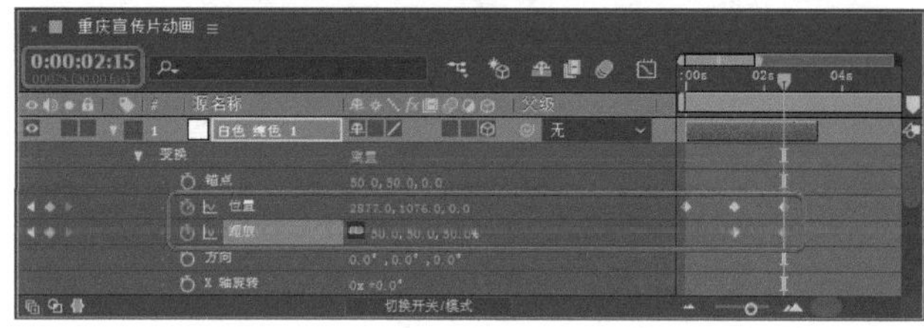
图10-73

Step 19 选择所有帧，按F9键将其转换为缓动帧，如图10-74所示。

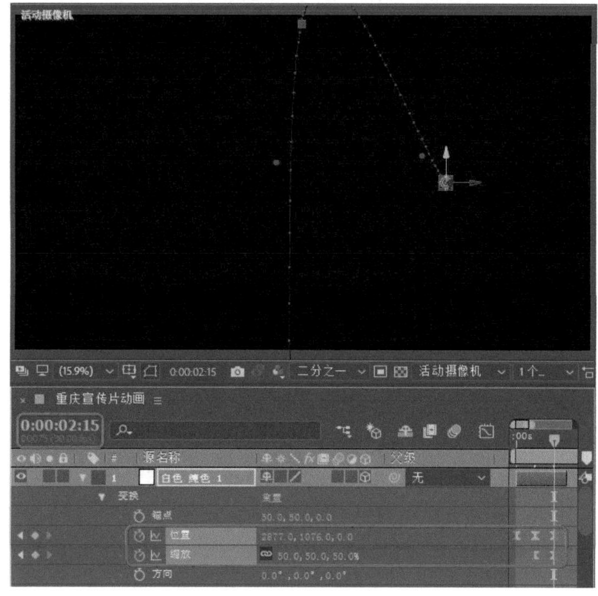
图10-74

Step 20 在【时间轴】面板中右击，在弹出的快捷菜单中选择【新建】|【纯色】命令，弹出【纯色设置】对话框，将【宽度】和【高度】设置为3840、2160，【单位】设置为【像素】，将【像素长宽比】设置为【方形像素】，单击【确定】按钮，如图10-75所示。

Step 21 将【入】设置为0:00:00:00，【持续时间】设置为0:00:00:28，如图10-76所示。

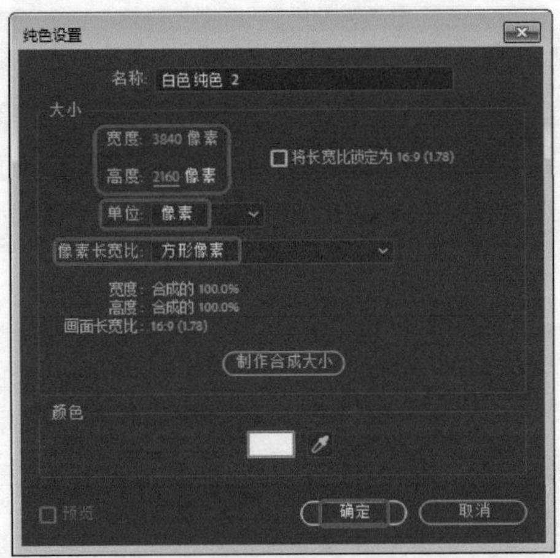

图10-75

图10-76

Step 22 将当前时间设置为0:00:00:00，【位置】设置为1920,1080，将【不透明度】设置为100，单击【不透明度】左侧的按钮，如图10-77所示。

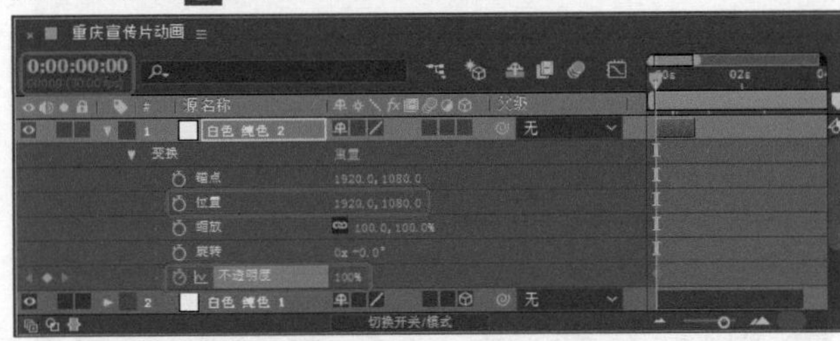

图10-77

Step 23 将当前时间设置为0:00:00:27，将【不透明度】设置为0，如图10-78所示。

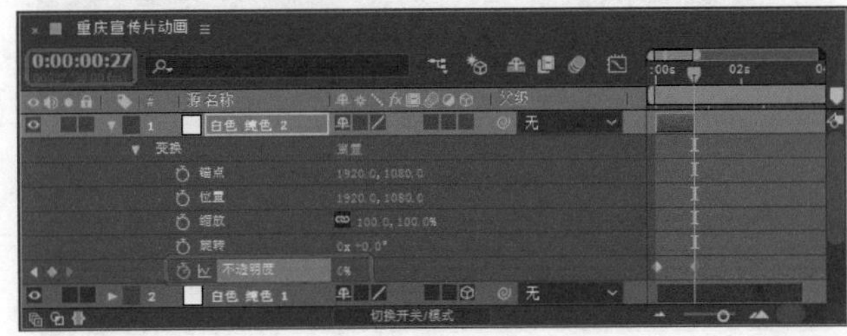

图10-78

Step 24 在【时间轴】面板中右击，在弹出的快捷菜单中选择【新建】|【纯色】命令，弹出【纯色设置】对话框，将【宽度】和【高度】设置为100，【单位】设置为【像素】，将【像素长宽比】设置为【方形像素】，单击【确定】按钮，如图10-79所示。

Step 25 将【入】设置为0:00:02:12，【持续时间】设置为0:00:01:10，如图10-80所示。

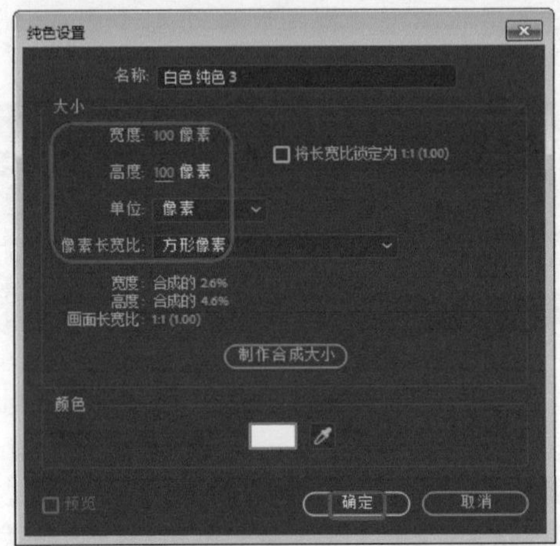

图10-79

图10-80

Step 26 将当前时间设置为0:00:02:12，将【锚点】设置为50，将【位置】设置为2877,1076，单击左侧的【时间变化秒表】按钮，如图10-81所示。

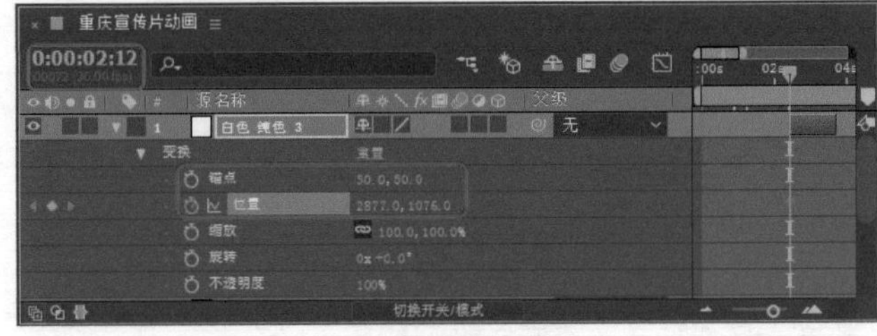

图10-81

Step 27 将当前时间设置为0:00:03:21，将【位置】设置为6785,1076，按F9键将关键帧转换为缓动帧，如图10-82所示。

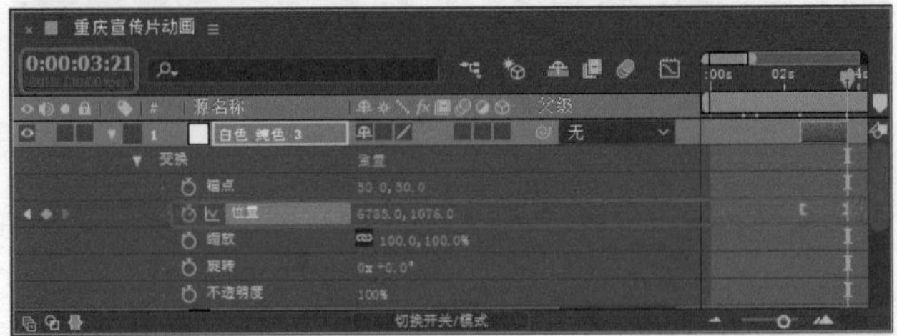

图10-82

Step 28 选择【白色 纯色1】和【白色 纯色3】图层，按T键，单独显示【不透明度】参数，将【不透明度】设置为0，如图10-83所示。

Step 29 使用同样的方法制作其他的图层文件，并设置TrkMat和【父级】参数，如图10-84所示。

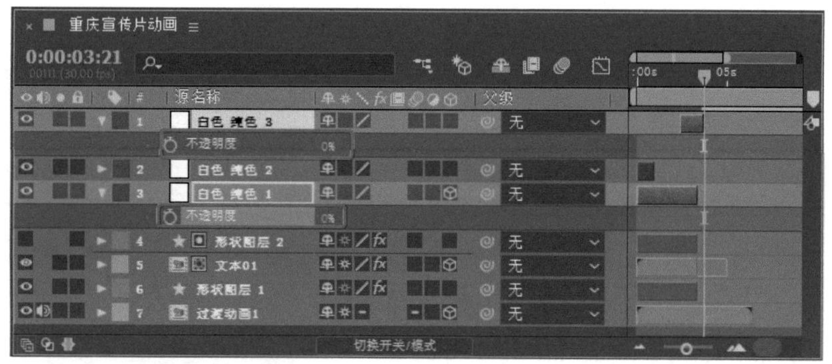

图10-83

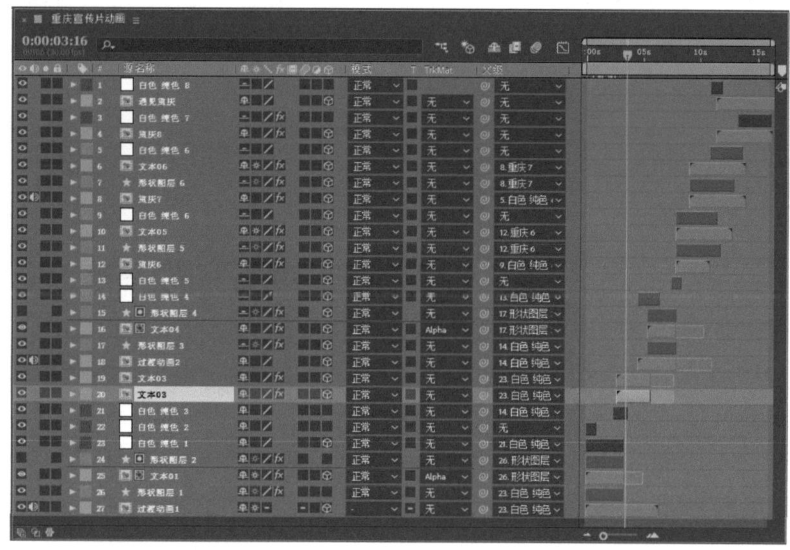

图10-84

◎提示·◦

指定父级对象后，子对象会发生相应的参数变化，可以拖动时间线预览效果。

实例106 魅力重庆宣传片——制作光晕并嵌套合成

下面将讲解如何制作光晕并嵌套合成，其具体操作步骤如下。

Step 01 按Ctrl+N组合键，在弹出的对话框中将【名称】设置为【遮罩动画】，将【宽度】和【高度】分别设置为1920、1080，将【像素长宽比】设置为【方形像素】，将【帧速率】设置为30，将【分辨率】设置为二分之一，将【持续时间】设置为0:01:15:00，将【背景颜色】设置为黑色，如图10-85所示。

Step 02 单击【确定】按钮，在【时间轴】面板中右击，在弹出的快捷菜单中选择【新建】|【调整图层】命令，将【入】设置为0:00:00:00，【持续时间】设置为0:01:16:20，为图层添加【杂色】效果，将【杂色数量】设置为3，如图10-86所示。

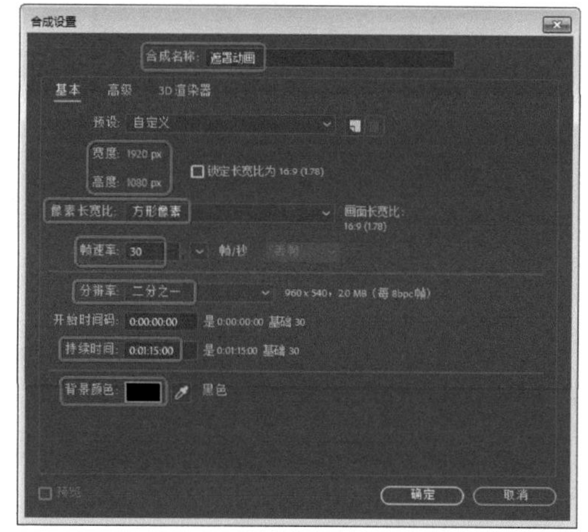

图10-85

◎提示·◦

【调整图层】用于对其下面所有图层进行效果调整，当该层应用某种效果时，只影响其下所有图层，不影响其上的图层。

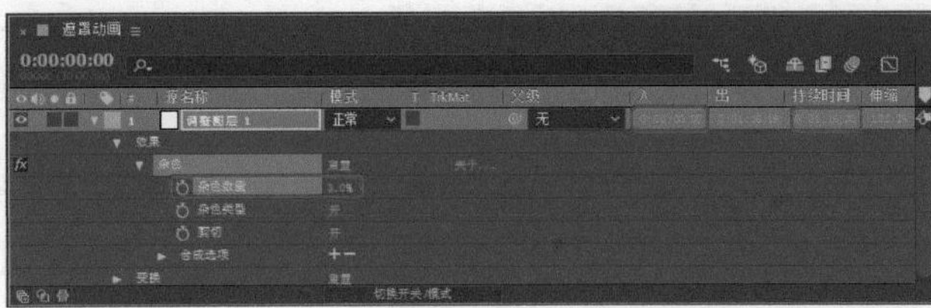

图10-86

Step 03 单击【确定】按钮，在【时间轴】面板中右击，在弹出的快捷菜单中选择【新建】|【调整图层】命令，将【入】设置为0:00:00:00，【持续时间】设置为0:01:16:20，为图层添加【曲线】、【亮度和对比度】和【锐化】效果，如图10-87所示。

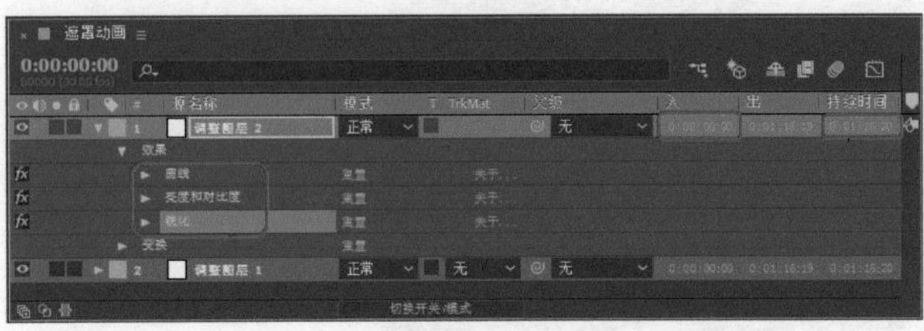

图10-87

Step 04 打开【效果控件】面板，设置【曲线】，展开【亮度和对比度】选项组，将【亮度】和【对比度】分别设置为10、5，选中【使用旧版（支持HDR）】复选框，将【锐化】选项组下的【锐化量】设置为10，如图10-88所示。

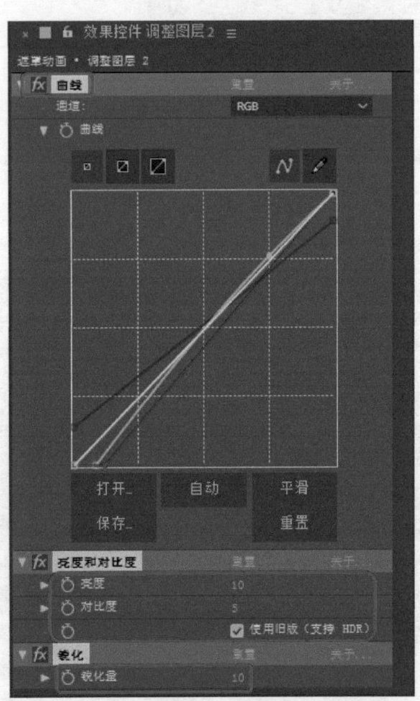

图10-88

Step 05 在【时间轴】面板中右击，在弹出的快捷菜单中选择【新建】|【纯色】命令，将【宽度】和【高度】分别设置为1920、1080，单击【确定】按钮，如图10-89所示。

Step 06 为图层添加【填充】效果，将【颜色】设置为【黑色】，如图10-90所示。

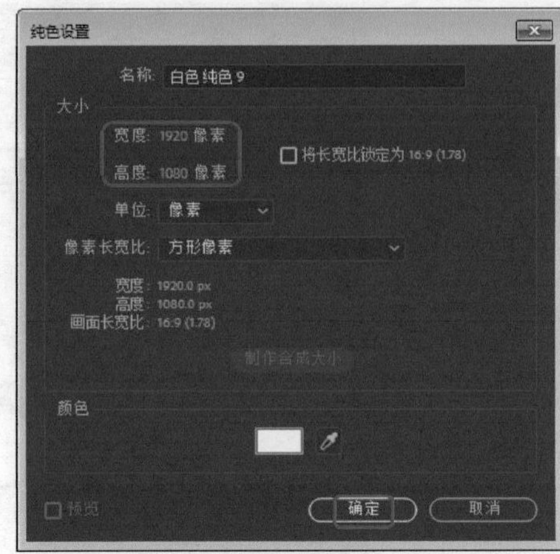

图10-89

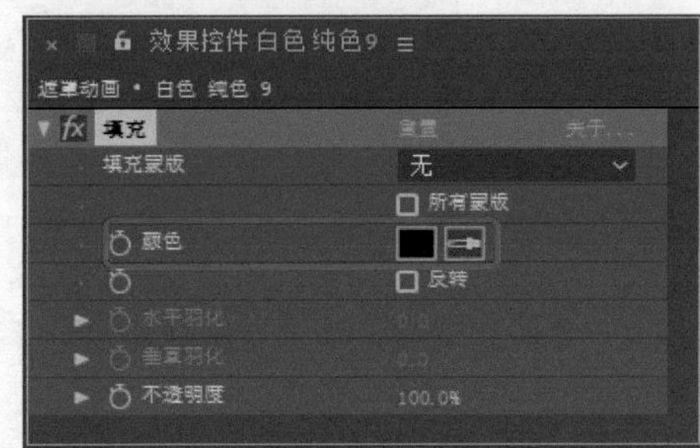

图10-90

Step 07 在图层上右击，在弹出的快捷菜单中选择【蒙版】|【新建蒙版】命令，如图10-91所示。

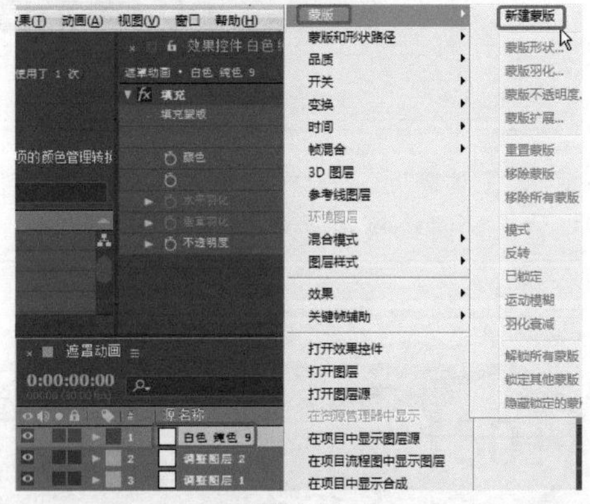

图10-91

Step 08 将当前时间设置为0:00:00:00，将【蒙版1】设置为【相减】，单击【蒙版路径】左侧的【时间变化秒表】按钮，如图10-92所示。

图10-92

Step 09 将当前时间设置为0:00:01:00，单击【蒙版路径】右侧的【形状…】，弹出【蒙版形状】对话框，将【顶部】设置为80像素，【底部】设置为1000像素，单击【确定】按钮，在【合成】面板中单击【切换透明网格】按钮，如图10-93所示。

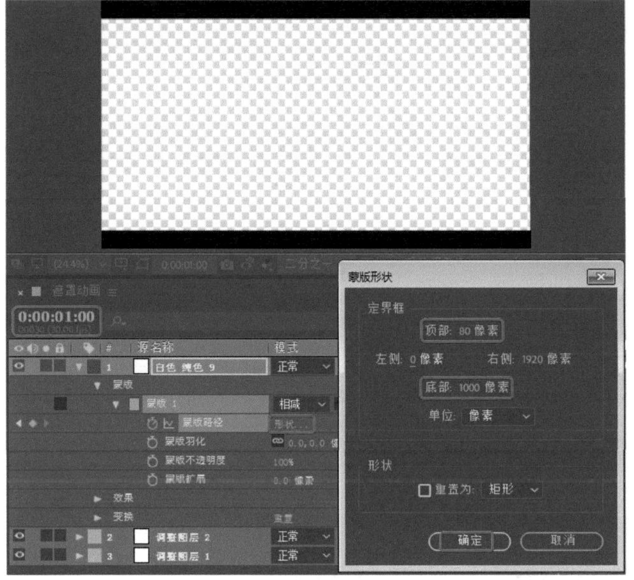

图10-93

Step 10 将当前时间设置为0:00:17:24，单击【蒙版路径】右侧的【形状…】，弹出【蒙版形状】对话框，将【顶部】设置为100像素，【底部】设置为980像素，单击【确定】按钮，如图10-94所示。

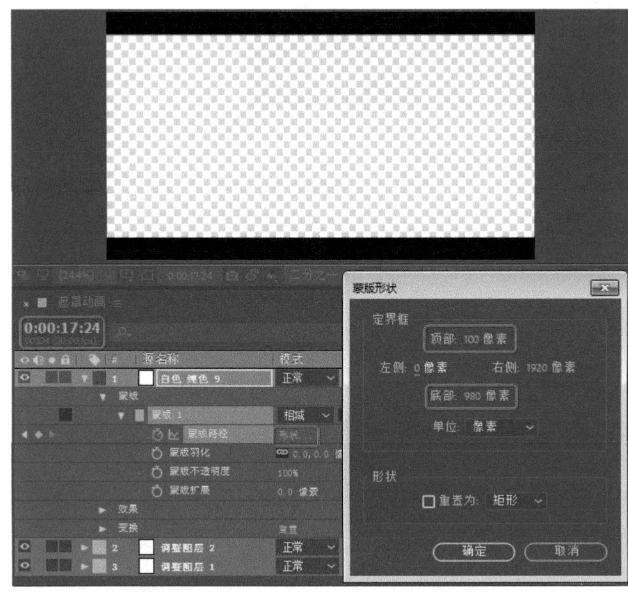

图10-94

> **提示**
>
> 在【形状】区域中可以修改当前蒙板的形状，可以将其改成矩形或椭圆。

Step 11 将当前时间设置为0:00:31:01，单击【蒙版路径】右侧的【形状…】，弹出【蒙版形状】对话框，将【顶部】设置为80像素，【底部】设置为1000像素，单击【确定】按钮，如图10-95所示。

Step 12 选择所有关键帧，按F9键将其转换为缓动帧，如图10-96所示。

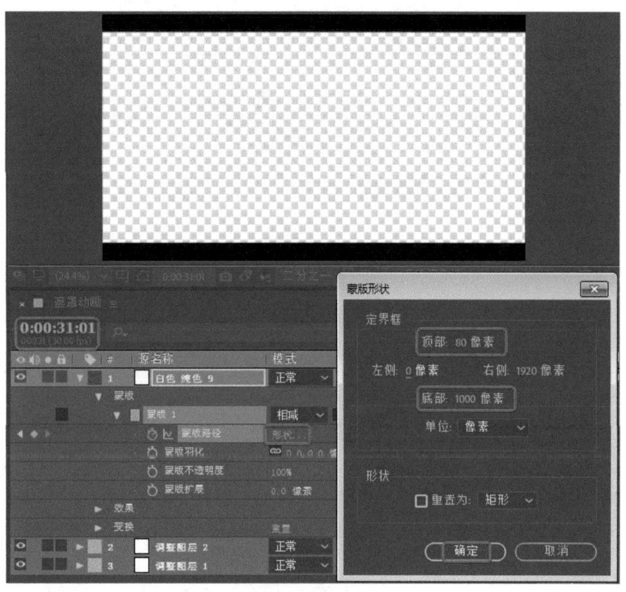

图10-95

图10-96

Step 13 使用同样的方法制作光晕动画，如图10-97所示。

图10-97

Step 14 按Ctrl+N组合键，弹出【合成设置】对话框，将【合成名称】设置为【最终动画】，将【宽度】和【高度】分别设置为3840、2160，将【像素长宽比】设置为【方形像素】，将【帧速率】设置为30，将【分辨率】设置为二分之一，将【持续时间】设置为0:00:16:00，将【背景颜色】设置为黑色，单击【确定】按钮，如图10-98所示。

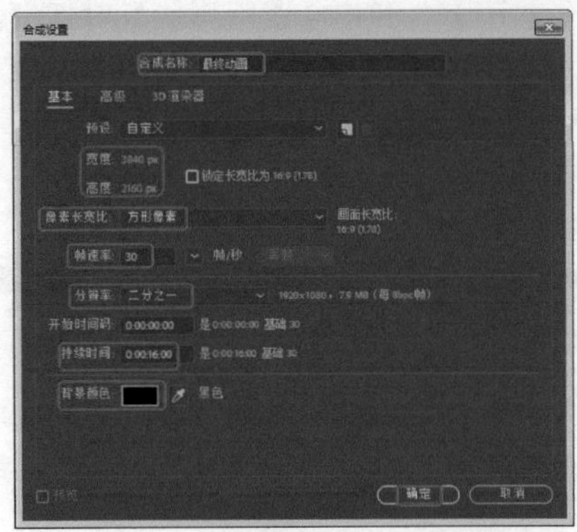

图10-98

Step 15 将“背景音乐.mp3”拖曳至时间轴面板中，将当前时间设置为0:00:13:11，将【音频电平】设置为0dB，单击左侧的【时间变化秒表】按钮，如图10-99所示。

Step 16 将当前时间设置为0:00:15:29，将【音频电平】设置为-33dB，如图10-100所示。

Step 17 将【重庆宣传片动画】拖曳至时间轴面板中，如图10-101所示。

Step 18 将【标题文本】拖曳至时间轴顶层，单击【对于合成图层】按钮，将【位置】设置为1920,1912，将【缩放】设置为70，将【不透明度】设置为60，如图10-102所示。

图10-99

图10-100

图10-101

Step 19 为文本图层添加【填充】特效，将【颜色】设置为白色，如图10-103所示。

图10-102

图10-103

Step 20 将【光晕动画】拖曳至时间轴顶层，将【缩放】设置为200，将【不透明度】设置为80，如图10-104所示。

图10-104

Step 21 将【遮罩动画】拖曳至时间轴顶层，单击【对于合成图层】按钮，将【缩放】设置为220.5，将【光晕动画】的【模式】设置为【屏幕】，如图10-105所示。

图10-105

实例107 美食宣传片——美食合成

下面将讲解如何制作美食合成，其具体操作步骤如下。

Step 01 打开“美食宣传片素材.aep”素材文件，新建一个名称为【美食01】，【预设】为HDTV 1080 29.97，【宽度】、【高度】分别为1920、1080，【像素长宽比】为【方形像素】，【帧速率】为29.97，【分辨率】为【二分之一】，【持续时间】为0:00:40:00的合成，在【项目】面板中选择“美食01.JPG”素材文件，按住鼠标将其拖曳至【时间轴】面板中，将【缩放】设置为90，如图10-106所示。

图10-106

Step 02 再次新建一个名称为【美食02】的合成，在【项目】面板中选择“美食02.JPG”素材文件，按住鼠标将其拖曳至【美食02】的【时间轴】面板中，将【缩放】设置为84，如图10-107所示。

图10-107

Step 03 新建一个名称为【美食09】、【持续时间】为0:00:20:00的合成，在【项目】面板中选择【美食09.mp4】素材文件，将其拖曳至【美食09】的【时间轴】面板中，将其【持续时间】设置为0:00:06:12，如图10-108所示。

图10-108

Step 04 新建一个名称为【美食18】、【持续时间】为0:00:20:00的合成，在【项目】面板中选择【美食18.mov】素材文件，将其拖曳至【美食18】的【时间轴】面板中，将其【持续时间】设置为0:00:20:00，如图10-109所示。

图10-109

Step 05 根据前面所介绍的方法制作其他图片合成，然后在【项目】面板中选择除【素材】文件夹外的其他合成文件，按住鼠标将其拖曳至【新建文件夹】按钮上，将新建的组重命名为【美食合成】。

实例108 美食宣传片——美食合成动画

下面将讲解如何制作美食合成动画效果，其具体操作步骤如下。

Step 01 新建一个名称为【美食动画01】、【持续时间】为0:00:40:00的合成，在【时间轴】面板中新建一个名称为【白色纯色】的白色纯色图层，在【项目】面板中选择【美食01】，按住鼠标将其拖曳至【白色 纯色 1】的上方，为【美食01】图层添加【色相/饱和度】效果，在【效果控件】面板中将【主亮度】设置为55，如图10-110所示。

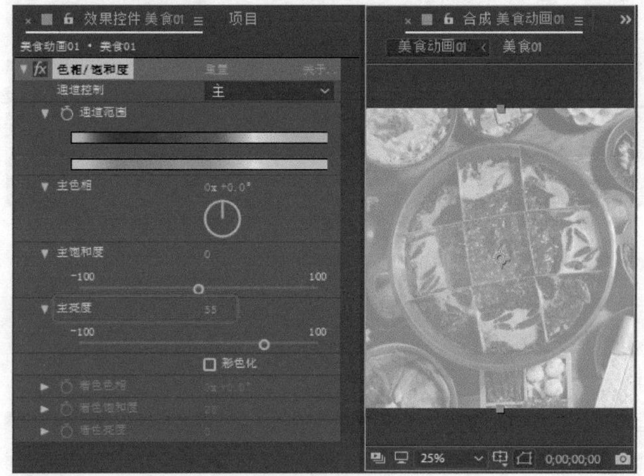

图10-110

Step 02 将当前时间设置为0:00:00:00，单击【美食01】下的【缩放】左侧的【时间变化秒表】按钮，将【不透明度】设置为55，如图10-111所示。

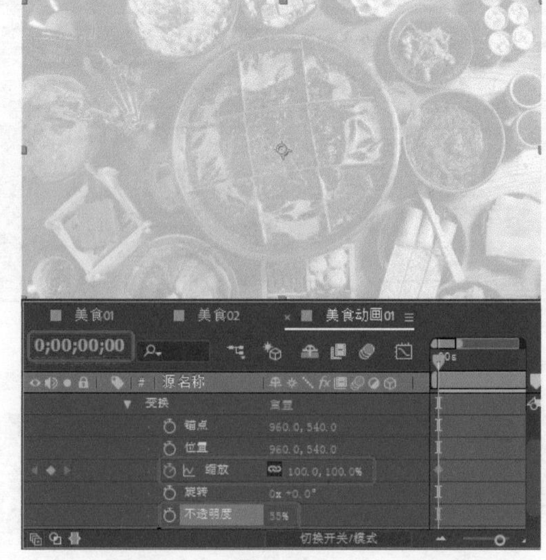

图10-111

Step 03 将当前时间设置为0:00:06:00，将【缩放】设置为111，如图10-112所示。

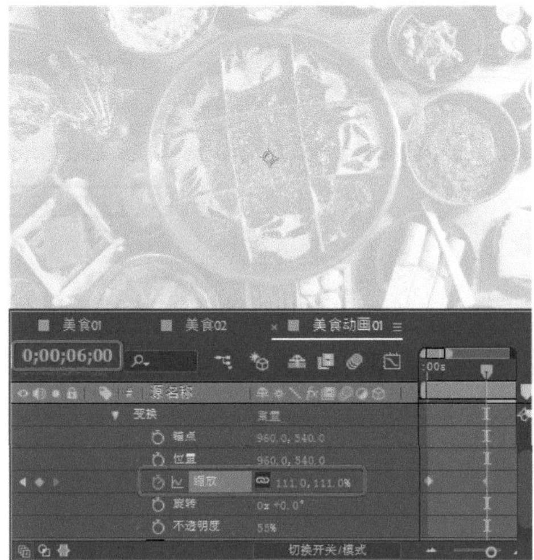

图10-112

Step 04 将当前时间设置为0:00:12:00，将【缩放】设置为122，如图10-113所示。

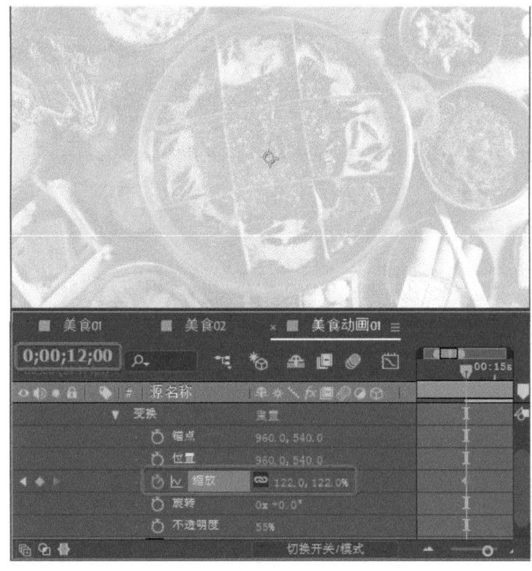

图10-113

Step 05 选中【时间轴】面板中的【美食01】图层，按Ctrl+D组合键对选中的图层进行复制，选中复制后的图层，将【不透明度】设置为100，如图10-114所示。

Step 06 继续选中【时间轴】面板顶层的【美食01】图层，在【效果控件】面板中将【主亮度】设置为-42，如图10-115所示。

Step 07 新建一个名称为【文字01】、【持续时间】为0:00:40:04的合成，在【工具】面板中单击【横排文字工具】按钮，在【合成】面板中单击鼠标，输入文字，选中输入的文字，在【字符】面板中将【字体】设置为DokChampa，将【字体大小】设置为146，将【字符间距】设置为0，将【填充颜色】设置为白色，在【段落】面板中单击【左对齐文本】按钮，在【时间轴】面板中将【位置】设置为241,607，将【缩放】设置为109，如图10-116所示。

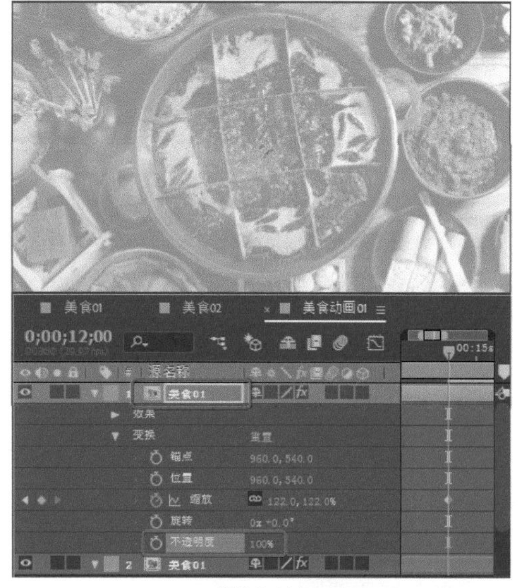

图10-114

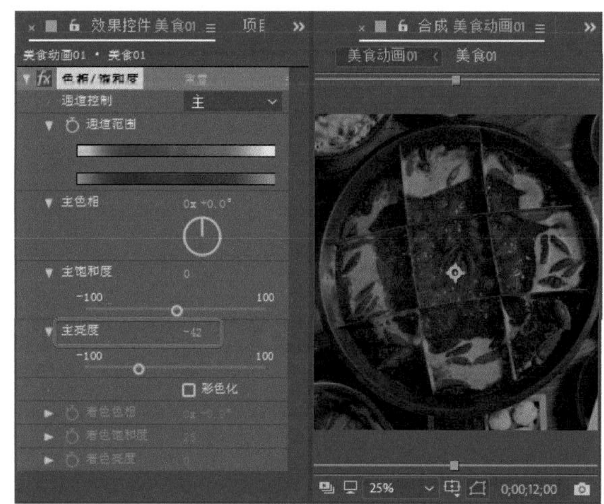

图10-115

图10-116

Step 08 选中该文字图层并右击，在弹出的快捷菜单中选择【3D图层】命令，如图10-117所示。

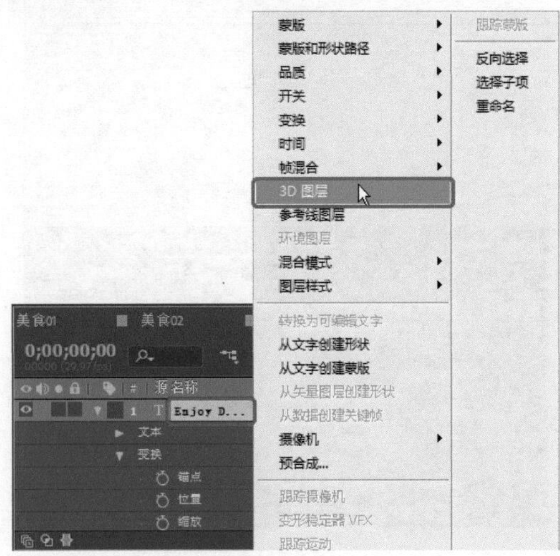

图10-117

Step 09 在【时间轴】面板中单击文字右侧的【动画】按钮，在弹出的快捷菜单中选择【启用逐字3D化】命令，如图10-118所示。

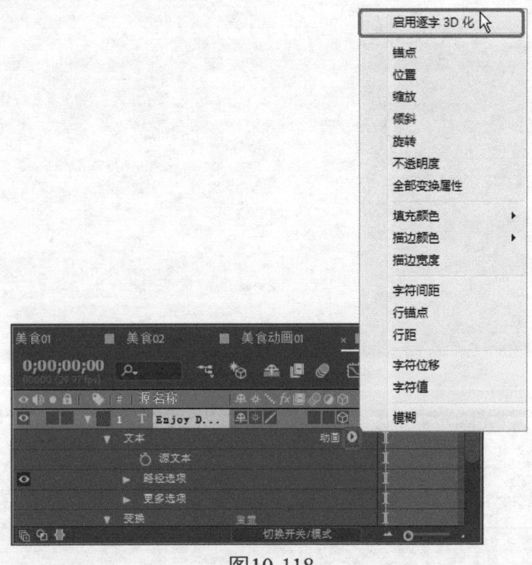

图10-118

Step 10 继续选中该文字图层，单击其右侧的【动画】按钮，在弹出的快捷菜单中选择【全部变换属性】命令，如图10-119所示。

Step 11 将当前时间设置为0:00:00:00，在【时间轴】面板中将【范围选择器1】下的【偏移】设置为-100，单击其左侧的【时间变化秒表】按钮，将【高级】下的【形状】设置为【上斜坡】，将【缓和低】设置为100，将【随机排序】设置为【开】，将【随机植入】设置为11，如图10-120所示。

Step 12 将当前时间设置为0:00:02:18，在【时间轴】面板中将【范围选择器1】下的【偏移】设置为100，如图10-121所示。

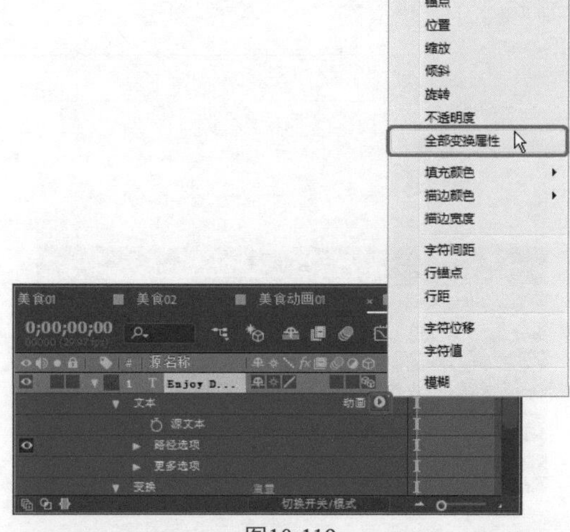

图10-119

图10-120

图10-121

Step 13 在【时间轴】面板中将【范围选择器1】下的【位置】设置为-422,-93,2760，将【Y轴旋转】设置为192，将【不透明度】设置为0，如图10-122所示。

图10-122

Step 14 打开【美食动画01】的【时间轴】面板，在【项目】面板中选择【文字01】，按住鼠标将其拖曳至【美食动画01】的顶层，将【美食01】右侧的【轨道遮罩】设置为【Alpha遮罩“文字01”】，如图10-123所示。

图10-123

Step 15 新建一个名称为【美食动画02】、【持续时间】为0:00:20:00的合成，在【项目】面板中选择【美食02】，按住鼠标将其拖曳至【美食动画02】合成中，将当前时间设置为0:00:00:00，单击【变换】下的【缩放】左侧的【时间变化秒表】按钮，如图10-124所示。

Step 16 将当前时间设置为0:00:06:00，将【缩放】设置为111，如图10-125所示。

图10-124

图10-125

Step 17 将当前时间设置为0:00:12:00，将【缩放】设置为122，如图10-126所示。

图10-126

Step 18 使用同样的方法创建其他美食动画与文字效果，如图10-127所示。

图10-127

实例 109 美食宣传片——美食宣传动画

下面将讲解如何制作美食宣传动画，其具体操作步骤如下。

Step 01 新建一个名称为【美食宣传片】，【持续时间】为0:00:36:05的合成，在【项目】面板中选择【美食动画01】合成，按住鼠标将其拖曳至【美食宣传片】的【时间轴】面板中，如图10-128所示。

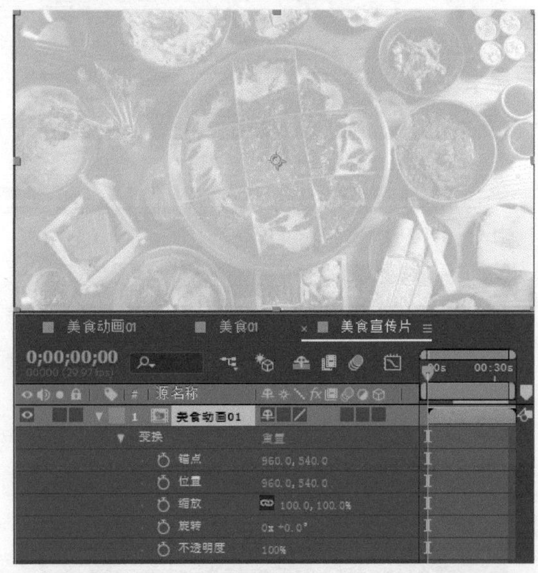

图10-128

Step 02 在【时间轴】面板中新建一个名称为01，【宽度】、【高度】均为120，【颜色】为白色的纯色图层，将当前时间设置为0:00:10:00，在【时间轴】面板中将01图层的时间滑块结尾处拖曳至与时间线对齐，并将其命名为Position 1，如图10-129所示。

图10-129

Step 03 将当前时间设置为0:00:00:00，在【时间轴】面板中将【位置】设置为-450.2,-614，将【缩放】设置为100.3，将【不透明度】设置为0，如图10-130所示。

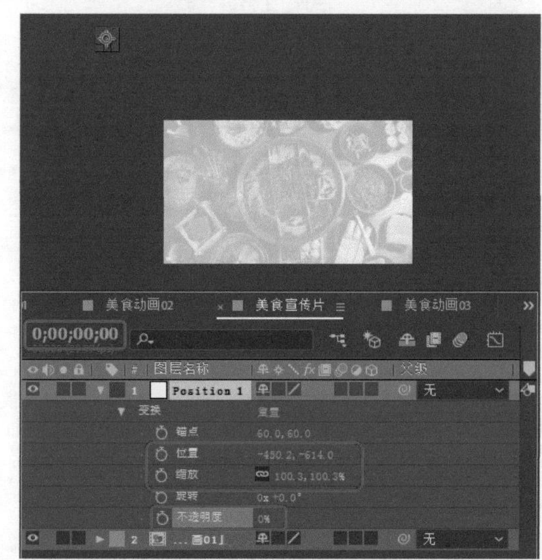

图10-130

Step 04 在【时间轴】面板中新建一个名称为02，【宽度】、【高度】均为100，【颜色】为白色的纯色图层，在【时间轴】面板中将02重新命名为P2，将当前时间设置为0:00:04:05，在【时间轴】面板中将P2下的【锚点】均设置为0，将【位置】设置为943.9、540，单击其左侧的【时间变化秒表】按钮，将【缩放】设置为66.7，将【不透明度】设置为0，如图10-131所示。

Step 05 将当前时间设置为0:00:06:04，在【时间轴】面板中将【位置】设置为943.9、-172，如图10-132所示。

图10-131

图10-132

Step 06 选择P2右侧【位置】关键帧的关键点并右击，在弹出的快捷菜单中选择【关键帧辅助】|【缓动】命令，如图10-133所示。

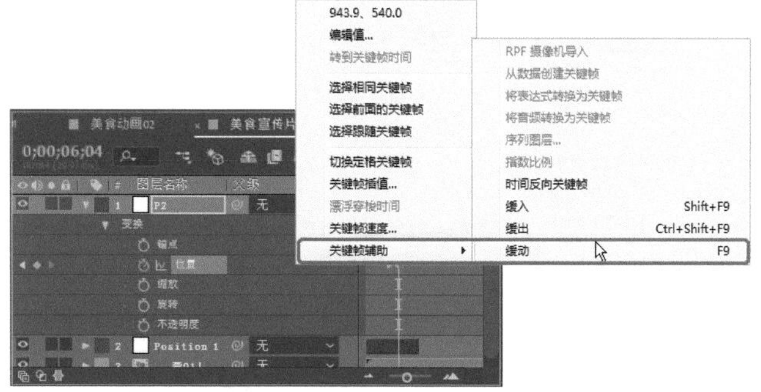

图10-133

Step 07 设置完成后，将当前时间设置为0:00:00:00，在【时间轴】面板中将Position 1右侧的父级对象设置为P2，如图10-134所示。

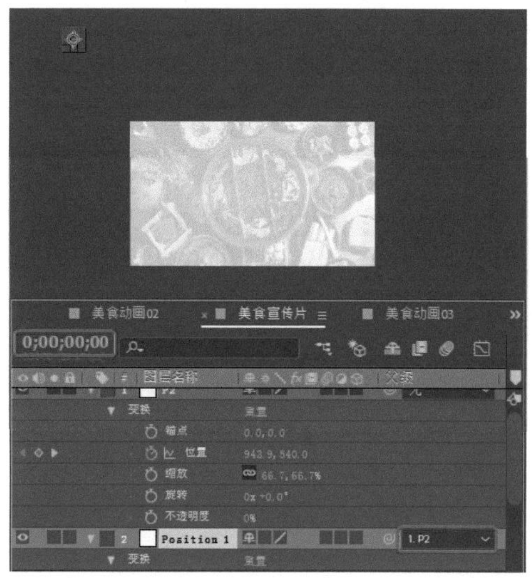

图10-134

Step 08 在【项目】面板中选择02纯色文件，按住鼠标将其拖曳至【时间轴】面板中P2图层的上方，将其命名为P3，将当前时间设置为0:00:06:13，将P3下的【锚点】设置为0，单击【缩放】左侧的【时间变化秒表】按钮⏱，如图10-135所示。

图10-135

Step 09 将当前时间设置为0:00:08:11，在【时间轴】面板中将【缩放】设置为150，如图10-136所示。

Step 10 将当前时间设置为0:00:08:21，在【时间轴】面板中将【位置】设置为1898.2、1078.7，单击其左侧的【时间变化秒表】按钮⏱，如图10-137所示。

Step 11 将当前时间设置为0:00:10:18，在【时间轴】面板中将【位置】设置为1898.2、3.7，将【不透明度】设置为0，如图10-138所示。

Step 12 在【时间轴】面板中选择【位置】与【缩放】右侧的关键点，按F9键，将其转换为【缓动】，将当前时间设置为0:00:00:00，在【时间轴】面板中将P2右侧的父级对象设置为P3，如图10-139所示。

图10-136

图10-137

图10-138

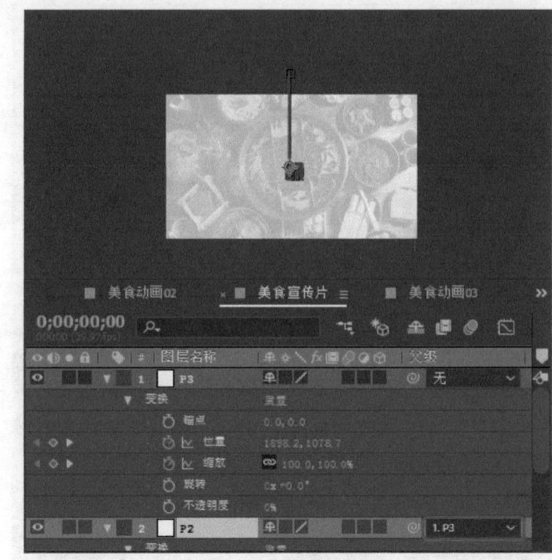

图10-139

Step 13 使用同样的方法制作其他对象，制作后的效果如图10-140所示。

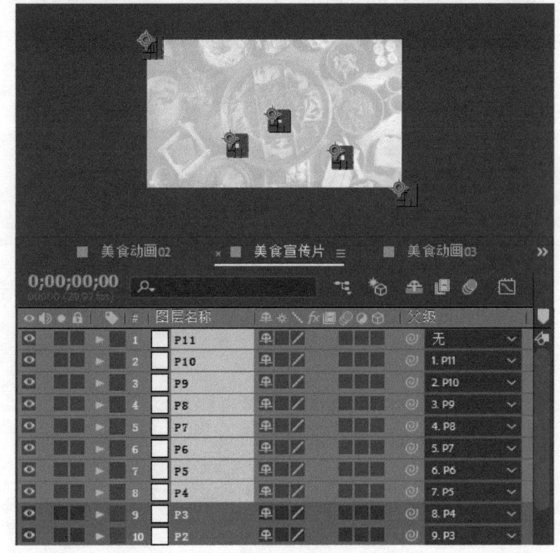

图10-140

Step 14 在【时间轴】面板中新建一个名称为Control的图层，在菜单栏中选择【效果】|【表达式控制】|【滑块控制】命令，如图10-141所示。

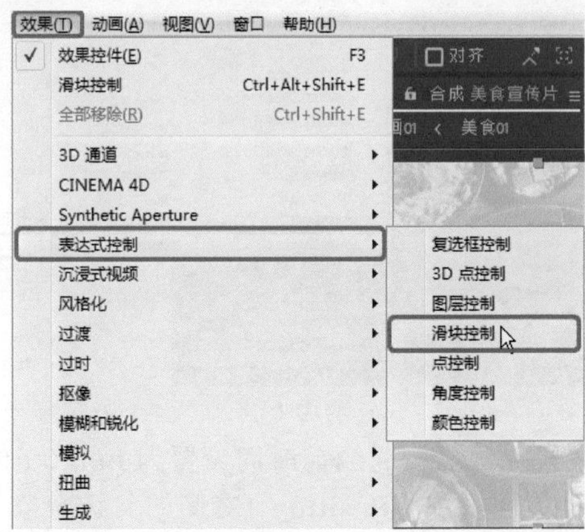

图10-141

Step 15 在【时间轴】面板中将【滑块控制】下的【滑块】设置为8，如图10-142所示。

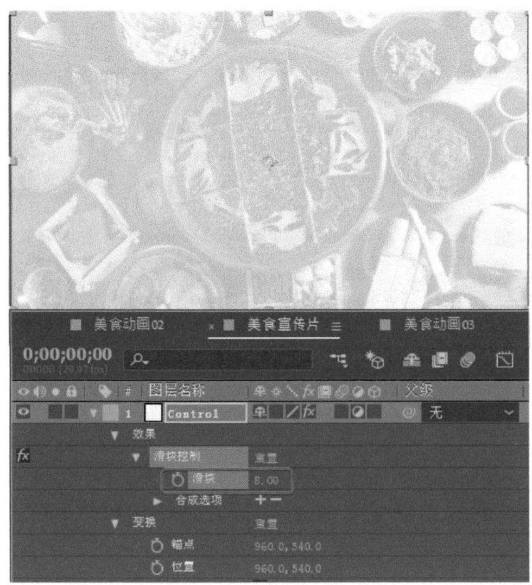

图10-142

Step 16 在【时间轴】面板中新建一个名称为【过渡01】，【宽度】、【高度】分别为1920、1080，【颜色】为白色的纯色图层，将当前时间设置为0:00:00:00，在【时间轴】面板中将【锚点】设置为960,0，将【位置】设置为960,1080，取消【缩放】的约束比例，将【缩放】设置为100,50，单击其左侧的【时间变化秒表】按钮，将【旋转】设置为180，如图10-143所示。

图10-143

Step 17 将当前时间设置为0:00:01:25，在【时间轴】面板中将【缩放】设置为100,0，如图10-144所示。

Step 18 在【时间轴】面板中选择该对象右侧的关键帧，按F9键，将选中的关键帧改为【缓动】，如图10-145所示。

图10-144

图10-145

Step 19 在【项目】面板中选择【过渡01】，按住鼠标将其拖曳至【过渡01】图层的上方，并将其重命名为【过渡】，将当前时间设置为0:00:00:00，在【时间轴】面板中将【锚点】设置为960、0，将【位置】设置为960,0，取消【缩放】的约束比例，将【缩放】设置为100,50，单击其左侧的【时间变化秒表】按钮，如图10-146所示。

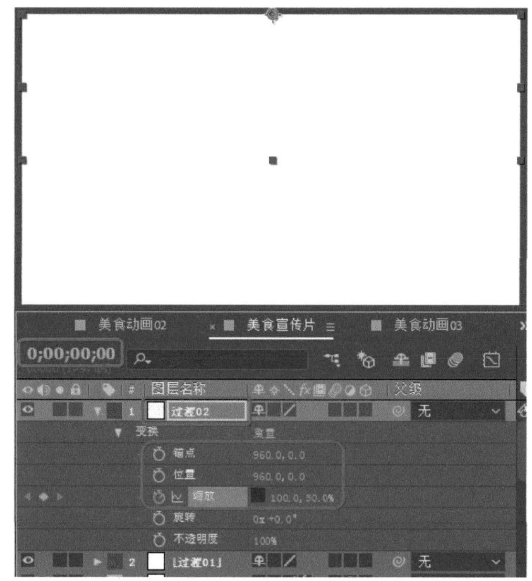

图10-146

Step 20 将当前时间设置为0:00:01:25，在【时间轴】面板中将【缩放】设置为100、0，如图10-147所示。

图10-147

Step 21 在【时间轴】面板中选择【过渡02】右侧的缩放关键帧，按F9键，将选中的关键帧转换为【缓动】，如图10-148所示。

图10-148

Step 22 在【项目】面板中选择“光.mp4”素材文件，按住鼠标将其拖曳至【过渡01】图层的上方，将【变换】下的【缩放】设置为150，将【不透明度】设置为75，将【混合模式】设置为【屏幕】，如图10-149所示。

Step 23 在【时间轴】面板中选中Position 1图层下方的【美食动画01】并右击，在弹出的快捷菜单中选择【图层样式】|【描边】命令，如图10-150所示。

Step 24 在【时间轴】面板中将【高级混合】下的【填充不透明度】设置为0，将【描边】下的【颜色】设置为白色，将【大小】设置为8，按住Alt键单击【大小】左侧的【时间变化秒表】按钮，输入表达式：thisComp.layer（"Control"）.effect（"滑块控制"）（"ADBE Slider Control-0001"），将【位置】设置为【内部】，如图10-151所示。

图10-149

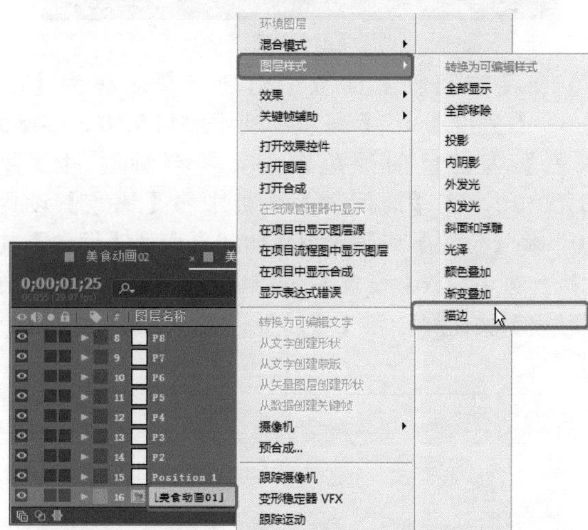

图10-150

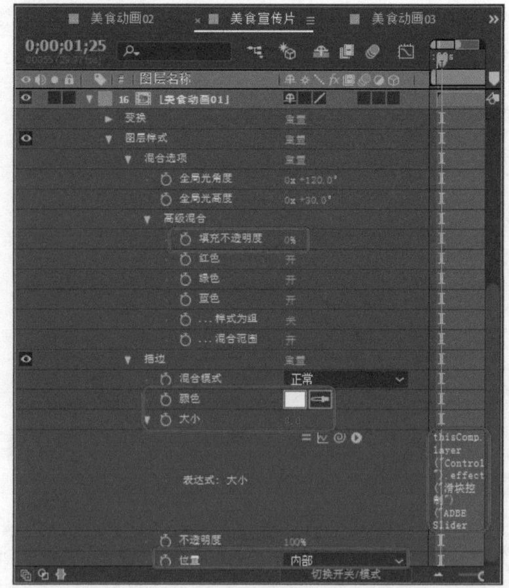

图10-151

Step 25 在【时间轴】面板中选择【美食动画01】，按Ctrl+C组合键进行复制，按Ctrl+V组合键进行粘贴，将粘贴后对象的【填充不透明度】设置为100，将【描边】下的【位置】设置为【居中】，如图10-152所示。

图10-152

Step 26 将当前时间设置为0:00:00:00，在【时间轴】面板中将【美食动画01】的父级对象设置为Position 1，将【锚点】均设置为0，将【位置】设置为494.6、663.6，将【缩放】设置为100，如图10-153所示。

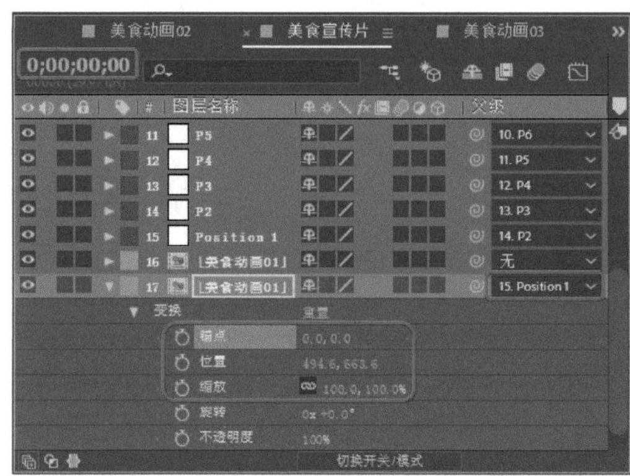

图10-153

Step 27 将当前时间设置为0:00:06:08，将该对象的时间滑块结尾处调整至与时间线对齐，如图10-154所示。

Step 28 使用相同的方法添加其他美食动画合成文件，并对添加的文件进行相应的设置，如图10-155所示。

Step 29 新建一个名称为【结束】、【持续时间】为0:00:20:00的合成，在【项目】面板中选择【白色纯色】，按住鼠标将其拖曳至【时间轴】面板中，在【美食动画01】合成中选择【美食01】对象，如图10-156所示。

Step 30 按Ctrl+C组合键对选中的对象进行复制，切换至【结束】的【时间轴】面板中，按Ctrl+V组合键进行粘贴，如图10-157所示。

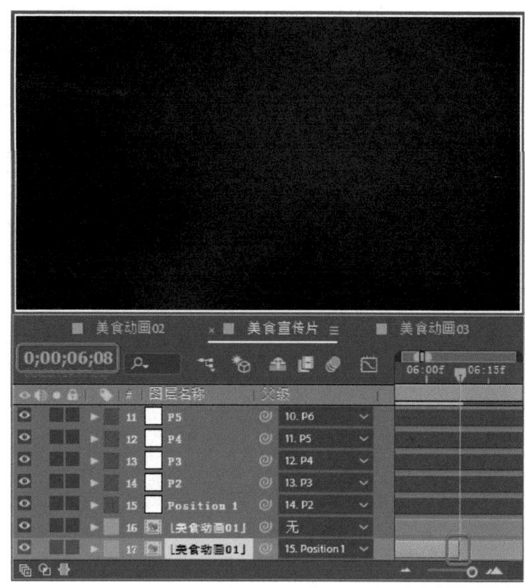

图10-154

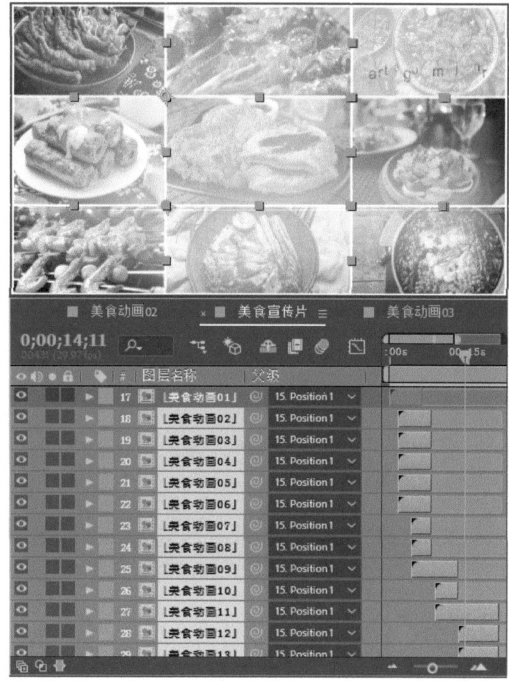

图10-155

图10-156

图10-157

Step 31 在【项目】面板中选择【文字05】合成文件，按住鼠标将其拖曳至【美食01】图层的上方，将其轨道遮罩设置为【Alpha遮罩“文字05”】，将【文字05】取消显示，如图10-158所示。

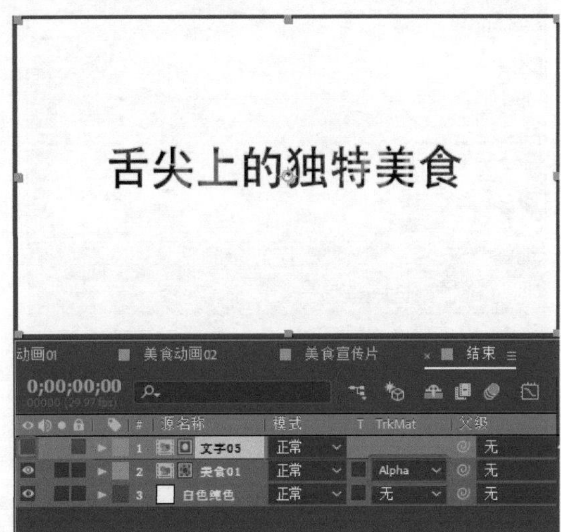

图10-158

Step 32 切换至【美食宣传片】合成中，在【项目】面板中选择【结束】合成文件，将当前时间设置为0:00:04:27，在【时间轴】面板中将【结束】合成时间滑块的结尾处调整至与时间线对齐，如图10-159所示。

Step 33 在【时间轴】面板中将【结束】图层的入点时间设置为0:00:31:08，如图10-160所示。

Step 34 将当前时间设置为0:00:31:09，将【位置】设置为958,546，将【缩放】均设置为101，将【不透明度】设置为0，单击其左侧的【时间变化秒表】按钮，如图10-161所示。

Step 35 将当前时间设置为0:00:34:02，将【不透明度】设置为100，如图10-162所示。

Step 36 将当前时间设置为0:00:00:00，将该图层的父级对象设置为P11，如图10-163所示。

图10-159

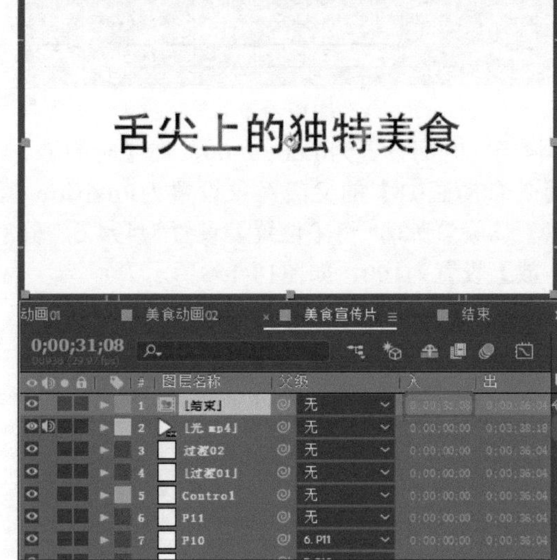

图10-160

图10-161

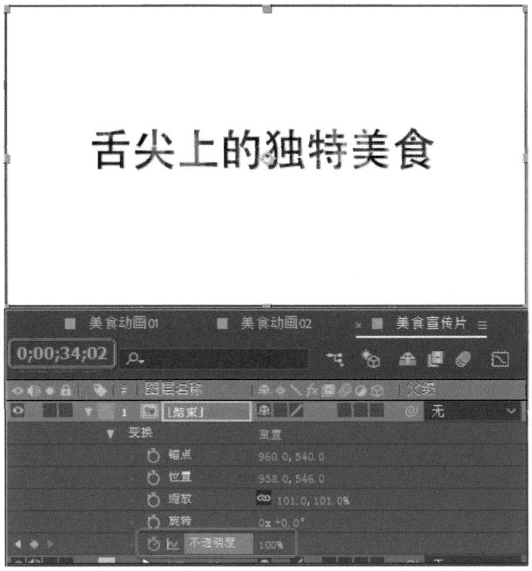

图10-162

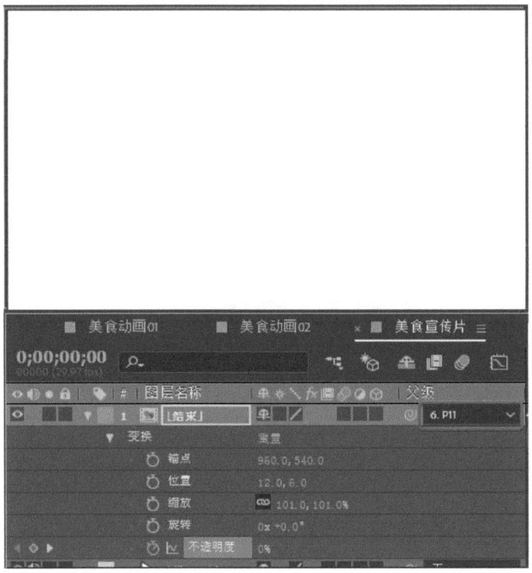

图10-163

Step 37 在【项目】面板中选择“美食背景音乐.mp3”，按住鼠标将其拖曳至【时间轴】面板的顶层，如图10-164所示。

Step 38 设置完成后，按空格键预览效果，查看图片与文字的位置，如图10-165所示。

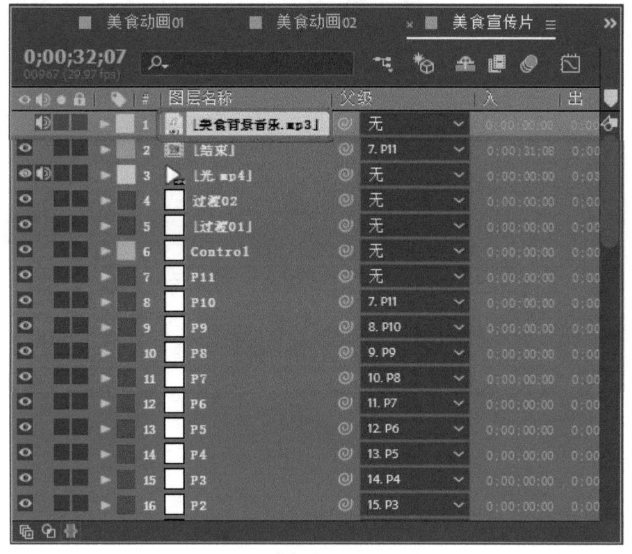

图10-164

图10-165

第11章 影视栏目包装设计

本章导读

栏目包装是对电视节目、栏目、频道甚至是电视台的整体形象进行一种外在形式要素的规范和强化，目前已经成为电视台和各电视节目制作公司、广告公司最常用的概念之一。

实例 110 毕业季节目片头——制作开始动画

下面讲解如何制作开始动画，其具体操作步骤如下。

Step 01 按Alt+Ctrl+N组合键，新建一个空白项目，在【项目】面板中右击，在弹出的快捷菜单中选择【新建文件夹】命令，将新建的文件夹命名为【素材】，在【项目】面板中双击，在弹出的对话框中选择“素材\Cha11\”目录中的“毕业季素材01.mp4”、“毕业季素材02.png”、“毕业季素材03.mov”、“毕业季素材04.png”、“毕业季素材05.mp4”、“毕业证书抛入空中转场.mov”、“花.mp4”、“礼帽抛入空中转场.mov”、“图片01.jpg”~“图片19.jpg”、“音频.wav”等素材文件，单击【导入】按钮，即可将素材导入【项目】面板，将素材拖曳至“素材”文件夹中，如图11-1所示。

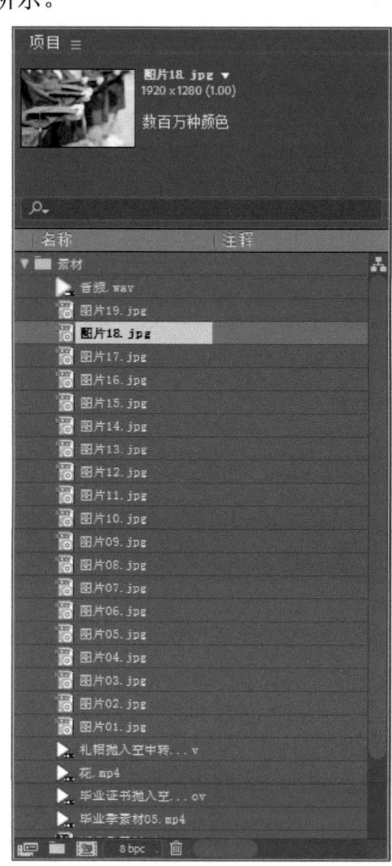

图11-1

Step 02 在【项目】面板空白位置处单击鼠标，按Ctrl+N组合键，弹出【合成设置】对话框，将【合成名称】设置为【开始动画】，将【预设】设置为HDTV 1080 25，将【像素长宽比】设置为方形像素，将【帧速率】设置为25，将【持续时间】设置为0:00:05:09，将【背景颜色】设置为黑色，如图11-2所示。

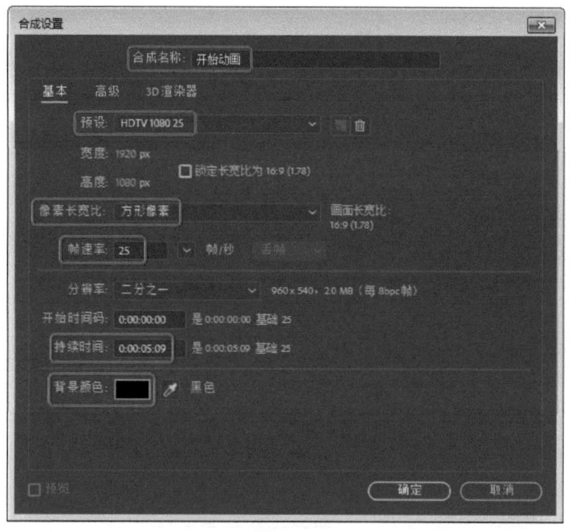

图11-2

Step 03 单击【确定】按钮，在【项目】面板中将“毕业季素材01.mp4”素材文件拖曳至【时间轴】面板中，如图11-3所示。

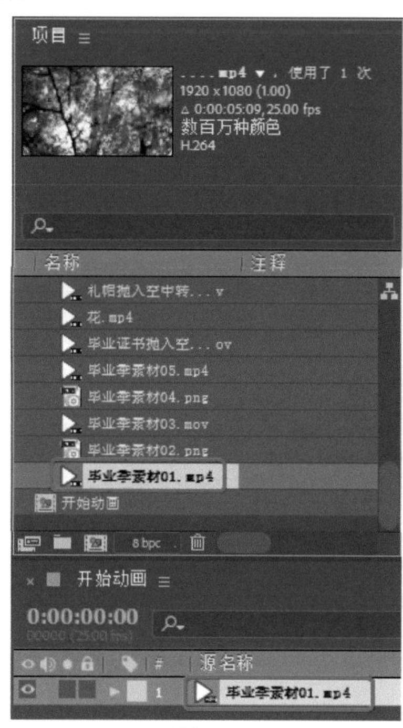

图11-3

Step 04 在【项目】面板中将“毕业季素材02.png”素材文件拖曳至【时间轴】面板中，将【变换】|【缩放】设置为67%，如图11-4所示。

Step 05 在【工具】面板中单击【矩形工具】按钮，在【合成】面板中绘制矩形，将当前时间设置为0:00:01:01，单击【蒙版1】|【蒙版路径】左侧的按钮，单击【蒙版路径】右侧的【形状…】按钮，弹出【蒙版形状】对话框，将【顶部】、【底部】设置为480像素、1573像素，将【左侧】、【右侧】均设置为291像素，如图11-5所示。

图11-4

图11-5

Step 06 单击【确定】按钮，在【合成】面板中观察效果，如图11-6所示。

图11-6

Step 07 将当前时间设置为0:00:02:20，单击【蒙版路径】右侧的【形状…】按钮，弹出【蒙版形状】对话框，将【顶部】、【底部】设置为480像素、1573像素，将【左侧】、【右侧】设置为291、2700像素，选中【重置为矩形】复选框，如图11-7所示。

图11-7

Step 08 单击【确定】按钮，在【合成】面板中观察效果，如图11-8所示。

图11-8

Step 09 在【项目】面板中将“毕业季素材03.mov”素材文件拖曳至【时间轴】面板中，将【变换】|【位置】设置为1130、616，将【缩放】设置为277%，如图11-9所示。

Step 10 在【合成】面板中观察效果，如图11-10所示。

图11-9

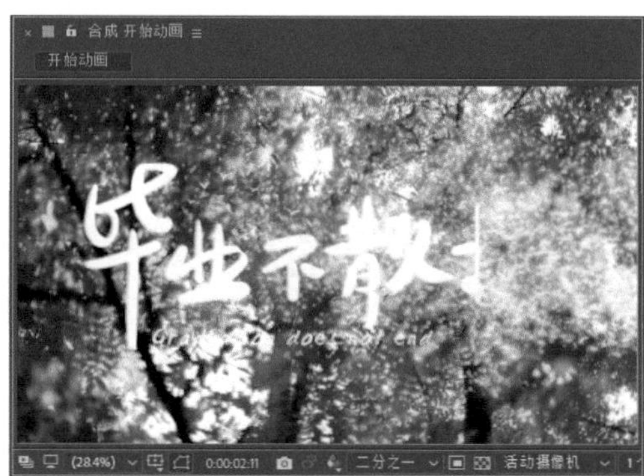

图11-10

实例111 毕业季节目片头——制作转场动画1

下面讲解如何制作转场动画1，其具体操作步骤如下。

Step 01 按Ctrl+N组合键，弹出【合成设置】对话框，将【合成名称】设置为【转场动画1】，将【宽度】和【高度】分别设置为1920、1080，将【帧速率】设置为30，将【持续时间】设置为0:00:07:05，将【背景颜色】设置为黑色，如图11-11所示。

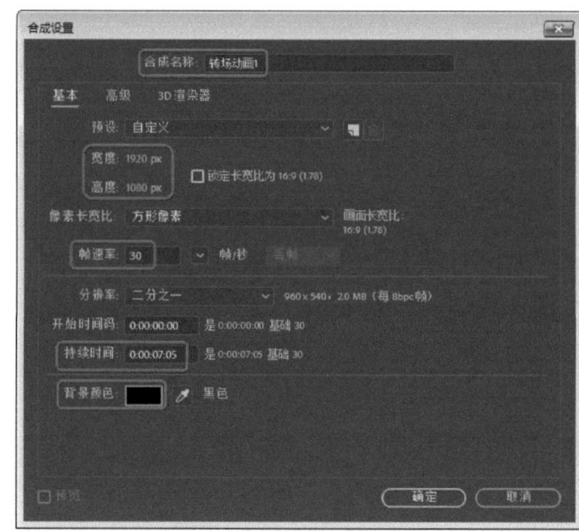

图11-11

Step 02 单击【确定】按钮，在【时间轴】面板的空白位置处右击，在弹出的快捷菜单中选择【新建】|【纯色】命令，弹出【纯色设置】对话框，将【宽度】、【高度】设置为1920像素、1080像素，将【像素长宽比】设置为方形像素，将【颜色】设置为#4582D0，如图11-12下的所示。

Step 03 单击【确定】按钮，在【项目】面板中将“图片01.jpg”拖曳至【时间轴】面板中，开启3D图层，将【变换】|【缩放】设置为135%，将【不透明度】设置为80%，如图11-13所示。

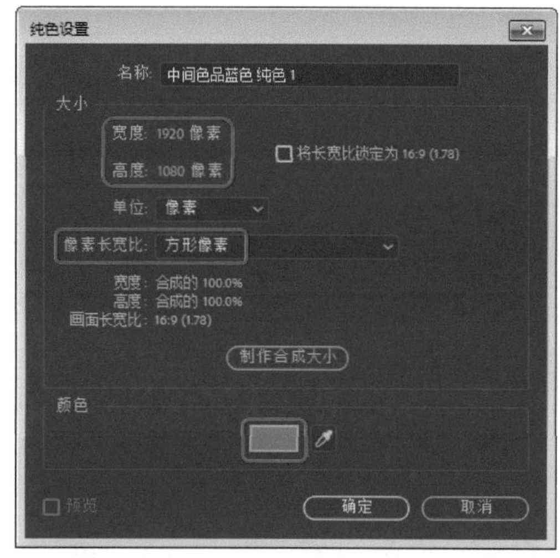

图11-12

图11-13

Step 04 在【效果和预设】面板中搜索【动态拼贴】特效，为该图层添加特效，在【时间轴】面板中将【动态拼贴】组下方的【拼贴中心】设置为960、540，将【输出宽度】、【输出高度】设置为300，将【镜像边缘】设置为开，如图11-14所示。

Step 05 在【项目】面板中将“花.mp4”拖曳至【时间轴】面板中，将【不透明度】设置为60%，将【模式】设置为柔光，如图11-15所示。

Step 06 将“图片02.jpg”添加至【时间轴】面板中，开启3D图层，将当前时间设置为0:00:00:00，将【变换】下的【锚点】设置为960,540,0，将【位置】设置为800.3,56.9,-511.3，将【缩放】设置为50，将【X轴旋转】设置为0x-11°，将【Y轴旋转】设置为0x-12°，将【Z轴旋转】设置为0x+7°，单击【X轴旋转】、【Y轴旋转】、【Z轴旋转】左侧的【时间变化秒表】按钮，如图11-16所示。

图11-14

图11-15

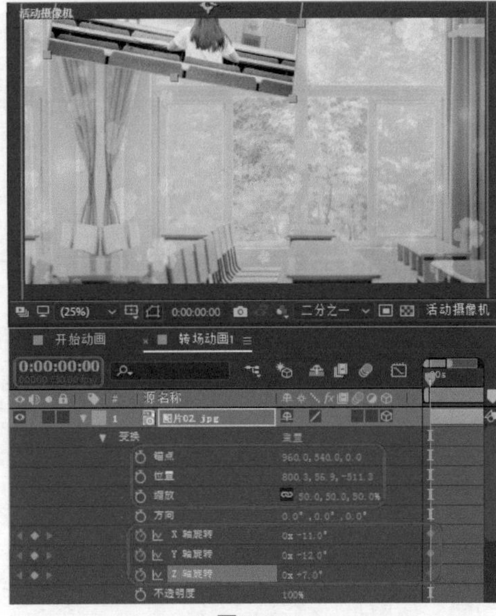
图11-16

Step 07 将当前时间设置为0:00:07:04，将【X轴旋转】设置为0x-25°，将【Y轴旋转】设置为0x+2°，将【Z轴旋转】设置为0x+1°，选中关键帧，按F9键将关键帧转换为缓动，如图11-17所示。

图11-17

Step 08 选中“图片02.jpg”素材文件并右击，在弹出的快捷菜单中选择【蒙版】|【新建蒙版】命令，如图11-18所示。

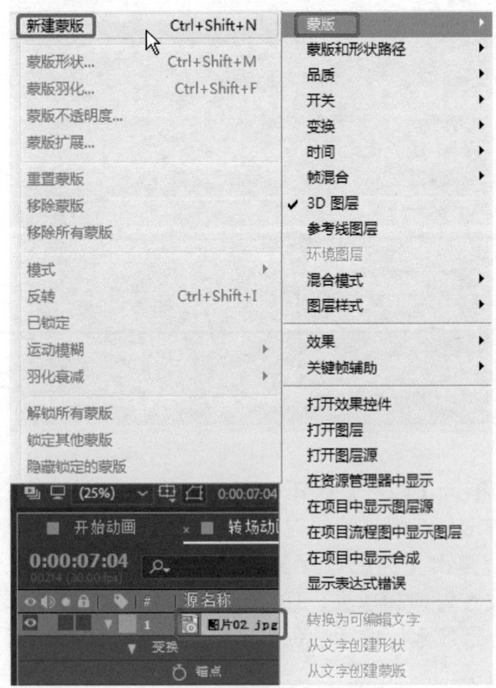

图11-18

Step 09 为素材添加【描边】特效，将【所有蒙版】设置为开，将【颜色】设置为白色，将【画笔大小】设置为50，如图11-19所示。

图11-19

Step 10 将“图片06.jpg”添加至【时间轴】面板中，开启3D图层，将【变换】下的【锚点】设置为769.2,432.7,0，将【位置】设置为1780.7,1035.2,750，将【缩放】设置为41.8，将【X轴旋转】设置为0x-11°，将【Y轴旋转】设置为0x-12°，将【Z轴旋转】设置为0x-8°，如图11-20所示。

图11-20

◎提示

【描边】特效只能用于遮罩或者蒙版，不能用于形状。

Step 11 选中“图片06.jpg”素材文件并右击，在弹出的快捷菜单中选择【蒙版】|【新建蒙版】命令，为素材添加【描边】特效，将【所有蒙版】设置为开，将【颜色】设置为白色，将【画笔大小】设置为30，如图11-21所示。

图11-21

Step 12 将“图片04.jpg”添加至【时间轴】面板中，开启3D图层，将当前时间设置为0:00:00:00，将【变换】下的【锚点】设置为451,1029,0，将【位置】设置为1646.2,325.7,0，将【缩放】设置为40，将【X轴旋转】设置为0x-9°，将【Y轴旋转】设置为0x-52°，将【Z轴旋转】设置为0x+0°，如图11-22所示。

图11-22

Step 13 选中“图片04.jpg”素材文件并右击，在弹出的快捷菜单中选择【蒙版】|【新建蒙版】命令，为素材添加【描边】特效，将【所有蒙版】设置为开，将【颜

色】设置为白色，将【画笔大小】设置为50，如图11-23所示。

图11-23

Step 14 将“图片05.jpg”添加至【时间轴】面板中，开启3D图层，将当前时间设置为0:00:00:00，将【变换】下的【锚点】设置为712,475,0，将【位置】设置为-95,931.3,0，将【缩放】设置为43，将【X轴旋转】设置为0x-31°，将【Y轴旋转】设置为0x-11°，将【Z轴旋转】设置为0x-10°，单击【X轴旋转】【Y轴旋转】【Z轴旋转】左侧的按钮⏱，如图11-24所示。

图11-24

Step 15 将当前时间设置为0:00:07:04，将【X轴旋转】设置为0x-2°，将【Y轴旋转】设置为0x-87.4°，将【Z轴旋转】设置为0x+10°，如图11-25所示。

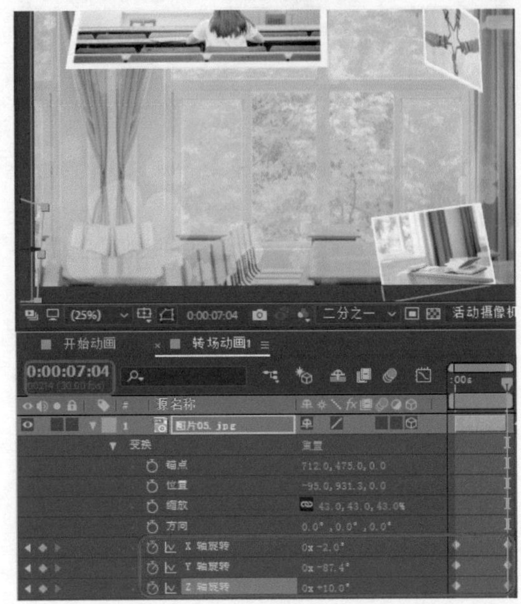

图11-25

Step 16 选中“图片05.jpg”素材文件并右击，在弹出的快捷菜单中选择【蒙版】|【新建蒙版】命令，为素材添加【描边】特效，将【所有蒙版】设置为开，将【颜色】设置为白色，将【画笔大小】设置为50，如图11-26所示。

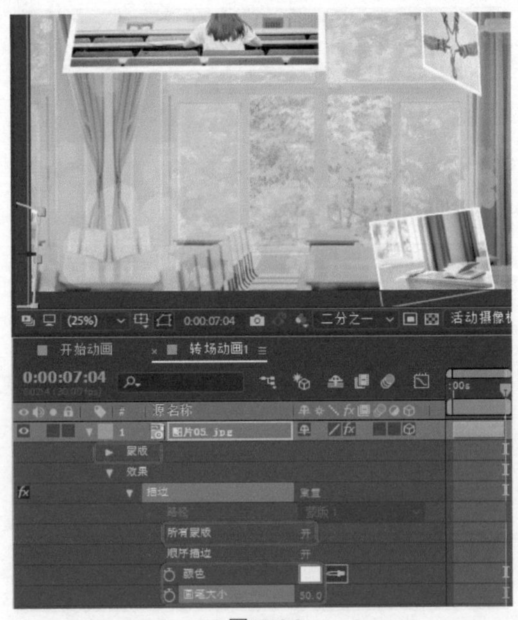

图11-26

Step 17 将“图片03.jpg”添加至【时间轴】面板中，开启3D图层，将当前时间设置为0:00:00:15，将【变换】下的【锚点】设置为936,624,0，将【位置】设置为920,540,0，将【缩放】设置为75，将【X轴旋转】设置为0x-11°，将【Y轴旋转】设置为0x-12°，将【Z轴旋转】设置为0x+0°，单击【X轴旋转】【Y轴旋转】左侧的按钮，如图11-27所示。

图11-27

Step 18 将当前时间设置为0:00:07:04，将【X轴旋转】设置为0x-26°，将【Y轴旋转】设置为0x-25°，如图11-28所示。

图11-28

Step 19 选中“图片03.jpg”素材文件并右击，在弹出的快捷菜单中选择【蒙版】|【新建蒙版】命令，为素材添加【描边】特效，将【所有蒙版】设置为开，将【颜色】设置为白色，将【画笔大小】设置为30，如图11-29所示。

Step 20 将“礼帽抛入空中转场.mov”添加至【时间轴】面板中，观察效果如图11-30所示。

图11-29

图11-30

Step 21 在【时间轴】面板的空白处右击，在弹出的快捷菜单中选择【新建】|【摄像机】图层，弹出【摄像机】对话框，选中【启用景深】复选框，将【焦距】设置为658.52毫米，选中【锁定到缩放】复选框，将【光圈】、【光圈大小】、【模糊层次】设置为105.83、0.3、100，如图11-31所示。

Step 22 单击【确定】按钮，将【变换】下的【位置】设置为1873.3,718.7,-1618.1，如图11-32所示。

Step 23 在【时间轴】面板的空白位置处右击，在弹出的快捷菜单中选择【新建】|【纯色】命令，弹出【纯色设置】对话框，将【宽度】、【高度】设置为1920像素、1080像素，将【像素长宽比】设置为方形像素，将【颜色】设置为白色，如图11-33所示。

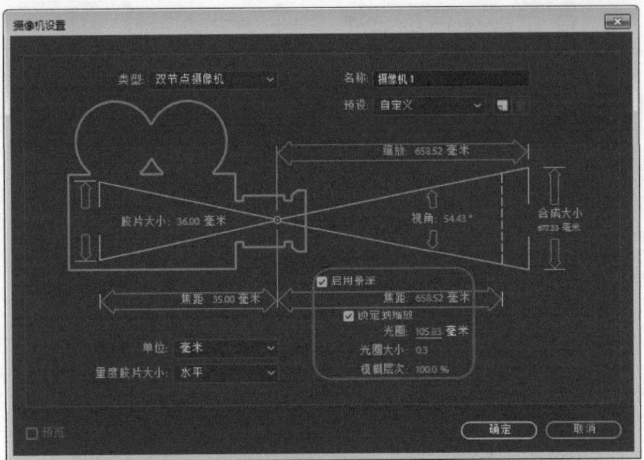

图11-31

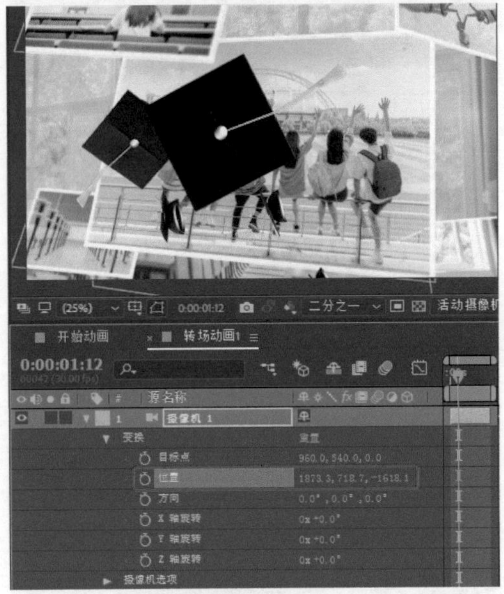

图11-32

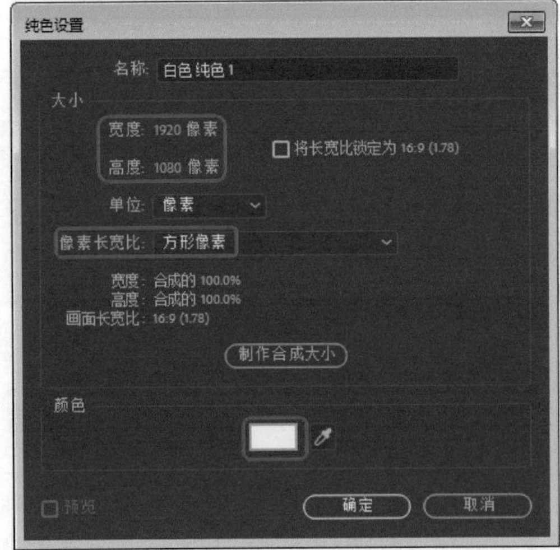

图11-33

Step 24 单击【确定】按钮，开启3D图层，将当前时间设置为0:00:00:00，将【变换】下的【锚点】设置为0,0,0，将【位置】设置为0,0,0，将【X轴旋转】设置为0x-1.5°，将【Y轴旋转】设置为0x-9.3°，单击【X轴旋转】、【Y轴旋转】左侧的【时间变化秒表】按钮⏱，将【不透明度】设置为0，如图11-34所示。

图11-34

Step 25 将当前时间设置为0:00:06:01，将【X轴旋转】设置为0x+4°，将【Y轴旋转】设置为0x+7°，选中0:00:06:01的【X轴旋转】、【Y轴旋转】的关键帧，按F9键将关键帧转换为缓动，如图11-35所示。

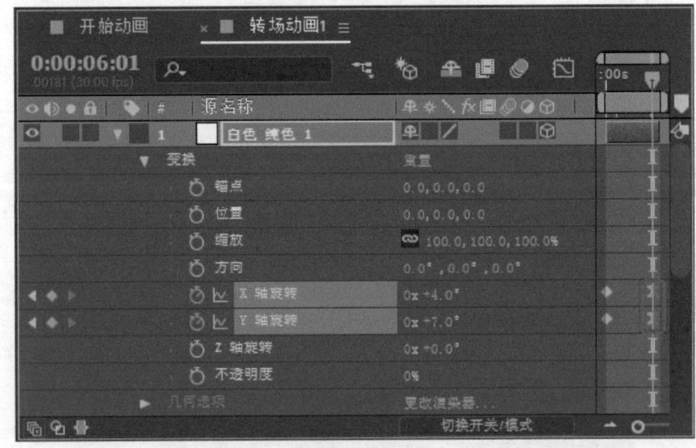

图11-35

Step 26 新建一个纯色图层，将【宽度】、【高度】设置为1920像素、1080像素，将【像素长宽比】设置为方形像素，将【颜色】设置为白色，开启3D图层，将当前时间设置为0:00:00:00，将【变换】下的【锚点】设置为0,0,0，将【位置】设置为960,540,0，单击【位置】左侧的【时间变化秒表】按钮⏱，将【X轴旋转】设置为0x+8°，将【Y轴旋转】设置为0x-20°，单击【X轴旋转】、【Y轴旋转】左侧的【时间变化秒表】按钮⏱，将【不透明度】设置为0，如图11-36所示。

图11-36

Step 27 将当前时间设置为0:00:02:03，单击【位置】左侧的【在当前时间添加或移除关键帧】按钮，将【X轴旋转】设置为0x+0°，将【Y轴旋转】设置为0x+0°，如图11-37所示。

图11-37

Step 28 将当前时间设置为0:00:05:01，单击【位置】、【X轴旋转】、【Y轴旋转】左侧的【在当前时间添加或移除关键帧】按钮，如图11-38所示。

Step 29 将当前时间设置为0:00:07:01，将【位置】设置为960,256.5,120.3，将【X轴旋转】设置为0x-23°，将【Y轴旋转】设置为0x-16°，选择除0:00:02:03【位置】关键帧之外的关键帧，按F9键将关键帧转换为缓动，如图11-39所示。

图11-38

图11-39

Step 30 展开【图片03.jpg】图层，按【蒙版】|【蒙版1】下方的【形状…】按钮，弹出【蒙版形状】对话框，将【顶部】、【底部】设置为124像素、1124像素，将【左侧】、【右侧】设置为186像素、1686像素，如图11-40所示。

图11-40

Step 31 单击【确定】按钮，将当前时间设置为0:00:00:00，将【摄像机1】图层的【父级】设置为【2.白色 纯色 1】，将【白色 纯色 1】图层的【父级】设置为【1.白色 纯色2】，如图11-41所示。

图11-41

实例 112 毕业季节目片头——制作转场动画2

下面讲解如何制作转场动画2，具体操作步骤如下。

Step 01 按Ctrl+N组合键，弹出【合成设置】对话框，将【合成名称】设置为【转场动画2】，将【宽度】和【高度】分别设置为1920、1080，将【帧速率】设置为30，将【持续时间】设置为0:00:07:05，将【背景颜色】设置为黑色，如图11-42所示。

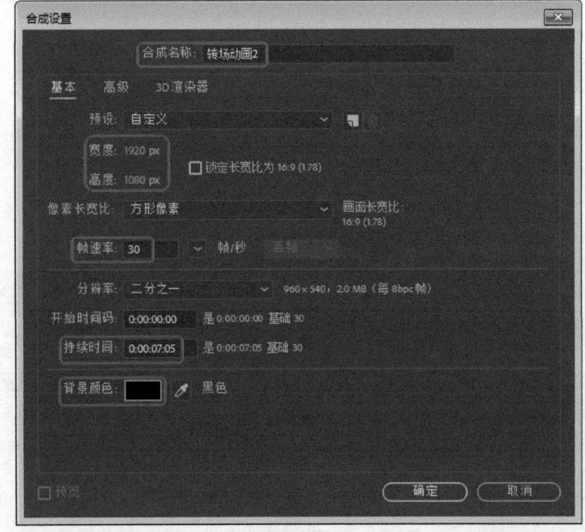

图11-42

Step 02 单击【确定】按钮，在【项目】面板中将【白色 纯色 1】图层拖曳至时间轴面板中，如图11-43所示。

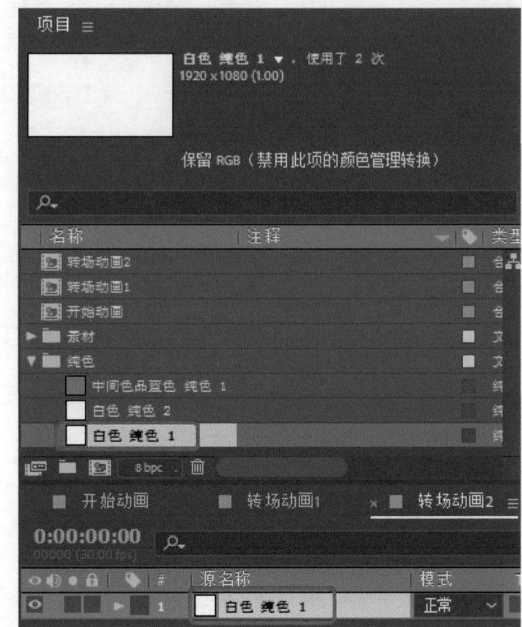

图11-43

Step 03 单击【确定】按钮，在【项目】面板中将“图片07.jpg”拖曳至【时间轴】面板中，将【不透明度】设置为70%，如图11-44所示。

图11-44

Step 04 在【效果和预设】面板中搜索【动态拼贴】特效，为该图层添加特效，在【时间轴】面板中将【动态拼贴】组下方的【拼贴中心】设置为960,540，将【输出宽度】、【输出高度】设置为300，将【镜像边缘】设置为开，如图11-45所示。

Step 05 在【项目】面板中将“花.mp4”拖曳至时间轴中，将【不透明度】设置为60%，将【模式】设置为柔光，如图11-46所示。

图11-45

图11-46

Step 06 将"图片08.jpg"添加至【时间轴】面板中，开启3D图层，将当前时间设置为0:00:00:00，将【变换】下的【锚点】设置为806.5,537.5,0，将【位置】设置为471.7,829.2,-700.3，将【缩放】设置为18.8，将【X轴旋转】设置为0x-11°，将【Y轴旋转】设置为0x-12°，将【Z轴旋转】设置为0x+17°，单击【X轴旋转】、【Y轴旋转】左侧的【时间变化秒表】按钮，如图11-47所示。

Step 07 将当前时间设置为0:00:06:29，将【X轴旋转】设置为0x-26°，将【Y轴旋转】设置为0x-32°，如图11-48所示。

Step 08 选中【图片08.jpg】素材文件并右击，在弹出的快捷菜单中选择【蒙版】|【新建蒙版】命令，为素材添加【描边】特效，将【所有蒙版】设置为开，将【颜色】设置为白色，将【画笔大小】设置为50，如图11-49所示。

图11-47

图11-48

图11-49

Step 09 将"图片09.jpg"添加至【时间轴】面板中，开启3D图层，将当前时间设置为0:00:00:00，将【变换】下的【锚点】设置为960,540,0，将【位置】设置为1690.9,-149.4,884.1，将【缩放】设置为12.8，将【X轴旋转】设置为0x-11°，将【Y轴旋转】设置为0x-12°，将【Z轴旋转】设置为0x-8°，单击【Z轴旋转】左侧的【时间变化秒表】按钮，如图11-50所示。

图11-50

Step 10 将当前时间设置为0:00:06:29，将【Z轴旋转】设置为0x+15°，如图11-51所示。

图11-51

Step 11 选中“图片09.jpg”素材文件并右击，在弹出的快捷菜单中选择【蒙版】|【新建蒙版】命令，为素材添加【描边】特效，将【所有蒙版】设置为开，将【颜色】设置为白色，将【画笔大小】设置为50，如图11-52所示。

Step 12 将“图片10.jpg”添加至【时间轴】面板中，开启3D图层，将当前时间设置为0:00:00:00，将【变换】下的【锚点】设置为1500,1000,0，将【位置】设置为2188.9,1768.4,2777.2，将【缩放】设置为62，将【X轴旋转】设置为0x+6°，单击【X轴旋转】左侧的【时间变化秒表】按钮，将【Y轴旋转】设置为0x+32°，将【Z轴旋转】设置为0x+0°，如图11-53所示。

图11-52

图11-53

Step 13 将当前时间设置为0:00:06:29，将【X轴旋转】设置为0x-31°，如图11-54所示。

Step 14 选中“图片10.jpg”素材文件并右击，在弹出的快捷菜单中选择【蒙版】|【新建蒙版】命令，为素材添加【描边】特效，将【所有蒙版】设置为开，将【颜色】设置为白色，将【画笔大小】设置为50，如图11-55所示。

Step 15 将“图片07.jpg”添加至【时间轴】面板中，开启3D图层，将当前时间设置为0:00:00:00，将【变换】下的【锚点】设置为960,640,0，将【位置】设置为960,540,0，将【缩放】设置为45.2，将【X轴旋转】设置为0x-3°，将【Y轴旋转】设置为0x+2°，将【Z轴旋转】设置为0x+0°，单击【X轴旋转】、【Y轴旋转】左侧的【时间变化秒表】按钮，如图11-56所示。

图11-54

图11-55

图11-56

Step 16 将当前时间设置为0:00:07:04，将【X轴旋转】设置为0x+10°，将【Y轴旋转】设置为0x+9°，如图11-57所示。

图11-57

Step 17 选中“图片07.jpg”素材文件并右击，在弹出的快捷菜单中选择【蒙版】|【新建蒙版】命令，为素材添加【描边】特效，将【所有蒙版】设置为开，将【颜色】设置为白色，将【画笔大小】设置为50，如图11-58所示。

图11-58

Step 18 将“毕业证书抛入空中转场.mov”添加至【时间轴】面板中，观察效果如图11-59所示。

Step 19 在【时间轴】面板的空白位置处右击，在弹出的快捷菜单中选择【新建】|【摄像机】图层，弹出【摄像机】对话框，选中【启用景深】复选框，将【焦距】设置为658.52毫米，选中【锁定到缩放】复选框，将【光圈】、【光圈大小】、【模糊层次】设置为105.83、0.3、100，如图11-60所示。

Step 20 单击【确定】按钮，将【变换】下的【位置】设置为-9.4,1472.1,-1294.5，如图11-61所示。

图11-59

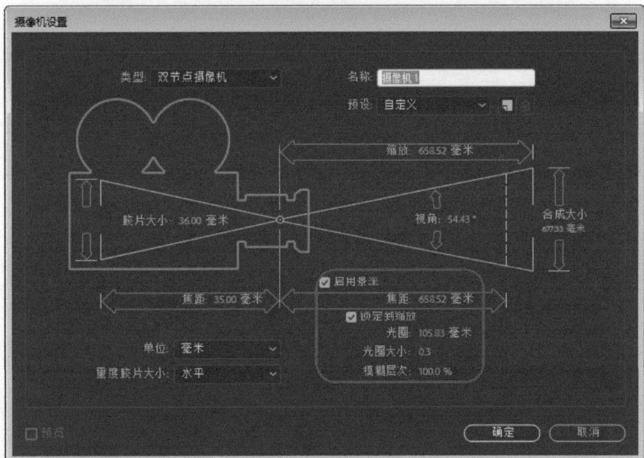

图11-60

图11-61

Step 21 将当前时间设置为0:00:00:00，将【项目】面板中的【白色 纯色1】图层添加至【时间轴】面板中，开启3D图层，将【锚点】设置为0,0,0，将【位置】设置为960,540,0，将【方向】设置为34,22,0，将【X轴旋转】、【Y轴旋转】、【Z轴旋转】均设置为0，单击【X轴旋转】、【Y轴旋转】左侧的【时间变化秒表】按钮，将【不透明度】设置为0%，如图11-62所示。

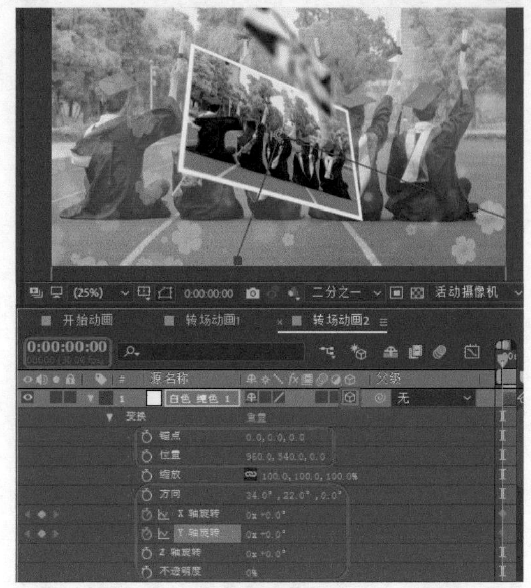

图11-62

Step 22 将当前时间设置为0:00:07:04，将【X轴旋转】设置为0x-8°，将【Y轴旋转】设置为0x-9°，如图11-63所示。

图11-63

Step 23 将【项目】面板中的【白色 纯色2】图层添加至时间轴面板中，开启3D图层，将当前时间设置为0:00:00:00，将【变换】下的【锚点】设置为0,0,0，将【X轴旋转】设置为0x+34°，将【Y轴旋转】设置为0x+22°，单击【X轴旋转】、【Y轴旋转】左侧的【时间变化秒表】按钮，将【不透明度】设置为0，如图11-64所示。

Step 24 将当前时间设置为0:00:02:03，将【位置】设置为

960,540,0，单击【位置】左侧的【时间变化秒表】按钮⏱，将【X轴旋转】设置为0x+0°，将【Y轴旋转】设置为0x+0°，如图11-65所示。

图11-64

图11-65

Step 25 将当前时间设置为0:00:05:00，将【位置】、【X轴旋转】、【Y轴旋转】左侧的【在当前时间添加或移除关键帧】按钮◆，如图11-66所示。

Step 26 将当前时间设置为0:00:06:28，将【X轴旋转】设置为0x+12°，将【Y轴旋转】设置为0x−7°，如图11-67所示。

Step 27 选择【白色 纯色 2】图层所有关键帧，按F9键将关键帧转换为缓动，如图11-68所示。

Step 28 将当前时间设置为0:00:00:00，将【摄像机1】图层的【父级】设置为【2.白色 纯色1】，将【白色 纯色1】图层的【父级】设置为【1.白色 纯色2】，如图11-69所示。

图11-66

图11-67

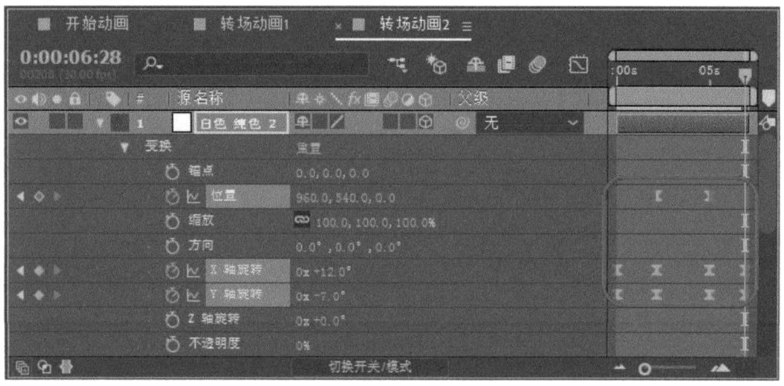

图11-68

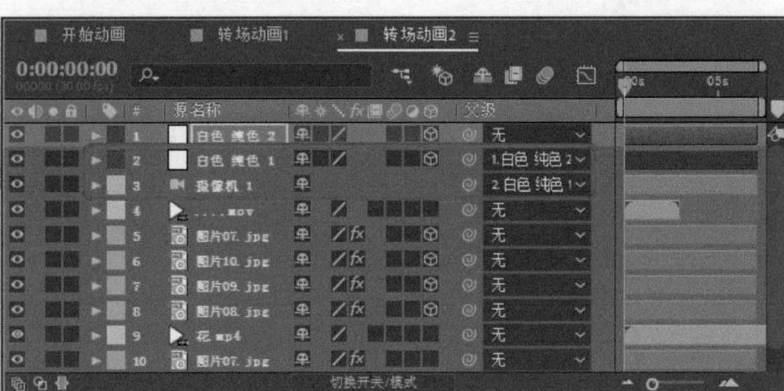

图11-69

实例113 毕业季节目片头——制作转场动画3、4

下面讲解如何制作转场动画3，其具体操作步骤如下。

Step 01 选择【转场动画2】合成文件中的【白色 纯色1】、“花.mp4”图层，按Ctrl+C组合键进行复制，如图11-70所示。

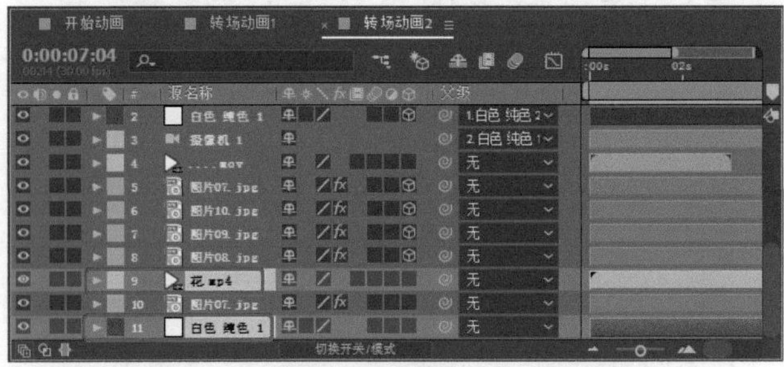

图11-70

Step 02 按Ctrl+N组合键，弹出【合成设置】对话框，将【合成名称】设置为【转场动画3】，将【宽度】和【高度】分别设置为1920、1080，将【帧速率】设置为30，将【持续时间】设置为0:00:07:05，将【背景颜色】设置为黑色，如图11-71所示。

Step 03 单击【确定】按钮，按Ctrl+V组合键将图层粘贴至时间轴面板中，在【项目】面板中将【图片11.jpg】素材文件拖曳至时间轴面板中，调整图层的顺序，将【不透明度】设置为85%，如图11-72所示。

Step 04 将【图片12.jpg】素材文件拖曳至时间轴面板中的顶层，开启3D图层，将【变换】下的【锚点】设置为2880,1920,0，将【位置】设置为478.7,64.4,-465，将【缩放】设置为14.8，将当前时间设置为0:00:00:00，将【X轴旋转】设置为0x+9°，将【Y轴旋转】设置为0x-25°，将【Z轴旋转】设置为0x-16°，单击【X轴旋转】、【Y轴旋转】左侧的【时间变化秒表】按钮，如图11-73所示。

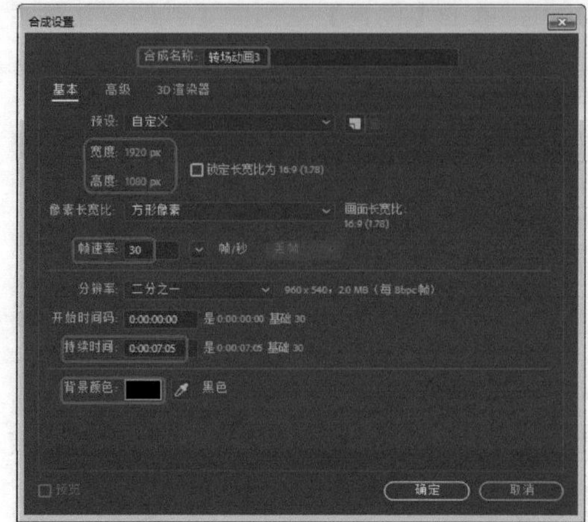

图11-71

图11-72

图11-73

Step 05 将当前时间设置为0:00:06:23，将【X轴旋转】设置为0x+28°，将【Y轴旋转】设置为0x-19°，如图11-74所示。

图11-74

Step 06 选中“图片12.jpg”素材文件并右击，在弹出的快捷菜单中选择【蒙版】|【新建蒙版】命令，为素材添加【描边】特效，将【所有蒙版】设置为开，将【颜色】设置为白色，将【画笔大小】设置为102.8，如图11-75所示。

图11-75

Step 07 将“图片13.jpg”添加至【时间轴】面板中，开启3D图层，将当前时间设置为0:00:00:00，将【变换】下的【锚点】设置为960,593.5,0，将【位置】设置为1667.5,508,749.1，将【缩放】设置为41.8，将【X轴旋转】设置为0x-11°，将【Y轴旋转】设置为0x+25°，将【Z轴旋转】设置为0x-8°，单击【X轴旋转】、【Y轴旋转】、【Z轴旋转】左侧的【时间变化秒表】按钮，如图11-76所示。

图11-76

Step 08 将当前时间设置为0:00:06:23，将【X轴旋转】设置为0x+28°，将【Y轴旋转】设置为0x-6°，将【Z轴旋转】设置为0x+14°，如图11-77所示。

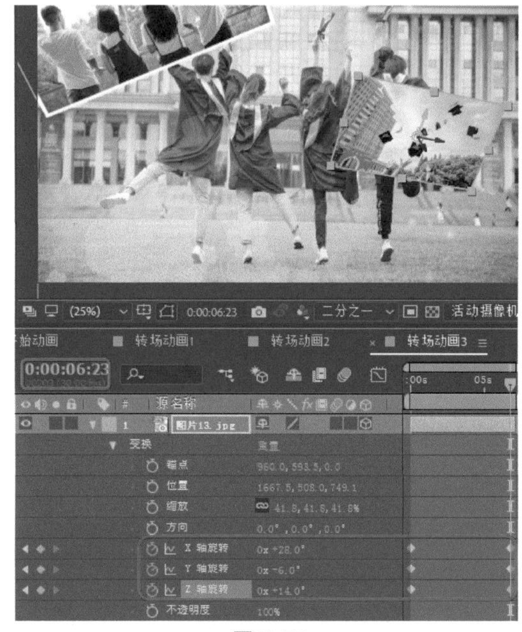

图11-77

Step 09 选中“图片13.jpg”素材文件并右击，在弹出的快捷菜单中选择【蒙版】|【新建蒙版】命令，为素材添加【描边】特效，将【所有蒙版】设置为开，将【颜色】设置为白色，将【画笔大小】设置为50，如图11-78所示。

图11-78

Step 10 将“图片14.jpg”添加至【时间轴】面板中，开启3D图层，将当前时间设置为0:00:00:00，将【变换】下的【锚点】设置为960,540,0，将【位置】设置为-1356.1,855.5,2447.2，将【缩放】设置为29.4，将【X轴旋转】设置为0x+6°，将【Y轴旋转】设置为0x-16°，将【Z轴旋转】设置为0x-12°，单击【Y轴旋转】、【Z轴旋转】左侧的【时间变化秒表】按钮，如图11-79所示。

图11-79

Step 11 将当前时间设置为0:00:06:23，将【Y轴旋转】设置为0x-29°，将【Z轴旋转】设置为0x+8°，如图11-80所示。

Step 12 选中“图片14.jpg”素材文件并右击，在弹出的快捷菜单中选择【蒙版】|【新建蒙版】命令，为素材添加【描边】特效，将【所有蒙版】设置为开，将【颜色】设置为白色，将【画笔大小】设置为50，如图11-81所示。

图11-80

图11-81

Step 13 将“图片11.jpg”添加至【时间轴】面板中，开启3D图层，将当前时间设置为0:00:00:00，将【变换】下的【锚点】设置为960,640,0，将【位置】设置为960,540,0，将【缩放】设置为63.2，将【X轴旋转】设置为0x-3°，将【Y轴旋转】设置为0x+2°，将【Z轴旋转】设置为0x+0°，单击【X轴旋转】、【Y轴旋转】左侧的【时间变化秒表】按钮，如图11-82所示。

Step 14 将当前时间设置为0:00:06:27，将【X轴旋转】设置为0x+7°，将【Y轴旋转】设置为0x-7°，如图11-83所示。

图11-82

图11-83

Step 15 选中“图片11.jpg”素材文件并右击，在弹出的快捷菜单中选择【蒙版】|【新建蒙版】命令，为素材添加【描边】特效，将【所有蒙版】设置为开，将【颜色】设置为白色，将【画笔大小】设置为50，如图11-84所示。

Step 16 使用前面介绍过的方法制作【摄影机】和其他纯色图层，并设置相应的参数，如图11-85所示。

Step 17 将【项目】面板中的【白色 纯色 1】拖曳至时间轴面板中，为图层添加【快速模糊（旧版）】特效，将当前时间设置为0:00:00:00，将【模糊度】设置为200，单击【模糊度】左侧的【时间变化秒表】按钮，将【重复边缘像素】设置为开，单击【调整图层】按钮，如图11-86所示。

图11-84

图11-85

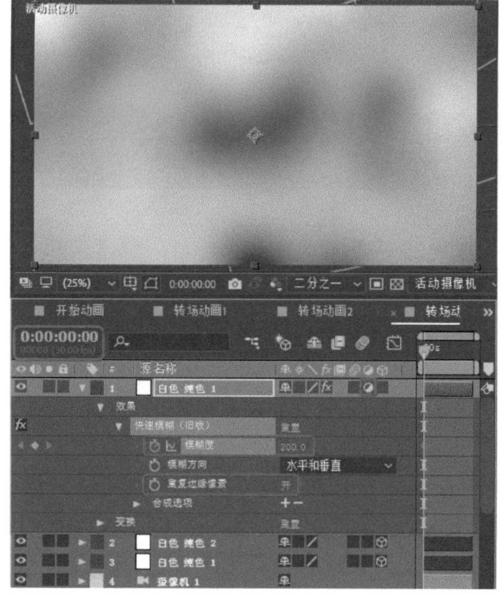

图11-86

Step 18 将当前时间设置为0:00:01:14，将【模糊度】设置为0，如图11-87所示。

图11-87

Step 19 将当前时间设置为0:00:05:00，单击【模糊度】左侧的【在当前时间添加或移除关键帧】按钮◆，如图11-88所示。

图11-88

Step 20 将当前时间设置为0:00:07:00，将【模糊度】设置为400，如图11-89所示。

Step 21 选择【模糊度】的所有关键帧，按F9键转换为缓动，如图11-90所示。

Step 22 将当前时间设置为0:00:00:00，将【摄像机1】图层的【父级】设置为【3.白色 纯色1】，将【白色 纯色1】图层的【父级】设置为【2.白色 纯色2】，如图11-91所示。

Step 23 根据前面介绍的方法制作【转场动画4】合成文件，如图11-92所示。

图11-89

图11-90

图11-91

图11-92

实例 114 毕业季节目片头——制作结尾动画

下面讲解如何制作结尾动画，具体操作步骤如下。

Step 01 按Ctrl+N组合键，弹出【合成设置】对话框，将【合成名称】设置为【结束动画】，将【预设】设置为HDTV 1080 25，将【像素长宽比】设置为方形像素，将【帧速率】设置为25，将【持续时间】设置为0:00:11:05，将【背景颜色】设置为黑色，如图11-93所示。

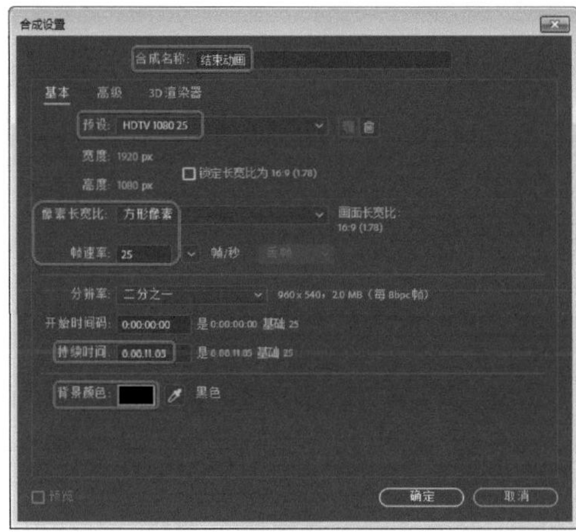

图11-93

Step 02 单击【确定】按钮，在【项目】面板中将“毕业季素材05.mp4”素材文件拖曳至【时间轴】面板中，如图11-94所示。

图11-94

Step 03 在【项目】面板中将“毕业季素材04.png”素材文件拖曳至【时间轴】面板中，将【变换】|【位置】设置为981,540，将【缩放】设置为65%，如图11-95所示。

图11-95

Step 04 在【工具】面板中单击【矩形工具】按钮，在【合成】面板中绘制矩形，将当前时间设置为0:00:00:17，单击【蒙版1】|【蒙版路径】左侧的【时间变化秒表】按钮，单击【蒙版路径】右侧的【形状…】按钮，弹出【蒙版形状】对话框，将【顶部】、【底部】均设置为-87.9像素，将【左侧】、【右侧】均设置为5.7像素、1094.3像素，如图11-96所示。

图11-96

Step 05 单击【确定】按钮，在【合成】面板中观察效果，如图11-97所示。

Step 06 将当前时间设置为0:00:02:11，单击【蒙版路径】右侧的【形状…】按钮，弹出【蒙版形状】对话框，将【顶部】、【底部】设置为-87.9像素、1365.3像素，将【左侧】、【右侧】设置为5.7、1094.3像素，选中【重置为矩形】复选框，如图11-98所示。

Step 07 单击【确定】按钮，在【合成】面板中观察效果，如图11-99所示。

图11-97

图11-98

图11-99

Step 08 在【项目】面板中将“毕业季素材03.mov”素材文件拖曳至【时间轴】面板中，将【变换】|【位置】设置为994、469，将【缩放】设置为128%，将【旋转】设置为0x+90°，如图11-100所示。

图11-100

Step 09 在【合成】面板中观察效果，如图11-101所示。

图11-101

实例115 毕业季节目片头——制作毕业季合成动画

下面讲解如何制作转场动画4，具体操作步骤如下。

Step 01 按Ctrl+N组合键，弹出【合成设置】对话框，将【合成名称】设置为【总合成】，将【宽度】和【高度】分别设置为1920、1080，将【帧速率】设置为30，将【持续时间】设置为0:00:41:25，将【背景颜色】设置为黑色，将【开始动画】合成文件拖曳至【时间轴】面板中，将【转场动画1】合成文件拖曳至【时间轴】面板中，将【入】设置为0:00:04:23，将【持续时间】设置为0:00:07:05，将当前时间设置为0:00:04:22，将【不透明度】设置为0%，单击左侧的【时间变化秒表】按钮，将当前时间设置为0:00:05:12，将【不透明度】设置为100%，如图11-102所示。

图11-102

Step 02 将【转场动画2】合成文件拖曳至【时间轴】面板中，将【入】设置为0:00:11:13，将【持续时间】设置为0:00:07:05，将当前时间设置为0:00:11:11，将【不透明度】设置为0%，单击左侧的【时间变化秒表】按钮，将当前时间设置为0:00:12:01，将【不透明度】设置为100%，如图11-103所示。

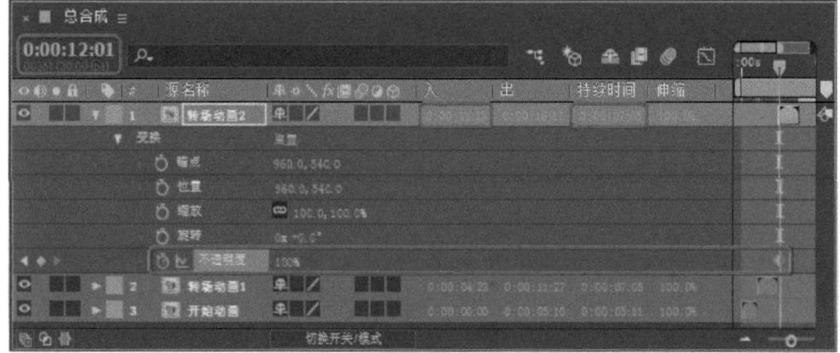

图11-103

Step 03 将【转场动画3】合成文件拖曳至【时间轴】面板中，将【入】设置为0:00:17:21，将【持续时间】设置为0:00:07:05，将当前时间设置为0:00:17:21，将【不透明度】设置为0%，单击左侧的【时间变化秒表】按钮，将当前时间设置为0:00:18:11，将【不透明度】设置为100%，如图11-104所示。

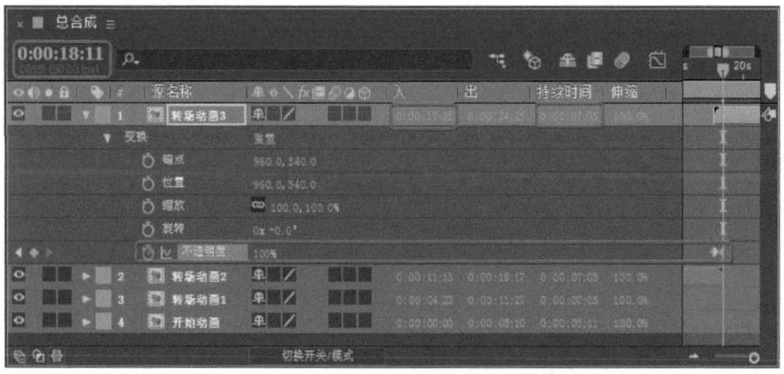

图11-104

Step 04 将【转场动画4】合成文件拖曳至【时间轴】面板中，将【入】设置为0:00:24:08，将【持续时间】设置为0:00:07:05，将当前时间设置为0:00:24:09，将【不透明度】设置为0%，单击左侧的【时间变化秒表】按钮，将当前时间设置为0:00:24:29，将【不透明度】设置为100%，如图11-105所示。

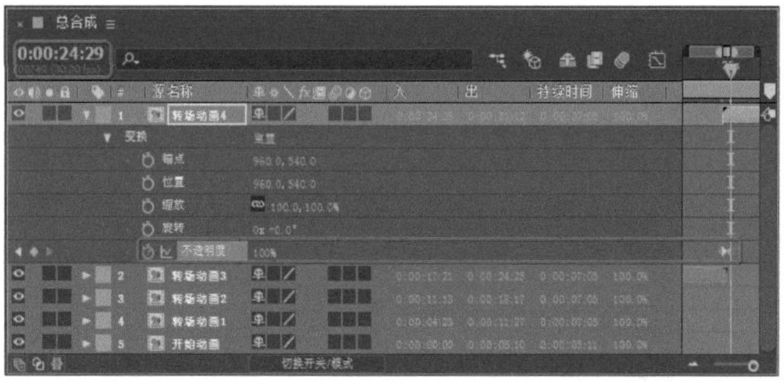

图11-105

Step 05 将【结束动画】合成文件拖曳至【时间轴】面板中，将【入】设置为0:00:30:20，将【持续时间】设置为0:00:11:06，将当前时间设置为0:00:30:19，将【不透明度】设置为0%，单击左侧的【时间变化秒表】按钮，将当前时间设置为0:00:31:09，将【不透明度】设置为100%，如图11-106所示。

Step 06 将【音频.wav】音频文件拖曳至【时间轴】面板中，如图11-107所示。

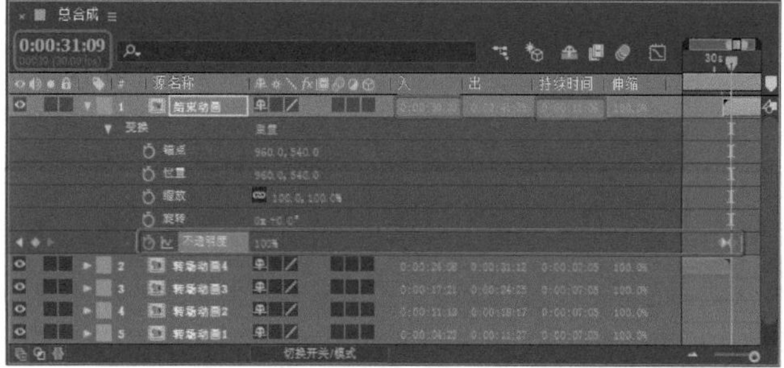

图11-106

图11-107

实例116 节目预告——制作Logo

本例将介绍如何制作Logo，本例主要通过为Logo素材添加【填充】制作Logo高光部分，然后对Logo进行复制，通过为其添加【曲线】【亮度键】等效果制作Logo反射效果。

Step 01 打开“节目预告素材.aep”素材文件，新建一个名称为Logo 01，【宽度】、【高度】分别设置为1100、750px，【像素长宽比】设置为【方形像素】，【帧速率】设置为29.97，【持续时间】设置为0:00:10:00，【背景颜色】的颜色值设置为#F7D100的合成，在【项目】面板中选择logo.png素材文件，按住鼠标将其拖曳至【时间轴】面板中，将【位置】设置为560,377，如图11-108所示。

> **提示**
>
> 此处设置合成的背景颜色是为了更好地显示导入的素材文件，不会对后面的效果产生影响。

Step 02 新建一个名称为Logo 02、【预设】为HDTV 1080 29.97、其他参数保持默认设置的合成，在【项目】面板中选择Logo 01合成文件，按住鼠标将其拖曳至Logo 02的【时间轴】面板中，如图11-109所示。

Step 03 在【时间轴】面板中选中该图层，按Ctrl+D组合键，对该图层进行复制，将其命名为【Logo 炫光】，如图11-110所示。

图11-108

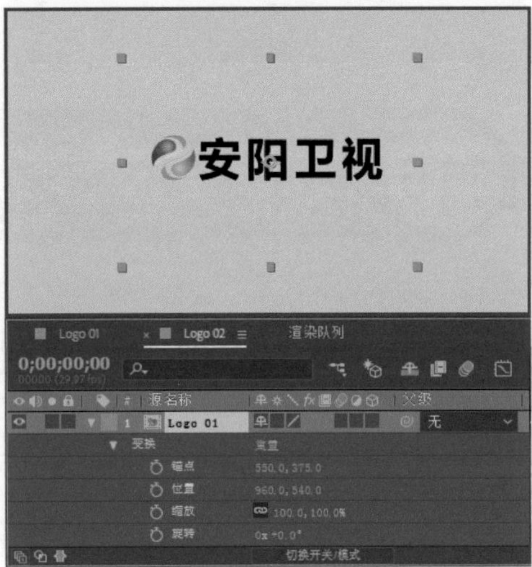

图11-109

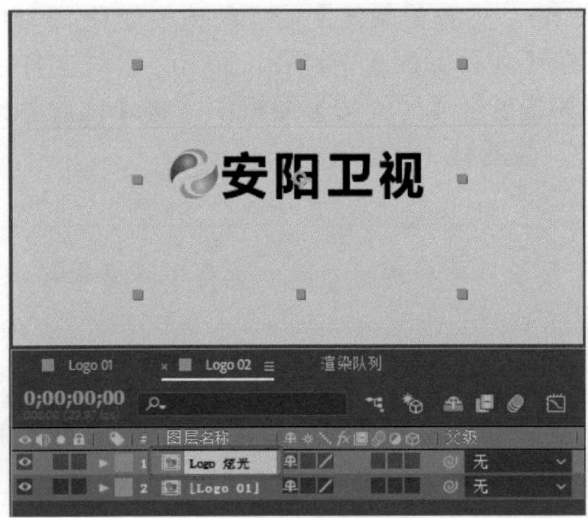

图11-110

Step 04 选中重命名后的图层，在菜单栏中选择【效果】|【生成】|【填充】命令，如图11-111所示。

Step 05 在【时间轴】面板中将【填充】下的【颜色】设置为白色，如图11-112所示。

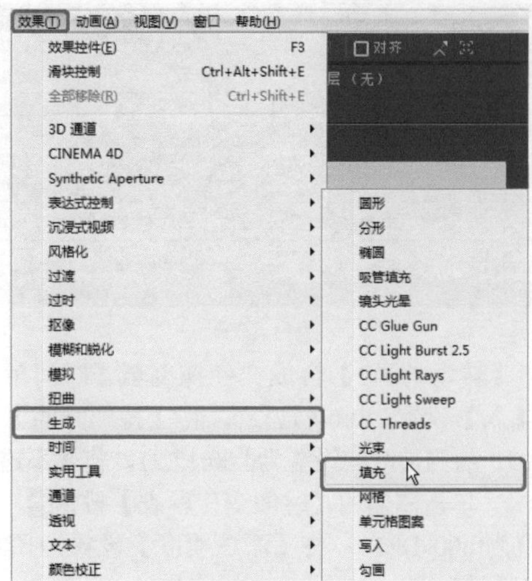

图11-111

图11-112

Step 06 选中该图层，将当前时间设置为0:00:02:28，在【工具】面板中单击【椭圆工具】，在【合成】面板中绘制一个蒙版，在【时间轴】面板中单击【蒙版路径】左侧的【时间变化秒表】按钮，添加一个关键帧，如图11-113所示。

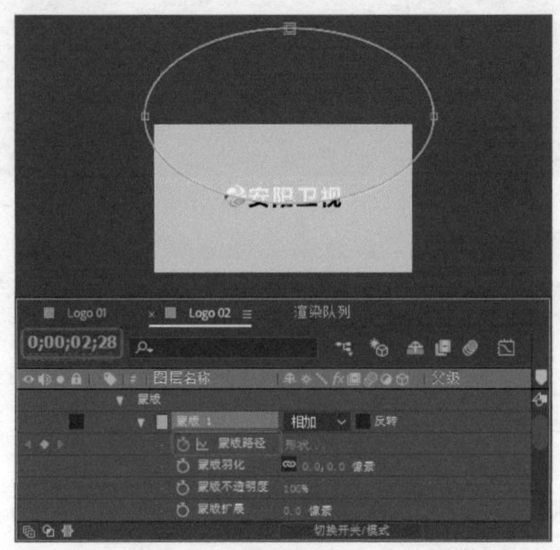

图11-113

Step 07 将当前时间设置为0:00:08:23，在【工具】面板中单击【选取工具】按钮，在【合成】面板中调整蒙版的位置，如图11-114所示。

图11-114

Step 08 继续选中该图层，将当前时间设置为0:00:02:28，在【时间轴】面板中单击【变换】下【不透明度】左侧的【时间变化秒表】按钮，将【不透明度】设置为0%，如图11-115所示。

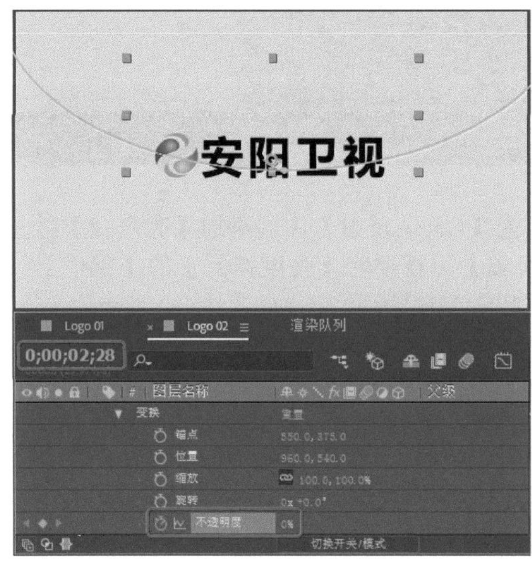

图11-115

Step 09 将当前时间设置为0:00:03:17，在【时间轴】面板中将【变换】下的【不透明度】设置为14，如图11-116所示。

Step 10 在【时间轴】面板中选择Logo 01，按Ctrl+D组合键，对其进行复制，将其命名为【Logo 反射】，然后将其调整至【Logo 炫光】的上方，如图11-117所示。

Step 11 选中【Logo 炫光】图层，在菜单栏中选择【效果】|【生成】|【单元格图案】命令，如图11-118所示。

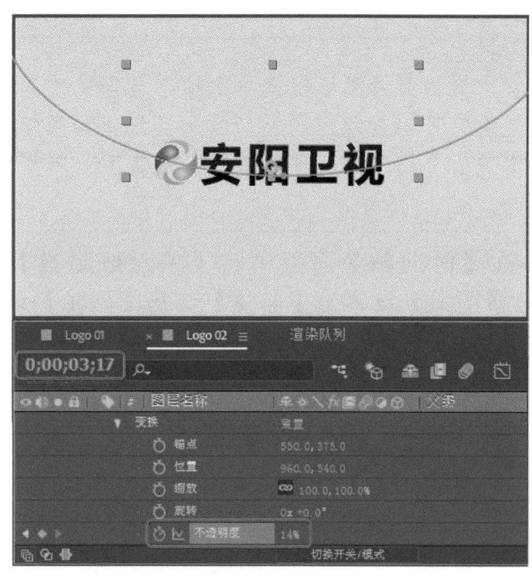

图11-116

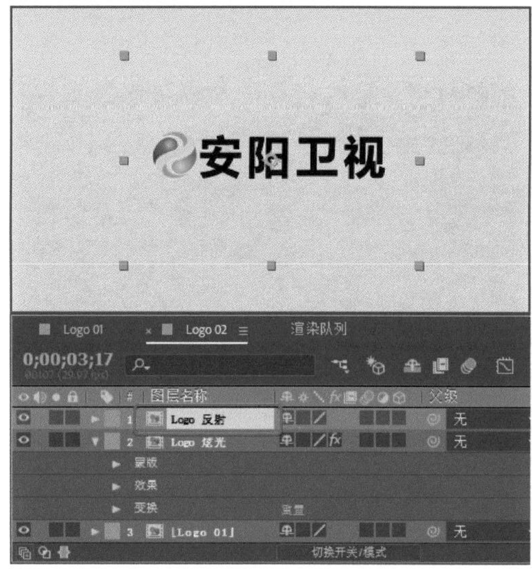

图11-117

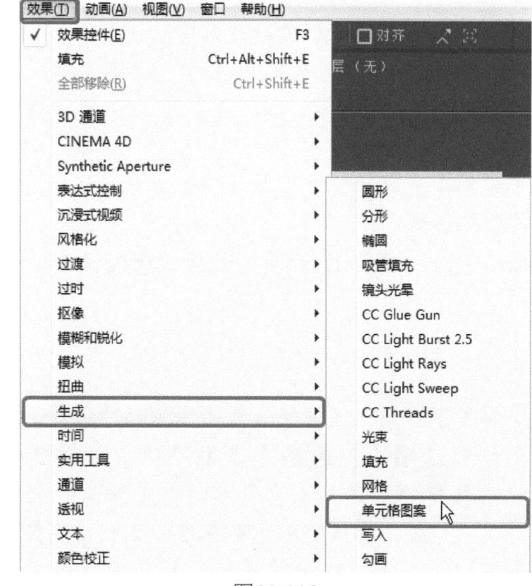

图11-118

◎提示

单元格图案效果可根据单元格杂色生成单元格图案，使用它可创建静态或移动的背景纹理和图案，这些图案进而可用作有纹理的遮罩、过渡图或置换图的源图。

Step 12 在【时间轴】面板中将【单元格图案】下的【单元格图案】设置为【晶体】，将【反转】设置为【开】，将【分散】、【大小】分别设置为0、78，将【偏移】设置为1112、1171.9，如图11-119所示。

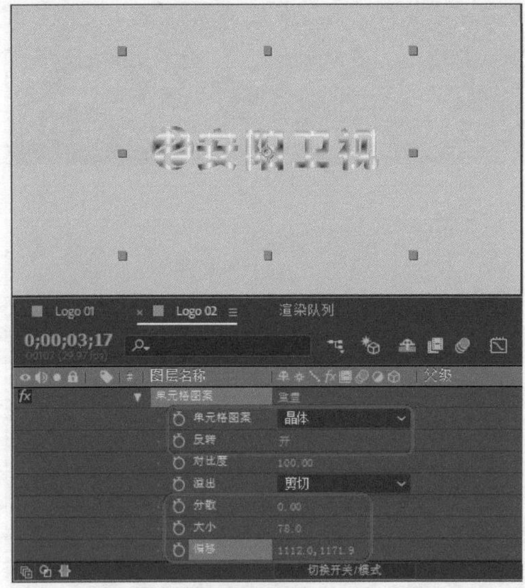

图11-119

◎知识链接

【单元格图案】：可以在该下拉列表中选择要使用的单元格图案。HQ表示高品质图案，与未标记的图案相比，这类图案使用更高的清晰度渲染。

【反转】：选中【反转】复选框后，黑色区域变成白色，白色区域变成黑色。

【对比度/锐度】：在使用气泡、晶体、枕状、混合晶体或管状单元格图案时，可以通过该选项指定单元格图案的对比度。

【溢出】：用于设置效果重映射超出0~255灰度范围的值的方式。

【分散】：用于设置绘制图案的随机程度。值越低，单元格图案更一致或更像网格。

【大小】：该选项用于设置单元格的大小。默认大小是60。

【偏移】：该选项用于设置图案偏移的位置。

【平铺选项】：选择【启用平铺】可创建针对重复拼贴构建的图案。【水平单元格】和【垂直单元格】用于确定每个拼贴的单元格宽度和单元格高度。

【演化】：可以通过该选项添加动画，使图案随时间发生变化。

【演化选项】：【演化选项】用于提供控件，以便在一次短循环中渲染效果，然后在修剪持续时间内循环它。使用这些控件可预渲染循环中的单元格图案元素，因此可以缩短渲染时间。

【循环演化】：选中该复选框后，将会启用循环演化。

【循环】：可以通过该选项设置循环的旋转次数。

【随机植入】：该选项用于指定生成单元格图案使用的值。

Step 13 为【Logo 反射】图层添加【曲线】效果，在【效果控件】面板中添加一个编辑点，并调整编辑点的位置，如图11-120所示。

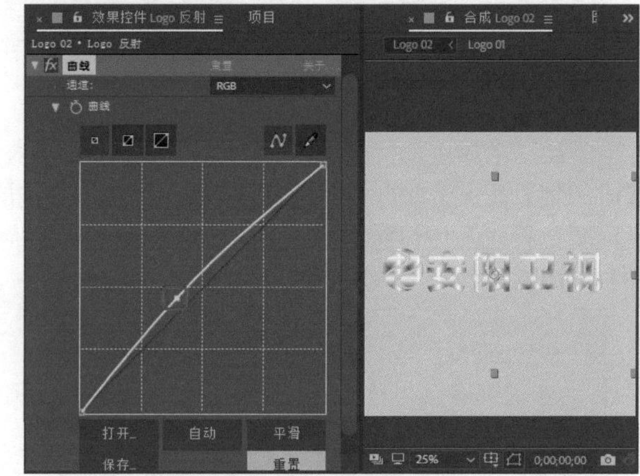

图11-120

Step 14 为【Logo 反射】图层添加【亮度键】效果，在【时间轴】面板中将【亮度键】下的【阈值】设置为228，如图11-121所示。

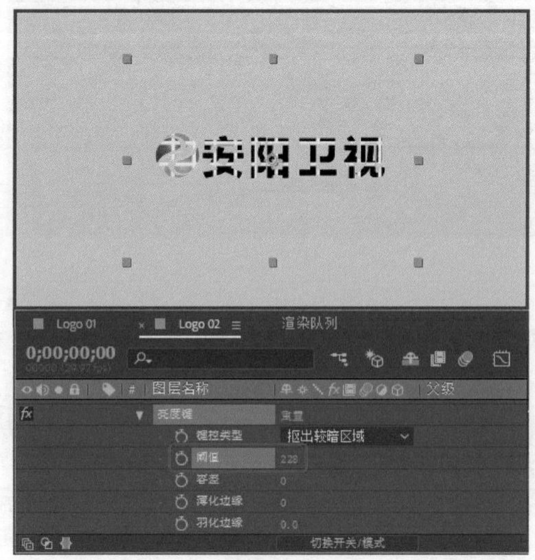

图11-121

Step 15 为【Logo 反射】图层添加【快速模糊（旧版）】效果，在【时间轴】面板中将【模糊度】设置为15，将

【重复边缘像素】设置为【开】，将【变换】下的【不透明度】设置为29%，如图11-122所示。

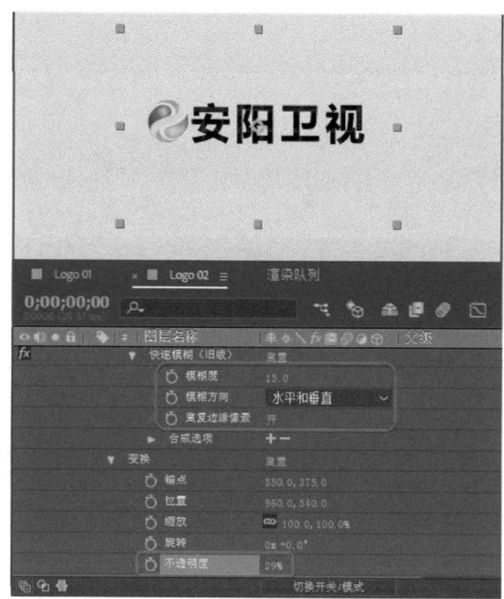

图11-122

Step 16 在【时间轴】面板中选择Logo 01，按Ctrl+D组合键，对其进行复制，并将其命名为【Logo 遮罩】，将其调整在【Logo 反射】图层的上方，将【Logo 反射】图层的轨道遮罩设置为【Alpha遮罩“Logo 遮罩”】，如图11-123所示。

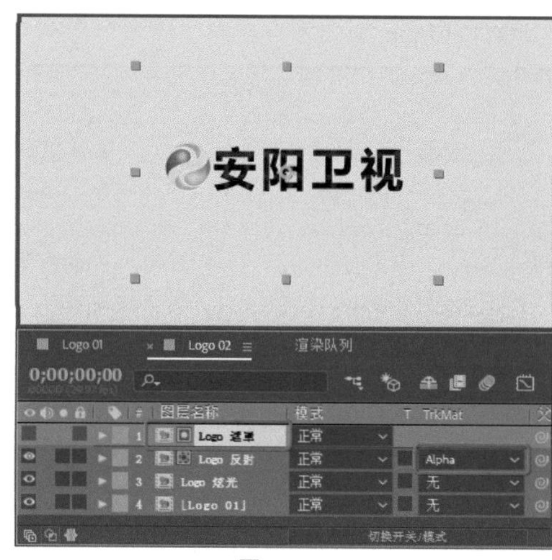

图11-123

Step 17 新建一个名称为Logo、【开始时间码】设置为0:00:00:01、其他参数保持默认的合成，在【项目】面板中选择Logo 02，按住鼠标将其拖曳至【合成】面板中，如图11-124所示。

Step 18 在【时间轴】面板中打开该图层的【运动模糊】【3D图层】模式，将【变换】下的【位置】设置为960,540,19.3，【锚点】设置为960,540,0，单击【为设置了“运动模糊”开关的所有图层启用运动模糊】按钮，如图11-125所示。

图11-124

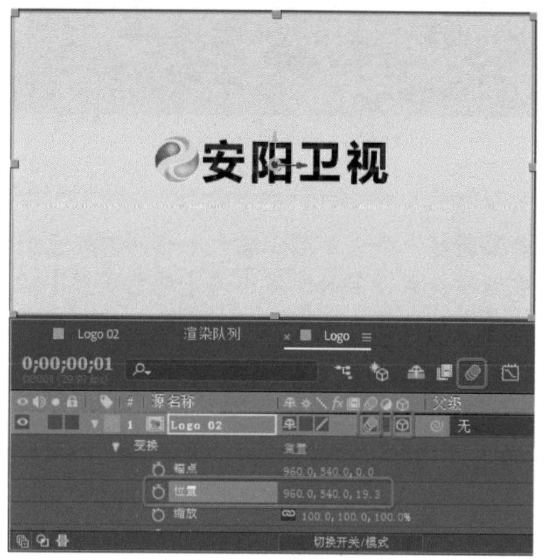

图11-125

实例117 节目预告——制作预告背景

本例将介绍如何制作预告背景，本例主要通过为纯色图层添加【梯度渐变】效果制作灰度渐变效果，然后通过为纯色图层添加蒙版来制作背景上的高光效果。

Step 01 新建一个名称为【背景】、【开始时间码】为0:00:00:00、【背景颜色】为黑色的合成，在【时间轴】面板中新建一个名称为【背景】，【颜色】为黑色，大小与合成大小相同的纯色图层，为【背景】纯色图层添加【梯度渐变】效果，在【时间轴】面板中将【梯度渐变】下的【渐变起点】设置为960,540，将【起始颜色】的颜色值设置为#F4F4F4，将【渐变终点】设置为988,1800，将【结束颜色】的颜色值设置为#A1A1A1，将【渐变形状】设置为【径向渐变】，将【渐变映射】设置为55.9，如图11-126所示。

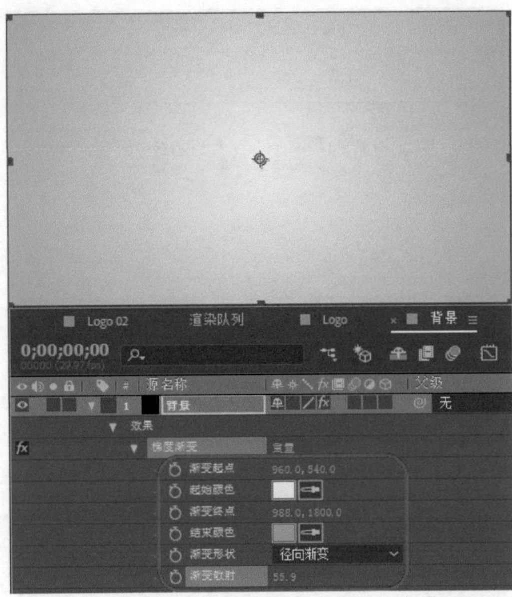

图11-126

◎提示·◦

若要新建一个大小与合成大小相同的纯色图层，可以在新建纯色图层时所弹出的【纯色设置】对话框中单击【制作合成大小】按钮，此时，纯色图层的大小会与合成的大小相同。

Step 02 继续选中该图层，为其添加【照片滤镜】效果，在【时间轴】面板中将【照片滤镜】下的【滤镜】设置为【青】，将【密度】设置为10，如图11-127所示。

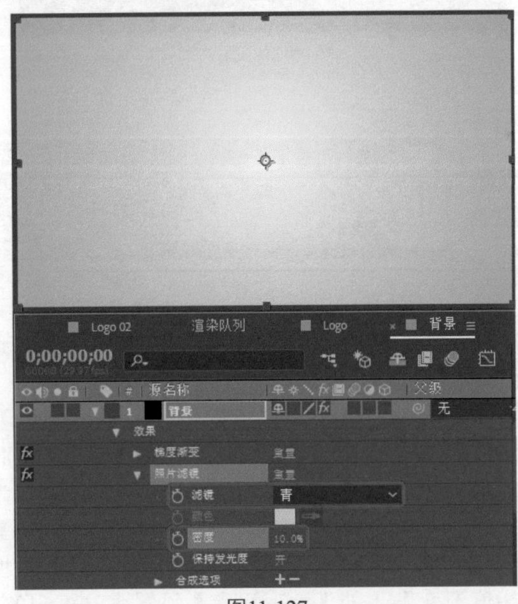

图11-127

Step 03 继续为【背景】图层添加【添加颗粒】效果，在【时间轴】面板中将【添加颗粒】下的【查看模式】设置为【最终输出】，将【动画】选项组中的【动画速度】设置为0，如图11-128所示。

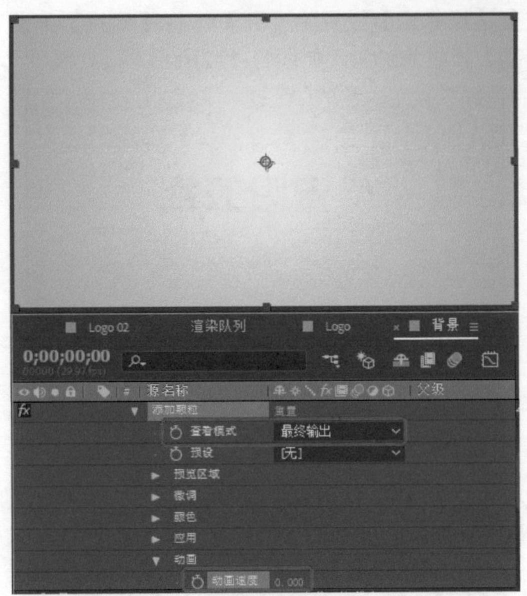

图11-128

Step 04 新建一个名称为【灯】，【颜色】为白色的纯色图层，在【工具】面板中单击【椭圆工具】，在【合成】面板中绘制一个正圆作为蒙版，在【时间轴】面板中单击【蒙版路径】右侧的【形状】，在弹出的对话框中将【左侧】、【顶部】、【右侧】、【底部】分别设置为824、338、1328、842，设置完成后，单击【确定】按钮，将【蒙版 1】下的【蒙版羽化】设置为268像素，如图11-129所示。

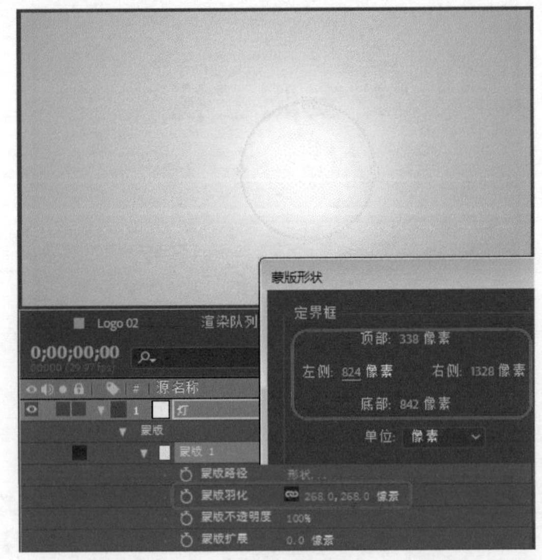

图11-129

Step 05 继续选中该图层，在【时间轴】面板中将【变换】下的【位置】设置为1722,328，将【缩放】设置为145，如图11-130所示。

Step 06 在【项目】面板中选择【灯】纯色图层，按住鼠标将其拖曳至【合成】面板中，在【工具】面板中单击【椭圆工具】，在【合成】面板中绘制一个椭圆形，在

【时间轴】面板中单击【蒙版路径】右侧的【形状】，在弹出的对话框中将【左侧】、【顶部】、【右侧】、【底部】分别设置为-290、888、486、1392，设置完成后，单击【确定】按钮，将【蒙版羽化】设置为419像素，如图11-131所示。

图11-130

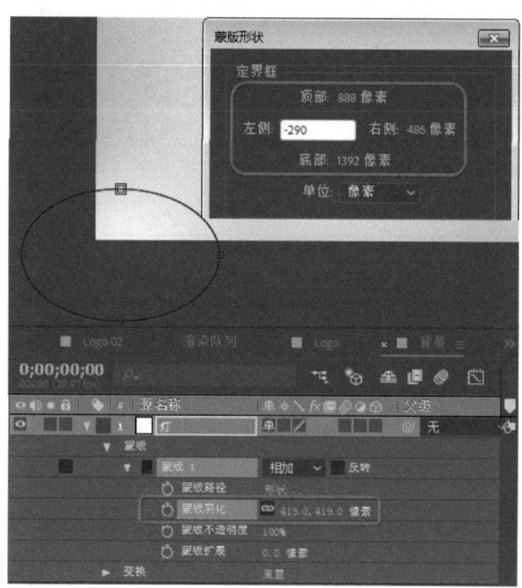

图11-131

实例118 节目预告——制作标志动画

本例将介绍如何制作标志动画，本例主要通过为Logo添加【渐变擦除】效果，然后为其制作立体投影效果，最后通过添加粒子效果以及镜头光晕完成标志动画效果。

Step 01 新建一个名称为【标志动画】、【持续时间】为0:00:07:20的合成，在【项目】面板中选择【背景】合成文件，按住鼠标将其拖曳至【标志动画】的【时间轴】面板中，如图11-132所示。

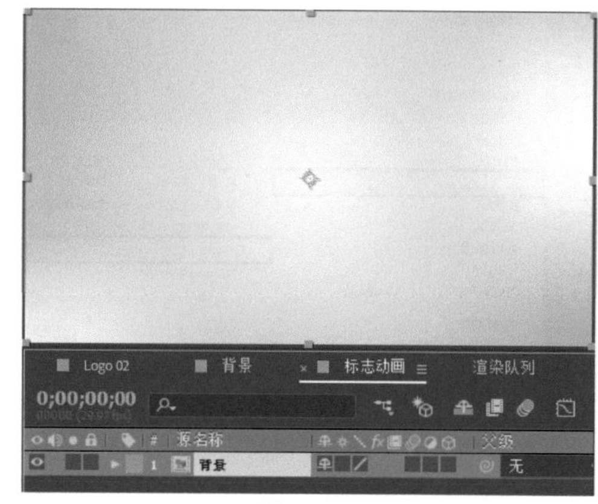

图11-132

Step 02 选中【背景】图层，在菜单栏中选择【图层】|【时间】|【启用时间重映射】命令，如图11-133所示。

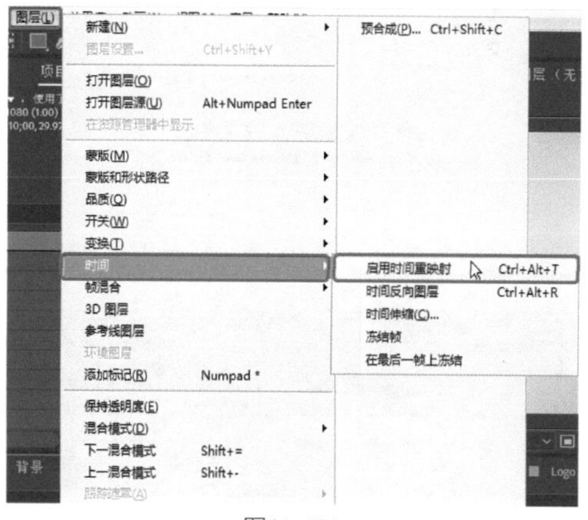

图11-133

Step 03 将当前时间设置为0:00:03:03，在【时间轴】面板中单击【时间重映射】左侧的【在当前时间添加或移除关键帧】按钮，在当前时间添加一个关键帧，如图11-134所示。

图11-134

Step 04 选中添加的关键帧，在菜单栏中选择【图层】|【时间】|【冻结帧】命令，如图11-135所示。

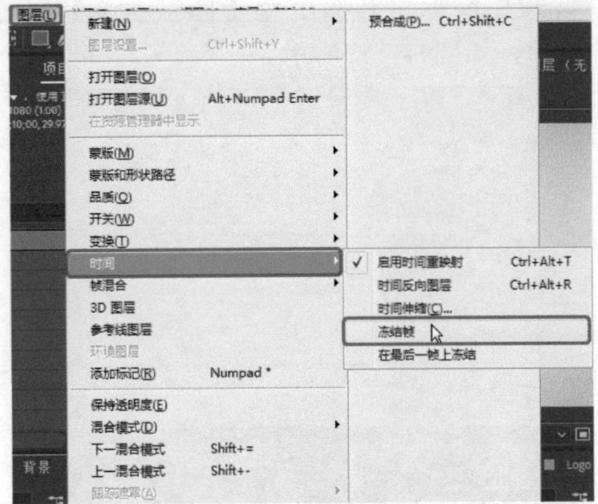

图11-135

Step 05 在【项目】面板中选择Logo合成文件，按住鼠标将其拖曳至【时间轴】面板中，将其开始时间设置为-0:00:00:15，如图11-136所示。

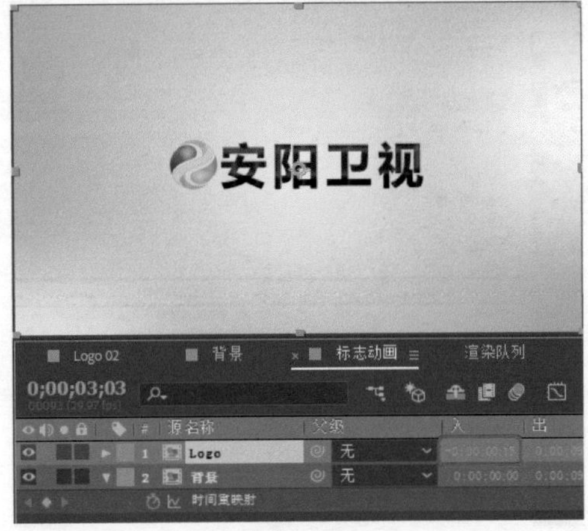

图11-136

Step 06 为Logo图层添加【渐变擦除】效果，将当前时间设置为0:00:02:01，在【时间轴】面板中将【渐变擦除】下的【过渡完成】设置为100，单击其左侧的【时间变化秒表】按钮，将【过渡柔和度】设置为45，将【反转渐变】设置为【开】，打开该图层的【运动模糊】和【3D图层】模式，单击【为设置了“运动模糊”开关的所有图层启用运动模糊】按钮，如图11-137所示。

知识链接

【过渡完成】：可以通过设置该选项设置图层的过渡百分比。

【过渡柔和度】：每个像素渐变的程度。如果此值为 0%，则应用了该效果的图层中的像素将是完全不透明或完全透明。如果此值大于 0%，则在过渡的中间阶段像素是半透明的。

【渐变图层】：可以通过该选项设置渐变图层。

【渐变位置】：可以通过该选项设置渐变的位置，其中包括【拼贴渐变】、【中心渐变】、【伸缩渐变以适合】等三个选项。

【反转渐变】：此选项设置为开后，将会反转渐变图层的影响。

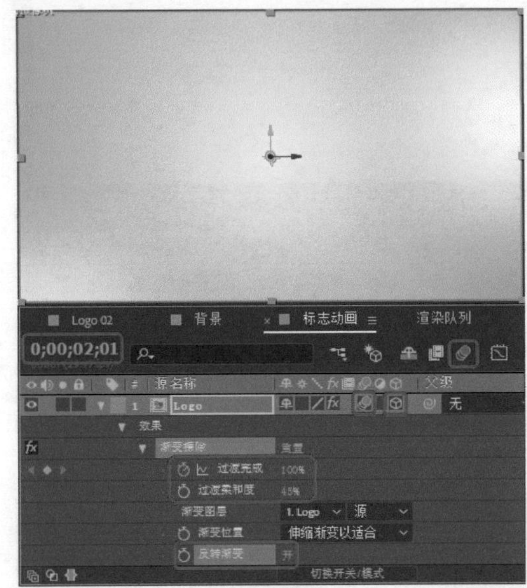

图11-137

Step 07 将当前时间设置为0:00:02:14，在【时间轴】面板中将【过渡完成】设置为0，如图11-138所示。

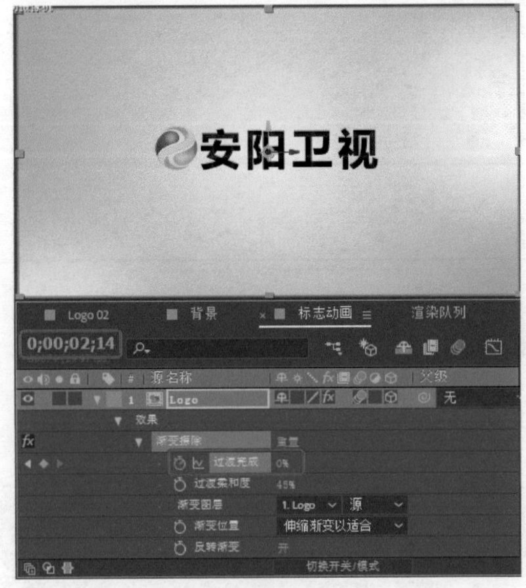

图11-138

Step 08 在【项目】面板中选择Logo合成文件，按住鼠标将其拖曳至【时间轴】面板中，将其命名为【Logo 阴影】，将其调整在Logo图层的下方，将其开始时间设置为-0:00:00:15，如图11-139所示。

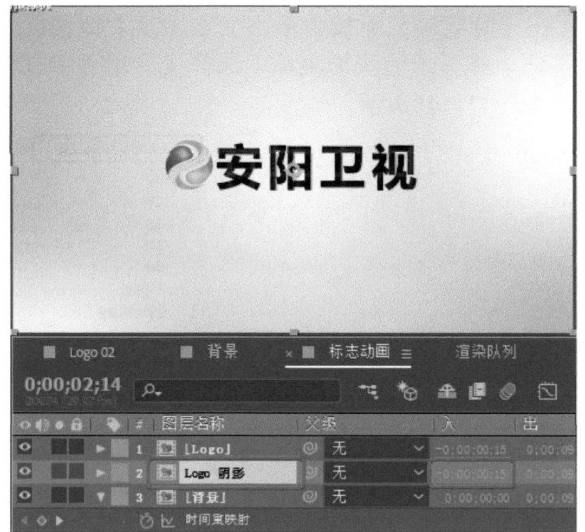

图11-139

Step 09 打开该图层的【运动模糊】和【3D图层】模式，将当前时间设置为0:00:02:01，将【位置】设置为960,700.2,-175，取消【缩放】的锁定，将【缩放】设置为100,-100,100，将【X轴旋转】设置为-85°，将【不透明度】设置为0，单击其左侧的【时间变化秒表】按钮，如图11-140所示。

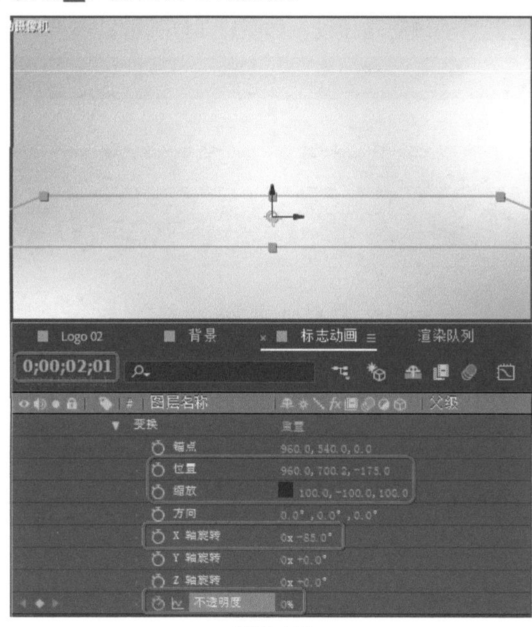

图11-140

Step 10 将当前时间设置为0:00:02:14，将【不透明度】设置为36%，如图11-141所示。

Step 11 为【Logo 阴影】图层添加【线性擦除】效果，在【时间轴】面板中将【线性擦除】下的【过渡完成】、【擦除角度】、【羽化】分别设置为42、180x+90°、186，如图11-142所示。

Step 12 为【Logo 阴影】图层添加【快速模糊（旧版）】效果，在【时间轴】面板中将【快速模糊（旧版）】下的【模糊度】设置为66，如图11-143所示。

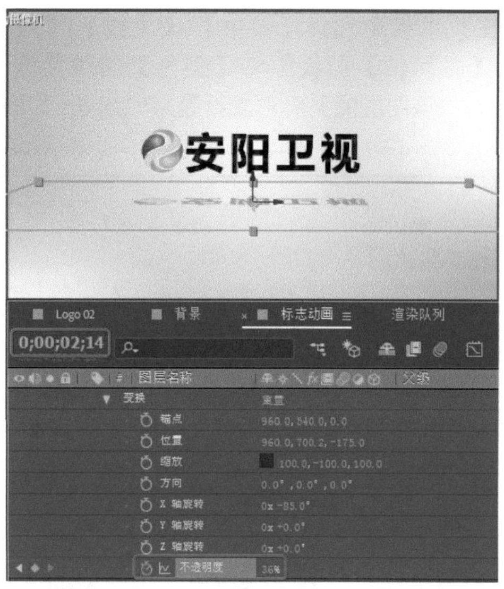

图11-141

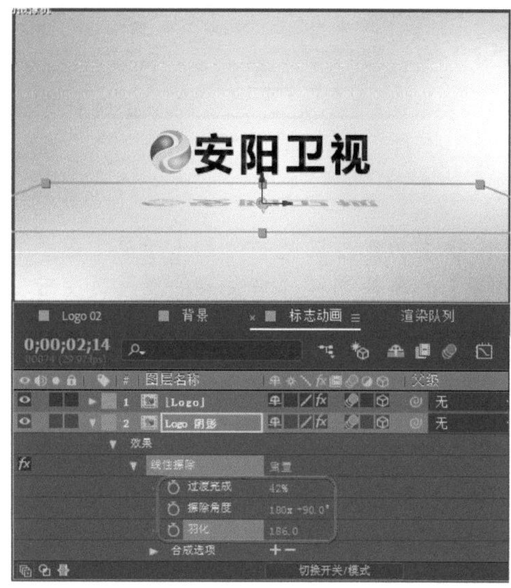

图11-142

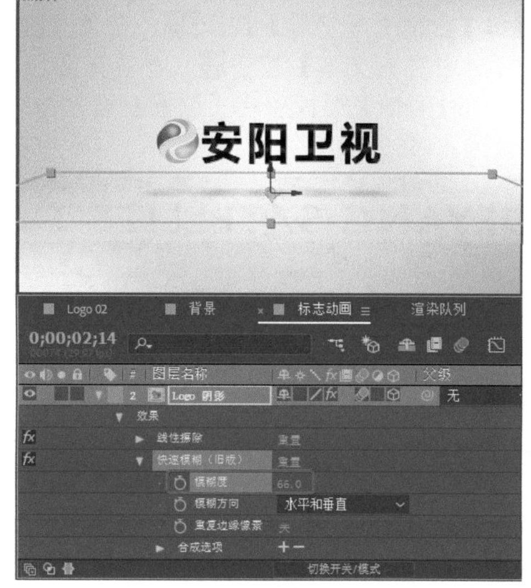

图11-143

Step 13 在菜单栏中选择【效果】|【生成】|【填充】命令，在【时间轴】面板中将【颜色】的颜色值设置为#131313，将该图层的父级对象设置为1.Logo，如图11-144所示。

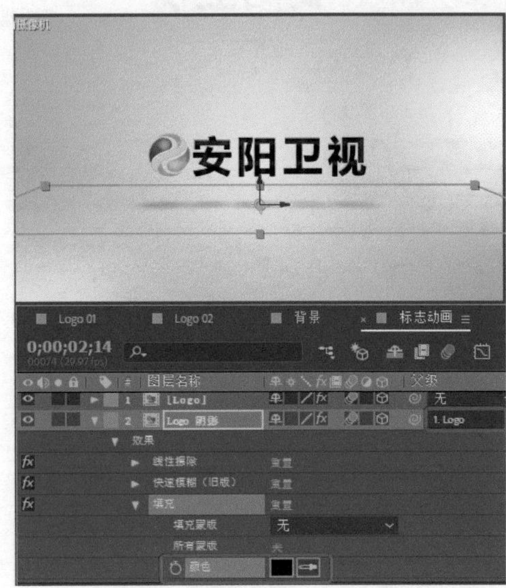

图11-144

◎提示·○

【父级】功能可以使一个层【子层】继承另一个层【父层】的转换属性，当父层的属性改变时，子层的属性也会产生相应的变化。

Step 14 新建一个名称为【英文标题】，【宽度】和【高度】分别为800、60，【持续时间】为0:00:10:00的合成，在【工具】面板中单击【横排文字工具】按钮，在【合成】面板中单击鼠标，输入文字，选中输入的文字，在【字符】面板中将【字体系列】设置为【微软雅黑】，将【字体大小】设置为56像素，将【字符间距】设置为48，将【垂直缩放】设置为83，单击【仿粗体】按钮和【全部大写字母】按钮，在【段落】面板中单击【居中对齐文本】按钮，将填充颜色设置为黑色，在【时间轴】面板中将【位置】设置为397.8、50.3，如图11-145所示。

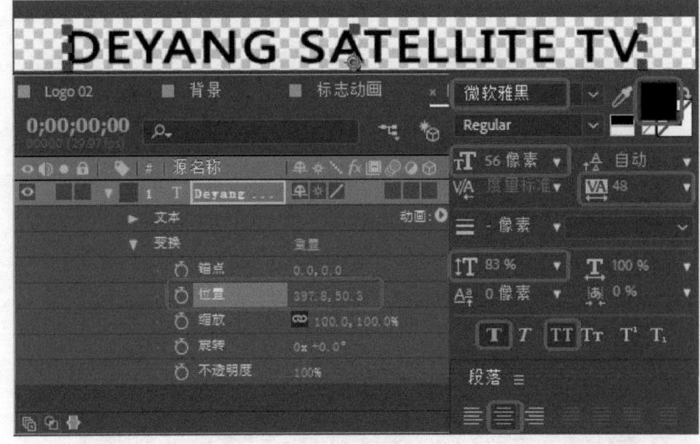

图11-145

Step 15 在【时间轴】面板中单击文字图层右侧的（展开）按钮，在弹出的快捷菜单中选择【启用逐字3D化】命令，如图11-146所示。

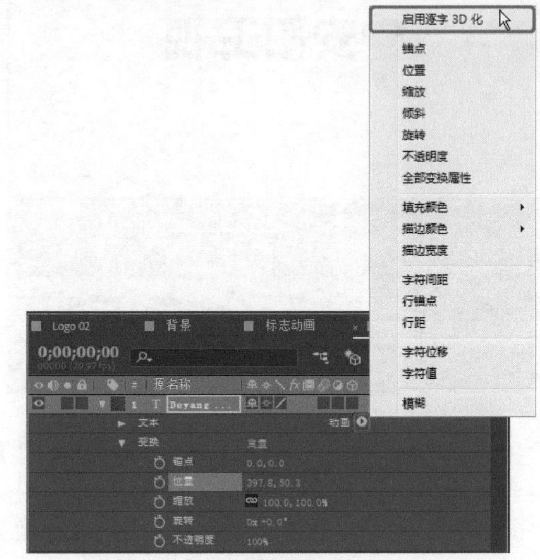

图11-146

Step 16 在【动画和预设】面板中选择【动画预设】|Text|Blurs|【子弹头列车】动画预设，按住鼠标将其拖曳至文字图层上，为其添加该动画预设，如图11-147所示。

图11-147

Step 17 将当前时间设置为0:00:00:00，在【时间轴】面板中将Range Selector 1下的【偏移】设置为100，将【高级】选项组中的【形状】设置为【下斜坡】，将【缓和高】设置为100，将【模糊】取消锁定，将【模糊】设置为48、48，如图11-148所示。

Step 18 将0:00:00:16位置处的关键帧调整至0:00:01:06位置处，将【偏移】设置为-100，如图11-149所示。

Step 19 在【项目】面板中选择【英文标题】合成文件，按住鼠标将其拖曳至【标志动画】面板中，打开该图层的3D图层模式，将该图层的入点时间设置为0:00:03:18，将【变换】下的【位置】设置为1043,639,0，如图11-150所示。

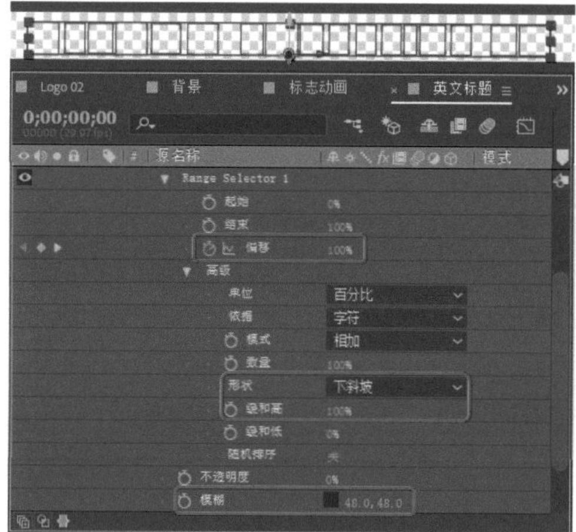

图11-148

图11-149

图11-150

Step 20 在【标志动画】的【时间轴】面板中新建一个名称为【镜头光晕】的黑色纯色图层，为新建的纯色图层添加【镜头光晕】效果，将当前时间设置为0:00:03:21，在【时间轴】面板中将【镜头光晕】下的【光晕中心】设置为1474,638.5，单击其左侧的【时间变化秒表】按钮，将【光晕亮度】设置为0，单击其左侧的【时间变化秒表】按钮，将【镜头类型】设置为【105毫米定焦】，如图11-151所示。

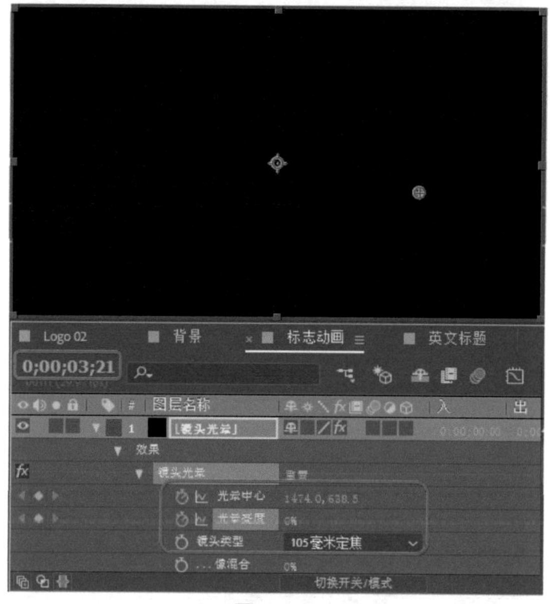

图11-151

Step 21 将当前时间设置为0:00:03:26，在【时间轴】面板中将【光晕亮度】设置为57，如图11-152所示。

Step 22 将当前时间设置为0:00:04:26，在【时间轴】面板中单击【光晕亮度】左侧的【在当前时间添加或移除关键帧】按钮，添加一个关键帧，如图11-153所示。

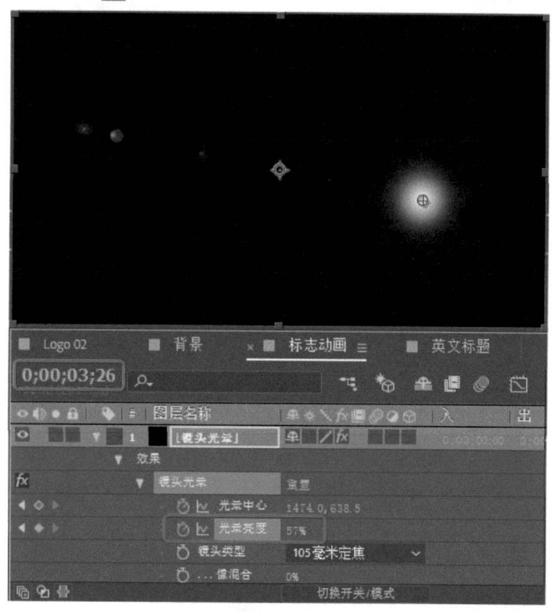

图11-152

Step 23 将当前时间设置为0:00:05:06，在【时间轴】面板中将【光晕中心】设置为539,638.5，将【光晕亮度】设置为0，如图11-154所示。

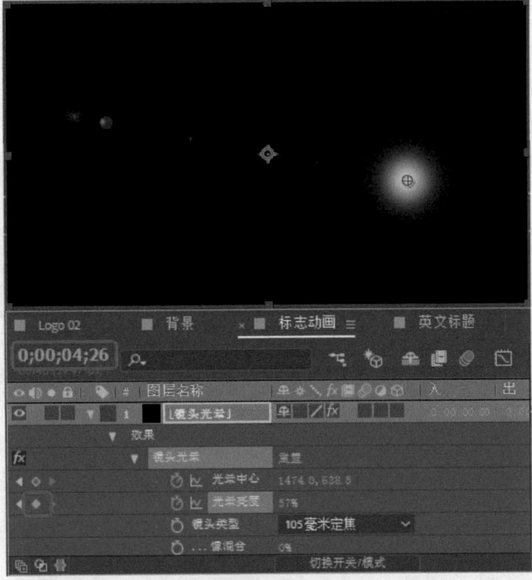

图11-153

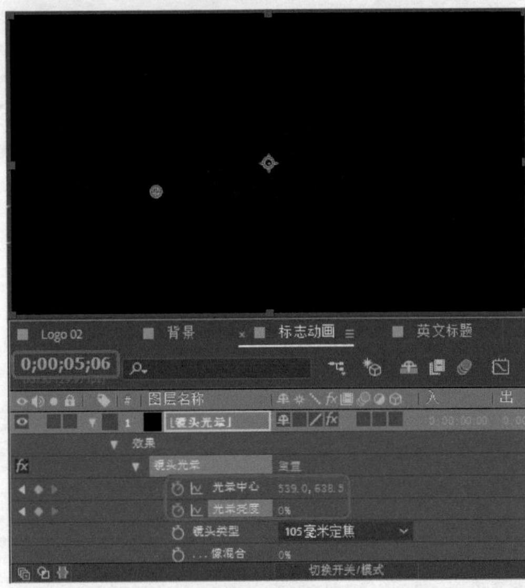

图11-154

Step 24 选中【光晕中心】右侧的第二个关键帧并右击，在弹出的快捷菜单中选择【关键帧辅助】|【缓动】命令，如图11-155所示。

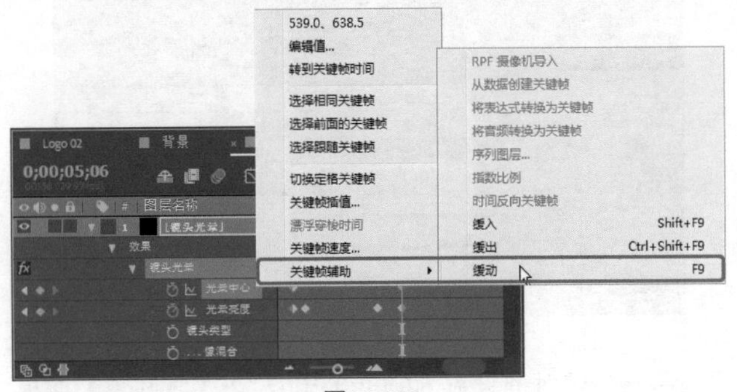

图11-155

Step 25 为【镜头光晕】图层添加【色调】效果，在【时间轴】面板中将该图层的【混合模式】设置为【相加】，如图11-156所示。

图11-156

Step 26 继续选中该图层，在菜单栏中选择【效果】|【颜色校正】|【曲线】命令，在【效果控件】面板中将【曲线】下的【通道】设置为【红色】，然后对曲线进行调整，如图11-157所示。

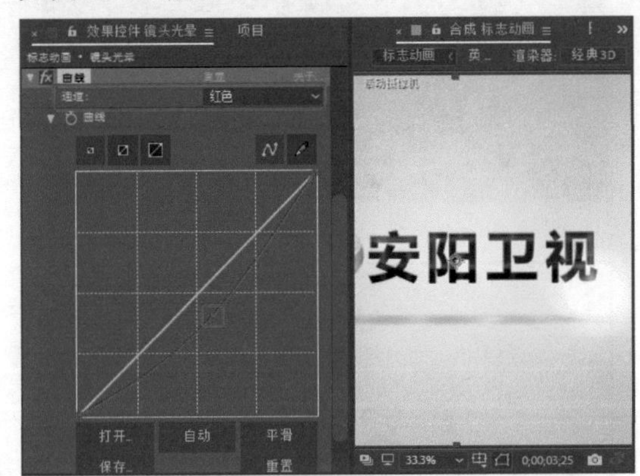

图11-157

Step 27 将【曲线】下的【通道】设置为【绿色】，然后对曲线进行调整，如图11-158所示。

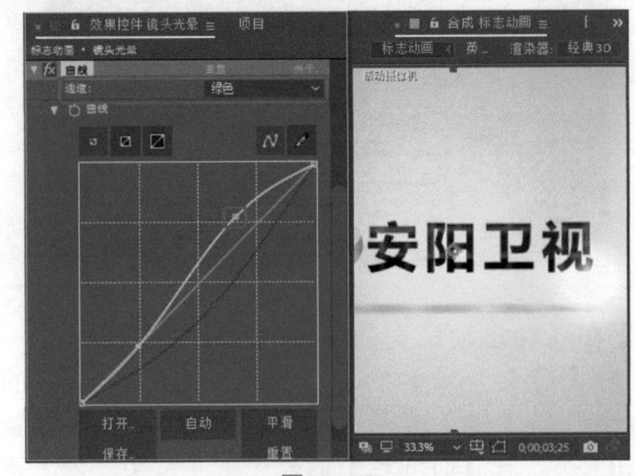

图11-158

Step 28 将【曲线】下的【通道】设置为【蓝色】，然后对曲线进行调整，如图11-159所示。

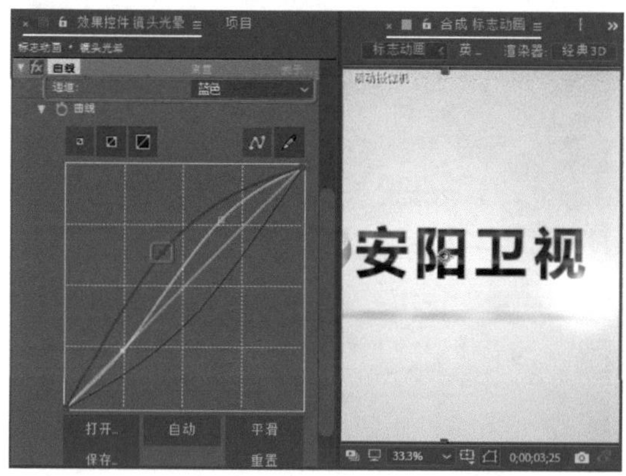

图11-159

Step 29 新建一个名称为【蓝光】、【预设】为HDTV 1080 29.97、【持续时间】为0:00:07:15的合成，在【蓝光】的【时间轴】面板中新建一个名称为【闪光】的黑色纯色图层，在菜单栏中选择【效果】|【生成】|【镜头光晕】命令，在【时间轴】面板中将【镜头光晕】下的【光晕中心】设置为960,540，将【光晕亮度】设置为57，将【镜头类型】设置为【105毫米定焦】，如图11-160所示。

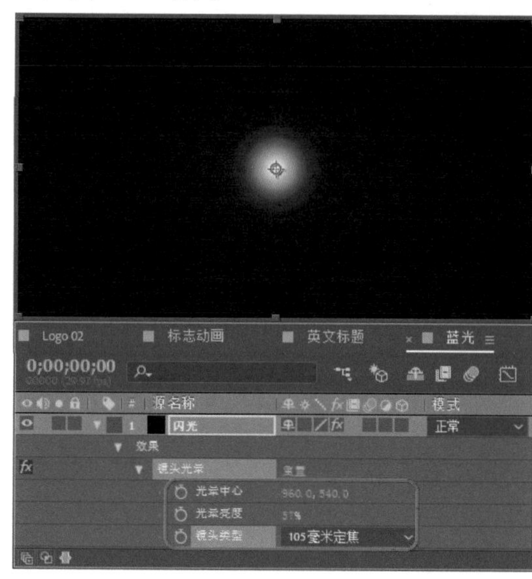

图11-160

Step 30 继续选中该图层，在菜单栏中选择【效果】|【颜色校正】|【色调】命令，为选中的图层添加色调效果，将该图层的【混合模式】设置为【相加】，如图11-161所示。

Step 31 为【闪光】图层添加【曲线】效果，在【效果控件】面板中将【曲线】下的【通道】设置为【红色】，然后对曲线进行调整，如图11-162所示。

Step 32 将【曲线】下的【通道】设置为【绿色】，然后对曲线进行调整，如图11-163所示。

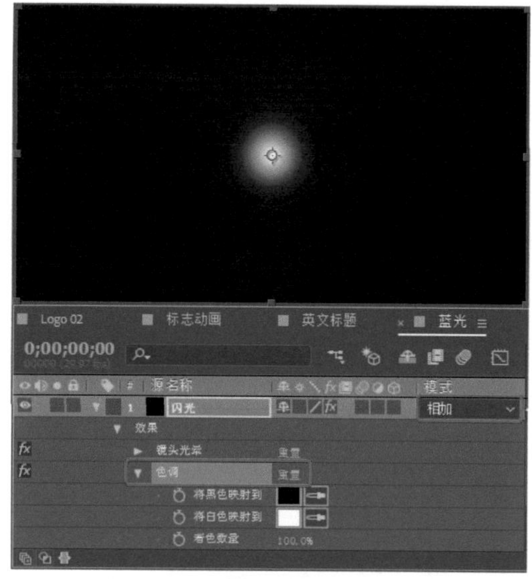

图11-161

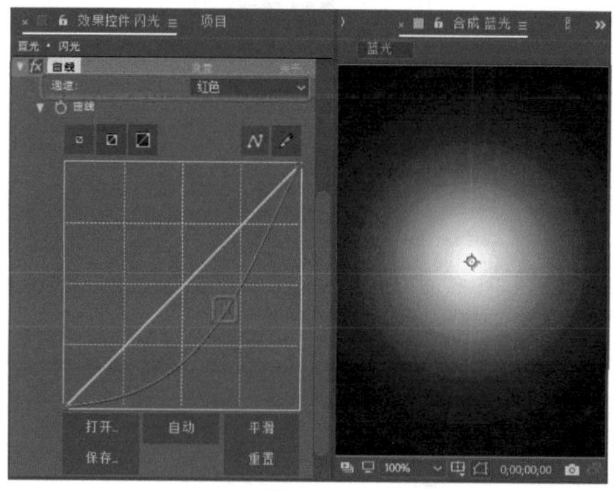

图11-162

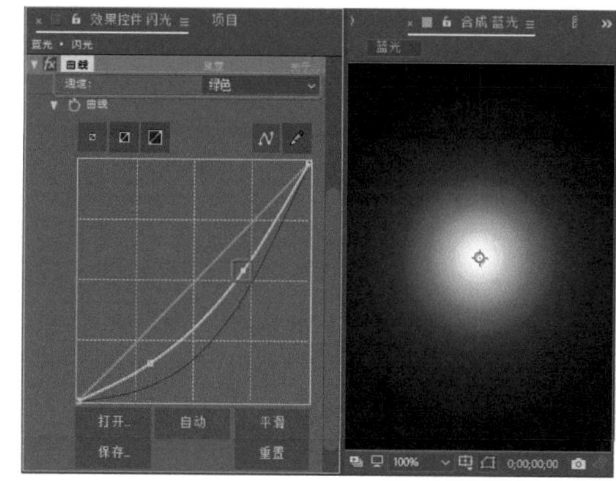

图11-163

Step 33 将【曲线】下的【通道】设置为【蓝色】，然后对曲线进行调整，如图11-164所示。

Step 34 在【标志动画】的【时间轴】面板中新建一个名称为【路径】，【宽度】、【高度】均为100，【颜色】为白色的纯色图层，在【时间轴】面板中将【持续时间】设置为0:00:08:01，将该图层的入点时间设置为-0:00:00:16，如图11-165所示。

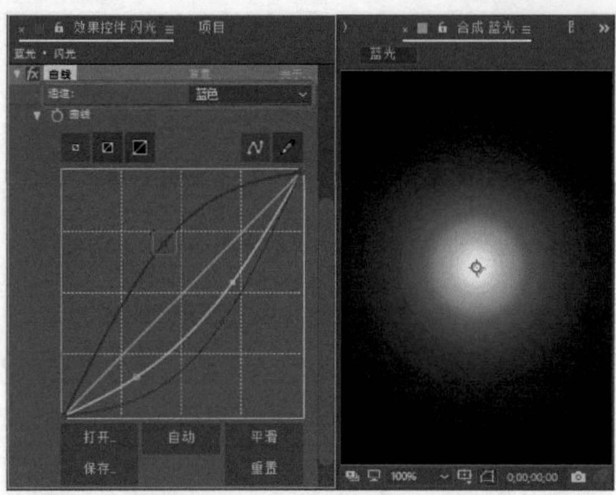

图11-164

图11-165

Step 35 继续选中该图层，并将当前时间设置为-0:00:00:16，打开该图层的3D图层模式，将【变换】下的【锚点】设置为11,137.8,0，将【位置】设置为-1259.9,598.9,1941.1，单击其左侧的【时间变化秒表】按钮，将【Y轴旋转】设置为2x+86°，将【不透明度】设置为0，如图11-166所示。

提示

在将当前时间设置为负数时，无法通过拖动时间线来将当前时间设置为负数，需要在【时间轴】面板中直接输入负数时间。

Step 36 将当前时间设置为0:00:00:00，将【变换】下的【位置】设置为-944.7,437.5,1772.5，如图11-167所示。

Step 37 将当前时间设置为0:00:02:00，将【变换】下的【位置】设置为960,540,-1348，如图11-168所示。

Step 38 将当前时间设置为0:00:03:26，将【变换】下的【位置】设置为1460,298,-1038，如图11-169所示。

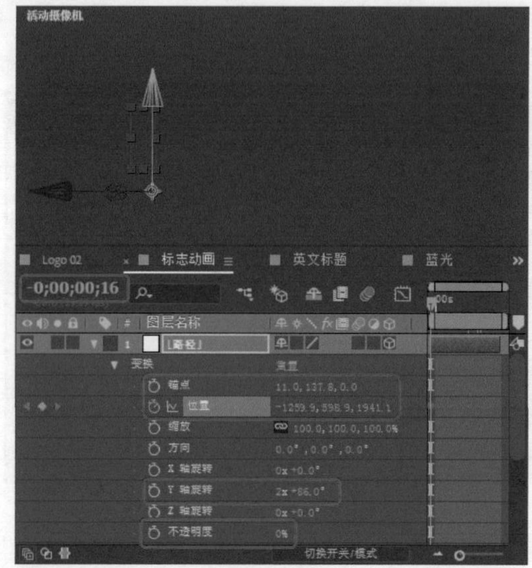

图11-166

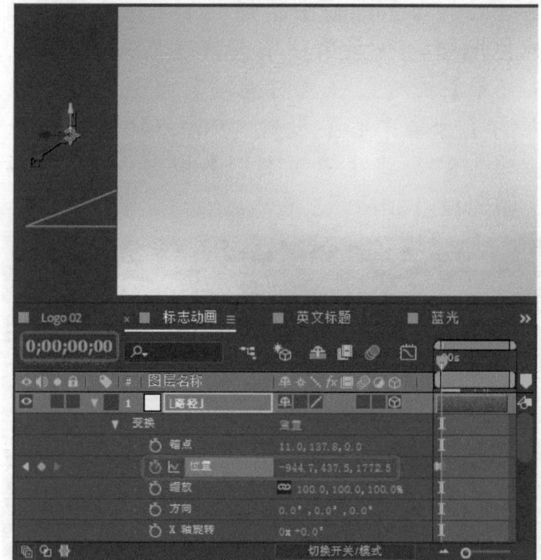

图11-167

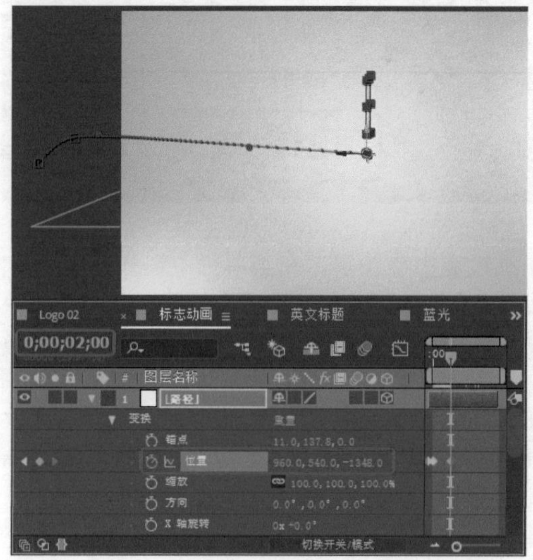

图11-168

图11-169

Step 39 在【时间轴】面板中选中添加的四个关键帧并右击，在弹出的快捷菜单中选择【关键帧辅助】|【缓动】命令，如图11-170所示。

Step 40 设置完成后，继续选中该图层，在【合成】面板中调整运动曲线的平滑度，如图11-171所示。

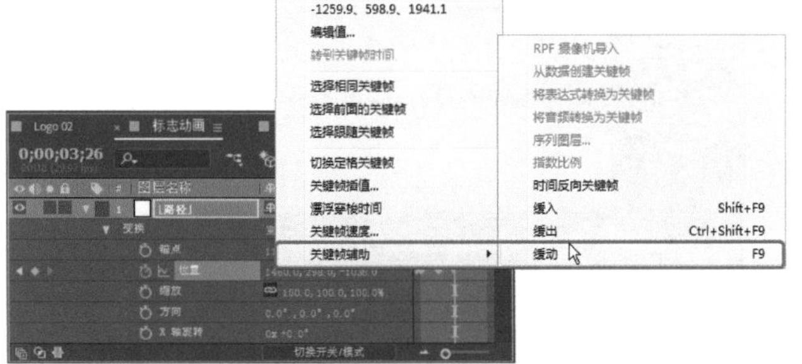

图11-170

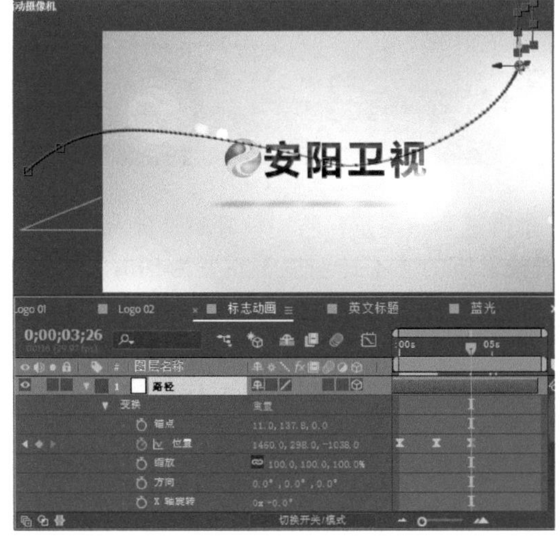

图11-171

Step 41 在【项目】面板中将【蓝光】合成文件按住鼠标拖曳至【标志动画】的【时间轴】面板中，在【时间轴】面板中打开该图层的3D图层模式，将该图层的【混合模式】设置为【相加】，按住Alt键单击【位置】左侧的【时间变化秒表】按钮，添加表达式，输入“thisComp.layer（“路径”）.transform.position”，将【缩放】设置为23，如图11-172所示。

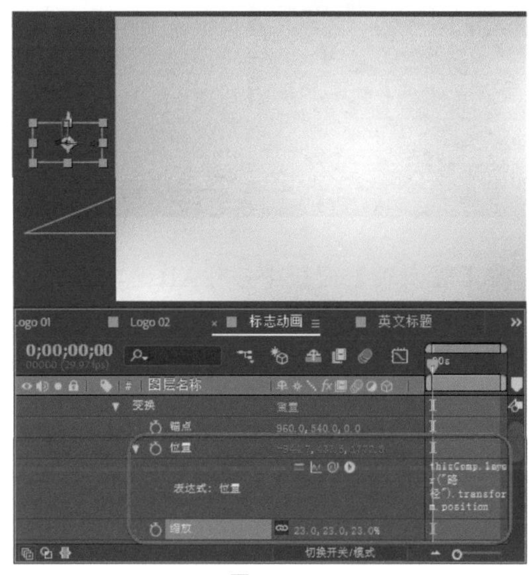

图11-172

Step 42 新建一个名称为【粒子】，【宽度】和【高度】分别为1920、1080，【颜色】为白色的纯色图层，将该图层的入点时间设置为-0:00:03:18，在【时间轴】面板中将当前时间设置为0:00:07:14，如图11-173所示。

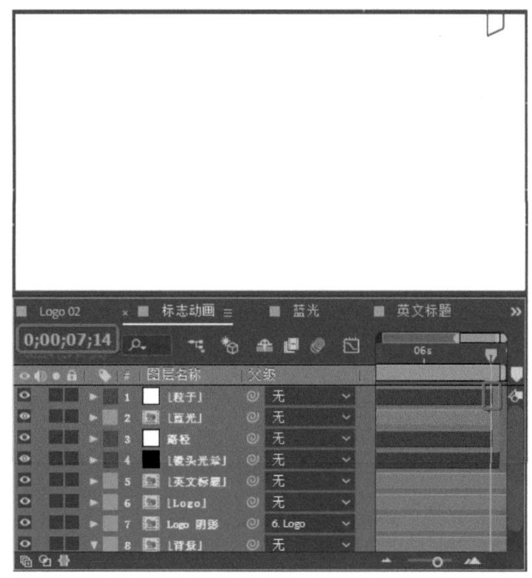

图11-173

Step 43 继续选中该图层，在菜单栏中选择【效果】|【模拟】|CC Particle World命令，在【效果控件】面板中将Grid&Guides选项组中的Radius复选框取消选中，将Birth Rate设置为6.4，将Longevity（sec）设置为1.78，如图11-174所示。

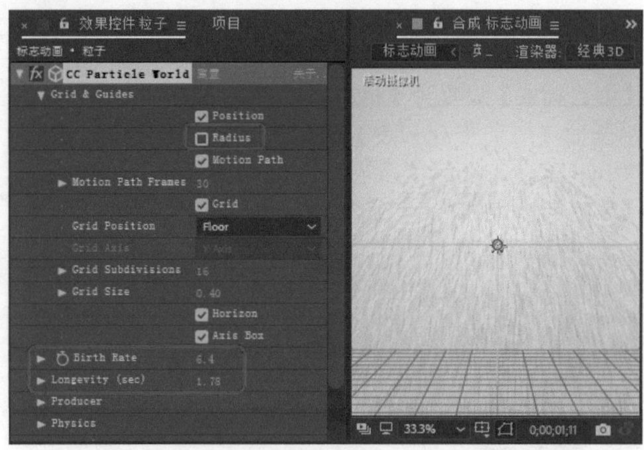

图11-174

Step 44 在【时间轴】面板中按住Alt键单击Producer选项组中PositionX左侧的【时间变化秒表】按钮，输入表达式，并为PositionY、PositionZ添加表达式，将RadiusX、RadiusY、RadiusZ分别设置为0.007、0.007、0.01，如图11-175所示。

> **提示**
>
> PositionX表达式：
>
> p = thisComp.layer（"路径"）.transform.position；
>
> d = （p - [thisComp.width/2，thisComp.height/2，0]）/thisComp.width；
>
> d[0]
>
> PositionY表达式：
>
> p = thisComp.layer（"路径"）.transform.position；
>
> d = （p - [thisComp.width/2，thisComp.height/2，0]）/thisComp.width；
>
> d[1]
>
> PositionZ表达式：
>
> p = thisComp.layer（"路径"）.transform.position；
>
> d = （p - [thisComp.width/2，thisComp.height/2，0]）/thisComp.width；
>
> d[2]

Step 45 将Physics选项组中的Animation设置为Fractal Omni，将Velocity、Gravity、Resistance、Extra分别设置为0.04、0、0、2.35，如图11-176所示。

Step 46 将Particle选项组中Particle Type设置为LenseConvex，将Birth Size、Death Size、Size Variation、Max Opacity分别设置为0.03、0.02、100、75，将Transfer Mode设置为Add，如图11-177所示。

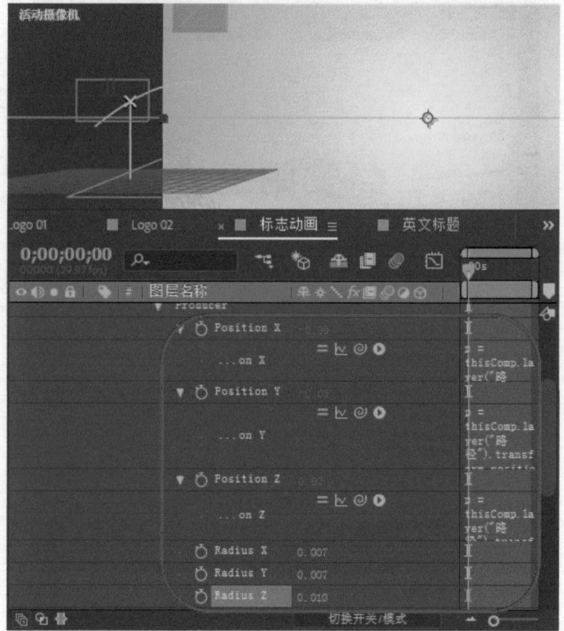

图11-175

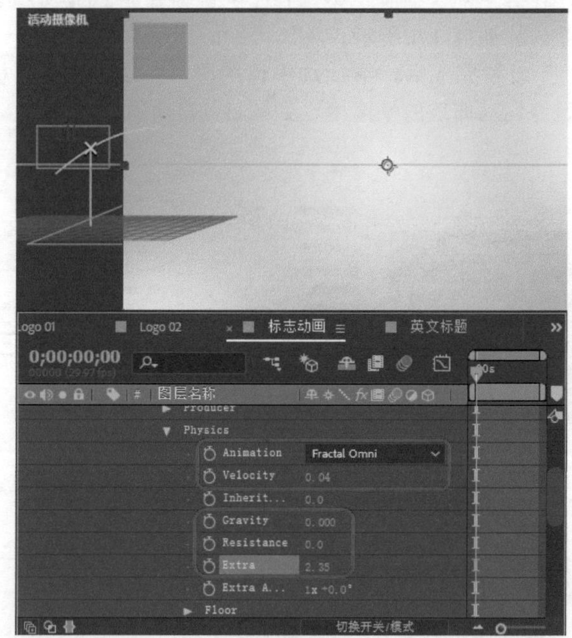

图11-176

Step 47 继续选中该图层，将当前时间设置为0:00:03:26，将【变换】下的【不透明度】设置为100，单击其左侧的【时间变化秒表】按钮，将图层的【混合模式】设置为【相加】，如图11-178所示。

Step 48 将当前时间设置为0:00:04:10，将【变换】下的【不透明度】设置为0，如图11-179所示。

Step 49 使用同样的方法创建其他粒子效果，并为其添加表达式，将【蓝光】图层调整至最上方，如图11-180所示。

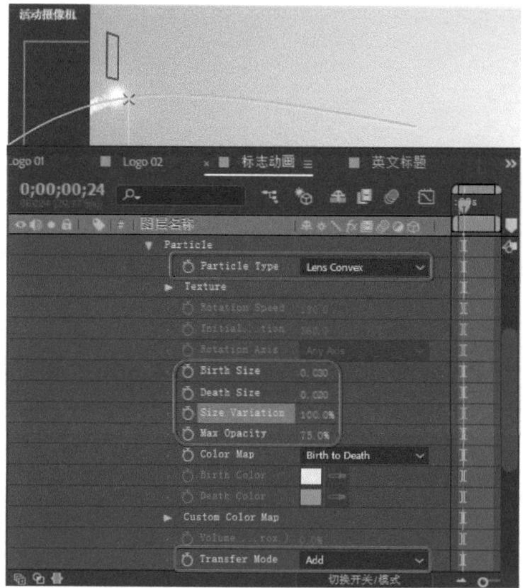

图11-177

图11-178

图11-179

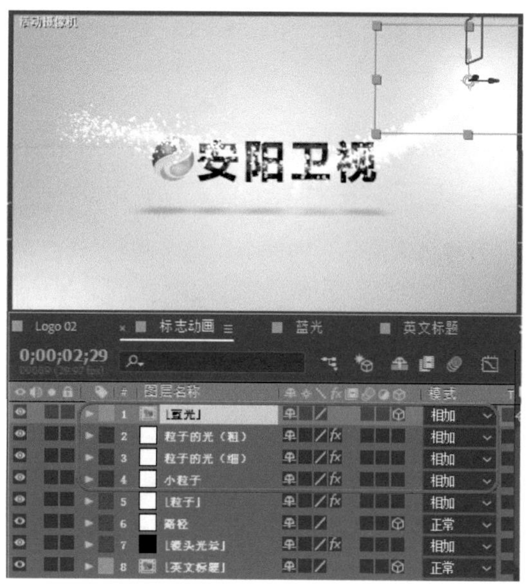

图11-180

Step 50 在【项目】面板中选择“光.avi”素材文件，按住鼠标将其拖曳至【标志动画】的【时间轴】面板中，在【时间轴】面板中将图层的【混合模式】设置为【相加】，将该图层的入点时间设置为0:00:01:29，如图11-181所示。

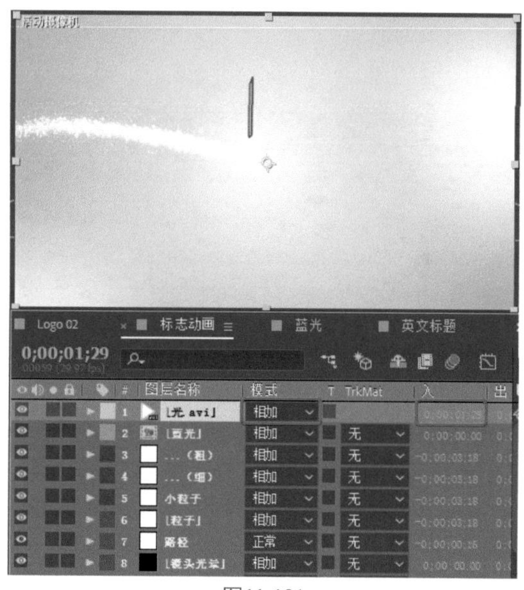

图11-181

Step 51 在【时间轴】面板中右击，在弹出的快捷菜单中选择【新建】|【摄像机】命令，在弹出的对话框中单击【确定】按钮，在【时间轴】面板中将【变换】下的【目标点】设置为960,540,-15.7，将【位置】设置为960,540,-1882.4，如图11-182所示。

Step 52 在【时间轴】面板中将【摄像机选项】下的【缩放】设置为1866.7，将【焦距】、【光圈】、【模糊层次】分别设置为1866.9、590、79，如图11-183所示。

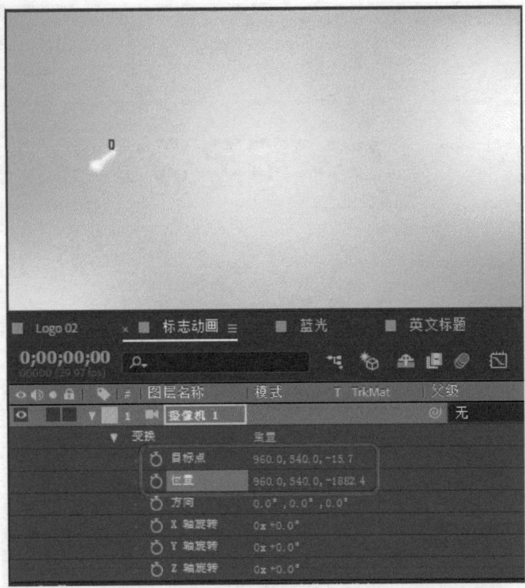

图11-182

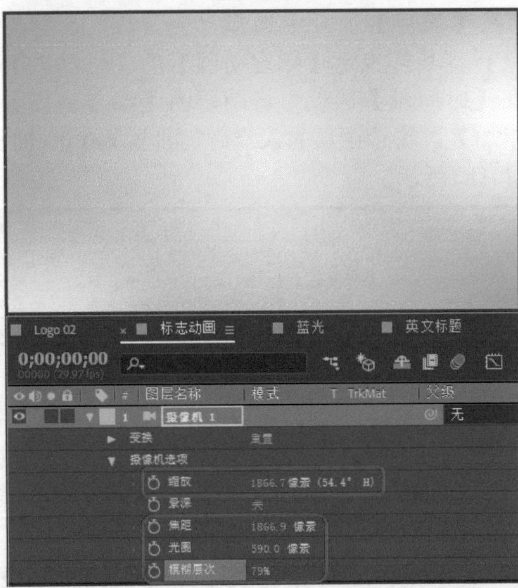

图11-183

Step 53 在【项目】面板中对【路径】纯色图层进行复制，选中复制后的图层，按住鼠标将其拖曳至【时间轴】面板中，将其持续时间设置为0:00:07:15，如图11-184所示。

Step 54 打开该图层的3D图层模式，将当前时间设置为0:00:00:00，将【变换】下的【锚点】设置为0,0,0，单击【位置】左侧的【时间变化秒表】按钮，将【不透明度】设置为0，如图11-185所示。

Step 55 将当前时间设置为0:00:07:10，将【变换】下的【位置】设置为960,540,288，如图11-186所示。

Step 56 将当前时间设置为0:00:00:00，在【时间轴】面板中选择【摄像机1】图层，将其【父级】设置为【1.路径2】，如图11-187所示。

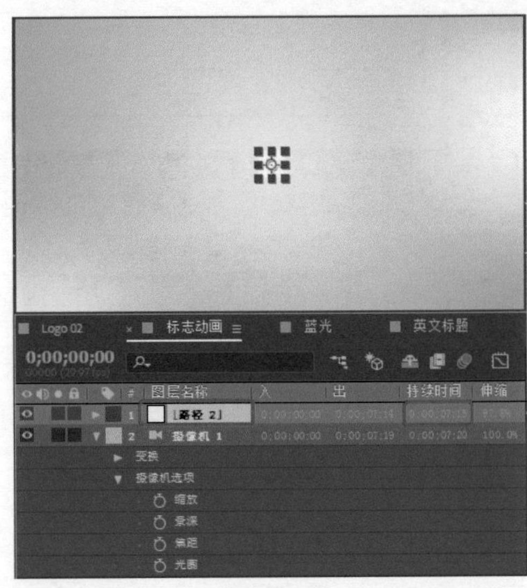

图11-184

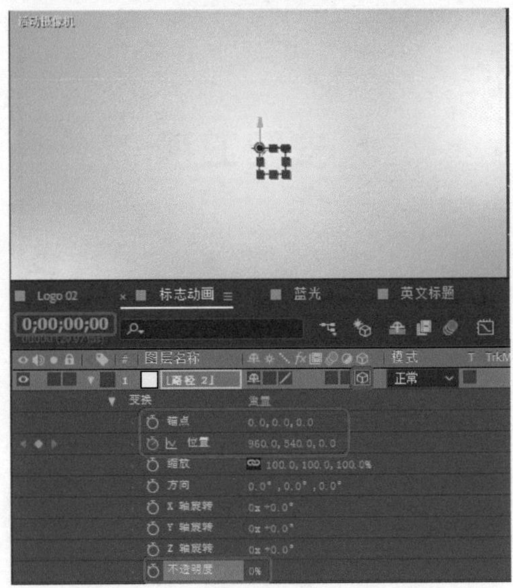

图11-185

图11-186

图11-187

Step 57 新建一个名称为【亮光】，并与合成大小相同的黑色纯色图层，选中新建的图层，在【时间轴】面板中将【持续时间】设置为0:00:07:15，如图11-188所示。

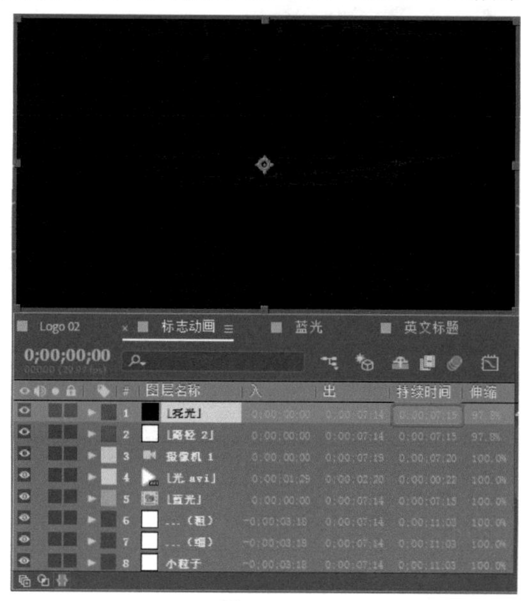

图11-188

Step 58 继续选中该图层，在菜单栏中选择【效果】|【生成】|【镜头光晕】命令，将当前时间设置为0:00:00:10，将【镜头光晕】下的【光晕中心】设置为1024,-72，将【光晕亮度】设置为180，单击其左侧的【时间变化秒表】按钮，将【镜头类型】设置为【105毫米定焦】，如图11-189所示。

Step 59 将当前时间设置为0:00:01:04，将【镜头光晕】下的【光晕亮度】设置为100，如图11-190所示。

Step 60 当前时间设置为0:00:06:04，将【镜头光晕】下的【光晕亮度】设置为96，如图11-191所示。

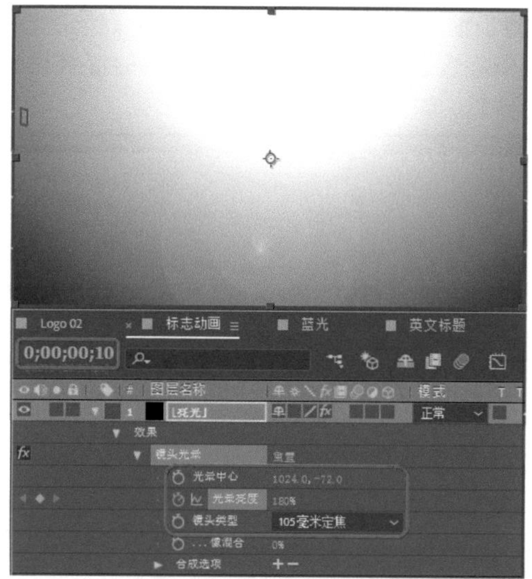

图11-189

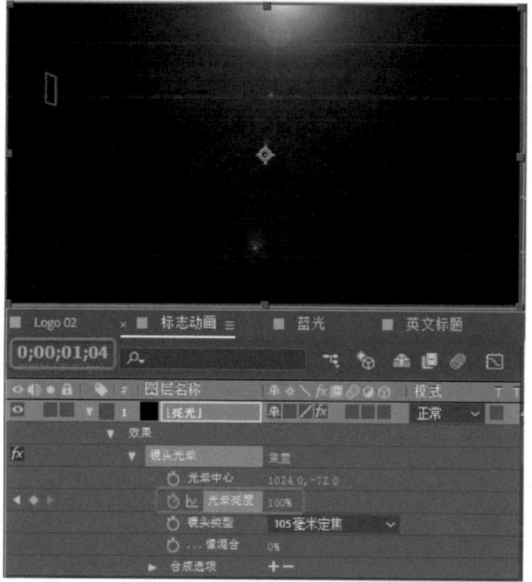

图11-190

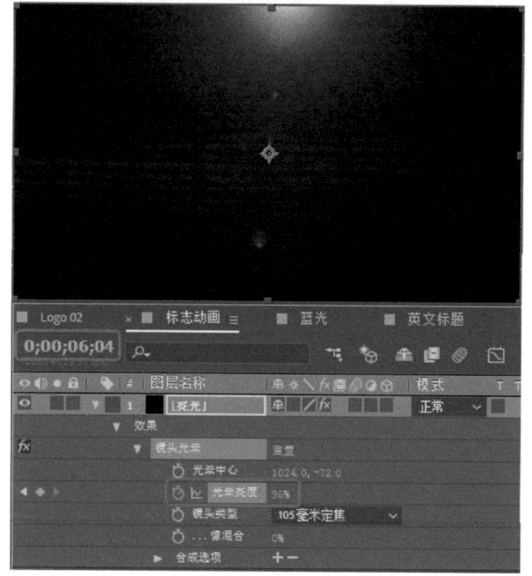

图11-191

Step 61 将当前时间设置为0:00:07:03，将【镜头光晕】下的【光晕亮度】设置为185，将该图层的混合模式设置为【屏幕】，如图11-192所示。

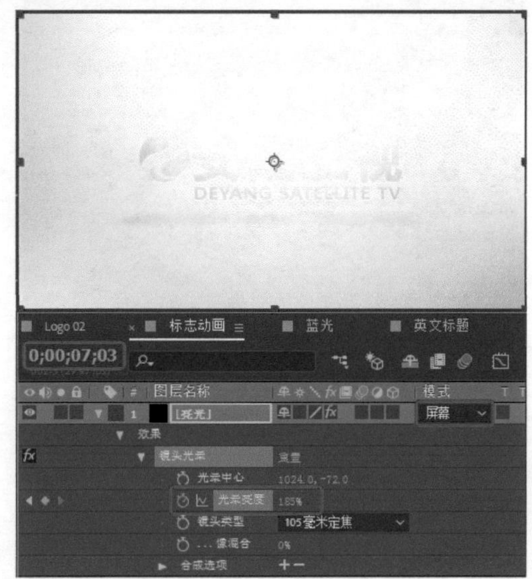

图11-192

Step 62 为【亮光】图层添加【色调】效果，使用其默认参数即可，如图11-193所示。

图11-193

Step 63 在【效果控件】面板中将【曲线】下的【通道】设置为【红色】，调整曲线，如图11-194所示。

Step 64 将【曲线】下的【通道】设置为【绿色】，调整曲线，如图11-195所示。

Step 65 将【曲线】下的【通道】设置为【蓝色】，调整曲线，如图11-196所示。

Step 66 继续选中该图层，在菜单栏中选择【效果】|【过时】|【快速模糊（旧版）】命令，将【快速模糊（旧版）】下的【模糊度】设置为3，将【重复边缘像素】设置为【开】，如图11-197所示。

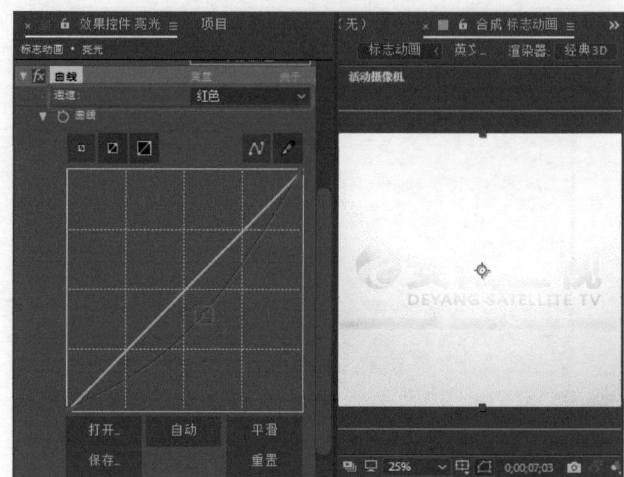

图11-194

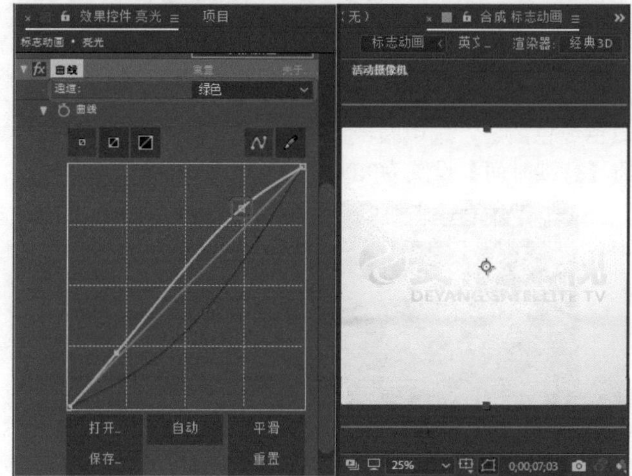

图11-195

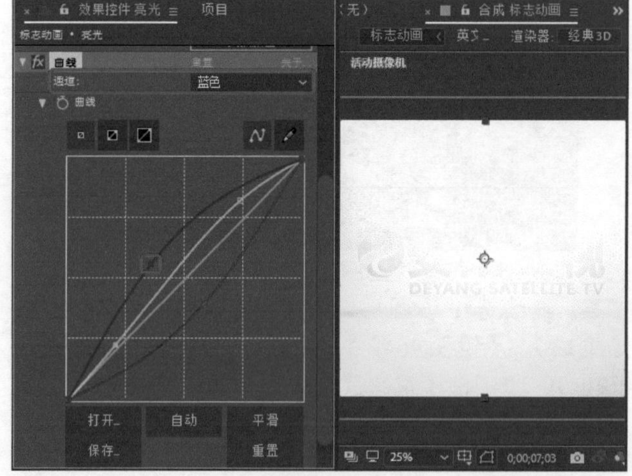

图11-196

Step 67 在【时间轴】面板中新建一个调整图层，在【时间轴】面板中将其持续时间设置为0:00:07:15，如图11-198所示。

Step 68 为调整图层添加【锐化】效果，将【锐化量】设置为20，如图11-199所示。

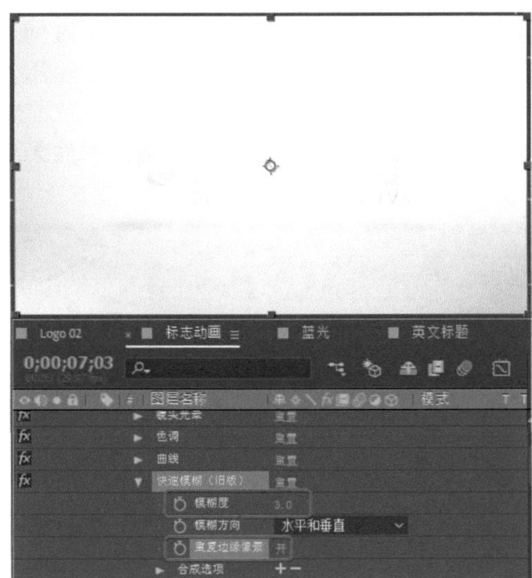

图11-197

图11-198

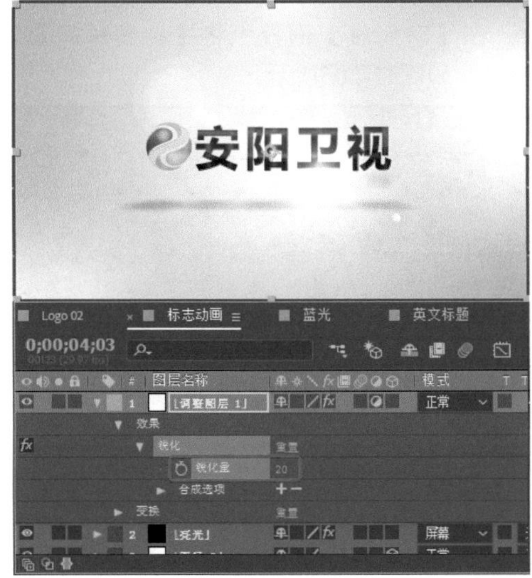

图11-199

Step 69 为调整图层添加【曲线】效果，在【效果控件】面板中调整RGB通道的曲线，如图11-200所示。

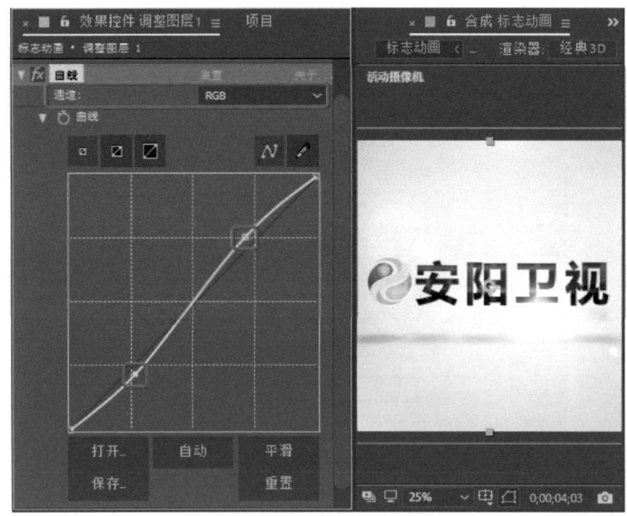

图11-200

Step 70 再为调整图层添加【快速模糊（旧版）】效果，将当前时间设置为0:00:00:11，将【快速模糊（旧版）】下的【模糊度】设置为20，单击其左侧的【时间变化秒表】按钮，将【重复边缘像素】设置为【开】，如图11-201所示。

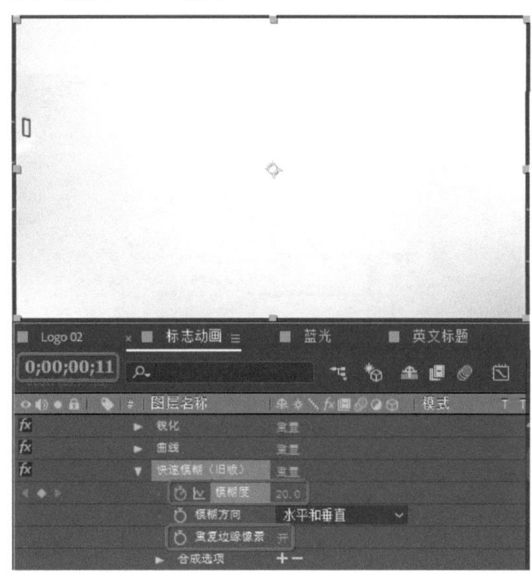

图11-201

Step 71 将当前时间设置为0:00:01:06，将【快速模糊（旧版）】下的【模糊度】设置为0，如图11-202所示。

Step 72 在【项目】面板中选择【灯】纯色图层，按住鼠标将其拖曳至时间轴中，将其命名为【遮罩】，将当前时间设置为0:00:00:00，单击【变换】下的【不透明度】左侧的【时间变化秒表】按钮，添加一个关键帧，如图11-203所示。

Step 73 将当前时间设置为0:00:00:15，将【变换】下的【不透明度】设置为0，如图11-204所示。

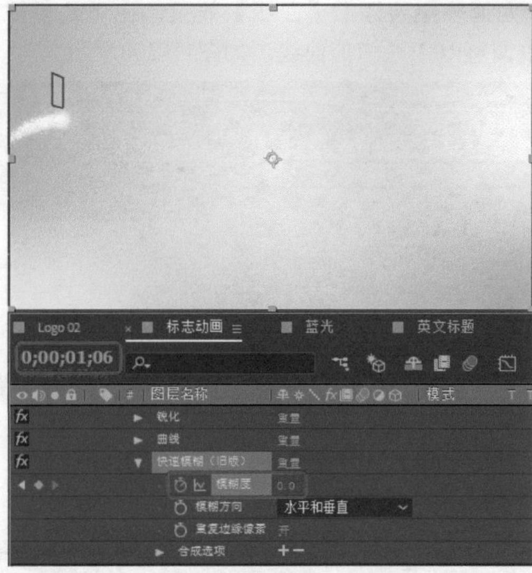

图11-202

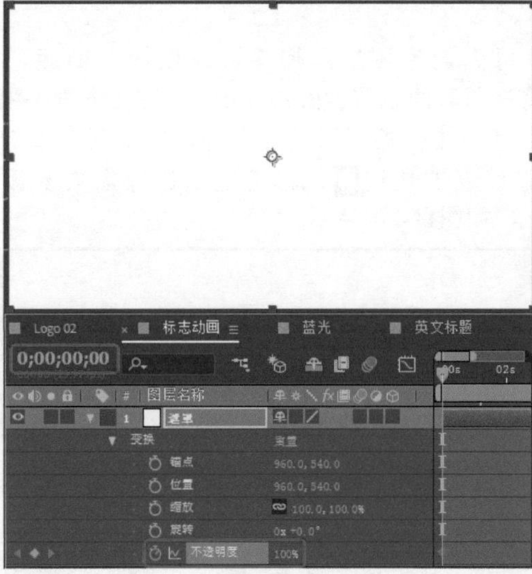

图11-203

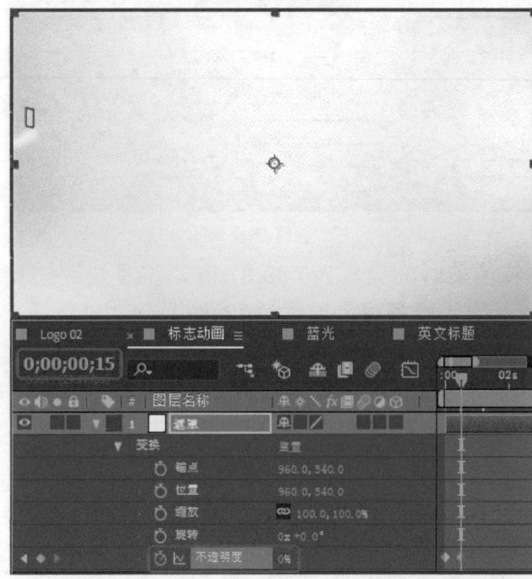

图11-204

Step 74 将当前时间设置为0:00:06:19，在【时间轴】面板中单击【不透明度】左侧的【在当前时间添加或移除关键帧】按钮，添加一个关键帧，将当前时间设置为0:00:07:10，将【变换】下的【不透明度】设置为100%，如图11-205所示。

图11-205

实例119 节目预告——制作节目字幕

本例将介绍如何制作节目字幕，本例主要通过利用纯色图层添加蒙版，然后通过为其添加【旋转】关键帧来制作图形旋转动画，最后输入文字内容，完成节目字幕。

Step 01 新建一个名称为【节目01】、【持续时间】为0:00:02:00的合成，在【项目】面板中选择“节目01.mov”素材文件，按住鼠标将其拖曳至【时间轴】面板中，在【时间轴】面板中将【持续时间】设置为0:00:07:00，如图11-206所示。

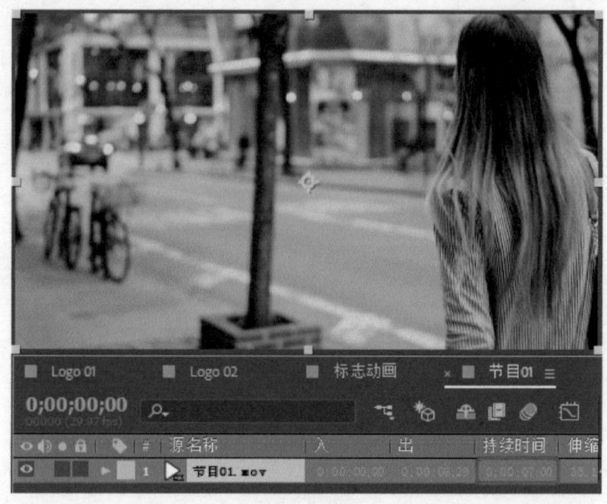

图11-206

Step 02 在【项目】面板中选择“遮罩.mp4”素材文件，按住鼠标将其拖曳至【时间轴】面板中，在【时间轴】面板中将该图层的【混合模式】设置为【屏幕】，将【位置】设置为930,366，将【缩放】设置为201，将【不透明度】设置为70，如图11-207所示。

图11-207

Step 03 在【时间轴】面板中新建一个名称为【形状】，【宽度】和【高度】分别为1024、768的黑色纯色图层，选中该图层，在菜单栏中选择【效果】|【生成】|【梯度渐变】命令，将【渐变起点】设置为0,384，将【起始颜色】的颜色值设置为#A70000，将【渐变终点】设置为1024,384，将【结束颜色】的颜色值设置为#F32E00，如图11-208所示。

图11-208

Step 04 继续选中该图层，在菜单栏中选择【效果】|【透视】|【投影】命令，将【投影】选的【不透明度】设置为35，将【方向】、【柔和度】分别设置为308、10，如图11-209所示。

图11-209

Step 05 在【工具】面板中单击【钢笔工具】，在【合成】面板中绘制一个蒙版，如图11-210所示。

图11-210

Step 06 继续选中该图层，将当前时间设置为0:00:00:00，将【变换】下的【锚点】设置为998,484，将【位置】设置为2571,626，将【缩放】设置为300，将【旋转】设置为48，单击其左侧的【时间变化秒表】按钮，如图11-211所示。

Step 07 将当前时间设置为0:00:00:10，将【变换】下的【旋转】设置为-6，如图11-212所示。

Step 08 将当前时间设置为0:00:01:10，在【时间轴】面板中单击【旋转】左侧的【在当前时间添加或移除关键帧】按钮，添加一个关键帧，如图11-213所示。

Step 09 将当前时间设置为0:00:01:20，在【时间轴】面板中将【变换】下的【旋转】设置为-68，如图11-214所示。

图11-211

图11-212

图11-213

图11-214

Step 10 在【工具】面板中单击【横排文字工具】按钮T，在【合成】面板中单击鼠标，输入文字，选中输入的文字，在【字符】面板中将【字体系列】设置为【微软雅黑】，设置文字大小，将【行距】设置为54，将【字符间距】设置为0，将【垂直缩放】设置为94，将字体颜色【填充颜色】设置为白色，在【段落】面板中单击【左对齐文本】按钮，如图11-215所示。

提示

在此将数字的文字大小设置为35，将文字的文字大小设置为45。

图11-215

Step 11 在【时间轴】面板中将该图层的名称设置为【节目字幕】，将当前时间设置为0:00:00:00，将【变换】下的【锚点】设置为0,0，将【位置】设置为633,448，将【缩放】设置为120，将【不透明度】设置为0，单击其左侧的【时间变化秒表】按钮，如图11-216所示。

图11-216

Step 12 将当前时间设置为0:00:00:15，将【变换】下的【不透明度】设置为100，如图11-217所示。

图11-217

Step 13 将当前时间设置为0:00:01:10，在【时间轴】面板中单击【不透明度】左侧的【在当前时间添加或移除关键帧】按钮◆，添加一个关键帧，如图11-218所示。

Step 14 将当前时间设置为0:00:01:15，将【变换】下的【不透明度】设置为0，如图11-219所示。

Step 15 在【项目】面板中选择【节目01】合成，按Ctrl+D组合键进行复制，双击复制的【节目02】合成，在【时间轴】面板中将【节目02】中的“节目01.mov”图层删除，在【项目】面板中将“节目02.mp4”拖曳至“遮罩.mp4”图层的下方，将【持续时间】设置为0:00:02:00，如图11-220所示。

Step 16 在【时间轴】面板中选择“遮罩.mp4”图层，将【位置】设置为960,540，将【缩放】设置为151，如图11-221所示。

图11-218

图11-219

图11-220

Step 17 在【时间轴】面板中对【节目02】中的节目字幕内容进行修改，效果如图11-222所示。

Step 18 使用同样的方法制作【节目03】，并对其进行修改，如图11-223所示。

图11-221

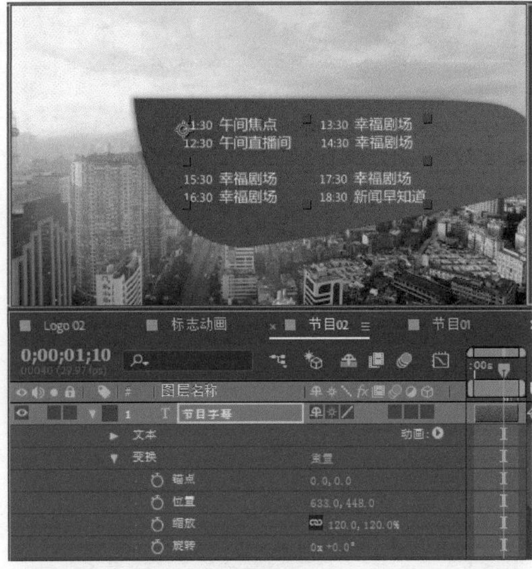

图11-222

图11-223

实例120 节目预告——制作节目预告

本例主要将前面所制作的合成进行嵌套，并设置不同的入点时间，最后为节目预告添加背景音乐。

Step 01 新建一个名称为【节目预告】、【持续时间】为0:00:15:00的合成，在【项目】面板中选择【背景】合成文件，按住鼠标将其拖曳至【时间轴】面板中，在【时间轴】面板中将该图层的【持续时间】设置为0:00:15:00，如图11-224所示。

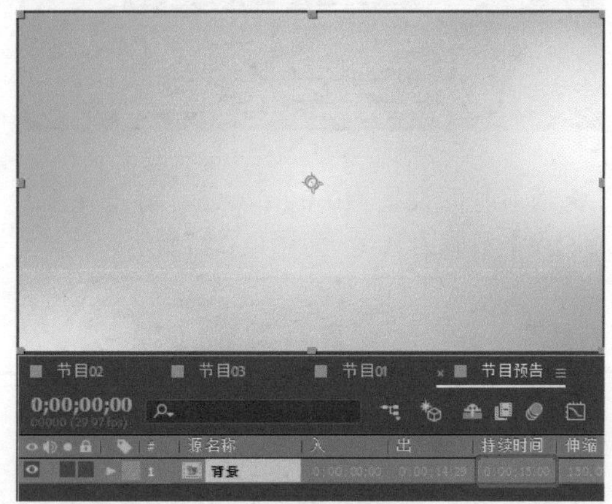
图11-224

Step 02 在【项目】面板中选择【标志动画】合成文件，按住鼠标将其拖曳至【时间轴】面板中，在【时间轴】面板中将该图层的入点时间设置为0:00:01:00，如图11-225所示。

图11-225

Step 03 在【项目】面板中选择【节目01】合成文件，按住鼠标将其拖曳至【时间轴】面板中，在【时间轴】面板中将该图层的入点时间设置为0:00:08:19，如图11-226所示。

Step 04 将【节目02】拖曳至【时间轴】面板中，将其入点时间设置为0:00:10:00，将【节目03】拖曳至【时间轴】面板中，将其入点时间设置为0:00:11:11，如

图11-227所示。

图11-226

图11-227

Step 05 在【项目】面板中选择“节目预告背景音乐.mp3”素材文件，按住鼠标将其拖曳至【时间轴】面板中，将当前时间设置为0:00:00:00，将【音频】下的【音频电平】设置为-40，单击其左侧的【时间变化秒表】按钮，如图11-228所示。

Step 06 将当前时间设置为0:00:01:00，将【音频】下的【音频电平】设置为0，如图11-229所示。

Step 07 将当前时间设置为0:00:14:05，单击【音频电平】左侧的【在当前时间添加或移除关键帧】按钮，如图11-230所示。

图11-228

图11-229

图11-230

Step 08 将当前时间设置为0:00:15:00，将【音频】下的【音频电平】设置为-30，如图11-231所示。

图11-231

附　录

常用快捷键

项目窗口					
操作	快捷键	操作	快捷键	操作	快捷键
新项目	Ctrl+Alt+N	打开项目	Ctrl+O	打开项目时只打开项目窗口	按住Shift键
打开上次打开的项目	Ctrl+Alt+Shift+P	保存项目	Ctrl+S	选择上一子项	↑（下箭头）
选择下一子项	↓（下箭头）	打开选择的素材项或合成图像	双击	在AE素材窗口中打开影片	Alt+双击
激活最近激活的合成图像	\	增加选择的子项到最近激活的合成图像中	Ctrl+/	显示所选的合成图像的设置	Ctrl+K
引入多个素材文件	Ctrl+Alt+i	引入一个素材文件	Ctrl+i	增加所选的合成图像的渲染队列窗口	Ctrl+Shift+/
设置解释素材选项	Ctrl+F	替换素材文件	Ctrl+H	替换选择层的源素材或合成图像	Alt+从项目窗口拖动素材项到合成图像
扫描发生变化的素材	Ctrl+Alt+Shift+L	重新调入素材	Ctrl+Alt+L	新建文件夹	Ctrl+Alt+Shift+N
记录素材解释方法	Ctrl+Alt+C	应用素材解释方法	Ctrl+Alt+V	设置代理文件	Ctrl+Alt+P
退出	Ctrl+Q				

合成图像、层和素材窗口					
操作	快捷键	操作	快捷键	操作	快捷键
在打开的窗口中循环	Ctrl+Tab	显示/隐藏标题安全区域和动作安全区域	'	显示/隐藏网格 显示/隐藏对称网格	Ctrl+' Alt+'
居中激活的窗口	Ctrl+Alt+\	动态修改窗口	Alt+拖动属性控制	暂停修改窗口	大写键
在当前窗口的标签间循环	Shift+,或Shift+.	在当前窗口的标签间循环并自动调整大小	Alt+Shift+,或Alt+Shift+.	快照（多至4个）	Ctrl+F5,F6,F7,F8
显示快照	F5,F6,F7,F8	清除快照	Ctrl+Alt+F5,F6,F7,F8	显示通道（RGBA）	Alt+1，2，3，4
带颜色显示通道（RGBA）	Alt+Shift+1,2,3,4	带颜色显示通道（RGBA）	Shift+单击通道图标	带颜色显示遮罩通道	Shift+单击ALPHA通道图标

显示窗口和面板					
操作	快捷键	操作	快捷键	操作	快捷键
项目窗口	Ctrl+0	项目流程视图	F11	渲染队列窗口	Ctrl+Alt+0
工具箱	Ctrl+1	信息面板	Ctrl+2	时间控制面板	Ctrl+3
音频面板	Ctrl+4	显示/隐藏所有面板	Tab	General偏好设置	Ctrl+ "
新合成图像	Ctrl+N	关闭激活的标签/窗口	Ctrl+W	关闭激活窗口（所有标签）	Ctrl+Shift+W
关闭激活窗口（除项目窗口）	Ctrl+Alt+W				
到工作区开始	Home	到工作区结束	Shift+End	到前一可见关键帧	J

时间布局窗口中的移动					
操作	快捷键	操作	快捷键	操作	快捷键
到后一可见关键帧	K	到前一可见层时间标记或关键帧	Alt+J	到后一可见层时间标记或关键帧	Alt+K
到合成图像时间标记主键盘上的	0—9	滚动选择的层到时间布局窗口的顶部	X	滚动当前时间标记到窗口中心	D

时间布局窗口中的移动

操作	快捷键	操作	快捷键	操作	快捷键
到指定时间	Ctrl+G	逼近子项到关键帧、时间标记、入点和出点	Shift+ 拖动子项	到开始处	Home或Ctrl+Alt+左箭头
到结束处	End或Ctrl+Alt+右箭头	向前一帧	Page Down或左箭头	向前十帧	Shift+Page Down或Ctrl+Shift+左箭头
向后一帧	Page Up或右箭头	向后十帧	Shift+Page Up或Ctrl+Shift+右箭头	到层的入点	i
到层的出点	o				

合成图像、层和素材窗口中的编辑

操作	快捷键	操作	快捷键	操作	快捷键
复制	Ctrl+C	复制	Ctrl+D	剪切	Ctrl+X
粘贴	Ctrl+V	撤销	Ctrl+Z	重做	Ctrl+Shift+Z
选择全部	Ctrl+A	取消全部选择	Ctrl+Shift+A或F2		

在时间布局窗口中查看层属性

操作	快捷键	操作	快捷键	操作	快捷键
锚点	A	音频级别	L	音频波形	LL
效果	E	蒙版羽化	F	蒙版形状	M
蒙版不透明度	TT	不透明度	T	位置	P
旋转	R	时间重映像	RR	缩放	S
显示所有动画值	U	在对话框中设置层属性值（与P,S,R,F,M一起）	Ctrl+Shift+属性快捷键	隐藏属性	Alt+Shift+单击属性名
弹出属性滑杆	Alt+单击属性名	增加/删除属性	Shift+单击属性名	为所有选择的层改变设置	Alt+单击层开关
打开不透明对话框	Ctrl+Shift+O	切换开关/模式	F4	蒙版路径	M
设置当前时间标记为工作区开始	B	设置当前时间标记为工作区结束	N	设置工作区为选择的层	Ctrl+Alt+B
未选择层时，设置工作区为合成图像长度	Ctrl+Alt+B				

在时间布局窗口中修改关键帧

操作	快捷键	操作	快捷键	操作	快捷键
设置关键帧速度	Ctrl+Shift+K	设置关键帧插值法	Ctrl+Alt+K	增加或删除关键帧（计时器开启时）或开启时间变化计时器	Alt+Shift+属性快捷键
选择一个属性的所有关键帧	单击属性名	增加一个效果的所有关键帧到当前关键帧选择	Ctrl+单击效果名	向前移动关键帧一帧	Alt+右箭头
向后移动关键帧一帧	Alt+左箭头	向前移动关键帧十帧	Shift+Alt+右箭头	向后移动关键帧十帧	Shift+Alt+左箭头
在选择的层中选择所有可见的关键帧	Ctrl+Alt+A	到前一可见关键帧	J	到后一可见关键帧	K

合成图像和时间布局窗口中层的精确操作

操作	快捷键	操作	快捷键	操作	快捷键
以指定方向移动层一个像素	箭头	旋转层1度	+（数字键盘）	旋转层-1度	-（数字键盘）
放大层1%	Ctrl++（数字键盘）	缩小层1%	Ctrl+ -（数字键盘）	移动、旋转和缩放变化量为10	Shift+快捷键

合成图像窗口中合成图像的操作

操作	快捷键	操作	快捷键	操作	快捷键
显示/隐藏参考线	Ctrl+；	锁定/释放参考线锁定	Ctrl+Alt+Shift+;	显示/隐藏标尺	Ctrl+R

合成图像窗口中合成图像的操作					
操作	快捷键	操作	快捷键	操作	快捷键
改变背景颜色	Ctrl+Shift+B	设置合成图像解析度为full	Ctrl+J	设置合成图像解析度为Half	Ctrl+Shift+J
设置合成图像解析度为Quarter	Ctrl+Alt+Shift+J	设置合成图像解析度为Custom	Ctrl+Alt+J	合成图像流程图视图	Alt+F11
层窗口中蒙版的操作					
操作	快捷键	操作	快捷键	操作	快捷键
椭圆蒙版置为整个窗口	双击椭圆工具	矩形蒙版置为整个窗口	双击矩形工具	在自由变换模式下围绕中心点缩放	Ctrl+拖动
选择蒙版上的所有点	Alt+单击蒙版	自由变换蒙版	双击蒙版	推出自由变换蒙版模式	Enter
合成图像和实际布局窗口中的蒙版操作					
操作	快捷键	操作	快捷键	操作	快捷键
定义蒙版形状	Ctrl+Shift+M	定义蒙版羽化	Ctrl+Shift+F	设置蒙版反向	Ctrl+Shift+I
新蒙版	Ctrl+Shift+N				
效果控制窗口中的操作					
操作	快捷键	操作	快捷键	操作	快捷键
选择上一个效果	上箭头	选择下一个效果	下箭头	扩展/卷收效果控制	`
清除层上的所有效果	Ctrl+Shift+E	增加效果控制的关键帧	Alt+单击效果属性名	激活包含层的合成图像窗口	\
应用上一个喜爱的效果	Ctrl+Alt+Shift+F	应用上一个效果	Ctrl+Alt+Shift+E	在当前时间设置并编号一个合成图像时间标记	Shift+0～9（数字键盘）
设置层时间标记	*（数字键盘）	清除层时间标记	Ctrl+单击标记	到前一个可见层时间标记或关键帧	Alt+J
到下一个可见层时间标记或关键帧	Alt+K	到合成图像时间标记	0～9（数字键盘）	效果控件	F3
渲染队列窗口					
操作	快捷键	操作	快捷键	操作	快捷键
制作影片	Ctrl+M	激活最近激活的合成图像	\	增加激活的合成图像到渲染队列窗口	Ctrl+Shift+/
在队列中不带输出名复制子项	Ctrl+D	保存帧	Ctrl+Alt+S	打开渲染对列窗口	Ctrl+Alt+O
工具箱操作					
操作	快捷键	操作	快捷键	操作	快捷键
选择工具	V	旋转工具	W	矩形工具	C
椭圆工具	Q	钢笔工具	G	向后移动工具	Y
手形工具	H	缩放工具（使用Alt缩小）	Z	从选择工具转换为笔工具	按住Ctrl
从笔工具转换为选择工具	按住Ctrl	在信息面板显示文件名	Ctrl+Alt+